U0865085

新编大学物理（上）

主　编　王秀敏

北京邮电大学出版社
www.buptpress.com

内容简介

本书是面向应用型本科非物理类学生编写的教学用书。编写的指导思想是：多形象分析，少抽象推演；多用通俗易懂的语言描述，少用深奥晦涩的术语论证。全套共分上、下两册，建议总学时为128学时，其中加※号及热学部分内容教师可根据实际教学需要进行取舍。本书整体架构清晰、内容设置具有层次性，因而也可作为其他本、专科院校进行大学物理教学或教学参考用书。

图书在版编目(CIP)数据

新编大学物理．上册/王秀敏主编.--北京：北京邮电大学出版社，2012.9(2015.6重印)
ISBN 978-7-5635-3152-3

Ⅰ．①新…　Ⅱ．①王…　Ⅲ．①物理学-高等学校-教材　Ⅳ．①O4

中国版本图书馆CIP数据核字(2012)第171324号

书　　名：新编大学物理(上)
主　　编：王秀敏
责任编辑：王丹丹
出版发行：北京邮电大学出版社
社　　址：北京市海淀区西土城路10号(邮编：100876)
发 行 部：电话：010-62282185　传真：010-62283578
E-mail：publish@bupt.edu.cn
经　　销：各地新华书店
印　　刷：北京鑫丰华彩印有限公司
开　　本：787 mm×1 092 mm　1/16
印　　张：16.25
字　　数：324千字
印　　数：3001—5000册
版　　次：2012年9月第1版　2015年6月第2次印刷

ISBN 978-7-5635-3152-3　　　　定　价：36.00元

· 如有印装质量问题，请与北京邮电大学出版社发行部联系 ·

QIANYAN 前 言

本书是在《大学物理》(2008 年，北京邮电大学出版社出版)基础之上，吸纳几年来使用本教材的各院校建议，进行修改而成。本书依据 2004 年教育部“非物理类专业基础物理课程教学指导委员会”颁布的“大学物理课程教学基本要求”选择教学内容，针对应用型本科学生的特点，面向非物理类应用型本科学生编写的物理课程教材。本书主要特点是：

1. 注重科学思维，整体架构清晰

物理学科在理工科院校是基础课程，它要完成的一个主要任务就是通过此课程的学习培养学生的科学思维品质，要培养学生理性的、逻辑的思维。因此本书在结构和内容的安排上力求具有较强的逻辑性，从而给学生一个完整的知识体系框架和清晰的脉络层次。本书共分上、下两册，上册包括力学、机械振动和机械波、热学三部分，下册包括波动光学、电磁学、近代物理三部分。

2. 注重精讲多练，重点内容突出

“精讲”体现在两个方面：一是根据教学需要精选重点内容；二是在博采众家所长基础上，针对应用型本科学生的基础和学习特点，采用最优化方案精讲重点内容。“多练”也体现在两个方面：一是多介绍知识在生产生活中的应用；二是对于重点内容和典型问题设有例题、练习、习题三个环节进行强化和巩固，这三个环节相辅相成，共同实现对内容掌握的牢固性和应用的灵活性。

3. 注重细节设计，适应不同学生

一是考虑不同需求，内容划分层次。标有“*”号的章节内容为自选内容,教师可以根据教学需求进行取舍,无论取与舍,都不影响内容的完整性和逻辑性。习题按难度分为 A、B 两类,学生可以根据自身情况选做对应难度的题目。

二是注意过渡与衔接,方便学生的预习和自学。每部分内容开始都有引言,结束都有小结,构造出清晰的物理知识体系和脉络。

三是注重学法指导,降低学习难度。对于中学相对陌生的内容,进行专门学习方法说明。如刚体一章开始即强调类比方法的运用,并编写了大量的类比表格。

四是精选物理学家的故事作为阅读材料,激发学习兴趣,培养奋斗精神。

在本书编写的过程中大连理工大学城市学院的各级领导给予了大力的支持,北京邮电大学出版社给予了多方的帮助,兄弟院校的同仁们提出了中肯的建议,在此一并表示衷心的感谢。

参与本书编写的还有辽宁中医药大学支壮志老师(负责 7、8 章)、大连工业大学王琳老师(负责 4、15 章)、大连理工大学城市学院葛楠老师(负责习题编写),一并表示感谢。

编写适合应用型本科学生的教材是一种尝试,尽管编者努力以求尽善尽美,但由于水平有限,加之时间仓促,难免存在缺憾和遗漏之处,恳请读者和同行批评指正。

编　者

Contents 目录

第一篇 力学

力学是研究物体的机械运动及其规律的一门学科。

自然界中的一切物质都处于永不停息的运动状态之中，这些运动的形式是千变万化的，其中最普遍、最基本的运动形式即为机械运动，机械运动是指物体间或物体内部各组成部分之间相对位置的变化。例如行星绕太阳的运转、地球的自转、物体从高处的下落、树叶的摆动、人体姿势的变化等都是机械运动。

力学是物理学中最古老的一个分支，也是人类最早建立的学科之一。其历史可以追溯到公元前 4 世纪，古希腊学者亚里士多德关于力产生运动的论述被认为是力学的开篇之作。在我国，公元前 5 世纪的《墨经》中已有关于杠杆原理的论述。但力学作为一门独立学科发展起来应始于 17 世纪伽利略关于惯性的论述，之后牛顿在总结前人经验和理论基础上所提出的力学三个基本定律和万有引力定律，及其在 1687 年发表的《自然哲学的数学原理》则标志着牛顿力学时代的开始。牛顿力学又称经典力学，它有着严谨的理论体系和完备的研究方法，并在生产实践中得到了广泛的应用，即使是到了 20 世纪，人们发现了经典力学在高速和微观领域的局限性，进而建立了相对论和量子力学，经典力学也仍是现代物理学和自然科学的基础，在一般的技术领域，如在机械制造、土木建筑、航天技术等方面仍具有广泛而精确的指导意义。

本篇包括 4 章内容：质点运动学、质点动力学、刚体的定轴转动以及狭义相对论基础。

质点运动学主要研究质点运动的描述问题；质点动力学主要研究力与质点运动状态变化之间的关系问题，即解释运动；刚体的定轴转动主要研究刚体定轴转动的描述及力矩与刚体转动状态变化之间的关系等问题；狭义相对论基础主要研究在高速领域描述运动的一些基本原理和观念。

第 1 章　质点运动学

质点运动学的任务是描述质点的运动，即从几何学的观点出发描述质点机械运动的状态随时间变化的关系，而不追究引起质点运动及运动状态变化的原因。本章主要介绍位置矢量、位移、速度、加速度等描述质点运动的物理量以及它们之间的关系，介绍反映质点运动情况的运动方程、反映质点运动轨迹的轨迹方程，并在此基础上研究几种特殊的机械运动形式。

1.1　参考系　坐标系　质点模型

1.1.1　参考系

自然界中的物质都处于永不停息的运动状态之中，运动是物质的存在形式，是物质的固有属性，运动和物质是不可分割的，这就是运动的绝对性，绝对静止的物体是不存在的。例如，列车茶几上看似静止的茶杯其实在随列车一起向前运动，地面上看似静止的物体其实是以 $3.0\times10^{4}\ \mathrm{m}\cdot\mathrm{s}^{-1}$ 的速度随地球一起绕太阳运动，研究行星运动时认为静止的太阳其实也是以 $2.5\times10^{5}\mathrm{m}\cdot\mathrm{s}^{-1}$ 的速度在银河系中运动。

物体的运动是绝对的，但对于运动的描述却是相对的。描述同一个物体的运动，不同的人往往得出不同的结论。例如，研究列车茶几上茶杯的运动，列车上的乘客认为茶杯是静止的，但站在站台上的人则认为茶杯是运动的。为什么同一个物体的运动，不同的人会得出不同的观察结果呢？原因就是这两个人在描述茶杯运动情况时选择了不同的参考物体，列车上的乘客以茶几为参考物体，得出茶杯静止的结论；而站台上的人以地面为参考物体，则得出茶杯运动的结论。再比如，从匀速上升电梯的顶棚落下一枚钉子，在电梯中的人看来，这枚钉子作的是自由落体运动，钉子直接下落到电梯的地面；而在地面上的人看来，这枚钉子则在作有一定初速度的竖直上抛运动，钉子是先上升一段高度，然后再下落。这两个人描述同一枚钉子的运动却得出不同结论，仍然是因为他们选择了不同的物体作为参考，电梯中的人是以电梯的地面为参考物体，而地面的人则是以电梯外的地面作为参考物体的。

可见，描述物体运动时，必须选择另一个物体作为参考物，离开所选择的参考物去描述某一个运动是没有意义的，这个运动也是无法描述的。在描述物体运动时，选作参考的物体称为参考系。在以后我们描述物体运动时，必须事先指出选择什么物体作为参考系。参考系的选择可以是任意的，可视问题的性质和研究问题的方便而定。例如，研究地面附近物体的运动时，我们一般选择地球或相对于地球静止的物体为参考系（如不加特殊说明，在本书中都是以地球或相对于地球静止的物体为参考系讨论问题），而如果研究天体的运动，则一般选择太阳为参考系。

1.1.2 坐标系

在选择合适的参考系之后，要定量地描述物体相对于参考系的运动情况，还需要在选定的参考系中建立适当的坐标系，坐标系是参考系的数学表示。坐标系有许多种，如直角坐标系、极坐标系、自然坐标系等。坐标系的选择也是任意的，一般视问题的性质和方便而定，无论选取哪类坐标系，物体运动性质都不会改变。当然，如果选取的坐标系恰当，可以使问题的研究得以简化。

最常用的坐标系是直角坐标系（也称笛卡儿坐标系）。坐标系的原点 O 与参考系固定在一起，沿相互垂直的方向选取三个坐标轴，分别记为 x、y、z 轴，这样的坐标系称为空间直角坐标系，记为 $Oxyz$ 坐标系；如果所研究的物体作平面运动，我们也可以在平面内沿相互垂直方向建立两个坐标轴，分别记为 x、y 轴，这样的坐标系称为平面直角坐标系，记为 Oxy 坐标系；如果所研究的物体作直线运动，我们则只需建立一个坐标轴，记为 Ox 坐标轴。在具体问题中，需要建立几个坐标轴，坐标轴的正向指向哪里同样以问题的方便而定。

1.1.3 质点模型

实际问题中的物理过程往往都是比较复杂的，在讨论问题过程中，我们经常把实际的问题进行适当的简化，抓住问题的主要矛盾，从实际的问题中抽象出可以进行数学描述的理想物理模型，从而找出问题中最基本、最本质的规律。

质点即是力学中常用的一种理想物理模型。如果在某些运动中，有大小和形状的物体的各个组成部分具有相同的运动规律，或者物体的大小和形状对于所研究的问题没有影响，或者即使有影响，其影响也可以忽略不计，这时，我们就可以把物体视为一个没有大小和形状而有质量的点，这个点即为质点。一般地，在以下两种情形中我们可以把物体视为质点。

(1)物体运动时，其上所有点的运动情况相同，物体的大小和形状对于所研究的问题没有影响。例如，在桌面上平移一个杯子，组成杯子的各点运动情况相同，此时如果我们了解了杯子上任意一个点的运动情况，那么杯子上其他点的运动情况我们也就清楚了，因此，我们可以用这一个点来代替其他所有的点,通过研究这个点的运动来了解整个杯子的运动,也就是说,此时,我们在研究杯子的运动时把整个杯子视为一个有质量的点——质点,而没有必要去考虑杯子的大小和形状。

(2)物体的大小和形状对所讨论问题的影响可以忽略不计。例如,我们在研究地球绕太阳的公转时,虽然地球自身尺度和形状会使地球上各点的运动情况不尽相同,但相比较地球到太阳的距离(约 1.5×10^{8}km)而言,地球的尺度(约 6 370km)太小了,地球尺度造成的各点运动情况的差异也太小了,这个差异不会影响我们对公转运动的研究,因此此时也可以把地球视为一个质点来研究其绕太阳的公转问题。

需要指出的是:一个物体是否可以视为质点还要视具体问题性质而定。例如,同是一个地球,我们在研究地球绕太阳的公转时可以把它视为质点,但如果要研究地球自转问题,地球则不可以视为质点,因为这时地球自身的大小和形状所引起的各点运动情况的差异是不可以忽略的,正是这种差异才使地球能够自转,如果忽略了这种差异,那么地球的自转是无法解释的。

建立理想物理模型是物理学中常用的研究方法之一。在以后的学习中,还会接触到质点系、刚体、弹簧振子、理想气体等理想物理模型。

练习题

雨点自空中相对于地面匀速竖直下落,试讨论在下述参考系中观察时,雨点的运动情况:(1)地面上静止的人群;(2)地面上匀速行驶的车中;(3)与雨点速度相同竖直下落的升降机中。

1.2 质点运动的描述

选择合适的参考系,建立合适的坐标系之后,我们就可以对质点的运动进行描述了。本节我们首先研究质点位置的描述,介绍描述位置的位置矢量,以及描述位置变化情况的运动方程、轨迹方程;然后,我们介绍描述运动的其他几个物理量,并讨论它们之间的关系。

1.2.1 质点位置的描述

1. 位置矢量

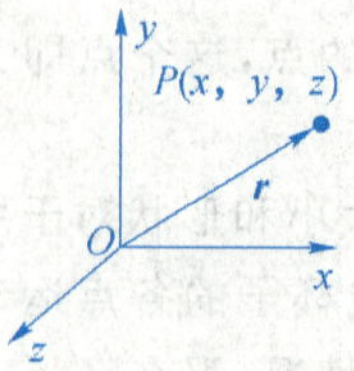

图 1-1 位置矢量

我们知道,当质点处于空间某一位置时,这个位置与所建立的坐标系中的一组坐标值是一一对应的,如图 1-1 所示,因而可以用这一组坐标值(x,y,z)来描述质点的位置。

我们还可以用一个矢量来描述这个点的位置。如图 1-1 所示,对于坐标系中的一个点 P,我们可以从原点 O 引一个指向该点的有向线段$\overrightarrow{OP}$,有向线段可以用来表示矢量,$\overrightarrow{OP}$所表示的矢量我们可以记为 $\boldsymbol{r}$。在坐标系中,点的位置与有向线段是一一对应的，而有向线段与矢量也是一一对应的，因此，可以说，点的位置与矢量是一一对应的，所以可以用矢量 $\boldsymbol{r}$ 来描述质点的位置，这个用来描述质点位置的矢量称为位置矢量（简称位矢，又称径矢）。相应地，质点在坐标系中的坐标 x、y、z 称为位置矢量在对应坐标轴上的分量。

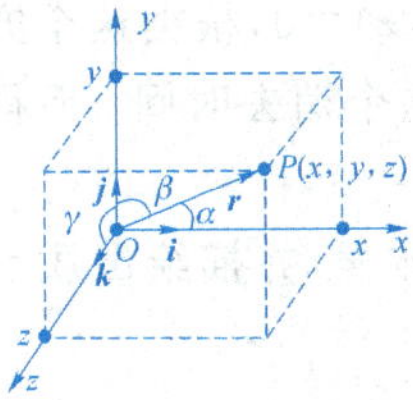

图 1-2　位置矢量的坐标表示

如图 1-2 所示，在直角坐标系中，位置矢量 $\boldsymbol{r}$ 可以表示成

$$\boldsymbol{r}=x\boldsymbol{i}+y\boldsymbol{j}+z\boldsymbol{k} \tag{1-1}$$

式(1-1)称为位置矢量在坐标系中的分量形式。式中：$\boldsymbol{i}$、$\boldsymbol{j}$、$\boldsymbol{k}$ 分别表示沿 x、y、z 三个坐标轴方向的单位矢量，它们的方向分别与三个坐标轴的正向一致，大小都为 1。

位置矢量的大小为

$$|\boldsymbol{r}|=r=\sqrt{x^2+y^2+z^2} \tag{1-2}$$

位置矢量的大小反映出质点到原点的距离。

位置矢量的方向可以用矢量与坐标轴的夹角余弦表示，分别为

$$\cos\alpha=\frac{x}{r},\cos\beta=\frac{y}{r} \tag{1-3}$$

位置矢量的方向反映出质点在坐标系中的方位。

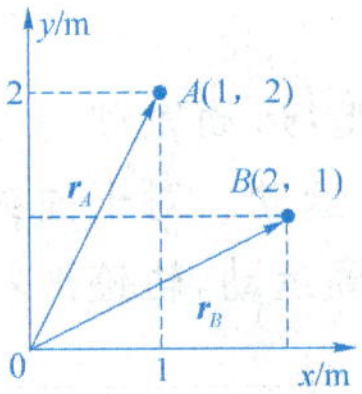

图 1-3　例题 1-1 用图

例题 1-1　如图 1-3 所示，试写出 A 点对应位置矢量的分量形式，并求出其大小和方向。

解　在平面直角坐标系中，A 点对应位置矢量的分量形式可写为

$$\boldsymbol{r}_A=\boldsymbol{i}+2\boldsymbol{j}\ \text{m}$$

位置矢量的大小为

$$|\boldsymbol{r}_A|=\sqrt{1^2+2^2}=\sqrt{5}\ \text{m}$$

与坐标轴正向的夹角余弦为

$$\cos\alpha=\frac{x}{r}=\frac{1}{\sqrt{5}}=\frac{\sqrt{5}}{5},\cos\beta=\frac{2}{\sqrt{5}}=\frac{2\sqrt{5}}{5}$$

2. 运动方程

质点作机械运动时，其位置随时间是变化的，质点在坐标系中对应的坐标 x、y、z 也是随时间变化的，相应地，描述质点位置的位置矢量也是随时间变化的，这时位置矢量可以写为时间 t 的函数，即

$$\boldsymbol{r}=\boldsymbol{r}(t)=x(t)\boldsymbol{i}+y(t)\boldsymbol{j}+z(t)\boldsymbol{k} \tag{1-4}$$

对于具体的机械运动，如果知道了式(1-4)的具体形式，则带入相关的时间值，即可得到该时刻质点的位置矢量，可见此式能够反映出质点的位置随时间的变化情况，因而我们称此式为质点的运动方程。

例题 1-2　已知一质点的运动方程为 $\boldsymbol{r}=t^2\boldsymbol{i}+2t\boldsymbol{j}$，式中 $\boldsymbol{r}$ 的单位是 m，t 的单位是 s。试求：$t=2$s 时质点的位置矢量。

解　把 $t=2$s 代入运动方程可得

$$\boldsymbol{r}_2=t^2\boldsymbol{i}+2t\boldsymbol{j}=2^2\boldsymbol{i}+2\times2\boldsymbol{j}=4\boldsymbol{i}+4\boldsymbol{j}\ \text{m}$$

3. 轨迹方程

运动方程中各坐标轴上分量如果分别表示出来，可写为

$$\begin{cases} x = x(t) \\ y = y(t) \\ z = z(t) \end{cases} \tag{1-5}$$

式(1-5)是运动方程的参数形式。由运动方程的参数形式,消去时间参数 t,可得到反映质点运动时对应坐标之间关系的方程 $f(x,y,z)=0$,根据这个方程,可以描绘出质点运动时所经历的轨迹的形状,因而,这个消去时间 t 而得到的方程称为轨迹方程。

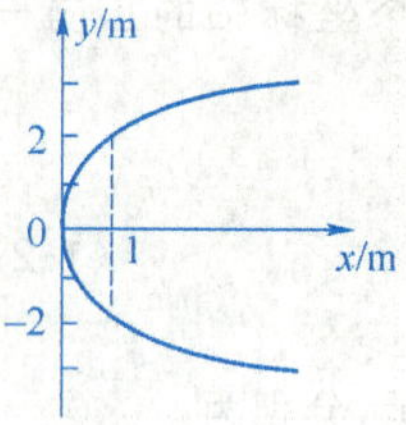

图 1-4 例题 1-3 用图

例题 1-3 已知如例题 1-2,试求:质点运动的轨迹方程,并描绘出质点运动的轨迹。

解 根据运动方程可写出对应的参数形式为

$$\begin{cases} x = t^2 \\ y = 2t \end{cases}$$

消去参数形式中的时间参数 t,可得质点的轨迹方程为

$$x = \frac{1}{4}y^2$$

根据轨迹方程可知,此质点的运动轨迹是一条关于 x 轴对称、开口向 x 轴正向的抛物线,如图 1-4 所示。

按照运动轨迹的形状不同,可以把质点的运动进行分类:运动轨迹为直线的运动,称为直线运动;运动轨迹为曲线的运动称为曲线运动。对于曲线运动,当轨迹为抛物线时称为抛体运动,轨迹为圆时称为圆周运动,轨迹形状不规则的则称为一般曲线运动。

4. 位移

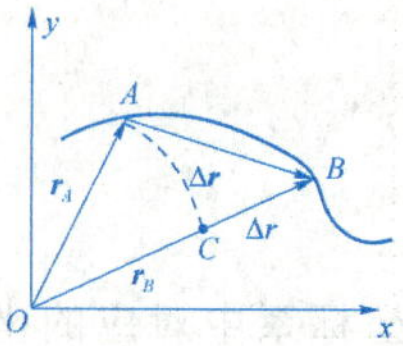

图 1-5 位移

研究质点的运动,不仅要知道质点在任意一时刻位置情况,还要知道一段时间内质点位置的变化情况。描述质点位置变化情况的物理量称为位移,用 $\Delta \boldsymbol{r}$ 表示。如图 1-5 所示,质点在 Oxy 平面内运动,t 时刻位于 A 点,$t+\Delta t$ 时刻位于 B 点,则 Δt 时间内质点的位移 $\Delta \boldsymbol{r}$ 为由 A 点指向 B 点的有向线段。若 A 点对应的位置矢量为 $\boldsymbol{r}_A = x_A\boldsymbol{i} + y_A\boldsymbol{j}$,$B$ 点对应的位置矢量为 $\boldsymbol{r}_B = x_B\boldsymbol{i} + y_B\boldsymbol{j}$,根据矢量减法运算三角形法则可知

$$\Delta \boldsymbol{r} = \boldsymbol{r}_B - \boldsymbol{r}_A = \Delta x\,\boldsymbol{i} + \Delta y\boldsymbol{j} \tag{1-6}$$

式中:$\Delta x = x_B - x_A$,$\Delta y = y_B - y_A$。

位移是矢量,其大小为

$$|\Delta \boldsymbol{r}| = \sqrt{(\Delta x)^2 + (\Delta y)^2}$$

方向同样可用矢量与坐标轴的夹角余弦表示

$$\cos\alpha = \frac{\Delta x}{|\Delta \boldsymbol{r}|}$$

对于位移的理解,需要注意以下几点:

(1)位移不同于路程。位移表示的是质点始末位置的变化情况,而路程反映质点在这两个位置之间所经历的实际行程,用 ΔS 表示;位移是矢量,既

有大小，又有方向，路程是标量，只有大小，没有方向；位移的大小也不同于路程，如图 1-5 所示，位移的大小对应于图中 A、B 两点间的直线段长，而路程对应于 A、B 两点间的弧线长，只有当 $\Delta t \to 0$ 时，我们方可认为二者大小相同。另外，即使在直线运动中，位移和路程也是两个截然不同的物理量。例如，以初速度 $v_0 = 9.8\mathrm{m \cdot s^{-1}}$ 竖直向上抛出物体，在抛出后的 2s 内此物体的位移为零(因物体又落回抛出点)，但路程却不为零，路程的大小为 9.8m。

(2) $\Delta \boldsymbol{r}$ 不同于 Δr。$\Delta \boldsymbol{r}$ 表示两点间的位移，是矢量。在图 1-5 中，$\Delta \boldsymbol{r}$ 大小对应于 A、B 两点间的直线段长；Δr 表示位置矢量大小的变化，是质点到坐标原点距离的变化，是标量。在图 1-5 中，Δr 大小对应于 B、C 两点间的直线段长。

在国际单位制，即 SI 制中，位置矢量和位移的单位都为米(m)。常用的单位还有千米(km)和厘米(cm)。

1.2.2 速度和速率

1. 平均速度和瞬时速度

速度是描述物体运动快慢的物理量。一段时间内物体的位移 $\Delta \boldsymbol{r}$ 与发生这段位移所经历的时间 Δt 的比值称为这段时间内物体的平均速度，用 $\bar{\boldsymbol{v}}$ 表示，即

$$\bar{\boldsymbol{v}} = \frac{\Delta \boldsymbol{r}}{\Delta t} \tag{1-7}$$

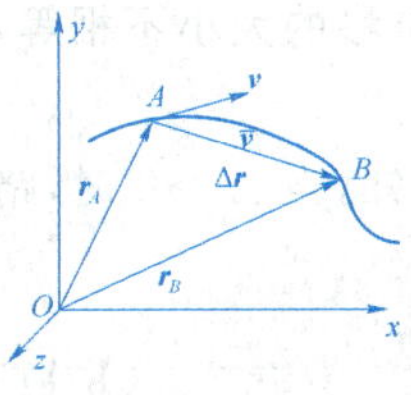

图 1-6 平均速度和瞬时速度

式中：$\Delta \boldsymbol{r}$ 是矢量，Δt 是标量，因而平均速度 $\bar{\boldsymbol{v}}$ 是矢量，其方向与 $\Delta \boldsymbol{r}$ 方向相同，如图 1-6 所示。平均速度只能是这段时间内物体运动快慢及运动方向的一个粗略的描述，如果想知道某一时刻质点运动的快慢和运动的方向如何，则需要把考虑的时间间隔 Δt 尽可能的取小，时间间隔越小，描述将是越细致的。当 $\Delta t \to 0$ 时，平均速度的极限值称为瞬时速度(简称速度)，用 $\boldsymbol{v}$ 表示，即

$$\boldsymbol{v} = \lim_{\Delta t \to 0} \frac{\Delta \boldsymbol{r}}{\Delta t}$$

根据微积分知识可知，这个极限应等于位置矢量 $\boldsymbol{r}$ 对时间的一阶导数，即

$$\boldsymbol{v} = \frac{\mathrm{d}\boldsymbol{r}}{\mathrm{d}t} = \frac{\mathrm{d}x}{\mathrm{d}t}\boldsymbol{i} + \frac{\mathrm{d}y}{\mathrm{d}t}\boldsymbol{j} + \frac{\mathrm{d}z}{\mathrm{d}t}\boldsymbol{k} = v_x\boldsymbol{i} + v_y\boldsymbol{j} + v_z\boldsymbol{k} \tag{1-8}$$

式中：$v_x = \frac{\mathrm{d}x}{\mathrm{d}t}$、$v_y = \frac{\mathrm{d}y}{\mathrm{d}t}$、$v_z = \frac{\mathrm{d}z}{\mathrm{d}t}$ 分别称为速度沿三个坐标轴的分量。根据各分量可计算速度大小为

$$v = \sqrt{v_x^2 + v_y^2 + v_z^2}$$

速度的方向可表示为

$$\cos\alpha = \frac{v_x}{v}, \cos\beta = \frac{v_y}{v}$$

速度是矢量，速度的方向为 $\Delta t \to 0$ 时 $\Delta \boldsymbol{r}$ 方向。由图 1-6 可知，$\Delta t \to 0$ 时 $\Delta \boldsymbol{r}$ 方向为轨迹的切线方向，所以速度的方向应沿该时刻质点所在位置轨迹切线且指向运动的前方。

2.平均速率和瞬时速率

一段时间内物体运动的路程 ΔS 与发生这段路程所经历的时间 Δt 的比值称为这段时间内物体的平均速率，用 $\bar{v}$ 表示，即

$$\bar{v}=\frac{\Delta S}{\Delta t} \tag{1-9}$$

式中：ΔS 是标量，Δt 是标量，因而平均速率 $\bar{v}$ 是标量。

与平均速度相似，平均速率也只能是这段时间内物体运动快慢的一个粗略的描述，如果想知道某一时刻质点运动的快慢如何，则需要把考虑的时间间隔 Δt 尽可能的取小，当 $\Delta t\to 0$ 时，平均速率的极限值称为瞬时速率（简称速率），用 v 表示，即

$$v=\lim_{\Delta t\to 0}\frac{\Delta S}{\Delta t}=\frac{\mathrm{d}S}{\mathrm{d}t} \tag{1-10}$$

瞬时速率也是标量。

对于以上四个物理量理解时，需要注意以下几点：

(1)在国际单位制(SI)中，它们的单位都是米每秒($\mathrm{m\cdot s^{-1}}$)，生活中常用的单位还有千米每秒($\mathrm{km\cdot s^{-1}}$)和千米每小时($\mathrm{km\cdot h^{-1}}$)。

(2)平均速度和瞬时速度都是矢量，既有大小又有方向；平均速率和瞬时速率都是标量，只有大小，没有方向。

(3)平均速率和平均速度的大小并不相等。平均速率的大小是路程除以时间，而平均速度的大小是位移的大小除以时间，路程与位移的大小不相等，因而平均速率与平均速度的大小不相等。

(4)瞬时速率和瞬时速度的大小相等。由前面分析可知，当 $\Delta t\to 0$ 时，路程与位移的大小相等，因而有

$$v=\lim_{\Delta t\to 0}\frac{\Delta S}{\Delta t}=\lim_{\Delta t\to 0}\frac{|\Delta \boldsymbol{r}|}{\Delta t}=|\boldsymbol{v}| \tag{1-11}$$

例题 1-4 已知如例题 1-2。试求：(1)质点在 $t=1\mathrm{s}$ 至 $t=3\mathrm{s}$ 时间内的位移；(2)$t=1\mathrm{s}$ 时质点速度的大小和方向。

解 (1)根据 $\boldsymbol{r}=t^2\boldsymbol{i}+2t\boldsymbol{j}$，把时间 $t=1\mathrm{s}$ 和 $t=3\mathrm{s}$ 分别代入运动方程，可得两时刻质点的位置矢量分别为

$$\boldsymbol{r}_1=1^2\boldsymbol{i}+2\times 1\boldsymbol{j}=\boldsymbol{i}+2\boldsymbol{j}$$
$$\boldsymbol{r}_3=3^2\boldsymbol{i}+2\times 3\boldsymbol{j}=9\boldsymbol{i}+6\boldsymbol{j}$$

质点的位移为

$$\Delta\boldsymbol{r}=\boldsymbol{r}_3-\boldsymbol{r}_1=9\boldsymbol{i}+6\boldsymbol{j}-(\boldsymbol{i}+2\boldsymbol{j})=8\boldsymbol{i}+4\boldsymbol{j}\ \mathrm{m}$$

(2)根据运动方程，可得速度表达式为

$$v=\frac{\mathrm{d}\boldsymbol{r}}{\mathrm{d}t}=\frac{\mathrm{d}(t^2)}{\mathrm{d}t}\boldsymbol{i}+\frac{\mathrm{d}(2t)}{\mathrm{d}t}\boldsymbol{j}=2t\,\boldsymbol{i}+2\boldsymbol{j}$$

代入时间值，得 $t=1\mathrm{s}$ 时质点的速度为

$$v_1=2\times 1\boldsymbol{i}+2\boldsymbol{j}=2\boldsymbol{i}+2\boldsymbol{j}$$

速度的大小为

$$v_1 = \sqrt{2^2 + 2^2} = 2\sqrt{2}\ \mathrm{m \cdot s^{-1}}$$

方向与 x 轴正向夹角

$$\alpha = \arccos \frac{v_{1x}}{v_1} = \arccos \frac{2}{2\sqrt{2}} = \arccos \frac{\sqrt{2}}{2} = 45^\circ$$

1.2.3 加速度

质点运动时，速度也不总是恒定不变的，为了描述运动速度的变化情况，我们引入加速度的概念。相应的，加速度也分为平均加速度和瞬时加速度。

质点运动速度的变化 $\Delta \boldsymbol{v}$ 与产生这个变化所经历的时间 Δt 的比值，称为这段时间内质点的平均加速度，用 $\overline{\boldsymbol{a}}$ 表示，即

$$\overline{\boldsymbol{a}} = \frac{\Delta \boldsymbol{v}}{\Delta t} = \frac{\boldsymbol{v}_2 - \boldsymbol{v}_1}{\Delta t} \tag{1-12}$$

式中：$\Delta \boldsymbol{v}$ 是矢量，Δt 是标量，因而平均加速度 $\overline{\boldsymbol{a}}$ 是矢量，其方向与速度的变化量 $\Delta \boldsymbol{v}$ 的方向一致。

平均加速度只能粗略地描述一段时间内质点运动速度变化快慢以及速度方向变化的情况，如果要细致地了解某一时刻质点速度变化的快慢及方向，则需要把平均加速度公式中的时间长度 Δt 尽可能地取得小一些，当 $\Delta t \to 0$ 时，平均加速度的极限值称为瞬时加速度（简称加速度），用 $\boldsymbol{a}$ 表示，即

$$\boldsymbol{a} = \lim_{\Delta t \to 0} \frac{\Delta \boldsymbol{v}}{\Delta t} = \frac{\mathrm{d}\boldsymbol{v}}{\mathrm{d}t} = \frac{\mathrm{d}^2 \boldsymbol{r}}{\mathrm{d}t^2} \tag{1-13}$$

加速度是速度对时间的一阶导数，是位置矢量对时间的二阶导数。

在直角坐标系中，加速度可以写为

$$\boldsymbol{a} = \frac{\mathrm{d}\boldsymbol{v}}{\mathrm{d}t} = \frac{\mathrm{d}v_x}{\mathrm{d}t}\boldsymbol{i} + \frac{\mathrm{d}v_y}{\mathrm{d}t}\boldsymbol{j} + \frac{\mathrm{d}v_z}{\mathrm{d}t}\boldsymbol{k} = a_x\boldsymbol{i} + a_y\boldsymbol{j} + a_z\boldsymbol{k} \tag{1-14}$$

式中：$a_x = \frac{\mathrm{d}v_x}{\mathrm{d}t} = \frac{\mathrm{d}^2 x}{\mathrm{d}t^2}$，$a_y = \frac{\mathrm{d}v_y}{\mathrm{d}t} = \frac{\mathrm{d}^2 y}{\mathrm{d}t^2}$，$a_z = \frac{\mathrm{d}v_z}{\mathrm{d}t} = \frac{\mathrm{d}^2 z}{\mathrm{d}t^2}$ 分别表示加速度沿三个坐标轴的分量。

加速度是矢量，大小为

$$a = \sqrt{a_x^2 + a_y^2 + a_z^2}$$

加速度的方向可表示为

$$\cos\alpha = \frac{a_x}{a} \quad \cos\beta = \frac{a_y}{a}$$

对于曲线运动，加速度的方向总是指向曲线的凹侧（此点将在圆周运动中给予说明）。

在国际单位制中，平均加速度和瞬时加速度的单位都是米每二次方秒（$\mathrm{m \cdot s^{-2}}$）。

例题 1-5 已知如例题 1-2，试求：$t=1\mathrm{s}$ 时质点加速度的大小和方向。

解 根据 $\boldsymbol{r} = t^2\boldsymbol{i} + 2t\boldsymbol{j}$，可得质点加速度的表达式为

$$\boldsymbol{a}=\frac{\mathrm{d}^2\boldsymbol{r}}{\mathrm{d}t^2}=\frac{\mathrm{d}^2(t^2)}{\mathrm{d}t^2}\boldsymbol{i}+\frac{\mathrm{d}^2(2t)}{\mathrm{d}t^2}\boldsymbol{j}=2\boldsymbol{i}\quad \mathrm{m/s^2}$$

由结果可知,质点运动的加速度是恒定不变的,任意时刻,加速度的大小都为 $2\mathrm{m}\cdot\mathrm{s}^{-2}$,方向沿 x 轴正向。加速度保持不变的运动称为匀变速运动。

练习题

1. 如图 1-3 所示,试写出 B 点对应位置矢量的分量形式,并求出其大小和方向。

2. 已知一质点的运动方程为 $\boldsymbol{r}=5\cos\pi t\boldsymbol{i}+5\sin\pi t\boldsymbol{j}$,式中 $\boldsymbol{r}$ 的单位是 m,t 的单位是 s。试求:(1)$t=2\mathrm{s}$ 时质点的位置矢量;(2)质点运动的轨迹方程,并描绘轨迹的形状。

3. 已知如练习 2。试求:(1)质点在 $t=1\mathrm{s}$ 至 $t=3\mathrm{s}$ 时间内的位移;(2)$t=1\mathrm{s}$ 至 $t=3\mathrm{s}$ 时间内质点的平均速度;(3)$t=3\mathrm{s}$ 时质点速度的大小和方向;(4)$t=1\mathrm{s}$ 至 $t=3\mathrm{s}$ 时间内质点的平均加速度;(5)$t=3\mathrm{s}$ 时质点加速度的大小和方向。

1.3 直线运动　运动学的两类问题

直线运动是质点运动中最简单、最基本的运动。本节主要介绍描述直线运动各物理量在坐标系中的表示方案。然后,以直线运动为例,讨论运动学中的两类基本问题及其解决方法。

1.3.1 直线运动

如果质点相对于参考系作直线运动,则质点的位移、速度和加速度等各矢量全都在同一直线上,因此,我们只须取一条与直线轨迹相重合的坐标轴,并选一适当的原点 O 和规定一个坐标轴的正方向,建立 Ox 轴。

在这样的坐标系中,由于描述运动各矢量的方向仅有两种可能性——与轴的正方向相同或与轴的正方向相反,这时我们可以用各矢量的正负来反映其方向(量值为正时说明矢量的方向与坐标轴正向相同,量值为负时说明矢量的方向与坐标轴正向相反),因而,在直线运动中我们可以把各矢量当标量来处理,运动方程、速度和加速度可以分别写为

$$\begin{cases}x=x(t)\\ v=\dfrac{\mathrm{d}x}{\mathrm{d}t}\\ a=\dfrac{\mathrm{d}v}{\mathrm{d}t}=\dfrac{\mathrm{d}^2x}{\mathrm{d}t^2}\end{cases}\tag{1-15}$$

例题 1-6　已知一质点作直线运动,运动方程为 $x=8t-3t^2$。式中 x 的单位是 m,t 的单位是 s。试求:(1)$t=2\mathrm{s}$ 时质点的位置;(2)$t=1\mathrm{s}$ 至 $t=2\mathrm{s}$ 时间内质点的位移;(3)$t=1\mathrm{s}$ 时质点的速度和加速度。

解 (1)根据 $x=8t-3t^2$，可得 $t=2s$ 时质点的位置为

$$x_2=8t-3t^2=8\times2-3\times2^2=4m$$

结果为正值，说明此时质点在坐标轴的正向，如图 1-7 所示。

(2)质点在 $t=1s$ 时的位置为

$$x_1=8t-3t^2=8\times1-3\times1^2=5m$$

$t=1s$ 至 $t=2s$ 时间内质点的位移为

$$\Delta x=x_2-x_1=4-5=-1m$$

结果为负值，说明这段时间内质点总体在向 Ox 轴负向运动，如图 1-7 所示。

(3)根据运动方程 $x=8t-3t^2$，可得质点的速度表达式为

$$v=\frac{dx}{dt}=8-6t$$

代入时间值，可得 $t=1s$ 时质点的速度为

$$v_1=8-6\times1=2m\cdot s^{-1}$$

结果为正值，说明此时质点速度方向沿 Ox 轴正向，如图 1-7 所示。

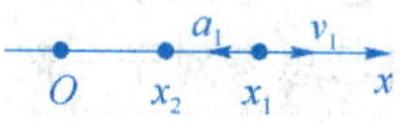

图 1-7 例题 1-6 用图

根据速度表达式 $v=8-6t$，可得加速度的表达式为

$$a=\frac{dv}{dt}=-6m\cdot s^{-2}$$

加速度为常量，则质点在任意时刻的加速度都是 $a=-6m\cdot s^{-2}$；值为负，说明质点加速度方向沿 Ox 轴负向。

速度恒定的直线运动称为匀速直线运动，匀速直线运动的运动方程可写为

$$x=x_0+vt \tag{1-16}$$

式中：x_0 是 $t=0$ 时质点所在位置的坐标。

加速度恒定的直线运动称为匀变速直线运动，在中学，我们学习过一组关于匀变速直线运动的方程，具体如下：

$$\begin{cases}x=x_0+v_0t+\frac{1}{2}at^2\\v=v_0+at\\v^2-v_0^2=2a\Delta x\end{cases} \tag{1-17}$$

式中：x_0 是 $t=0$ 时质点所在位置的坐标；v_0 是 $t=0$ 时质点的速度；Δx 是该段时间内质点的位移。

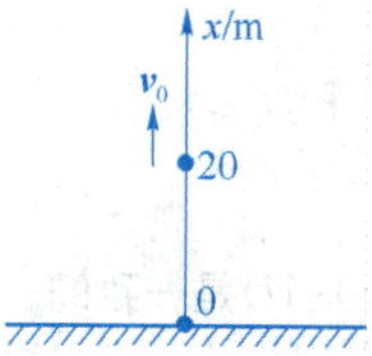

图 1-8 例题 1-7 用图

例题 1-7 在距离地面 20m 高的平台上以初速度 $v_0=19.6m\cdot s^{-1}$ 竖直向上抛出一石子。试求：抛出 2s 后石子距离地面的高度和速度。

解 以地面为原点、竖直向上为正向建立坐标轴 Ox，如图 1-8 所示。石子抛出后，仅受重力作用，重力加速度的大小为 $g=9.8\ m\cdot s^{-2}$，方向竖直向下，与坐标轴的正向相反，因此，石子的运动方程可以写为

$$x=x_0+v_0t+\frac{1}{2}at^2=20+19.6t-4.9t^2$$

石子距离地面的高度可用石子在坐标系中的坐标表示，把时间带入，可得 $t=2s$ 时石子距离地面的高度为

$$x=20+19.6t-4.9t^2=20+19.6\times 2-4.9\times 2^2=39.6\text{m}$$

根据速度表达式，并带入时间值，可得 $t=2\text{s}$ 时石子的速度为

$$v=v_0-gt=19.6-9.8\times 2=0$$

速度为零，说明此时石子到达最高点。

1.3.2 运动学的两类问题

质点运动学的问题一般分为两类：

(1)已知运动方程，求质点的速度和加速度。这类问题的求解方案是：首先逐步求运动方程对时间的导数，然后带入相应的时间值。本章前面的几个例题都属于这类的问题。

(2)已知加速度及初始条件，求质点的速度表达式和运动方程。这类问题的求解方案是：首先对加速度积分得速度表达式，对速度积分得运动方程，然后再带入相应的时间值，求具体的问题。下面我们以匀变速直线运动为例说明这类问题如何求解。掌握了基本方法之后，读者可以自己思考对于一般的直线运动，以及曲线运动如何求解。

例题 1-8 质点在 Ox 轴作加速度为 a 的匀变速直线运动，且 $t=0$ 时刻，质点的速度和位置分别为 v_0、x_0。试求：(1)质点的速度表达式；(2)质点的运动方程。

解 (1)根据加速度和速度之间的关系 $a=\dfrac{\mathrm{d}v}{\mathrm{d}t}$，变形可得

$$\mathrm{d}v=a\mathrm{d}t$$

两边积分，并代入积分上下限，得

$$\int_{v_0}^{v}\mathrm{d}v=\int_0^t a\mathrm{d}t$$

速度表达式为

$$v=v_0+at$$

(2)根据速度与位置之间的关系 $v=\dfrac{\mathrm{d}x}{\mathrm{d}t}$，把速度表达式代入，变形得

$$\mathrm{d}x=(v_0+at)\mathrm{d}t$$

两边积分，并代入积分上下限，得

$$\int_{x_0}^{x}\mathrm{d}x=\int_0^t(v_0+at)\mathrm{d}t$$

质点的运动方程为 $x=x_0+v_0t+\dfrac{1}{2}at^2$

以上所得匀变速直线运动的速度表达式和运动方程式与式(1-17)是一致的。

练习题

1. 已知一质点沿 Ox 轴运动，其运动方程为 $x=0.4\cos(2\pi t+\dfrac{\pi}{2})$，式中 x 的单位是 m，t 的单位是 s。试求：$t=0$ 时质点的位置、速度和加速度。

2. 质点在 Oy 作加速度为 $a=-9.8\mathrm{m\cdot s^{-2}}$ 的直线运动，且 $t=0$ 时刻质点位于原点，速度为 $v_0=9.8\mathrm{m\cdot s^{-1}}$。试求：质点的速度表达式和运动方程。

1.4 运动叠加原理 抛体运动

1.3 节我们介绍的直线运动虽然是最基本、最简单的运动，但也是最重要的运动，因为它是进一步研究曲线运动的基础。任何实际的复杂运动都可以看成是两个或多个沿不同方向直线运动的叠加。本节介绍运动学中的叠加原理，以及由两个相互垂直方向直线运动叠加而成的抛体运动。

1.4.1 运动叠加原理

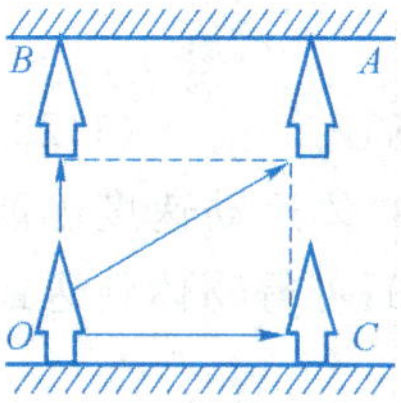

图 1-9 运动的叠加原理

如图 1-9 所示，一条小船要由 O 点出发，渡过水流流速均匀的小河。若河水流动，船的开动方向是垂直于河水的流动方向，经验告诉我们，船不能到达河对岸的 B 点，而是将到达对岸下游的 A 点；若河水不流动，船的开动方向不变，船方能到达 B 点；若河水流动，而船不开动，任其顺水漂流，则相同的时间内船将到达图中的 C 点。可见，船之所以到达 A 点，是因为船既开动，河水又流动，船同时参与了两个运动，是两个运动叠加的结果。在叠加的过程中，船的自身开动和船顺水漂流这两种运动是各自独立进行的，相互之间彼此互不影响；船由 O 点到达 A 点的位移，是船由 O 点到达 B 点与船由 O 点到达 C 点的位移按照平行四边形法则求和的结果。同样，船的速度和加速度也可以根据平行四边形法则由 OB 和 OC 两个方向运动的相应物理量求和得到。

此例所反映的内容称为运动叠加原理：大量事实表明，一个运动可以看成由几个各自独立进行的运动叠加而成，其中叠加而成的运动称为合运动，参与叠加的运动称为分运动，描述合运动和分运动的各物理量之间满足矢量运算的平行四边形法则。

根据运动叠加原理，我们可以把复杂的运动分解成几个各自独立进行的简单运动进行研究，从而使问题简化。把抛体运动分解成两个互相垂直方向的直线运动，通过研究两个直线的分运动，从而得出抛体运动的规律，就是其中比较典型的一例。

1.4.2 抛体运动

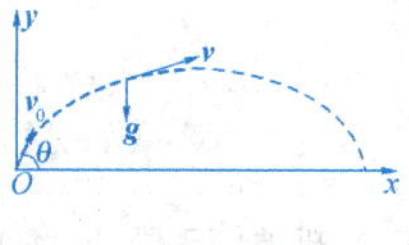

图 1-10 抛体运动

抛体运动是生活中比较常见的一种平面曲线运动，也是比较简单的一种曲线运动，抛投物体、发射炮弹、带电粒子在均匀电场中的偏转等，都是抛体运动。

我们以重力场中抛投物体为例研究抛体运动的特点。设自某点 O 以速度 v_0 抛出一物体，v_0 与水平方向的夹角为 θ，如图 1-10 所示。以 O 为原点，沿水平和竖直方向为两个坐标轴，建立平面直角坐标系，我们把物体的运动分解为水平和竖直两个方向的直线运动。

1. 抛体运动的加速度

物体抛出后，如果速度不是很大，则空气的阻力可以忽略不计。在水平方向，物体运动过程中不受外力作用，加速度为零；在竖直方向，物体只受重力作用，重力加速度的大小为 $g=9.8\text{m}\cdot\text{s}^{-2}$，方向与 y 轴正向相反。综合以上，抛体运动加速度的特点为

$$\begin{cases}a_x=0\\a_y=-g\end{cases}\tag{1-18}$$

2. 抛体运动的速度

在水平方向，加速度为零，因而物体将作匀速直线运动；在竖直方向，加速度恒定，因而物体将作匀变速直线运动。两个方向的速度表达式可分别写为

$$\begin{cases}v_x=v_{x0}=v_0\cos\theta\\v_y=v_{y0}-gt=v_0\sin\theta-gt\end{cases}\tag{1-19}$$

在直角坐标系中，速度的矢量形式可以写为

$$\boldsymbol{v}=v_x\boldsymbol{i}+v_y\boldsymbol{j}=(v_0\cos\theta)\boldsymbol{i}+(v_0\sin\theta-gt)\boldsymbol{j}\tag{1-20}$$

在竖直方向，由于加速度方向与运动方向相反，因而物体运动速度逐渐减小，直至为零，速度为零时物体达到最高点。根据 $v_y=0$，可得物体到达最高点所需时间为

$$t=\frac{v_0\sin\theta}{g}$$

物体通过最高点后，竖直方向的速度变为负值，说明物体开始下落，下落的时间与上升的时间相同，因而物体的飞行时间为

$$T=\frac{2v_0\sin\theta}{g}\tag{1-21}$$

3. 抛体运动的运动方程

根据匀速直线运动和匀加速直线运动的特点，可分别写出抛体运动在水平和竖直方向运动方程的参数形式为

$$\begin{cases}x=v_{x0}t=v_0t\cos\theta\\y=v_{y0}t-\dfrac{1}{2}gt^2=v_0t\sin\theta-\dfrac{1}{2}gt^2\end{cases}\tag{1-22}$$

在直角坐标系中，运动方程可以写为

$$\boldsymbol{r}=x\boldsymbol{i}+y\boldsymbol{j}=(v_0t\cos\theta)\boldsymbol{i}+(v_0t\sin\theta-\frac{1}{2}gt^2)\boldsymbol{j}\tag{1-23}$$

根据物体的飞行时间及水平方向的运动方程，可得物体在水平方向的飞行距离，这个距离在弹道学上称为射程，用 L 表示，则有

$$L=v_0T\cos\theta=v_0\frac{2v_0\sin\theta}{g}\cos\theta=\frac{v_0^2\sin2\theta}{g}\tag{1-24}$$

由式(1-24)可知，在初速度大小相同的条件下，如果要实现射程最大，则物体抛出时速度与水平方向的夹角应为

$$\theta=45°$$

根据物体到达最高点所需时间及竖直方向的运动方程，可得物体在竖直方向所能达到的最大高度为

$$H=v_0 t\sin\theta-\frac{1}{2}gt^2=\frac{v_0^2\sin^2\theta}{2g} \qquad (1\text{-}25)$$

由式(1-25)可知，在初速度大小相同的条件下，如果要实现物体到达的高度最大，则物体抛出时速度与水平方向的夹角应为

$$\theta=90°$$

4. 抛体运动的轨迹方程

根据运动方程的参数形式，消去时间参量 t，可得物体的轨迹方程为

$$y=\tan\theta x-\frac{g}{2v_0^2\cos^2\theta}x^2 \qquad (1\text{-}26)$$

由式(1-26)可以看出，抛体运动的轨迹是开口向 Y 轴负向的抛物线。

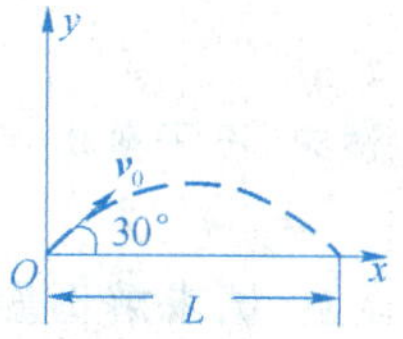

图 1-11　例题 1-9 用图

例题 1-9　在地面上以初速度 $v_0=19.6\text{m}\cdot\text{s}^{-1}$ 抛出一石子，抛出方向与水平方向夹角为 30°，忽略空气阻力。试求：(1)抛出 1.5s 时石子的运动速度；(2)石子落地点到抛出点的水平距离。

解　(1)以抛出点为坐标原点，竖直向上为 y 轴正向，建立直角坐标系如图1-11所示。把石子的运动分解为水平方向的匀速直线运动和竖直方向的匀变速直线运动。两个方向的速度表达式为

$$\begin{cases} v_x=v_0\cos\theta=19.6\cos30°=9.8\sqrt{3}\approx17.0 \\ v_y=v_0\sin\theta-gt=19.6\sin30°-9.8t=9.8-9.8t \end{cases}$$

带入时间值，得 1.5s 时石子的运动速度为

$$v_x\approx17.0$$

$$v_y=9.8-9.8t=9.8-9.8\times1.5=-4.9$$

即　$v=v_x\boldsymbol{i}+v_y\boldsymbol{j}=17.0\boldsymbol{i}-4.9\boldsymbol{j}\text{m}\cdot\text{s}^{-1}$

(2)石子的飞行时间为 $T=\frac{2v_0\sin\theta}{g}=\frac{2\times19.6\times\sin30°}{9.8}=2\text{s}$

则落地点到抛出点的水平距离为

$$L=v_xT=17.0\times2=34.0\text{m}$$

在研究抛体运动时，以水平和竖直方向为坐标轴建立坐标系是最常用的一种方案。但在具体问题中，如何建立合适的坐标系可以灵活把握，有时坐标系建立得当，可以使问题得以简化。

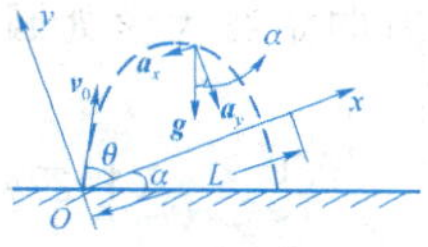

图 1-12　例题 1-10 用图

例题 1-10　如图 1-12 所示，在倾角为 α 的斜坡下，以初速度 v_0 发射一枚炮弹，v_0 方向与斜坡的夹角为 θ，忽略空气阻力。试求：炮弹落地点到发射点的距离。

解　以发射点为坐标原点，平行斜坡向上为 x 轴正向，垂直斜坡向上为 y 轴正向，建立直角坐标系，如图 1-12 所示。在这样的坐标系中，重力加速度与前面情况有所不同，它在每个坐标轴上都有分量，由图可知，分量分别为

$$a_x=-g\sin\alpha,a_y=-g\cos\alpha$$

加速度在两坐标轴上的分量都为常量,因而,炮弹在两坐标轴方向都作匀变速直线运动。

初速度在两个坐标轴上的分量分别为

$$v_{x0}=v_0\cos\theta, v_{y0}=v_0\sin\theta$$

根据 y 轴方向初速度和加速度,可得炮弹飞行时间为

$$T=2t_{升}=2\frac{v_{y0}}{a_y}=\frac{2v_0\sin\theta}{g\cos\alpha}$$

炮弹在 x 轴方向的运动方程可以写为

$$x=v_{x0}t+\frac{1}{2}a_xt^2=v_0\cos\theta t-\frac{1}{2}g\sin\alpha t^2$$

带入炮弹飞行时间,可得炮弹落地点到发射点的距离为

$$L=v_0\cos\theta T-\frac{1}{2}g\sin\alpha T^2=\frac{v_0^2}{g\cos\alpha}(\sin2\theta-2\sin^2\theta\tan\alpha)$$

练习题

1. 在例题 1-9 中,若抛出点距离地面的高度为 9.8m。试求:石子落地点到抛出点的水平距离。

2. 若以水平和竖直方向为坐标轴,建立平面直角坐标系,试求解例题 1-10。

1.5 圆周运动

圆周运动也是一种比较常见的、特殊的平面曲线运动,当物体绕固定轴转动时,其上的每个点所作的都是圆周运动。对于圆周运动,我们同样把它分解为相互垂直两个方向的直线运动,通过研究两个分运动进而得出圆周运动的规律。与前面研究抛体运动所不同的是:圆周运动我们沿圆周轨迹的切向和法向进行分解。本节主要介绍圆周运动的速度、加速度特点,以及圆周运动的角量描述方案。

1.5.1 圆周运动的速度

由本章 1.2 节的内容可知,质点作曲线运动时,速度的方向总是沿着轨迹的切线并指向前进方向,因而质点作圆周运动时,速度方向始终为该处圆弧的切线方向。圆周运动的速度可表示为

$$\boldsymbol{v}=v\,\boldsymbol{e}_t \tag{1-27}$$

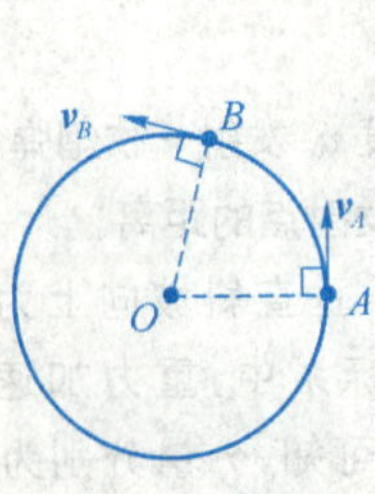

图 1-13 圆周运动的速度

式中:$v=\frac{ds}{dt}$,表示速度的大小,即速率;$\boldsymbol{e}_t$表示圆弧切向的单位矢量。

由于圆弧切向方向处处不同,所以,圆周运动的速度方向是时时变化的,因而速度也是时时变化的。如图 1-13 所示。如果圆周运动的速度大小随时

间变化，则称为变速率圆周运动，我们通常称之为变速圆周运动；如果圆周运动的速度大小不随时间变化，则称为匀速率圆周运动，我们通常称之为匀速圆周运动。可见，即使是匀速圆周运动，其速度也不是恒定的。

1.5.2 圆周运动的加速度

如图 1-13 所示，t 时刻质点位于 A 点，速度为 v_A，$t+\Delta t$ 时刻质点运动到 B 点，速度为 v_B。在 $t \sim t+\Delta t$ 时间内，质点速度的变化为 $\Delta v = v_B - v_A$。

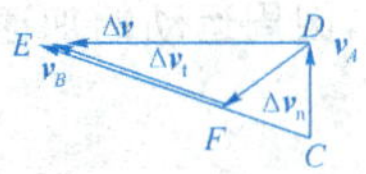

图 1-14 圆周运动的加速度

在图 1-14 中，在由矢量 v_B、v_A 和 Δv 构成的矢量△CDE 中，取 $\overline{CF}=\overline{CD}$，则 A、B 两点的速度差 Δv 可以写成

$$\Delta v = \Delta v_n + \Delta v_t$$

式中：$|\Delta v_t| = \overline{EF}$，它反映了 A、B 两点速度大小的变化；$|\Delta v_n| = \overline{DF}$，它反映了 A、B 两点速度方向的变化。

根据加速度的定义，有

$$\boldsymbol{a} = \lim_{\Delta t \to 0} \frac{\Delta v}{\Delta t} = \lim_{\Delta t \to 0} \frac{\Delta v_n}{\Delta t} + \lim_{\Delta t \to 0} \frac{\Delta v_t}{\Delta t} = \boldsymbol{a}_n + \boldsymbol{a}_t \tag{1-28}$$

1. 法向加速度

在式(1-28)中，$\boldsymbol{a}_n = \lim\limits_{\Delta t \to 0} \frac{\Delta v_n}{\Delta t}$。当 $\Delta t \to 0$ 时，B 点无限地接近 A 点，v_B、v_A 的方向无限的靠近，此时，Δv_n 的极限方向将垂直于 v_A，即 Δv_n 的极限方向沿圆周半径指向圆心。沿圆周半径指向圆心的方向称为轨道的法向，因而，加速度的这个分量称为法向加速度(中学时称其为向心加速度)。法向的单位矢量用 $\boldsymbol{e}_n$ 表示，因而法向加速度可以写为

$$\boldsymbol{a}_n = a_n \boldsymbol{e}_n$$

式中，a_n 称为法向加速度的大小。下面我们利用相似三角形知识，讨论法向加速度大小的表达式。

在图 1-13 和图 1-14 中，由于对应边相互垂直，有△AOB∽△DCF，因而有

$$\frac{\overline{AB}}{|\Delta v_n|} = \frac{R}{v_A}$$

即 $|\Delta v_n| = \frac{v_A}{R}\overline{AB}$，则 A 点法向加速度的大小为

$$a_n = |\boldsymbol{a}_n| = \lim_{\Delta t \to 0} \frac{|\Delta v_n|}{\Delta t} = \frac{v_A}{R} \lim_{\Delta t \to 0} \frac{\overline{AB}}{\Delta t} = \frac{v_A^2}{R}$$

由于 A 点是任取的，所以对于圆周轨迹上的任意一点，法向加速度的大小为

$$a_n = |\boldsymbol{a}_n| = \frac{v^2}{R}$$

2. 切向加速度

在式(1-28)中，$\boldsymbol{a}_t = \lim\limits_{\Delta t \to 0} \frac{\Delta v_t}{\Delta t}$。当 $\Delta t \to 0$ 时，B 点无限地接近 A 点，v_B、v_A 的方向无限的靠近，此时，Δv_t 的极限方向将与 v_A 方向一致，即 Δv_t 的极限方

向沿圆周的切向，因而，加速度的这个分量称为切向加速度，即

$$\boldsymbol{a}_t = a_t \boldsymbol{e}_t$$

式中，a_t 称为切向加速度的大小，其值

$$a_t = |\boldsymbol{a}_t| = \lim_{\Delta t \to 0} \frac{|\Delta v_t|}{\Delta t} = \lim_{\Delta t \to 0} \frac{\Delta v}{\Delta t} = \frac{dv}{dt}$$

3. 加速度

通过上面的讨论可以看出：法向加速度与质点运动速度方向的改变相关，它是描述质点速度方向变化快慢的物理量；切向加速度与质点运动速度大小的改变相关，它是描述质点速度大小变化快慢的物理量。综合以上，圆周运动的加速度为

$$\begin{cases} \boldsymbol{a} = \boldsymbol{a}_n + \boldsymbol{a}_t = a_n \boldsymbol{e}_n + a_t \boldsymbol{e}_t \\ a_n = \dfrac{v^2}{R}, a_t = \dfrac{dv}{dt} \end{cases} \tag{1-29}$$

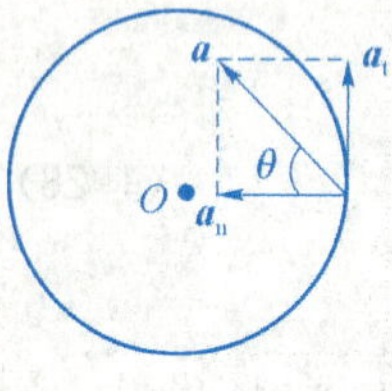

图 1-15 加速度的大小和方向

如图 1-15 所示，加速度的大小为

$$a = \sqrt{a_n^2 + a_t^2}$$

加速度的方向用加速度与半径的夹角正切值表示，即

$$\tan\theta = \frac{a_t}{a_n}$$

质点作匀速圆周运动时，由于速度的大小不变，仅速度的方向改变，因而加速度只有法向加速度分量，而没有切向加速度分量；质点作变速圆周运动时，由于速度的大小和方向都变化，因而加速度既有切向分量，又有法向分量。

例题 1-11 一质点在平面内作半径为 $R=0.1$m 圆周运动，已知质点所经历的路程随时间变化的关系为 $S=2+3t-4t^2$，式中 S 以 m 为单位，t 以 s 为单位。试求：(1)$t=2$s 时质点的速度；(2)$t=2$s 时质点的加速度。

解 (1)根据路程随时间的变化关系，可得质点运动的速率为

$$v = \frac{dS}{dt} = 3 - 8t$$

把 $t=2$s 带入上式，可得 $v_2 = 3 - 8 \times 2 = -13\text{m} \cdot \text{s}^{-1}$

速度为

$$\boldsymbol{v}_2 = -13\boldsymbol{e}_t \text{m} \cdot \text{s}^{-1}$$

(2)根据速率表达式，可得法向加速度和切向加速度大小分别为

$$a_{2n} = \frac{v_2^2}{R} = \frac{(-13)^2}{0.1} = 1\,690$$

$$a_t = \frac{dv}{dt} = \frac{d(3-8t)}{dt} = -8$$

切向加速度的大小恒定，所以 $a_{2t} = -8\text{m} \cdot \text{s}^{-2}$

$t=2$s 时，质点的加速度为

$$\boldsymbol{a} = a_{2n}\boldsymbol{e}_n + a_{2t}\boldsymbol{e}_t = 1\,690\boldsymbol{e}_n - 8\boldsymbol{e}_t \ \text{m} \cdot \text{s}^{-2}$$

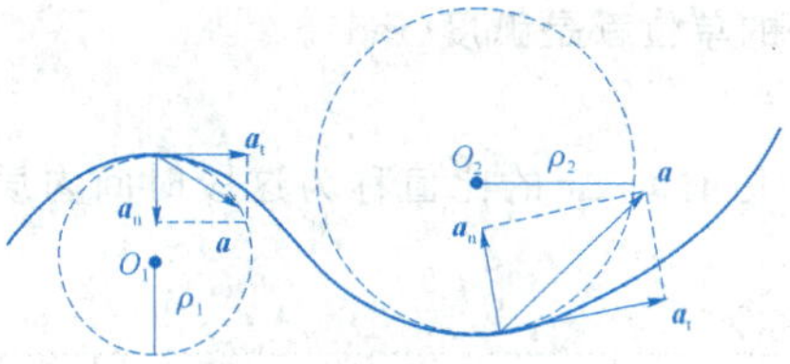

图 1-16 一般曲线运动

4. 一般曲线运动加速度

质点作一般曲线运动时，加速度同样可以沿切向和法向进行分解。切向加速度沿着质点所在位置轨道曲线的切线并指向前进方向，法向加速度垂直于切向加速度，指向质点所在位置轨道对应圆的圆心，总加速度始终指向曲线的凹侧，如图 1-16 所示。

一般曲线运动中，曲线各处对应的圆周的圆心和半径都不相同，我们称这些圆的圆心为该处的曲率中心，对应圆周的半径称为曲率半径，用 ρ 表示，如图 1-16 所示。质点在各处切向加速度和法向加速度的大小分别为

$$a_t=\frac{\mathrm{d}v}{\mathrm{d}t},a_n=\frac{v^2}{\rho} \tag{1-30}$$

一般曲线运动中，质点既有切向加速度，又有法向加速度，因而质点运动速度的大小和方向均发生变化；如果质点只有切向加速度，而没有法向加速度，则质点只有速度大小的变化，而没有速度方向的变化，那么质点所作的是直线运动；如果质点只有法向加速度而没有切向加速度，则质点只有速度方向的变化，而没有速度大小的变化，那么质点所作的是匀速率的曲线运动；如果质点的法向加速度始终指向一个固定点，那么质点所作的是匀速圆周运动。

1.5.3 圆周运动的角量描述

1. 圆周运动的角量描述

圆周运动除了可以用位移、速度、加速度这些线量描述之外，还通常用角位置、角位移、角速度、角加速度等角量来描述。

(1) 角位置

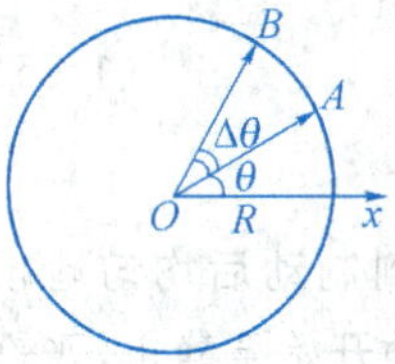

图 1-17 角位置和角位移

如图 1-17 所示，质点在平面内绕 O 点作半径为 R 的圆周运动。t 时刻质点位于 A 点，则 A 点的位置可以用该点对应的位矢 $\overrightarrow{OA}$ 与 Ox 轴正向的夹角 θ 来描述，这个用来描述质点位置的角量称为角位置。

(2) 角量描述的运动方程

如果质点运动，则其对应的角位置是一个随时间变化的函数，可写为

$$\theta=\theta(t) \tag{1-31}$$

此式称为用角量描述的圆周运动运动方程。

(3) 角位移

若质点在 $t+\Delta t$ 时刻运动到 B 点，A 点和 B 点对应位矢之间的夹角 $\Delta\theta$ 则反映了 Δt 时间内质点位置的变化情况，这个用角量描述的位移称为角位移。角位移也可以说成是该段时间内质点转过的角度。质点沿圆周绕行的方向不同，角位移的转向不同，一般地，我们规定质点沿逆时针绕行时角位移为正，即 $\Delta\theta>0$，质点沿顺时针方向绕行时角位移为负，即 $\Delta\theta<0$。

在国际单位制中,角位置和角位移的单位都是弧度(rad)。

(4)角速度

角位移 $\Delta\theta$ 与产生这段角位移所经历时间 Δt 的比值称为这段时间内质点的平均角速度,用$\overline{\omega}$表示,即

$$\overline{\omega}=\frac{\Delta\theta}{\Delta t} \tag{1-32}$$

平均角速度只能粗略地描述质点转动的快慢,若想精确地知道质点在某一时刻的转动快慢,则需要把所讨论的时间段尽可能取小一点。当 $\Delta t\to0$ 时,平均角速度的极限值称为质点 t 时刻的瞬时角速度(简称角速度),用 ω 表示,即

$$\omega=\lim_{\Delta t\to0}\frac{\Delta\theta}{\Delta t}=\frac{\mathrm{d}\theta}{\mathrm{d}t} \tag{1-33}$$

在国际单位制中,平均角速度和角速度的单位都是弧度每秒(rad·s^{-1}),常用的单位还有转每分钟(r·min^{-1})、转每小时(r·h^{-1})。

(5)角加速度

与定义角速度类似,我们定义角加速度为

$$\beta=\lim_{\Delta t\to0}\frac{\Delta\omega}{\Delta t}=\frac{\mathrm{d}\omega}{\mathrm{d}t} \tag{1-34}$$

角加速度的单位是弧度每二次方秒(rad·s^{-2})。

圆周运动中,角速度和角加速度的方向也用其值的正负反映。若角加速度与角速度符号相同,则为加速圆周运动;若角加速度与角速度符号相反,则为减速圆周运动;若角加速度 $\beta=0$,角速度不变,则为匀速圆周运动,此时,角位移 $\Delta\theta=\omega t$;若角加速度恒定不变,则为匀变速圆周运动。与匀变速直线运动相比照,很容易得出匀变速圆周运动的一组关系:

$$\begin{cases}\omega=\omega_0+\beta t\\ \theta=\theta_0+\omega_0t+\dfrac{1}{2}\beta t^2\\ \omega^2-\omega_0^2=2\beta(\theta-\theta_0)\end{cases} \tag{1-35}$$

例题 1-12 一飞轮以转速 $n=900\,\mathrm{r\cdot min^{-1}}$ 转动,受到制动后均匀地减速,经 $t=50\,\mathrm{s}$ 静止。试求:(1)飞轮的角加速度 β;(2)从制动开始至静止,飞轮转过的转数;(3)$t=25\,\mathrm{s}$ 时,飞轮的角速度。

解 (1)由题意可知

$$\omega_0=\frac{2\pi\times900}{60}=30\pi\ \mathrm{rad\cdot s^{-1}}$$

根据匀变速圆周运动的角速度公式 $\omega=\omega_0+\beta t$,得角加速度为

$$\beta=\frac{\omega-\omega_0}{t}=\frac{0-30\pi}{50}=-0.6\pi\ \mathrm{rad\cdot s^{-2}}$$

(2)根据角位置公式 $\theta=\theta_0+\omega_0t+\frac{1}{2}\beta t^2$,得这段时间内飞轮的角位移为

$$\Delta\theta=\theta-\theta_0=\omega_0 t+\frac{1}{2}\beta t^2=30\pi\times 50-\frac{1}{2}\times 0.6\pi\times 50^2=750\pi\ \mathrm{rad}$$

飞轮转数为

$$N=\frac{\Delta\theta}{2\pi}=\frac{750\pi}{2\pi}=375\ 转$$

(3)根据 $\omega=\omega_0+\beta t$，得 $t=25\mathrm{s}$ 时角速度为

$$\omega=\omega_0+\beta t=30\pi-0.6\pi\times 25=15\pi\ \mathrm{rad\cdot s^{-1}}$$

2. 角量和线量的关系

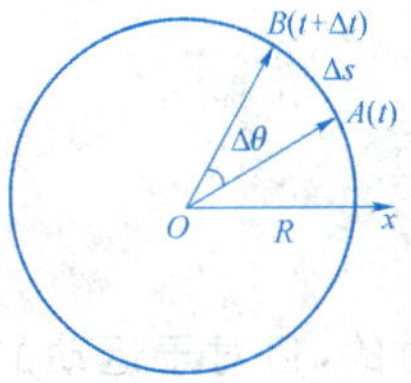

图 1-18 角量和线量关系

在圆周运动中，线量和角量都是描述同一对象的，因而二者之间必然有着联系。如图 1-18 所示，设圆周半径为 R，则 Δt 时间内质点经过的弧长 Δs 与角位移之间存在如下关系：

$$\Delta S=R\Delta\theta$$

质点运动的速率

$$v=\lim_{\Delta t\to 0}\frac{\Delta S}{\Delta t}=\lim_{\Delta t\to 0}\frac{R\Delta\theta}{\Delta t}=R\lim_{\Delta t\to 0}\frac{\Delta\theta}{\Delta t}=R\omega$$

进而有

$$a_n=\frac{v^2}{R}=\frac{(R\omega)^2}{R}=R\omega^2$$

$$a_t=\frac{\mathrm{d}v}{\mathrm{d}t}=\frac{\mathrm{d}(R\omega)}{\mathrm{d}t}=R\frac{\mathrm{d}\omega}{\mathrm{d}t}=R\beta$$

整理以上结论，得圆周运动的角量和线量关系为

$$\Delta S=R\Delta\theta, v=R\omega, a_n=R\omega^2, a_t=R\beta \tag{1-36}$$

例题 1-13 一质点沿半径为 $R=0.1\mathrm{m}$ 的圆周运动，运动方程为 $\theta=2-4t^3$，式中，θ 以 rad 计，t 以 s 计。试求：(1) $t=2\mathrm{s}$ 时，质点的切向加速度和法向加速度的大小；(2) θ 为多大时，切向加速度和法向加速度的大小相等。

解 (1)根据 $\theta=2-4t^3$，可得

$$\omega=\frac{\mathrm{d}\theta}{\mathrm{d}t}=-12t^2, \beta=\frac{\mathrm{d}\omega}{\mathrm{d}t}=-24t$$

把 $t=2\mathrm{s}$ 带入，得

$$\omega_2=-12\times 2^2=-48, \beta_2=-24\times 2=-48$$

根据角量和线量关系，有

$$a_{2n}=R\omega_2^2=0.1\times(-48)^2=230.4\mathrm{m\cdot s^{-2}}$$

$$a_{2t}=R\beta_2=0.1\times(-48)=-4.8\mathrm{m\cdot s^{-2}}$$

大小分别为

$$|a_{2n}|=230.4\mathrm{m\cdot s^{-2}},\quad |a_{2t}|=4.8\ \mathrm{m\cdot s^{-2}}$$

(2)若 $|a_n|=|a_t|$，应有

$$|R\omega^2|=|R\beta|$$

把 $\omega=-12t^2$，$\beta=-24t$ 带入，并整理得

$$144t^4=24t$$

解方程得 $t^3=\dfrac{1}{6}$,带回运动方程,得此时

$$\theta=2-4t^3=2-4\times\frac{1}{6}=1.33\text{rad}$$

练习题

1. 在例题 1-11 中,试求:$t=2\text{s}$ 时质点的角速度和角加速度。

2. 在例题 1-12 中,若 $R=0.1\text{m}$。试求:$t=25\text{s}$ 时飞轮边缘上一点的速度、切向加速度和法向加速度的大小。

1.6 相对运动

在本章的 1.1 节中我们曾经介绍:物体的运动是绝对的,但对于运动的描述却是相对的,在不同的参考系中描述同一个运动,所得结论往往是不同的。本节主要介绍在不同的参考系中描述同一个运动时,所得的位置矢量、位移、速度和加速度之间的变换关系。

相对运动问题常常涉及到两个参考系。一个是相对于观察者静止的参考系,称为静止参考系(简称静系,也称 K 系);一个是相对于观察者运动的参考系,称为运动参考系(简称动系,也称 K'系)。物体相对于静系的速度称为绝对速度,用v_{AK}表示;物体相对于动系的速度称为相对速度,用$v_{AK'}$表示;动系相对于静系的速度称为牵连速度,用$v_{K'K}$表示。

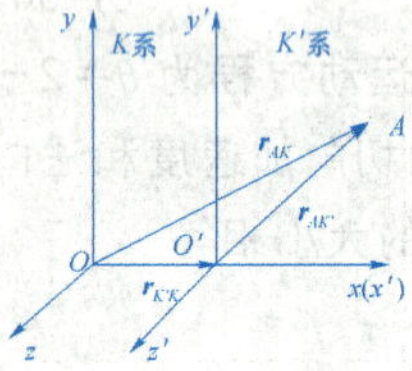

图 1-19 相对运动

运动参考系相对于静止参考系的运动可以是平动,也可以是转动,或者是更复杂的运动。在这里,我们仅讨论最简单的情况:动系(K'系)相对于静系(K 系)作匀速直线运动。如图 1-19 所示,在 K 系和 K'系中分别建立直角坐标系 $Oxyz$ 和 $O'x'y'z'$,使两参考系的 x 轴重合,其他两个坐标轴平行。

设空间有一运动质点,t 时刻质点位于 P 点,该点在 K 系中对应的位矢为 $\boldsymbol{r}_{AK}$,在 K'系对应的位矢为 $\boldsymbol{r}_{AK'}$,由图 1-19 可知,两参考系中位矢之间的关系为

$$\boldsymbol{r}_{AK}=\boldsymbol{r}_{AK'}+\boldsymbol{r}_{K'K} \tag{1-37}$$

式(1-37)称为位矢变换式。式中,$\boldsymbol{r}_{K'K}$ 为 K'系原点 O'在 K 系中对应的位矢。

上式两侧对时间求导,可得

$$\frac{\mathrm{d}\boldsymbol{r}_{AK}}{\mathrm{d}t}=\frac{\mathrm{d}\boldsymbol{r}_{AK'}}{\mathrm{d}t}+\frac{\mathrm{d}\boldsymbol{r}_{K'K}}{\mathrm{d}t}$$

式中:$\dfrac{\mathrm{d}\boldsymbol{r}_{AK}}{\mathrm{d}t}=v_{AK}$,$\dfrac{\mathrm{d}\boldsymbol{r}_{AK'}}{\mathrm{d}t}=v_{AK'}$,$\dfrac{\mathrm{d}\boldsymbol{r}_{K'K}}{\mathrm{d}t}=v_{K'K}$,则上式可写为

$$v_{AK}=v_{AK'}+v_{K'K} \tag{1-38}$$

式(1-38)称为速度变换式。速度变换式对时间再求导,可得加速度变换式

$$\boldsymbol{a}_{AK}=\boldsymbol{a}_{AK'}+\boldsymbol{a}_{K'K} \tag{1-39}$$

式中,$\boldsymbol{a}_{K'K}$ 为 K'系相对于 K 系的加速度。若 K'系相对于 K 系作匀速直线运

动，则 $\boldsymbol{a}_{K'K}=0$，此时 $\boldsymbol{a}_{AK}=\boldsymbol{a}_{AK'}$。

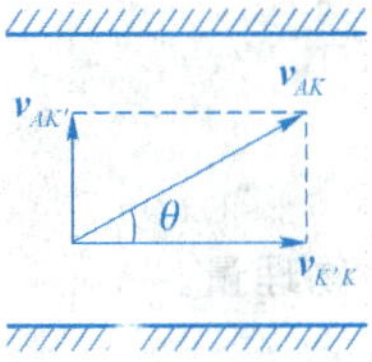

图 1-20 例题 1-14 用图

由以上分析可知，在相对运动问题中，K 系和 K' 系中及两系之间描述运动的对应物理量之间都是满足矢量合成的三角形法则的。

例题 1-14 一条小船在静水中行驶的速度为 $3.0\mathrm{m\cdot s^{-1}}$，现船在水流速度为 $4.0\mathrm{m\cdot s^{-1}}$ 的河中垂直于水流速度方向行驶，如图 1-20 所示。试求：河岸上的人看来，小船的行驶速度大小及行驶的方向。

解 此问题中涉及两个参考系，一个是河岸上的人，我们设其为静系 K 系，小船相对于河岸上人的速度 v_{AK} 是我们所要求解的；另一个参考系是河水，我们设其为动系 K' 系。小船的行驶速度即为船相对于动系的速度，即 $|v_{AK'}|=3.0\mathrm{m\cdot s^{-1}}$；河水的流动速度则为 K' 系相对于 K 系的速度，即 $|v_{K'K}|=4.0\mathrm{m\cdot s^{-1}}$。

根据相对运动速度变换式 $v_{AK}=v_{AK'}+v_{K'K}$，及 $v_{AK'}\perp v_{K'K}$，可得岸上人看到小船速度大小为

$$|v_{AK}|=\sqrt{|v_{AK'}|^2+|v_{K'K}|^2}=\sqrt{3^2+4^2}=5\ \mathrm{m\cdot s^{-1}}$$

方向与河岸夹角的正切值为

$$\tan\theta=\frac{v_{AK'}}{v_{K'K}}=\frac{3}{4}$$

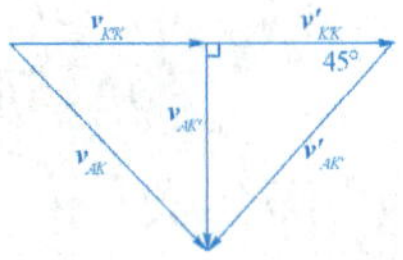

图 1-21 例题 1-15 用图

例题 1-15 某人以 4m/s 的速度向东行进时，感觉风从正北吹来。如果此人将行进速度增加一倍，则感觉风从东北方向吹来。试求：风相对于地面速度的大小和方向。

解 以地面为静止的 K 系，人为 K' 系，则人行进的速度为 K' 系相对于 K 系的速度 $v_{K'K}$，人感觉风的速度为 $v_{AK'}$。

对于两种情况，根据 $v_{AK}=v_{AK'}+v_{K'K}$，作矢量三角形如图 1-21 所示。根据矢量三角形的几何关系，可得风相对于地速度的大小为

$$v_{AK}=\sqrt{2}v_{K'K}=\sqrt{2}\times4=5.66\ \mathrm{m\cdot s^{-1}}$$

风向为 $\theta=45°$

风速的方向为东偏南 45°。

练习题

1. 在例题 1-14 中，设河宽 10m。试求：船到达河对岸的最短距离及船行驶的方向。

2. 甲船以 $6\mathrm{m\cdot s^{-1}}$ 的速度向东行驶，乙船以 $8\mathrm{m\cdot s^{-1}}$ 的速度向南行驶。试求：(1)甲船看来乙船的速度；(2)乙船的看来甲船的速度。

小 结

质点运动学的任务是描述质点的运动，即研究用什么描述质点的运动，

怎么描述质点的运动。本章内容主要分两部分：一般质点运动的描述和特殊质点运动的描述。

一、一般质点运动的描述

对于一般质点运动的描述，我们介绍了两个方程和四个物理量。

1. 两个方程

运动方程：描述质点位置随时间变化关系的方程

$$\boldsymbol{r}=\boldsymbol{r}(t)=x(t)\boldsymbol{i}+y(t)\boldsymbol{j}+z(t)\boldsymbol{k}$$

轨迹方程：描述质点运动轨迹形状的方程（由运动方程的参数形式消 t 得到）

$$f(x,y,z)=0$$

2. 四个物理量

位置矢量：描述质点位置的矢量 $\boldsymbol{r}=x\boldsymbol{i}+y\boldsymbol{j}+z\boldsymbol{k}$

位移：描述质点位置的变化 $\Delta\boldsymbol{r}=\boldsymbol{r}_B-\boldsymbol{r}_A$

速度：描述质点位置变化的快慢 $\boldsymbol{v}=\dfrac{\mathrm{d}\boldsymbol{r}}{\mathrm{d}t}$

加速度：描述质点速度变化的快慢 $\boldsymbol{a}=\dfrac{\mathrm{d}\boldsymbol{v}}{\mathrm{d}t}$

二、特殊质点运动的描述

1. 直线运动

描述直线运动时，所使用的物理量都可以写成标量形式，用标量值的正负反映该物理量的方向。值为正，该物理量方向与坐标轴正向相同；值为负，该物理量方向与坐标轴正向相反。

2. 抛体运动

描述抛体运动时，应用运动叠加原理把抛体运动分解成相互垂直方向的两个直线运动，分别研究两个直线运动的各物理量，再根据平行四边形法则合成得出抛体运动的各物理量。

3. 圆周运动

圆周运动的描述有两套不同的方案。

（1）圆周运动的线量描述

速度：$\boldsymbol{v}=v\,\boldsymbol{e}_{\mathrm{t}}=\dfrac{\mathrm{d}s}{\mathrm{d}t}\boldsymbol{e}$

加速度：$\boldsymbol{a}=\boldsymbol{a}_{\mathrm{n}}+\boldsymbol{a}_{\mathrm{t}}=\dfrac{v^2}{R}\boldsymbol{e}_{\mathrm{n}}+\dfrac{\mathrm{d}v}{\mathrm{d}t}\boldsymbol{e}_{\mathrm{t}}$

（2）圆周运动的角量描述

角位置：θ

角位移：$\Delta\theta$

角速度：$\omega=\dfrac{\mathrm{d}\theta}{\mathrm{d}t}$

角加速度：$\beta=\frac{d\omega}{dt}$

(3)角线量关系

$\Delta S=R\Delta\theta, v=R\omega, a_n=R\omega^2, a_t=R\beta$

阅读材料一：物理学的产生和发展

简单地说，物理学是研究事物道理的科学。具体地说，物理学就是研究现在已经存在的事物之所以存在的道理，研究现在不存在的事物，我们如何把它创造出来的道理的科学。由此可见，物理学是非常重要的。毫不夸张地说，作为自然科学的一门重要的基础学科，物理学历来是人类物质文明发展的基础，人类社会科学技术水平从一个时代向另一个时代的跨越中，物理学的发展一直都是源动力。在人类文明发展的岁月长河中，是这门古老而又生机勃勃的学科为我们树立了一座又一座卓越的里程碑。从回顾物理学的产生和发展过程中，我们能够深深地体会到这一点。

一、在古代，物理学萌芽于自然哲学

物理学的发展最初来自于人们对自然现象的哲学思考。人们思考天是什么样？地是什么样？世界上的物质都是由什么组成的？所以物理学的前身叫：自然哲学。在人类文明的这个黎明时期，各个学科还没有分化，科学和哲学也没有分家，物理学、天文学都包含在自然哲学之中。有记载的最早的自然哲学家是古希腊的米力都人泰勒斯（公元前 6 世纪），他认为万物源于水，土是由水凝固而成，气是由水稀释而成，而火则是由气受热而生。虽然“万物源于水”这个命题的具体内容并不正确，但是它追究物的本源，并且找到的本源是物质的，这开创了唯物主义哲学的传统。

在古代，物理学的辉煌曾为人类的早期文明作出了突出贡献。其中，四大文明古国（古代希腊、古代埃及、古代巴比伦、古代中国）中的希腊和中国的贡献最大。中国的四大发明——火药、印刷、指南针、造纸至今是我们民族的骄傲。这四个实物性的成果大大地改善了人们的生活水平。在美国首都华盛顿的世界航天博物馆中，至今仍陈列一幅巨画，画的是我国古代发明的捆绑着火药喷射筒的弓箭，这就是现代捆绑式火箭的前身。

不过，在古代对物理学贡献最大的当数古希腊。至今许多物理量的代表符号仍使用希腊字母便是一个例证。古希腊的毕达哥拉斯（公元前 570 年左右）是第一个提出地球概念的人。地球是一个圆球，这虽然是今天人所共知的，但在当时这是极具革命性的观点，因为这违反：“天似穹庐，笼盖四野”的天圆地方的直观印象。希腊人在他之后都认为地球是一个圆球，成为世界上第一个相信大地为球型的民族。古希腊的亚里士多得（公元前 384—322）写了世界上第一个以物理学为名的书，“物理学”这个词就是他创造出来的。古

希腊还有一位名人,那就是亚里士多德的老师——柏拉图,柏拉图推崇理念,重视数学推导。在他的学院入口处立了一个牌子:"不懂几何学者不得入内",他认为数学是通向理念世界的工具。没错,即使在今天,物理学的学习和研究很多方面都要依靠数学工具。

为什么古希腊没什么代表性的实物成果,却在物理学的发展中影响最大,地位最高呢?原因有三个:一是奴隶制保证了希腊人的优裕生活和闲暇,可以从事理性思辨;二是希腊的民主制保证了希腊人(以雅典为代表)的自由思考、自由发表意见和自由议论;三是希腊人独有的求知欲和对理论思维的偏好,学以致知,而不是强调学以致用。希腊人是为科学而科学,追求纯粹知识,藐视现实功利。正如亚里士多德说的:"人们开始从事哲理的思考和追求都是由于惊异,感到困惑和惊异的人们想到了自己的无知,为了摆脱无知,他们就致力于思考。"

二、在近代,物理学发展于16世纪

16世纪是物理学飞速发展的时代,也是人类生产技术水平飞速发展的时代。这时期物理学的成就主要有三方面:以哥白尼和开普勒为代表的天文学,以伽利略和牛顿为代表的经典力学,以瓦特和焦耳为代表的热力学。这些物理学的成就直接应用于生产实际,进而引发了人类历史上的第一次工业革命。

1. 以哥白尼和开普勒为代表的天文学

16世纪正是欧洲文艺复兴时期。中世纪欧洲教会统治,为了方便统治,他们一直宣扬是上帝创造了世界,认为大地才是中心,即信奉地心说。波兰天文学家哥白尼(1473—1543)在临去世前出版了他的不朽著作《天体运行论》,提出了日心说的观点。这本书的发表在人类思想解放史中具有划时代的意义,因为它代表着从此人类的科学与政治分开,成为独立发展的方面。

哥白尼只提出了日心说的概念,但没建立起行星是如何绕太阳运动的模型。具体的天体运行模型是多年之后,德国天文学家开普勒(1571—1630)提出来的。他经过16年的观察和分析提出了行星运动三定律。开普勒定律不仅表明天文学作为一门科学已经成熟,而且标志着新的科学思想和方法正在形成(观测、分析、结合数学公式,而不是主观想象),因此,德国哲学家黑格尔称开普勒是天体力学的真正奠基人。

2. 以伽利略和牛顿为代表的经典力学

伽利略是开普勒同时代的人,主要的贡献是发展了科学实验方法。他认为,一个科学家必须超越"单纯的思索",必须通过实验来"聪明的提问",因此他被后人称为"近代科学之父"。

牛顿(1642—1727)在总结伽利略等人工作基础上,1687年发表了他的名著《自然哲学的数学原理》,提出了力学的三条基本定律和万有定律,解释了为什么行星会依据开普勒定律运动。牛顿在历史上的地位是举足轻重的,他的著作《自然哲学的数学原理》的出版是物理学史上另一个划时代的事件，因为这是人类对自然认识的一次大飞跃和第一次伟大的综合。

3. 以瓦特和焦耳为代表的热力学

早在瓦特之前，就有许多人在尝试着用蒸汽做动力。1698 年，托马斯·萨夫里发明了蒸汽机，用以抽干矿井里的水。1705 年，T. 纽科门在改进萨夫里蒸汽机的基础上，制造了一台大气压力蒸汽机，利用蒸汽冷却时产生的部分真空形成的大气压力作为动能，主要用于矿井抽水。但是，该机存在着明显缺陷，不能作为动力机普遍安装。瓦特在格拉斯哥大学实验室当实验员时，负责修理纽科门蒸汽机，他善于钻研，不断对蒸汽机进行改进。发明了复式蒸汽机，又称万能蒸汽机。这种蒸汽机突破了人力、畜力、风力和水力作为机器动力的局限性，能够提供可控制的任何强度的动力，在生产中广泛应用，使生产力水平得到飞速的提高。从此人类从工场手工业进入了机器大工业，开始了蒸汽时代。

焦耳的贡献是他大量精确且可重复的实验数据证明了机械能、电能和热能之间的转化关系，测定了热功当量常数，为能量守恒定律奠定了不可动摇的基础。

三、在现代，物理学鼎盛于 19 世纪

19 世纪堪称是人类的电磁学世纪，主要的成绩有电磁的相互作用、电磁感应现象等方面的发现。这些发现奠定了现代电工学的基础，使人类在工农业生产中大规模利用电能的设想成为现实。电磁学理论的建立及电磁学知识的应用引发了第二次工业革命。人类历史从蒸汽时代跨入了电气时代。

19 世纪后期，麦克斯韦以其天才的数学才华，发展了法拉第有关“场”的思想，从理论上预言：电磁波作为一种物质存在于我们的周围。20 多年后，他的预言被实验物理学家赫兹所证实。麦克斯韦建立的经典电磁场理论揭示了电场和磁场的内在联系及传播规律，是现代电工学、无线电学、光学、微波和红外技术等领域的基础，它带动了电子、通信、电光源、无线电等新型产业的迅猛崛起。1831 年，英国科学家法拉第发现了电磁感应现象，提出了发电机的理论基础。1866 年德国人西门子制成发电机。这一时期，能把电能转化为机械能的电动机也被发明出来，电力开始用于带动机器，成为补充和取代蒸汽动力的新能源。随后，电灯、电车、电钻、电焊等电气产品如雨后春笋般地涌现出来。美国科学家爱迪生建立了美国第一个火力发电站，把输电线联接成网络。电力是一种优良而价廉的新能源。它的广泛应用，推动了电力工业和电器制造业等一系列新兴工业的迅速发展。

四、步入 20 世纪，物理学开辟了更广阔的发展空间

普朗克在研究热辐射问题时于 1900 年提出了量子的假设，爱因斯坦在研究迈克耳逊—莫雷实验现象结论时于 1905 年提出了狭义相对论假设，从

此翻开了近代物理的一页。以它们为基石的现代科学引发了人类历史上最伟大的第三次工业革命,随之而来的是各种高科技产业,如微电子、激光、超导、核技术、空间技术、信息传播技术等爆炸式的崛起,人类进入了信息化时代。

纵观20世纪物理学的进展,我们发现在这个世纪物理学发展的最迅猛,可以说成就层出不穷,物理学的研究从研究自然界天然存在的"物"之"理"转入了研究如何创造新的"物"之"理",物理学不仅仍然是自然科学基础研究中最重要的前沿学科之一,而且已经发展成为一门应用性极强的学科,并继续向其他学科渗透。

习题 1

A 类题目:

1-1 一质点作平面运动,坐标随时间变化的关系为 $x=3t+5$, $y=t^2+3t-4$(SI)。试求:(1)质点的运动方程;(2)质点的轨迹方程,并描绘轨迹的形状。

1-2 一质点在平面内运动,其运动方程为 $\boldsymbol{r}=3\sin 2\pi t\boldsymbol{i}+4\cos 2\pi t\boldsymbol{j}$ m。试求:(1)轨迹方程,并描绘轨迹的形状;(2)质点的速度表达式;(3)质点的加速度表达式。

1-3 一质点的运动方程为 $\boldsymbol{r}=3t^2\boldsymbol{i}+(t^3-4)\boldsymbol{j}$m。试求:(1)$t=2$s 时,质点的位置矢量;(2)0~2s 质点的位移及平均速度;(3)$t=2$s 时,质点的速度和加速度。

1-4 一个人从原点出发,用 20s 向南走了 30m,之后又用 20s 向东走了 30m。试求:(1)在这段时间内此人的位移和路程;(2)平均速度和平均速率。

1-5 一辆汽车沿笔直的公路前进,运动方程为 $x=30t-8t^2$,式中,x 以 m 为单位,t 以 s 为单位。试求:(1)0~3s 时间内汽车的位移;(2)汽车在何时改变行驶方向,此时汽车距出发点的距离;(3)0~3s 时间内汽车行驶的路程。

1-6 一升降机以速度 $v_0=1.5\text{m}\cdot\text{s}^{-1}$ 由地面匀速上升。当它运动至 10m 高处时有一螺钉从升降机天花板上脱落,升降机天花板距底板2.45m。试求:(1)螺钉落到地板所需时间;(2)下落过程中螺钉相对于地面的位移。

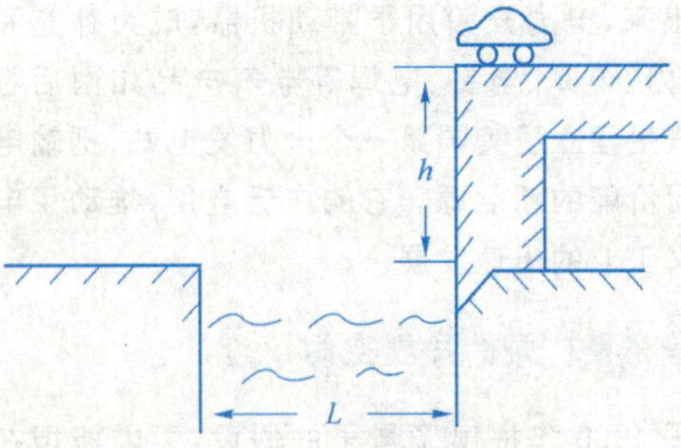

图 1-22 习题 1-9 用图

1-7 一质点在 Oxy 平面内作一象限的双曲线运动,轨迹方程为 $xy=16$,且沿 Ox 轴的运动方程为 $x=4t^2$。x、y 以 m 计,t 以 s 计。试求:(1)质点的运动方程;(2)$t=1$s 时,质点的速度。

1-8 如图 1-22 所示,一滑雪运动员离开水平雪道飞入空中的速率为 $v_0=108\text{km}\cdot\text{h}^{-1}$。斜坡的倾角为 $\alpha=45°$,不计空气阻力。试求:(1)运动员的着陆点

B 到脱离滑道点 A 之间的距离；(2)运动员在空中飞行的时间。

1-9　为迎接香港回归，1997 年 6 月 1 日柯受良驾车飞越黄河。黄河壶口宽$L=57\text{m}$，柯受良从东端起跃的速度为 $v_0=150\text{km}\cdot\text{h}^{-1}$，设起跃速度沿水平方向。试求：若要使车在黄河西岸安全着陆，则在黄河的东岸的起跃台至少要高出西岸多少。

1-10　一个人扔石头，他的最大出手速率为 $v_0=25\text{m}\cdot\text{s}^{-1}$，若忽略空气阻力。试求：(1)他能否击中与他水平距离为 $L=50\text{m}$、距手高度为 $h=13\text{m}$ 的一个目标；(2)若保持水平距离不变，则他能击中的最大高度是多少？

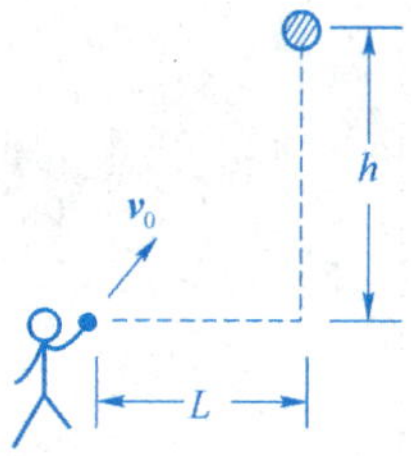

图 1-23　习题 1-10 用图

1-11　一质点沿半径为 $R=0.2\text{m}$ 的圆周做初速度为零的匀加速圆周运动。设角加速度为 $\pi\text{rad}\cdot\text{s}^{-2}$，试求：(1)$t=1\text{s}$ 时，质点角速度和速率；(2)$t=2\text{s}$ 时，质点的切向加速度和法向加速度的大小。

1-12　一质点沿半径为 R 的圆周运动，经过弧长随时间变化的关系为 $S=v_0t-\frac{1}{2}bt^2$，其中，v_0、b 都是正的常量。试求：(1)t 时刻，质点的速度和角速度；(2)t 时刻，质点的加速度和角加速度；(3)t 为何值时，质点的切向加速度与法向加速度的大小相等。

1-13　一汽车在半径为 400m 的圆弧弯道上行驶。某时刻汽车的速率为$36\text{km}\cdot\text{h}^{-1}$，切向加速度的大小为 $0.2\text{m}\cdot\text{s}^{-2}$，切向加速度方向与速度方向相反。试求：(1)此时汽车的法向加速度的大小；(2)角加速度的大小。

1-14　试证明：在同一 O 点以相同的速率 v_0 在同一个水平面内沿各个方向抛出的物体，落地点将在同一个圆周上。

1-15　飞机 A 以速率 $600\text{km}\cdot\text{h}^{-1}$沿直线向东飞行，另一架飞机 B 以速率 $800\text{km}\cdot\text{h}^{-1}$沿直线向北飞行。试求：(1)飞机 A 看来飞机 B 的速度；(2)飞机 B 看来飞机 A 的速度。

1-16　商场扶梯可以在 30s 内把在扶梯上静止的人送到楼上。如果扶梯不动，人自己沿扶梯上楼，则需 90s。试求：若扶梯开动，人同时拾阶而上，则人需多长时间到达楼上。

B 类题目：

1-17　一质点作直线运动，已知运动方程为 $x=Ae^{-\alpha t}\cos\omega t$，式中，$x$ 以 m 计，t 以 s 计，A、α、ω 都为正的常量。试求：(1)质点的速度表达式；(2)质点通过 $x=0$ 点的时刻。

1-18　一质点在 Oxy 平面内作抛体运动，轨迹方程为 $y=6x^2$。式中，x、y 以 m 为单位。试求：质点速度沿两个坐标轴方向分量相等时质点的位置。

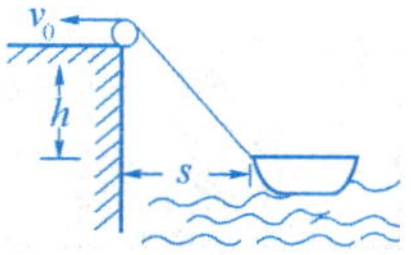

图 1-24　习题 1-20 用图

1-19　一作直线运动的质点，加速度与速度的关系为 $a=kv$，式中 k 为常量。设初始质点速度为 v_0。试求：此质点的速度随时间变化的表达式。

1-20　如图 1-24 所示，一人在离水面高为 h 的岸边用绳子拉小船靠岸。若人以匀速率 v_0 收绳子，试求：小船在距岸水平距离为 s 时的速率和加速度大小。

1-21 如图 1-25 所示,在地面上滚动的车轮半径为 R,车轮的中心以匀速率 v_0 前进,轮子滚动的角速度为 $\omega=\dfrac{v_0}{R}$。以车轮边缘一点 A 与地面接触时为计时零点,此时 A 所在位置为坐标原点,车轮前进的方向为 x 轴正向,建立如图坐标系。试求:(1)证明 A 点的运动方程为 $\boldsymbol{r}=R(\omega t-\sin\omega t)\boldsymbol{i}+R(1-\cos\omega t)\boldsymbol{j}$;(2)$A$ 点的速度表达式;(3)A 点的加速度表达式。

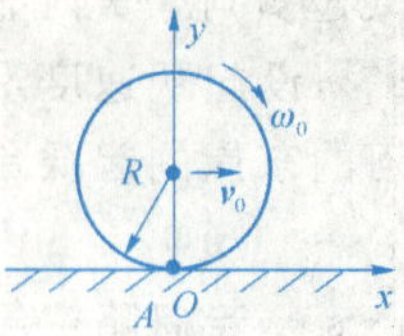

图 1-25 习题 1-21 用图

1-22 一辆卡车运货过程中,遇到以速率 v_0 竖直下落的大雨。车挡板的高度为 h,紧靠挡板的下端放置有长度为 l 的货物。试求:车以多大的速率前进,才能使货物不被淋湿。

第 2 章　质点动力学

质点动力学的任务是解释质点的运动，即研究质点受力与质点运动状态变化之间的关系。本章主要从两个方面讨论力对质点运动状态的影响：一、力的瞬时作用效果。牛顿运动定律反映了这方面的规律；二、力的持续作用效果。力的持续作用效果又分两个侧面：一是力在时间上的累积作用效果，动量定理反映了这方面的规律；二是力在空间上的累积作用效果，动能定理反映了这方面的规律。

2.1　常见力

力是物体间的相互作用，是改变物体运动状态的原因。人们对于力的认识来自于生产实践。如马拉车，马对车表现出力的作用；同时，车对马也表现出力的作用；再如，人推门，人对门表现出力的作用；同时，人也能感觉到门对人有力的作用。本节我们主要介绍力学中常见的几种力，以及对物体进行受力分析时所遵循的一般顺序。

2.1.1　万有引力　重力

1680 年，牛顿在开普勒的行星运动三定律基础之上提出了万有引力定律，具体内容为：宇宙中任何两个物体之间都存在着相互的吸引力（这种力即称为万有引力），其中任一物体所受力的大小与两物体质量的乘积成正比，而与两物体间距离的平方成反比，引力的方向沿两物体的连线。设两物体的质量分别为 m_1 和 m_2，两物体间距离为 r，两物体受力大小分别用 F_1 和 F_2 表示，如图 2-1 所示，则有

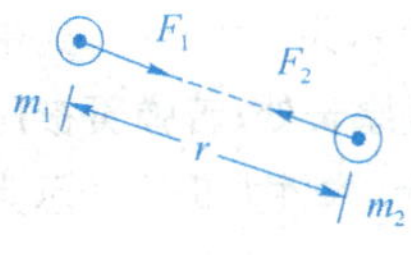

图 2-1　万有引力

$$F_1 = F_2 = G\frac{m_1 m_2}{r^2} \tag{2-1}$$

式中，G 是一个普适常量，称为万有引力常量。1798 年，英国物理学家卡文迪许通过扭秤实验测得其值为 $6.754 \times 10^{-11}\,\mathrm{N \cdot m^2 \cdot kg^{-2}}$。$G$ 的数量级很小，所以通常两个物体之间的引力很小，可以忽略不计。但质量很大的两个天体（如太阳和地球）之间的引力，以及天体对于其附近物体的引力就不可以忽略了。正是太阳对地球的万有引力使得地球能够绕着太阳运动，正是地球对月球的吸引力使得月球绕地球运动，也正是地球对其附近物体的万有引力使得地球表面的物体随地球一起运动，而不脱离地球。

地球表面物体受到地球的万有引力可以分解为两个力:一个表现为物体随地球一起绕轴运动的向心力,另一个即表现为我们通常所说的重力。由于重力与万有引力近似相等,所以我们通常也把地球对其附近物体的万有引力直接称为重力。设地球的质量为$M_{地}$、半径为$R_{地}$,则质量为m的物体所受重力的大小为

$$G\frac{M_{地}\ m}{R_{地}^2}=mg$$

式中,g称为地球表面的重力加速度,其值

$$g=G\frac{M_{地}}{R_{地}^2}$$

因地球不是标准的圆球形状,因而重力加速度的大小通常因纬度的高低、物体所在位置离地面高低的不同而不同。赤道附近重力加速度值最小,为$g=9.78\mathrm{m\cdot s^{-2}}$,北极附近最大,为$g=9.83\mathrm{m\cdot s^{-2}}$,北京附近为$g=9.80\mathrm{m\cdot s^{-2}}$。在一般的计算中,我们取$g=9.8\mathrm{m\cdot s^{-2}}$。

重力的方向竖直向下,并指向地心。重力一般用字母G表示。

2.1.2 弹性力

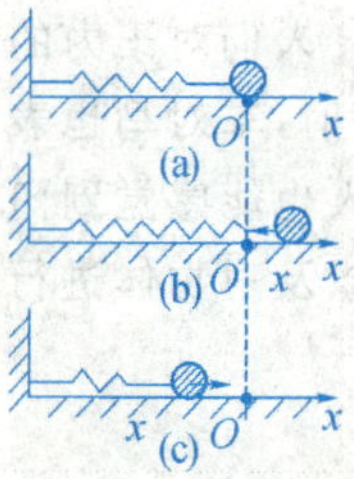

图 2-2 弹簧的弹性力

物体在外力的作用下发生形变,形变的物体由于要恢复原来的形状而对与它接触的物体产生的作用力,称为弹性力。弹性力都产生在直接接触的物体之间,以物体的形变为先决条件,并且弹性力方向与物体的形变方向相反。下面介绍几个常见的弹性力。

1. 弹簧的弹性力

弹簧被物体压缩或拉伸时,要恢复原来的长度,而对使它产生形变的物体施以的作用力即为弹簧的弹性力。在弹簧的弹性范围内,弹性力的大小与弹簧的形变大小成正比,比例系数称为弹簧的劲度系数(也称弹性系数),通常用字母k表示。弹性力的方向总是指向弹簧的原长方向。如图2-2(a)所示,弹簧原长时末端所在位置为坐标原点,向右建立坐标轴Ox。若弹簧被拉伸,如图2-2(b)所示,则其形变可以用弹簧自由端的坐标值x表示,弹性力可表示为$F=-kx$,式中负号表示弹性力方向与形变方向相反,沿轴向左,指向弹簧原长处;若弹簧被压缩,如图2-2(c)所示,其形变仍可用弹簧自由端的坐标值x表示,弹性力仍可表示为$F=-kx$,式中负号表示弹性力方向与形变方向相反,沿轴向右,指向弹簧原长处。

2. 物体间相互挤压时产生的弹性力

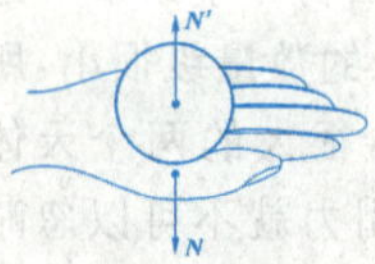

图 2-3 正压力和支持力

物体间相互挤压时产生的正压力和支持力也是弹性力,通常用字母N表示。如图2-3所示,手托住球,球对手的力N为正压力,而手对球的力N'则为支持力。正压力和支持力是一对作用力和反作用力,二者的性质相同,大小相同,方向相反,都垂直于相互挤压的两个物体的接触面,并且指向对方。

3. 绳子被拉伸时的弹性力

绳子被拉伸时由于要恢复原来的长度而对拉伸它的物体施加的作用力,

也是一种弹性力，我们通常称之为张力(或拉力)，用字母 $\boldsymbol{T}$ 表示。一般情况下绳子中各处的张力是大小相等的，都等于外界施加给绳子使绳子产生形变的力，张力的方向总是指向绳子拉伸的反向。

2.1.3 摩擦力

当两个相互接触且相互挤压的物体有相对运动或有相对运动趋势时，就会产生一种阻碍相对运动或相对运动趋势的作用力，称为摩擦力。摩擦力产生在直接接触的物体之间，以物体间相互挤压且有相对运动或相对运动趋势为先决条件，并且摩擦力方向总是与物体的相对运动或相对运动趋势方向相反。下面介绍几个常见的摩擦力。

1. 静摩擦力

物体间只有相对运动趋势，而没有相对运动时，相互阻碍对方运动趋势的摩擦力称为静摩擦力。静摩擦力的方向与物体的相对运动趋势方向相反，力的大小随外界条件而变化。物体间的静摩擦力有个最大值，称为最大静摩擦力，用 f_s 表示。实验表明，最大静摩擦力的大小与接触面之间的正压力 N 成正比，即

$$f_s = \mu_s N \tag{2-2}$$

式中，μ_s 称为静摩擦系数，它与接触面的材料和表面的光滑程度以及干湿度都有关系，表 2-1 给出了几种常见材料的静摩擦系数值。

表 2-1　静摩擦系数

接触面	钢/钢	金属/木材	橡皮/金属	皮革/金属	轮胎/混凝土路面
静摩擦系数	0.15～0.30	0.5～0.6	0.1～0.4	0.3～0.6	0.5～0.7

2. 滑动摩擦力

物体间因有了相对运动而产生的摩擦力，称为滑动摩擦力，用 f 表示。滑动摩擦力的方向与物体的相对运动方向相反，力的大小也与物体接触面间的正压力 N 成正比，即

$$f = \mu N \tag{2-3}$$

式中，μ 称为滑动摩擦系数，它也与接触面的材料和表面状态有关。通常情况下，滑动摩擦系数要小于静摩擦系数，因而有 $f_s \geqslant f$。

一物体的运动状态是否发生变化，以及将发生怎样的变化，取决于物体的受力情况，因而，正确地进行物体的受力分析往往是处理一个问题的开始点，也是关键的一点。物体的受力分析情况可以通过示力图表示出来。一般按照如下步骤画示力图：(1)画出重力。重力总是存在的，重力作用于受力物体的重心上，方向竖直向下；(2)画出弹性力。当两个物体相互接触并由于相互作用而产生形变时就有弹性力产生；弹性力作用在物体的接触

处,但一般受力分析时我们把它们的作用点画在受力物体的质心上,弹力的方向总是与施力物体的形变方向相反;(3)画出摩擦力。当相互接触的物体间无相对运动及运动趋势,或者两个物体间接触面光滑,或者两物体间无相互挤压作用时,物体间无摩擦力;否则,当两物体间有相对运动趋势,但无相对运动时,物体间有静摩擦力;当物体间有相对滑动时则有滑动摩擦力。静摩擦力方向与物体相对运动趋势方向相反,滑动摩擦力方向与相对运动方向相反。

例题 2-1 一物体质量为 m,沿摩擦系数为 μ 的斜面下滑,如图 2-4 所示。试分析物体的受力情况。

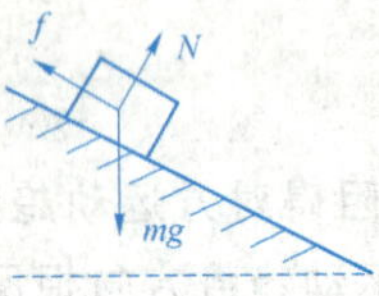

图 2-4 例题 2-1 用图

解 首先物体受重力作用,重力的大小为 mg,方向竖直向下;其次,由于物体有向下挤压斜面的正压力,所以斜面会给物体以支持力 N,方向垂直斜面向上;最后,由于斜面不光滑,且物体和斜面间有相对的运动,因而物体受斜面给的滑动摩擦力作用,滑动摩擦力的大小为 $f=\mu N$,方向与运动方向相反,即沿斜面向上。受力分析如图 2-4 所示。

例题 2-2 用手托一质量为 m 的木块,使木块和手一起在竖直平面内作匀速圆周运动,如图 2-5 所示。试分析木块的受力情况。

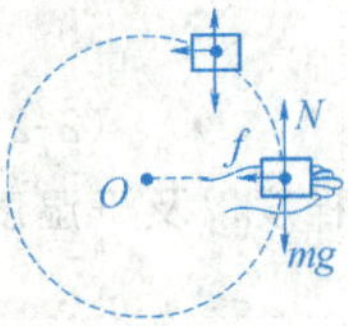

图 2-5 例题 2-2 用图

解 首先,木块受重力作用,重力的大小为 mg,方向竖直向下;其次,由于木块有向下压手的正压力,所以手会给物体以支持力 N,方向竖直向上;最后,木块在竖直平面内作圆周运动,则应有向心力。那么,向心力是谁施加的?是什么性质的力呢?木块只与手接触,所以这个力一定是手施加的。向心力指向圆周的圆心,而重力和支持力都沿竖直方向,显然,仅有这两个力是不能形成向心力的。考虑到木块和手之间有相互的挤压,而且接触面间不光滑,同时木块的运动是手带动的,所以二者之间必然有摩擦力。由于木板和手之间只有相对运动趋势,所以这个摩擦力必然是静摩擦力。根据摩擦力的方向特点可知,这个静摩擦力必然沿手和木块的接触面的切向,而总体上指向圆心的一侧。如图 2-5 所示。

有一点需注意的是:摩擦力并不一定指向圆心,所以向心力并不是摩擦力独立提供的,而是重力、支持力和摩擦力的合力;另外,作示力图时,我们只画出实际的力,而合力不用画。此题目中,木块受力为三个,而不是四个。

练习题

1. 如图 2-6 所示,质量分别为 m_A、m_B 的两个物体通过定滑轮挂于斜面的两侧,设斜面光滑。试对两个物体分别进行受力分析。

2. 如图 2-7 所示,质量为 m 的小球通过轻绳悬挂于天花板上,若使小球在水平面内作匀速圆周运动,试分析小球的受力情况,并判断小球受合力方向。

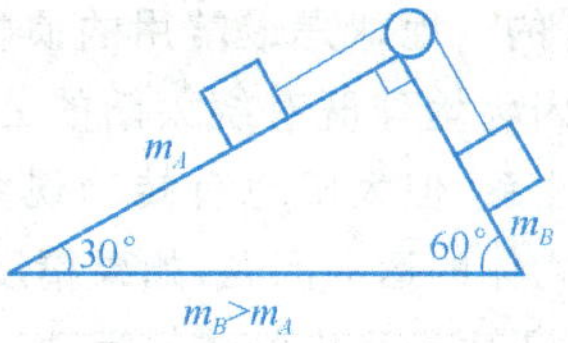

图 2-6　练习题 1 用图

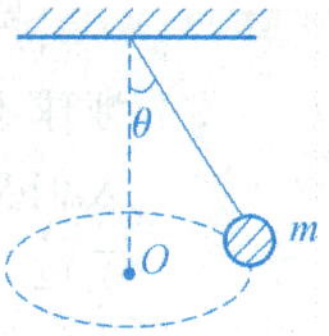

图 2-7　练习题 2 用图

2.2 牛顿运动定律及其应用

力是改变物体运动状态的原因，力与物体状态变化之间的关系可以通过牛顿定律加以反映。本节我们主要介绍牛顿三大定律的内容，以及应用牛顿定律求解问题的基本思路和步骤。

2.2.1　牛顿运动定律的内容

1. 牛顿运动第一定律

任何物体都将保持静止或匀速直线运动状态，直到作用在它上面的力迫使它改变这种状态为止。

对于牛顿运动第一定律的理解需要注意以下几点：

(1)第一定律表明，任何物体都具有保持其原有运动状态不变的性质，我们把这个性质称为物体的惯性。因而，第一定律又被称为惯性定律。惯性是物体本身所固有的属性，任何物体在任何状态下都具有惯性。在质点力学范畴，物体的惯性大小与物体的质量有关，因而物体的质量有时也被称为惯性质量。

(2)第一定律指出，力是改变物体运动状态的原因。力是物体间的相互作用，力是使物体产生加速度的原因，而不是使物体运动的原因。第一定律定性地给出了力和加速度之间的关系。

(3)第一定律定义了一类特殊的参考系——惯性系。依据第一定律我们知道，当物体不受外力作用时将保持原来的运动状态——静止或匀速直线运动，但由第 1 章知识我们知道，运动的描述是相对的，不同的参考系中观察同一个运动往往得出不同的结论。例如，车厢中光滑的桌面上放置一物体，在车由静止突然开动时物体会滑向车厢的后侧。如果在地面参考系中，这一现象很容易解释：物体不受水平方向的力，要保持原来静止状态，而车向前运动，因而物体相对于车向后运动；但如果在车厢参考系中，这一现象就很难解释了：物体不受水平力作用，应保持其原来的相对于车厢静止的状态，但物体确突然向后运动，这向后运动的力从哪里来的呢？显然，在车厢这一参考系中，牛顿运动第一定律不再适用。我们把牛顿定律不适用的参考系称为非惯性系，相应地，牛顿定律适用的参考系称为惯性系。

严格的惯性系是没有的。地球是最常用的惯性系,但精确的观察表明,地球不是严格的惯性系,因为地球既有绕太阳的公转,又有自转现象。于是人们又想到选太阳作惯性系,但太阳也有转动现象,也不是严格的惯性系。不过,对于大多数地球上物体的运动问题,如果精度要求不是很高,地球可以作为近似的惯性系。而对于太阳系内物体的运动,太阳则可作为近似的惯性系。另外,可以证明(证明从略),如果选定了惯性系,则相对于惯性系静止或匀速直线运动的参考系也都是惯性系,而相对于惯性系加速运动的参考系则是非惯性系。

2. 牛顿运动第二定律

运动的变化与所加的动力成正比,并且发生在这个力所在的那个直线方向上。其数学表达式为

$$\boldsymbol{F}=\frac{\mathrm{d}}{\mathrm{d}t}(m\boldsymbol{v}) \tag{2-4}$$

对于牛顿运动第二定律的理解需要注意以下几点:

(1)第二定律定量地给出了力与加速度之间的关系。当物体的质量不随时间变化,或随时间变化可以忽略不计时,式(2-4)可以变为

$$\boldsymbol{F}=\frac{\mathrm{d}}{\mathrm{d}t}(m\boldsymbol{v})=m\frac{\mathrm{d}\boldsymbol{v}}{\mathrm{d}t}=m\boldsymbol{a} \tag{2-5}$$

式(2-5)是现在使用最多的牛顿运动第二定律的形式。从推导过程可知,现在所使用的 $\boldsymbol{F}=m\boldsymbol{a}$ 实际上是物体质量保持不变情况下的牛顿运动第二定律的特殊形式。此式表明,物体在外力作用下产生加速度的大小与合外力的大小成正比,与物体的质量成反比;加速度的方向与合外力的方向一致。

(2)第二定律反映了力的瞬时作用效果。力对物体的瞬时作用效果是使物体产生对应的加速度,有力则有加速度,力变化则加速度随之变化,力消失则加速度也随之消失。

(3)第二定律给出的是矢量表达式,为使用方便,我们常写出其分量形式。例如,在直角坐标系中,我们把物体所受各力沿坐标轴分解,然后在每个坐标轴方向写第二定律分量式

$$F_x=ma_x, F_y=ma_y, F_z=ma_z \tag{2-6}$$

再如,在圆周运动中,我们把力沿切向和法向分解,然后写这两个方向的分量式

$$F_{\mathrm{t}}=ma_{\mathrm{t}}=m\frac{\mathrm{d}v}{\mathrm{d}t}, F_{\mathrm{n}}=ma_{\mathrm{n}}=m\frac{v^2}{R} \tag{2-7}$$

3. 牛顿运动第三定律

两个物体之间的作用力 $\boldsymbol{F}$ 和反作用力 $\boldsymbol{F}'$ 总是大小相等,方向相反,沿一条直线,分别作用在两个物体上。数学表达式为

$$\boldsymbol{F}=-\boldsymbol{F}' \tag{2-8}$$

对于牛顿运动第三定律的理解需要注意以下几点:

(1)第三定律表明,物体间的作用是相互的。作用力和反作用力总是成对出现,同时产生,同时消失。这一点是我们受力分析时要时刻注意的。

(2)作用力和反作用力性质相同。如果作用力是弹性力,那么反作用力也一定是弹性力;如果作用力是摩擦力,那么一定也有一个性质为摩擦力的反作用力存在。

(3)作用力和反作用力区别于平衡力。作用力和反作用力大小相等,方向相反,但作用在不同的物体上,不是一对平衡力,因而,讨论力的作用效果时,这两个力不能互相抵消。

牛顿运动三定律是经典力学的基础,尤其是牛顿运动第二定律,它既是牛顿运动三定律的核心,也是经典力学的核心方程。长期以来,这三大定律在生产和生活实际中一直有着极其重要的指导意义。

2.2.2 牛顿运动定律的应用

应用牛顿运动定律求解的问题基本上可以分为以下两个类型。

第一类问题:已知物体的受力情况,求解物体的运动状态;

第二类问题:已知物体的运动状态,求解物体的受力情况。

对于第一类问题,我们需要从物体的受力情况分析开始,根据受力情况求解物体的加速度情况,然后再根据加速度情况求解物体的运动状态;对于第二类问题,我们需要从物体的运动状态分析开始,根据运动状态的变化求解物体的加速度情况,然后再根据加速度情况求解物体的受力情况。从以上分析可以看出,无论是哪种类型的问题,解决问题的关键都是进行物体的受力分析,以及牛顿运动第二定律的应用,因而两类问题的求解思路是相同的,步骤也相同。

1. 确定研究对象,进行受力分析或运动状态变化情况分析

如果问题中涉及多个研究对象,则需把每个物体单独隔离开来进行受力分析,每个研究对象要单独作出示力图。作示力图时要注意按顺序分析物体所受的各类力,不要遗漏、重复或人为地添加。

2. 建立合适坐标系,列牛顿运动第二定律方程

如果物体受力方向在同一直线上,则确定问题中的正方向即可,不需要建立坐标系;如果物体受力不都在同一直线上,则需要建立坐标系。建立坐标系时,首先应注意要建立惯性系;其次,一个问题往往可以建立不只一种坐标系,要根据具体情况建立合适的坐标系,从而尽量使问题得以简化。例如,物体沿斜面直线运动时,沿平行斜面、垂直斜面方向建立直角坐标系;再如,物体作圆周运动时,沿切、法向建立直角坐标系。

坐标系建立好之后,对于每个研究对象要在每个坐标轴方向写出对应的牛顿运动第二定律方程。写方程时注意,方程中各量的正负要以确定的正方向或者坐标轴正向为参考,方向与坐标轴正向一致者为正,否则为负。另外,一般情况下,根据牛顿运动第二定律所列的方程个数没有未知数的个数多,所以还要根据题目给的其他条件列补充方程。

3. 解方程并讨论

代入已知条件，求解方程，使用统一的国际单位制中单位表达计算结果，并进行必要的文字说明和讨论。

例题 2-3 如图 2-8(a)所示，一轻绳绕过定滑轮，绳的两端分别悬有质量为 m_A、m_B 的物体($m_B>m_A$)。设滑轮轴承光滑且质量可以忽略不计，绳的质量和伸长也可以忽略不计，试求：两物体运动的加速度及绳中的张力。

解 此题属于前面所分析的第一类问题，即已知受力情况，求解运动状态。选两物体为研究对象，分别进行受力分析，如图 2-8(b)所示。

物体受力都在一条直线上，因而只需确立正方向即可。根据滑轮轴承光滑及 $m_B>m_A$ 可知，物体 A 将加速上升，而物体 B 将加速下降，于是，确定正方向如图2-8(b)所示。

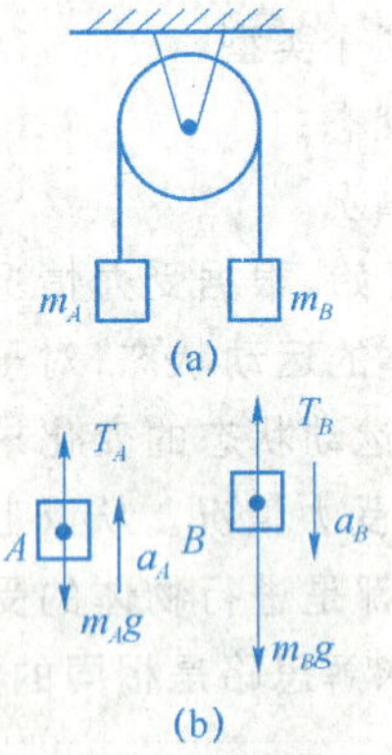

图 2-8 例题 2-3 用图

对于物体 A 列牛顿运动第二定律方程，有

$$T_A-m_Ag=m_Aa_A \tag{1}$$

式中，重力前为负号，这是因为重力的方向竖直向下，与所确定 A 的加速度正方向相反。

对于物体 B 列牛顿第二定律方程，有

$$m_Bg-T_B=m_Ba_B \tag{2}$$

式中，绳的张力前为负号，这是因为张力的方向竖直向上，与所确定 B 的加速度正方向相反。

考虑定滑轮的性质，以及绳不可以伸长，列补充方程

$$T_A=T_B=T,a_A=a_B=a \tag{3}$$

联立求解方程(1)、(2)、(3)所构成的方程组，可得

$$a=\frac{m_B-m_A}{m_B+m_A}g$$

$$T=\frac{2m_Bm_A}{m_B+m_A}g$$

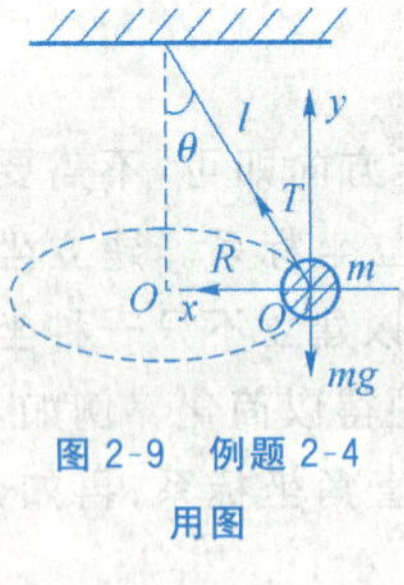

图 2-9 例题 2-4 用图

例题 2-4 如图 2-9 所示，一长度为 l 的轻绳上端固定，下端悬挂一质量为 m 的小球，当小球在水平面上以角速度 ω 绕 O 点作匀速圆周运动时，绳子将画出一个圆锥面，因此这种装置称为圆锥摆。试求：此时绳与竖直方向所夹的角 θ 以及绳中的张力大小。

解 此题属于前面所介绍的第二类问题，即已知运动状态，求解受力情况。

选小球为研究对象，进行受力分析，如图 2-9 所示。小球共受两个力作用，一个是竖直向下的重力，另一个是沿绳线向上的拉力。

由于两个力不在同一条直线上，所以需建立坐标系。以水平指向圆心为 Ox 轴正向，竖直向上为 Oy 轴正向，建立直角坐标系。

把力沿坐标轴分解，并写出两轴上的第二定律方程为

$$T\sin\theta=ma_x$$

$$T\cos\theta - mg = ma_y$$

根据已知,有

$$a_x = \frac{v^2}{R} = R\omega^2 = l\sin\theta\omega^2$$

$$a_y = 0$$

代入上两式中,并求解方程组,可得

$$\theta = \arccos \frac{g}{l\omega^2}$$

$$T = ml\omega^2$$

由结果可知,小球圆周运动的角速度越大,则绳线与竖直方向的夹角越大,绳线中的张力越大。

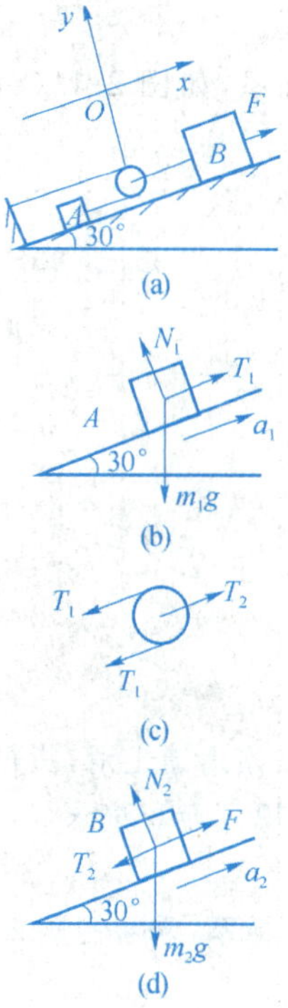

图 2-10 例题 2-5 用图

例题 2-5 如图 2-10(a)所示,在倾角为 30°的斜面上,质量分别为 $m_1=2\text{kg}$ 和 $m_2=4\text{kg}$ 的物体 A 和 B 通过动滑轮用细绳相连,作用在 B 上的拉力 $F=60\text{N}$。如滑轮的质量、细绳的质量以及一切摩擦力可以忽略不计。试求:物体 A 和 B 的加速度大小以及作用在 A 上的绳线拉力。

解 选择 A 和 B 及动滑轮为研究对象,进行受力分析,如图 2-10(b)、(c)、(d)所示。

各力方向不在同一直线上,沿斜面向上为 Ox 正向,垂直斜面向上为 Oy 正向,建立直角坐标系,如图 2-10(a)所示。

对于物体 A 和 B 分别沿 Ox 轴方向列牛顿运动第二定律方程(此题不需列 Oy 方向方程,因为该方向各物体没有加速度,受力平衡)有

$$对\ m_2: F - T_2 - m_2 g\sin30° = m_2 a_2$$

$$对\ m_1: T_1 - m_1 g\sin30° = m_1 a_1$$

根据滑轮特点及绳线伸长忽略不计,有

$$T_2 = 2T_1, a_1 = 2a_2$$

解方程组,得

$$a_1 = 0.2\text{m}\cdot\text{s}^{-2}, a_2 = 0.1\text{m}\cdot\text{s}^{-2}, T_1 = 10.2\ \text{N}$$

例题 2-6 如图 2-11(a)所示,一质量为 m 的小球,通过一长度为 l 的悬线挂在小车上。试求下列情况中悬线与竖直方向的夹角 θ 以及悬线中张力的大小:(1)小球随小车一起以加速度 a_1 沿水平面向前运动;(2)小球随小车一起以加速度 a_2 沿倾角为 α 的斜面向上运动。

解 (1)选择小球为研究对象,受力分析,建立直角坐标系,如图 2-11(b)所示。

对小球在两坐标轴方向列牛顿运动第二定律方程为

$$T_1\sin\theta = ma_1$$

$$T_1\cos\theta - mg = 0$$

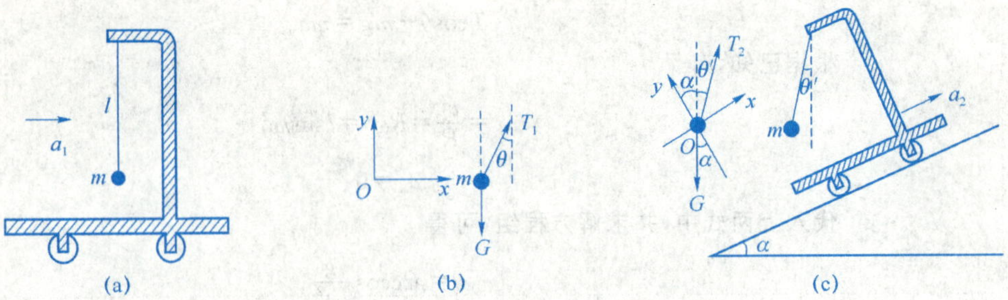

图 2-11　例题 2-6 用图

解方程组得

$$\theta=\arctan\frac{a_1}{g},T_1=m\sqrt{g^2+a_1^2}$$

(2)选择小球为研究对象,受力分析,建立直角坐标系,如图 2-11(c)所示。

对小球在两坐标轴方向列牛顿运动第二定律方程为

$$T_2\sin(\alpha+\theta')-mg\sin\alpha=ma_2$$
$$T_2\cos(\alpha+\theta')-mg\cos\alpha=0$$

解方程组得

$$\theta'=\arctan\frac{g\sin\alpha+a_2}{g\cos\alpha}-\alpha$$

$$T_2=m\sqrt{g^2+2ga_2\sin\alpha+a_2^2}$$

对于(2)问结果,如果令 $\alpha=0$,则与(1)问结果一致。

练习题

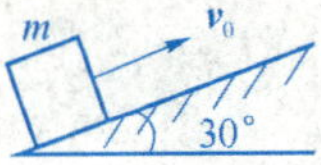

图 2-12　练习 1 用图

1. 一货箱在工厂流水线的滑道上某点以一定的初速度沿滑道上滑,货箱与滑道间摩擦系数为 $\mu=0.64$,滑道的倾角为 30°,如图 2-12 所示。试求:(1)货箱的加速度;(2)货箱到达最高点后能否下滑。

2. 试以水平向右、竖直向上为坐标轴正向建立直角坐标系,求解例题 2-6(2)。

2.3　非惯性系和惯性力

由 2.2 节的学习,我们知道,在惯性系中可以应用牛顿定律研究问题,而在非惯性系中牛顿运动定律不再适用。但实际中,我们常常需要接触非惯性系,这时,我们该应用什么规律研究问题呢?

我们以 2.2 节所提的车厢中光滑桌面上物体的运动为例,来讨论这个问题。在车开动的瞬间,以车厢为参考系对物体进行受力分析,画出示力图,如图 2-13(b)所示。物体受两个力作用,一个是竖直向下的重力,一个是竖直向上的支持力，物体不受水平方向的力，因而物体应保持原来状态——静止。但实际上，车厢内的人却看到了物体水平方向的运动，显然这是用牛顿定律无法解释的。为什么在车厢参考系中用牛顿定律解释不了这一现象呢？原因很简单，车厢由静止开始运动，必然有相对于地面的加速度，地面是惯性系，相对于惯性系加速运动的参考系不再是惯性系，而是非惯性系。在非惯性系中牛顿定律是不适用的，因而在车厢参考系中，用牛顿定律无法解释物体的运动。

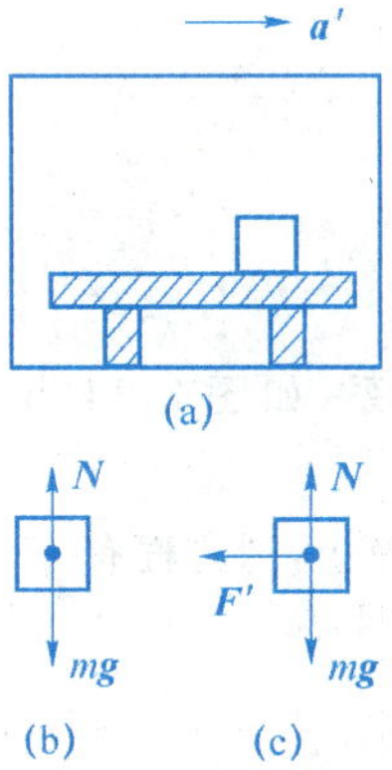

图 2-13 非惯性力

那么，我们能不能把原来的牛顿定律加以适当的修改，从而使其在非惯性系中仍然适用呢？我们仍以车厢中运动的物体为例，如果在车厢这一非惯性系中，对物体进行受力分析时，除了前面所画出的两个实际存在的力之外，再人为的假想出一个力 $\boldsymbol{F}'$，如图 2-13(c)所示，这个力的方向与车厢的加速度 $\boldsymbol{a}'$ 方向相反，大小为物体的质量与车厢加速度大小的乘积，即 $\boldsymbol{F}'=-m\boldsymbol{a}'$，在此基础上，我们再应用牛顿定律解释物体的运动。根据牛顿定律

$$\boldsymbol{F}'+\boldsymbol{N}+m\boldsymbol{g}=m\boldsymbol{a}$$

式中：重力和支持力是一对平衡力，相互抵消；代入假想的力 $\boldsymbol{F}'=-m\boldsymbol{a}'$，则有

$$-m\boldsymbol{a}'=m\boldsymbol{a}$$

在车厢参考系中观测，物体相对于车厢的加速度为

$$\boldsymbol{a}=-\boldsymbol{a}'$$

此式表明，物体具有一个相对于车厢向后的加速度。可见，人为引入假想力之后，在车厢这一非惯性系中就可以使用牛顿运动定律研究问题了。

在非惯性系中，为使牛顿运动定律仍然适用而人为引入的假想力 $\boldsymbol{F}'$ 称为惯性力。对于惯性力的理解需要注意以下两点：

(1)惯性力是假想力。惯性力是为了在非惯性系中使用牛顿定律而人为引入的，它与重力、支持力等不同，它不是实际存在的力，没有施力物体，只有受力物体。

(2)惯性力的大小等于研究对象的质量与非惯性系加速度大小的乘积，惯性力的方向与非惯性系加速度 $\boldsymbol{a}'$ 的方向相反，即

$$\boldsymbol{F}'=-m\boldsymbol{a}' \tag{2-9}$$

例题 2-7 试引入惯性力，以小车为非惯性系，求解例题 2-6。

解 (1)以小车为参考系，选择小球为研究对象，受力分析，建立直角坐标系，如图 2-14(a)所示。

小球随车一起运动，则小球相对于车静止，因而，在水平和竖直方向列方程分别为

$$T_1\sin\theta-F'_1=0$$

$$T_1\cos\theta-mg=0$$

式中，F'_1 为惯性力 $\boldsymbol{F}'_1$ 的大小，其值等于 ma_1，方向与小车的加速度 $\boldsymbol{a}_1$ 方向相反，即水平向左，因而，此力前面用负号，代入惯性力并解方程组可得

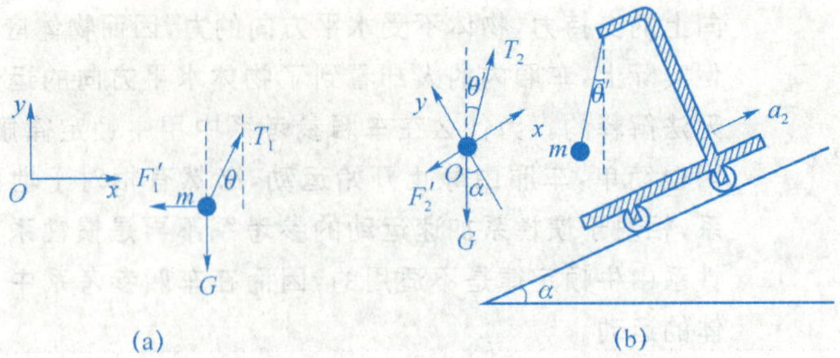

图 2-14　例题 2-7 用图

$$\theta = \arctan\frac{a_1}{g}, T_1 = m\sqrt{g^2 + a_1^2}$$

由结果可以看出，与以地面为参考系所得结论一致。

(2)选择小球为研究对象，受力分析，建立直角坐标系，如图 2-14(b)所示。

小球随车一起运动，因而小球相对于车这个非惯性系静止，列方程有

$$T_2\sin(\alpha+\theta') - mg\sin\alpha - F'_2 = 0$$

$$T_2\cos(\alpha+\theta') - mg\cos\alpha = 0$$

代入惯性力大小 $F'_2 = ma_2$，解方程组得

$$\theta' = \arctan\frac{g\sin\alpha + a_2}{g\cos\alpha} - \alpha$$

$$T_2 = m\sqrt{g^2 + 2ga_2\sin\alpha + a_2^2}$$

结论仍与例题 2-6 相同。

比较例题 2-7 和例题 2-6 可知，同一个问题在不同的参考系中研究，所采用的方法是不同的，这两种方法的本质区别在于如何看待参考系的加速度。在惯性系中，非惯性系的加速度要折合成物体的加速度，对应项写在牛顿定律方程的右侧；而在非惯性系中，参考系的加速度以惯性力的形式写在方程的左侧。

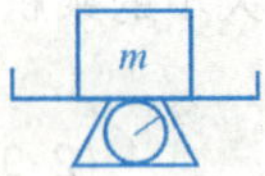

图 2-15　练习题用图

练习题

如图 2-15 所示，电梯内固定有一托盘秤，托盘内放有质量为 m 物体。试求下列情况中的秤的示数：

(1)电梯以加速度 $\boldsymbol{a}_1$ 上升；

(2)电梯以加速度 $\boldsymbol{a}_2$ 下降($a_2 < g$)。

2.4　质点的动量定理

由前面的学习可知，物体在外力作用下将产生加速度。如果力持续作用一段时间，则根据速度和加速度的关系可知，物体的速度必然随之变化。本节我们主要介绍力在时间上的累积——冲量，以及冲量和物体动量变化之间

的关系——动量定理的内容及应用。

根据牛顿运动第二定律 $\boldsymbol{F}=\dfrac{\mathrm{d}}{\mathrm{d}t}(m\boldsymbol{v})$，可得

$$\boldsymbol{F}\mathrm{d}t=\mathrm{d}(m\boldsymbol{v})$$

考虑力在时间上的累积，上式两侧对时间积分，可得

$$\int_{t_0}^{t}\boldsymbol{F}\mathrm{d}t=\int_{t_0}^{t}\mathrm{d}(m\boldsymbol{v})=m\boldsymbol{v}-m\boldsymbol{v}_0 \tag{2-10}$$

2.4.1 力的冲量

式(2-10)中，等式的左侧 $\int_{t_0}^{t}\boldsymbol{F}\mathrm{d}t$ 为力在一段时间内的积分，称为力的冲量，用 $\boldsymbol{I}$ 表示，即

$$\boldsymbol{I}=\int_{t_0}^{t}\boldsymbol{F}\mathrm{d}t \tag{2-11}$$

冲量 $\boldsymbol{I}$ 为矢量。在国际单位制中，冲量的单位为牛・秒(N・s)。

1. 恒力的冲量

式(2-11)中，如果力为恒力，即力不随时间变化，则积分表达式可以变为

$$\boldsymbol{I}=\int_{t_0}^{t}\boldsymbol{F}\mathrm{d}t=\boldsymbol{F}(t-t_0)=\boldsymbol{F}\Delta t \tag{2-12}$$

式(2-12)表明，恒力的冲量等于力与作用时间的乘积，恒力冲量的方向与力的方向一致。

例题 2-8 一质量为 2kg 的物体由高处自由下落。试求：物体由开始下落19.6m过程中重力的冲量。

解 根据自由落体规律，物体由开始下落19.6m过程中所需的时间为

$$\Delta t=\sqrt{\frac{2h}{g}}=\sqrt{\frac{2\times 19.6}{9.8}}=2\ \mathrm{s}$$

重力是恒力，根据恒力的冲量计算式，有

$$I=F\Delta t=mg\Delta t=2\times 9.8\times 2=39.2\ \mathrm{N\cdot s}$$

冲量方向与重力方向一致，竖直向下。

2. 变力的冲量

力的变化分三种情况：

(1)仅力的大小随时间变化。例如，弹簧拉伸过程中弹性力即是一个方向不变，但大小随时间变化的力；弹簧压缩过程中，力同样有这一特点。由于此力的方向不变，所以计算力的冲量时，可以把式(2-11)改为标量积分式

$$I=\int_{t_0}^{t}F\mathrm{d}t$$

冲量的方向仍与力的方向一致。有的情况下，力的方向虽然也随时间变化，但方向始终在同一直线上，我们则可以选择一个正方向，然后应用此式计算力的冲量，如果结果为正，说明冲量方向与所选择的正方向相同，否则说明

相反。

例题 2-9 一静止物体受一方向始终沿 Ox 轴力的作用,力的大小随时间变化关系为 $F=10-3t^2$。时间以 s 为单位,力以 N 为单位。试求:(1)0～3s 内力的冲量;(2)0～4s 内力的冲量。

解 根据力随时间变化的关系式可以看出,此问题中力的大小和方向都是变化的。但由于力的方向始终在一条直线上,所以可以用标量形式的积分计算冲量,根据结果的正负来判断冲量的方向。

(1)根据公式计算,并代入数据有

$$I=\int_{t_0}^{t}F\mathrm{d}t=\int_{0}^{3}(10-3t^2)\mathrm{d}t=(10t-t^3)\Big|_0^3=3\mathrm{N\cdot s}$$

结果为正,说明冲量方向沿 Ox 轴正向;

(2)根据公式计算,并代入数据有

$$I=\int_{t_0}^{t}F\mathrm{d}t=\int_{0}^{4}(10-3t^2)\mathrm{d}t=(10t-t^3)\Big|_0^4=-24\mathrm{N\cdot s}$$

结果为负,说明冲量的方向沿 Ox 轴负向。

(备注:如果以时间为横轴、力为纵轴建立直角坐标系,在此坐标系中作出力随时间变化的关系曲线,根据数学积分规律可知,此时力的冲量在数值上应等于曲线下对应的面积。)

(3)仅力的方向随时间变化。例如,物体作匀速圆周运动时向心力即是一个大小不变,但方向随时间变化的力。此时,需建立直角坐标系,计算力沿坐标轴的分量,然后对分量积分得出冲量在该方向的分量,最后根据矢量合成法则得出变力的冲量,即

$$I_x=\int_{t_0}^{t}F_x\mathrm{d}t,I_y=\int_{t_0}^{t}F_y\mathrm{d}t,I_z=\int_{t_0}^{t}F_z\mathrm{d}t$$

$$\boldsymbol{I}=I_x\boldsymbol{i}+I_y\boldsymbol{j}+I_z\boldsymbol{k} \tag{2-13}$$

冲量的方向是各分量的矢量和方向,是力的积分方向,而不是某时刻力的方向。

(4)力的大小和方向都随时间变化。这是计算力的冲量问题中最复杂的情况,计算此时的冲量,可以依照情况(2)的办法进行。

例题 2-10 已知一力随时间变化关系为 $\boldsymbol{F}=2t\,\boldsymbol{i}+3t^2\boldsymbol{j}$,时间以 s 为单位,力以 N 为单位。试求:1～3s 内力的冲量。

解 根据力随时间变化关系可知,此问题中力的大小和方向都随时间变化。把力沿坐标轴方向分解,得力的分量为

$$F_x=2t,F_y=3t^2$$

分量对时间积分,得冲量沿坐标轴方向的分量为

$$I_x=\int_{t_0}^{t}F_x\mathrm{d}t=\int_{1}^{3}2t\mathrm{d}t=8$$

$$I_y=\int_{t_0}^{t}F_y\mathrm{d}t=\int_{1}^{3}3t^2\mathrm{d}t=26$$

根据矢量和,得冲量为

$$\boldsymbol{I}=I_x\boldsymbol{i}+I_x\boldsymbol{j}+I_x\boldsymbol{k}=8\boldsymbol{i}+26\boldsymbol{j}\mathrm{N\cdot s}$$

冲量的大小为 $I=\sqrt{8^2+26^2}=2\sqrt{185}$，冲量方向与 Ox 轴正向夹角为 $\theta=\arctan\frac{13}{4}$。

2.4.2 质点的动量

式(2-10)中，等式右侧的物理量——质量与速度的乘积 mv，称为物体的动量，用 $\boldsymbol{p}$ 表示，即

$$\boldsymbol{p}=m\boldsymbol{v} \tag{2-14}$$

动量 $\boldsymbol{p}$ 为矢量，动量的方向与质点的速度方向一致。在国际单位制中，动量的单位为千克·米·秒$^{-1}$（kg·m·s^{-1}）。

2.4.3 动量定理及应用

引入冲量和动量的概念，则式(2-10)所反映的内容可叙述为：物体所受合外力的冲量等于物体动量的增量（即物体末动量与初动量的矢量差），这称为质点的动量定理。其数学表达式为

$$\boldsymbol{I}=\boldsymbol{p}-\boldsymbol{p}_0$$

$$\text{或}\int_{t_0}^{t}\boldsymbol{F}\mathrm{d}t=m\boldsymbol{v}-m\boldsymbol{v}_0 \tag{2-15}$$

动量定理是从牛顿运动第二定律出发推导得来的，它同样反映了力与质点运动状态变化之间的关系。力作用一段时间，力的冲量改变物体的动量，因而我们说，动量定理反映了力在时间上的累积作用效果。

动量定理表明，物体动量的改变是由合外力和作用时间这两个因素决定的。一方面，力越大，作用时间越长，物体动量的变化越大；另一方面，如果物体动量的改变相同，那么力作用的时间越短，力将越大，力作用的时间越长，力将越小。生活中，我们时常需要利用力，这时我们希望力大些；有时我们又要避免力，这时我们希望力小些。根据动量定理可知，我们可以通过调整力作用的时间长短来实现力大小的调节。例如，打桩时，我们希望力大些以便快些钉入物体。这时我们需要快速打桩，以减小力的作用时间，从而增大力；再如，跳远时，我们会在落地处挖一沙坑，其目的是延长落地时人与地的作用时间，从而减小作用力，保护人不致挫伤；再如，运送贵重或易碎物品时，外面总是要加一些柔软的外包装，其目的同样是为了延长作用时间，以减小作用力，从而保护物体不被损坏。

动量定理在碰撞和冲击类问题中也有着重要的意义，给问题的处理带来很多的方便。在这类问题中，作用于物体上的力是时间极短、数值很大，且变化很快的力，这种力称为冲力。冲力随时间变化的情况大致可以用如图 2-16 所示的一条曲线表示出来。

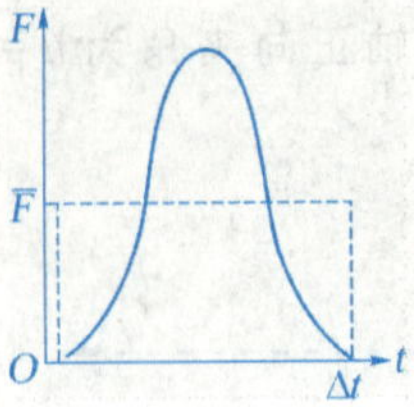

图 2-16　冲力

冲力大小随时间变化很复杂,很难把冲力随时间变化的具体关系确定出来,也就无法用牛顿运动第二定律判断物体的状态。但如果我们能够知道物体在碰撞前后的动量,便可以根据动量定理,计算出物体所受冲力的冲量,如果再能测出物体的碰撞时间,则可以计算出在碰撞过程中平均冲力 $\overline{\boldsymbol{F}}$ 的大小,进而根据平均冲力来估算冲力的最大值。

例题 2-11　一质量为 $m=2\text{kg}$ 的小球静止于地面,现用一棒重击小球,使小球具有 $v=2\text{m}\cdot\text{s}^{-1}$ 的速度沿水平方向飞出。试求下列情况中棒对小球平均冲力的大小:(1)棒与球作用时间为0.1s;(2)棒与球的作用时间为0.05s。

解　以小球为研究对象,对小球进行受力分析,小球的重力与地面的支持力相互抵消,使小球运动状态变化的力应为棒的击打力。以球水平飞出的方向为正方向,则小球动量的增量为

$$\Delta p=mv-mv_0=2\times2=4$$

根据动量定理 $I=\Delta p$,以及恒力的冲量 $I=\overline{F}\Delta t$,可得棒对球的平均冲力大小为

$$\overline{F}=\frac{\Delta p}{\Delta t}=\frac{4}{\Delta t}$$

(1)$\Delta t=0.1\text{s}$,则 $\overline{F}=40\text{N}$;

(2)$\Delta t=0.05\text{s}$,则 $\overline{F}=80\text{N}$。

动量定理是矢量表达式,但在此例中,我们所列的表达式都为标量式。这是因为在此例中,无论是力还是物体的运动速度,都在同一条直线上,因而我们可以采用与处理直线运动相类似的方法:确定一个正方向,写标量式,然后根据结果的正负判定物理量的方向,结果为正,说明该量方向与正方向一致,否则相反。在此例中,结果的正号说明,力的方向与小球飞出的方向一致。

如果所研究的问题中,力及物体的运动方向不在同一直线上,则需建立直角坐标系,求出各物理量在坐标轴上的分量,然后写出动量定理在各坐标轴上的分量形式,再求解问题。动量定理在直角坐标系中的分量形式为

$$\begin{aligned}
I_x&=\int_{t_0}^{t}F_x\mathrm{d}t=p_x-p_{0x}=mv_x-mv_{0x}\\
I_y&=\int_{t_0}^{t}F_y\mathrm{d}t=p_y-p_{0y}=mv_y-mv_{0y}\\
I_z&=\int_{t_0}^{t}F_z\mathrm{d}t=p_z-p_{0z}=mv_z-mv_{0z}
\end{aligned}\tag{2-16}$$

例题 2-12　一质量为 $m=0.2\text{kg}$ 的小球以 $v_0=8\text{m}\cdot\text{s}^{-1}$ 速率沿与地面法向成60°角的方向射向光滑水平地面,与地面碰撞后,以同样大小速率沿与地面法向成60°角的方向飞出,如图 2-17(a)所示。设球与地面的碰撞时间为 $\Delta t=0.01\text{s}$,试求小球给地面的平均冲力。

解　以小球为研究对象,对小球进行受力分析,小球受力与运动方向不

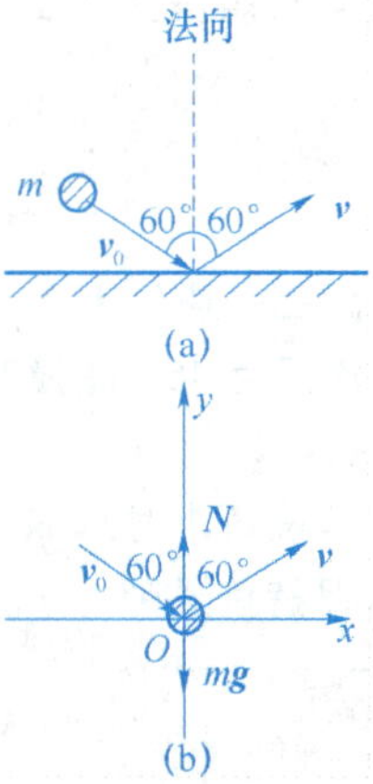

图 2-17 例题 2-12 用图

在同一直线上，建立直角坐标系，如图 2-17(b)所示。

在两坐标轴方向分别列动量定理分量式，有

x 方向：　　$F_x\Delta t = mv_x - mv_{0x} = mv\sin60° - mv_0\sin60°$

把 $v=v_0$ 代入，解此方程可得，小球在水平方向动量变化为零，因而小球在水平方向受力 $F_x=0$。

y 方向：　　$(N-mg)\Delta t = mv_y - mv_{0y} = 2mv_0\cos60°$

由此方程可得，小球受地面给的支持力大小为

$$N=\frac{2mv_0\cos60°}{\Delta t}+mg=161.96\text{N}$$

小球给地面的平均冲力与地面给小球的支持力是作用力和反作用力，因而小球给地面的平均冲力大小为 161.96N，方向竖直向下。

比较平均冲力与小球的重力 $mg=1.96$N 大小可知，重力占冲力的很小一部分，可以忽略不计。在许多实际问题中，有限大小的力(如重力)和冲力同时存在时，有限大小的力都可以忽略不计。

例题 2-13 一列装矿砂的车厢以 $v=2\text{m}\cdot\text{s}^{-1}$ 的速率从卸砂漏斗下方通过，设每秒落入车厢的矿砂为 200kg。如果要保持车厢的速率不变，试求：需要对车厢施加多大的牵引力。

解 设 t 时刻车厢内矿砂质量为 m，经过一段时间 Δt，车厢内矿砂增加 Δm，即 $\Delta m=200\Delta t$。以车厢内的矿砂为研究对象，Δt 时间内矿砂的动量增量为

$$\Delta p=(m+\Delta m)v-mv=\Delta m\cdot v$$

根据动量定理，有

$$F\Delta t=\Delta p=\Delta m\cdot v$$

代入 $\Delta m=200\Delta t$，车厢所需的牵引力大小为

$$F=\frac{200\Delta t\cdot v}{\Delta t}=200v=400\ \text{N}$$

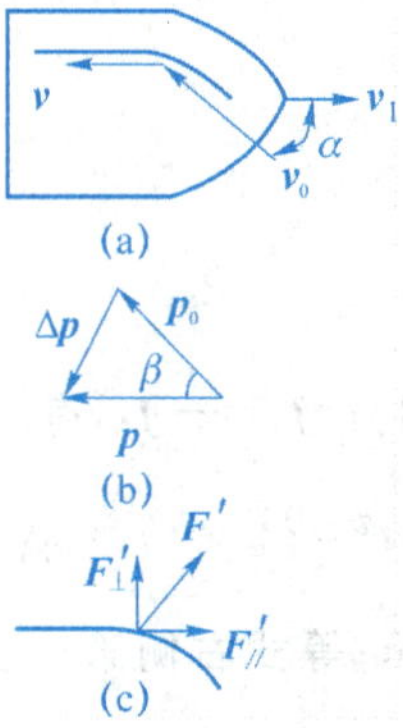

图 2-18 逆风行船

我们不仅可以根据动量定理来调节作用力的大小，还可以应用动量定理来调节作用力的方向。逆风行船便是其中典型的一例，使帆船顺风行使是容易理解，也容易做到的。那么，如何使帆船逆风而行呢？这关键在于风力方向的运用。如图 2-18(a)所示，图中 v_1 方向表示船的行使方向 v_0 表示风吹向帆面的速度(注意：α 为锐角，所以可以说船是逆风的)，v 表示风被船帆阻挡之后离开帆面的速度。由于帆面比较光滑，我们可以近似地认为风速的大小基本不变，即 $v=v_0$。设一段时间内吹到帆上风的质量为 Δm，则根据风速度的变化，可以作出反应风动量变化的矢量三角形，如图 2-18(b)所示，图中 $\Delta\boldsymbol{p}$ 表示风动量的增量，根据 $v=v_0$ 可知，图中 β 应为锐角。根据风动量增量的方向，结合动量定理我们可以判断，风受船帆阻力的方向与 $\Delta\boldsymbol{p}$ 方向相同，此力指向船的后侧。根据作用力和反作用力关系，可知，风对帆的力应是图中 $\boldsymbol{F}'$ 方向，$\boldsymbol{F}'$ 与 $\boldsymbol{F}$ 方向相反，如图 2-18(c)所示。$\boldsymbol{F}'$ 可分解为两个方向的力，其

中垂直船身的力 $F_{\perp}'$将被船底龙骨所受水的阻力抵消,而平行船身的力 $F_{//}'$即为使船逆风前进的动力。

练习题

1. 氢分子的质量为 3.3×10^{-27} kg,它与容器壁碰撞前、后的速度大小为 $1.6\times10^{3}\,\mathrm{m\cdot s^{-1}}$。设碰撞前后分子速度与器壁法向的夹角都为 45°,碰撞时间为 10^{-13} s。试求:氢分子与器壁的平均作用力。

2. 传送带沿水平方向以速度 $2.0\,\mathrm{m\cdot s^{-1}}$ 匀速传送煤炭,设每小时从漏斗中垂直落到传送带上的煤炭质量为 7.2×10^{4} kg。试求:若保持传送带的速度不变,则应对传送带施加多大的牵引力。

2.5 质点系动量定理及其守恒定律

由几个有相互作用的物体组成的总体或物体组称为系统,如果组成系统的物体都可以视为质点,则称系统为质点系。本节我们将在质点动量定理的基础上,推导质点系动量定理,并进一步研究动量守恒定律及其应用。

2.5.1 质点系动量定理

质点系受力可以分为两类:一类是系统内部各质点间的相互作用力,称为内力;另一类是系统外其他物体对系统内质点的作用力,称为外力。质点系的动量等于质点系内各质点的动量之和。

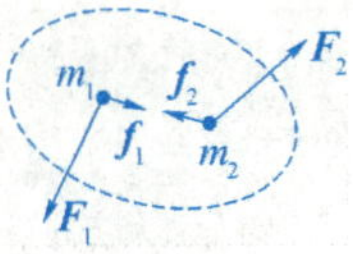

图 2-19 质点系动量定理

我们以最简单的两个质点构成的质点系为例,推导质点系动量定理。如图2-19所示,两质点的质量分别为 m_1、m_2,质点受的内力分别用 $\boldsymbol{f}_1$、$\boldsymbol{f}_2$ 表示,质点受的外力分别用 $\boldsymbol{F}_1$、$\boldsymbol{F}_2$ 表示。设初始 t_0 时刻质点的速度分别为 $\boldsymbol{v}_{01}$、$\boldsymbol{v}_{02}$,各力持续作用到 t 时刻,质点的速度分别为 $\boldsymbol{v}_1$、$\boldsymbol{v}_2$。对每个质点分别应用动量定理,有

对 m_1: $$\int_{t_0}^{t}(\boldsymbol{F}_1+\boldsymbol{f}_1)\mathrm{d}t=m_1\boldsymbol{v}_1-m_1\boldsymbol{v}_{01}$$

对 m_2: $$\int_{t_0}^{t}(\boldsymbol{F}_2+\boldsymbol{f}_2)\mathrm{d}t=m_2\boldsymbol{v}_2-m_2\boldsymbol{v}_{02}$$

两式相加,同时考虑质点受的内力为一对作用力和反作用力,$\boldsymbol{f}_1=-\boldsymbol{f}_2$,有

$$\int_{t_0}^{t}(\boldsymbol{F}_1+\boldsymbol{F}_2)\mathrm{d}t=(m_1\boldsymbol{v}_1+m_2\boldsymbol{v}_2)-(m_1\boldsymbol{v}_{01}+m_2\boldsymbol{v}_{02})$$

等式左侧为质点系所受合外力的冲量,可用 $\int_{t_0}^{t}\boldsymbol{F}_{合外}\mathrm{d}t$ 表示;等式右侧第一项为质点系末态动量,可用 $\boldsymbol{p}$ 表示;等式右侧第二项为质点系初态动量,可用 $\boldsymbol{p}_0$ 表示,则上式可写为

$$\int_{t_0}^{t}\boldsymbol{F}_{合外}\mathrm{d}t=\boldsymbol{p}-\boldsymbol{p}_0 \tag{2-17}$$

此式虽然是以两个质点组成的质点系为例推导得出的，但可以证明，它对于多个质点组成的质点系仍然适用。式(2-17)表明：在一段时间内，质点系动量的增量等于这段时间内质点系所受合外力的冲量，这称为质点系动量定理。

由质点系动量定理可知，质点系动量的变化仅与外力有关，内力只能改变某个质点的动量，但不能改变质点系的动量。这是容易理解的，因为内力总是成对出现的，内力的作用时间相同，方向相反，因而内力的冲量和必然为零，内力无法改变质点系的动量。

2.5.2 动量守恒定律及其应用

在式(2-17)中，若质点系所受的合外力为零，即 $\boldsymbol{F}_{合外}=0$，则有

$$\boldsymbol{p}-\boldsymbol{p}_0=0 \quad 或 \quad \boldsymbol{p}=\boldsymbol{p}_0=常矢量 \tag{2-18}$$

式(2-18)所表明的内容即为动量守恒定律：如果质点系所受合外力为零，则质点系的总动量保持不变。

对于动量守恒定律的理解需要注意以下几点：

(1)动量守恒定律是指在合外力为零时，系统的总动量保持不变，而不是指组成系统的每个质点动量都不变。在总动量不变的情况下，系统内部质点间可以通过内力的作用实现动量的相互转移。

(2)动量守恒的条件是系统所受合外力为零，即 $\boldsymbol{F}_{合外}=0$。但是在某些实际过程中，如爆炸、碰撞、冲击等，系统受的合外力虽然不为零，但外力远小于系统内部质点间相互作用的内力，这时可以忽略外力的作用，进而认为系统仍是动量守恒的。

(3)应用动量守恒定律求解问题时，常使用其在直角坐标系中的分量形式，即

$$\begin{cases} 若\ F_{合外x}=0, & 则\ p_x=p_{0x}=常量 \\ 若\ F_{合外y}=0, & 则\ p_y=p_{0y}=常量 \\ 若\ F_{合外z}=0, & 则\ p_z=p_{0z}=常量 \end{cases} \tag{2-19}$$

由此式可以看出，即使系统所受合外力不为零，系统总动量不守恒，但只要合外力在某个方向的分力为零，或者说，外力在某个方向的代数和为零，则系统在该方向上也是动量守恒的，我们可以列出该方向上的动量守恒表达式。

(4)应用动量守恒定律时，还需要注意的是，表达式中的各物理量是相对于同一参考系的。

(5)动量守恒定律是自然界中最重要的基本规律之一。无论是宏观系统还是微观系统，无论是低速领域还是高速领域，只要没有外力作用，系统的总

动量一定保持不变。

例题 2-14 在光滑的水平面上停放一辆质量为 M 的小车,小车上站着两个质量都为 m 的人。现让人相对于小车以水平速度 u 沿同一方向同时跳离小车。试求:小车获得的水平速度。

解 以人和车为系统,进行受力分析。水平面光滑,因而在人跳离车的过程中,系统水平方向合外力为零,系统在水平方向动量守恒。选择地面为参考系,设两人跳离后,车的速度为 v,以车的速度方向为正方向,则人相对于地面的速度为 $v-u$。初始系统静止,则在水平方向,根据动量守恒定律,有

$$0=Mv+2m(v-u)$$

解方程得

$$v=\frac{2mu}{M+2m}$$

根据此例,我们总结应用动量守恒定理解题的基本步骤为:

(1)选择系统,进行受力分析,确定符合动量守恒定律的情况。选择系统时,要适当确定范围,不能范围过大,也不能遗漏系统中的质点。例如,此题中如果把地面包括在系统之内,则动量守恒表达式不好确定;而如果把人选在系统之外,则不符合动量守恒条件。选择好系统后,要根据受力分析情况,确定系统是总动量守恒,还是某个方向的动量守恒。

(2)选择合适的参考系,并根据系统内质点的运动情况,确定正方向,或建立坐标系。动量守恒定律中各量都是相对于同一参考系的,因而要先选定参考系,以方便下一步确定各物理量的值。例如,在此例中,速度 u 是人相对于车的,而如果选择地面为参考系,则写方程时,人的速度应为人相对于地面的,即应为$(v-u)$;如果问题中各量方向在同一直线上,则确定正方向即可,此例即属于这种情况,而如果问题中各量方向不在同一直线上,则需建立直角坐标系。

(3)写出动量守恒定律的表达式。表达式中各量的正负要参照所选取的正方向或坐标系,与正方向一致者为正,否则为负。

(4)解方程,代入已知数据并讨论。

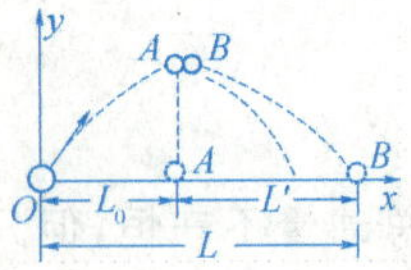

图 2-20 例题 2-15 用图

例题 2-15 如图 2-20 所示,一炮弹在轨道的最高点突然炸裂成质量相等的 A、B 两部分,A 块自由落下,落地点距发射点水平距离为 $L_0=500\text{m}$。试求:B 块的落地点距离发射点的水平距离 L。

解 以 A、B 两部分为系统,爆炸过程中,内力远大于外力,系统动量守恒。建立直角坐标系如图 2-20 所示。炮弹在最高点爆炸,故爆炸前炮弹没有竖直速度分量,只有水平速度分量 v_{0x}。爆炸后,A 部分自由下落,则有 $v_A=0$。设爆炸后 B 部分的速度为 v_B,在水平、竖直方向列动量守恒定律分量式,有

Ox 方向: $$2mv_{0x}=m\times0+mv_{Bx}$$

Oy 方向: $$0=m\times0+mv_{By}$$

解方程可得

$$v_{Bx}=2v_{0x},v_{By}=0$$

由结果可知，爆炸后 B 块在竖直方向的速度也为零，根据抛体运动规律可得，爆炸后 B 块在空中运动的时间应与 A 块相同，也应与炮弹爆炸前的飞行时间相同。而爆炸后 B 块的水平速度是爆炸前炮弹水平速度的 2 倍，因而可得，爆炸后 B 块的水平飞行距离应是爆炸前炮弹水平飞行距离的二倍，即 $L'=2L_0$。因而可得

$$L=L_0+L'=3L_0=1.5\times10^3\,\mathrm{m}$$

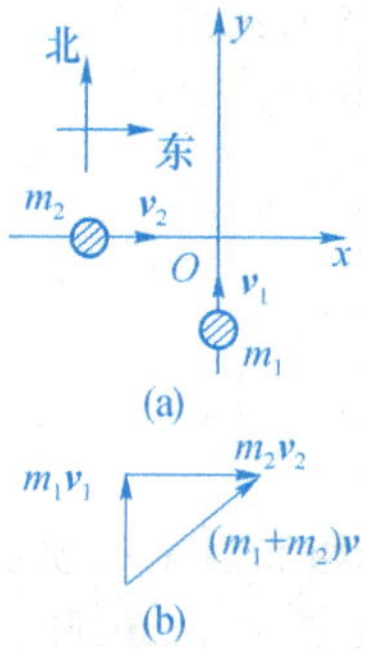

图 2-21　例题 2-16 用图

例题 2-16　在花样滑冰表演中，男运动员质量为 $m_1=60\mathrm{kg}$，以速率 $v_1=0.5\mathrm{m\cdot s^{-1}}$ 由南向北滑行，女运动员质量为 $m_2=40\mathrm{kg}$，以速率 $v_2=1.0\mathrm{m\cdot s^{-1}}$ 由西向东滑行。设冰面光滑，试求男、女运动员相遇并一起运动的速度。

解　以男、女运动员为系统，受力分析，系统受合外力为零，动量守恒。建立直角坐标系，如图 2-21 所示。在这样的坐标系中，两运动员的速度可以分别表示为

$$\boldsymbol{v}_1=0.5\boldsymbol{j},\boldsymbol{v}_2=1.0\boldsymbol{i}$$

设两人一起运动的速度为 $\boldsymbol{v}$，根据动量守恒定律，有

$$m_1\boldsymbol{v}_1+m_2\boldsymbol{v}_2=(m_1+m_2)\boldsymbol{v}$$

解矢量方程，可得

$$\boldsymbol{v}=\frac{m_1}{m_1+m_2}\boldsymbol{v}_1+\frac{m_2}{m_1+m_2}\boldsymbol{v}_2=0.4\boldsymbol{i}+0.3\boldsymbol{j}\,\mathrm{m\cdot s^{-1}}$$

比较例题 2-15 和例题 2-16 可以看出，对于系统总动量守恒的问题，既可以根据动量守恒定律在坐标系中坐标轴上的分量形式求解(如例题2-15)，也可以根据动量守恒定律在坐标系中的矢量式求解(如例题2-16)。在具体问题中，使用哪种形式，要视情况而定，灵活选择。

2.5.3　火箭飞行原理

火箭最早是我国发明的。早在南宋时期便有了作为烟火玩物的“起火”，后来又出现了利用起火推动的翎箭。在现代，火箭技术可以说是空间技术的基础，各种各样的人造卫星、宇宙飞船和空间探测器等都是靠火箭运送至太空的。我国的火箭技术已经达到了世界的先进水平，其中“长征”系列运载火箭以其良好的性能而深受各国人士的青睐。

作为航天技术重要组成部分的火箭技术，其飞行原理并不复杂，它是根据动量守恒定律，利用燃料爆炸时向后喷出气体，从而使火箭获得向前飞行的反冲力量。如图 2-22 所示，选火箭及其携带的燃料为系统，燃料爆炸燃烧时，内力远大于外力，系统动量守恒。以地面为参考系，设 t 时刻火箭及燃料的总质量为 M，飞行速度为 v；$t+\Delta t$ 时刻火箭及剩余燃料的总质量为 $M+\mathrm{d}M$，速度为 $v+\mathrm{d}v$；这段时间内火箭喷出气体质量为 $\mathrm{d}m$，则有 $\mathrm{d}M=-\mathrm{d}m$。

以火箭飞行方向为正方向,设气体相对于火箭的喷射速度大小为 u。对于这段时间的始末列动量守恒定律,有

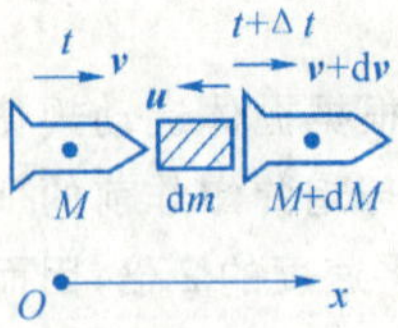

图 2-22 火箭飞行原理

$$Mv=(M+\mathrm{d}M)(v+\mathrm{d}v)+\mathrm{d}m(v+\mathrm{d}v-u)$$

代入 $\mathrm{d}M=-\mathrm{d}m$,对上式整理,有

$$M\mathrm{d}v+u\mathrm{d}M=0$$

变形为

$$\mathrm{d}v=-u\frac{\mathrm{d}M}{M}$$

设点火时火箭及燃料的总质量为 M_0,燃料全部喷射完火箭的质量为 M,火箭最终速度为 v,对上式两侧积分

$$\int_0^v \mathrm{d}v=-u\int_{M_0}^{M}\frac{\mathrm{d}M}{M}$$

计算积分,得火箭可达到的速度为

$$v=u\ln\frac{M_0}{M} \tag{2-20}$$

可见,火箭的速度与火箭喷气的速度大小成正比,与火箭开始和后来的质量比成正比。目前最好的燃料如液氧和液氢混合气的喷气速度可达 $4.1\mathrm{km}\cdot\mathrm{s}^{-1}$,单级火箭的质量比最大可做到 15,代入式(2-20)可得单级火箭由静止开始能获得最大的速度约为 $11.1\mathrm{km}\cdot\mathrm{s}^{-1}$。但实际发射时,火箭要受地球引力和空气阻力的作用,因而只能获得约为 $7\mathrm{km}\cdot\mathrm{s}^{-1}$ 的速度,此值小于第一宇宙速度($7.9\mathrm{km}\cdot\mathrm{s}^{-1}$),所以要把人造卫星、宇宙飞船等运送至轨道,需要多级火箭。每级火箭燃料喷出后,就将该级火箭的外壳卸掉,尽量提高质量比,然后再让下一级火箭点火开始工作,从而获得满足要求的火箭速度。

练习题

1. 在例题 2-14 中,若两人先后以相对于小车水平速度 u 沿同一方向跳离小车。试求:小车最后获得的水平速度,并比较此结果与例题中结果的大小。

2. 试用动量守恒定律在直角坐标系中的矢量形式,求解例题 2-15。

3. 试用动量守恒定律在直角坐标系中坐标轴上的分量形式,求解例题2-16。

2.6 功 动能定理

前面我们介绍的动量定理,是从力在时间上累积的角度研究力作用的效果。本节我们将从力在空间累积作用的角度,研究力与质点运动状态变化的关系。首先,介绍两个物理量——力的功和物体的动能,然后,在此基础上讨论动能定理的内容及应用。

2.6.1 功

1. 恒力对直线运动物体所作的功

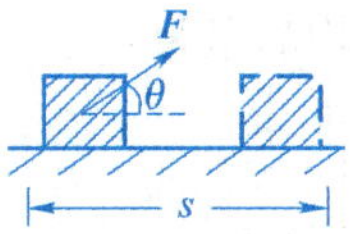

图 2-23 恒力的功

功的概念中学就接触过。设质点在恒力 $\boldsymbol{F}$ 作用下，沿直线运动，运动的距离为 $\boldsymbol{S}$，力与位移的夹角为 θ，如图 2-23 所示，则力 $\boldsymbol{F}$ 在这段位移上对物体所作的功为

$$A=FS\cos\theta \tag{2-21}$$

力对物体所作的功，等于力的大小、力作用点位移的大小以及力与位移之间夹角余弦的乘积。

考虑到力 $\boldsymbol{F}$、位移 $\boldsymbol{S}$ 都为矢量，则根据矢量标积的定义，式(2-21)可写为

$$A=\boldsymbol{F}\cdot\boldsymbol{S} \tag{2-22}$$

由式(2-22)可知，功是标量，只有大小和正负，没有方向。当力 $\boldsymbol{F}$ 与位移 $\boldsymbol{S}$ 的夹角 $0\leqslant\theta<\frac{\pi}{2}$ 时，$A>0$，称力对物体作正功；当 $\theta=\frac{\pi}{2}$ 时，$A=0$，称力对物体不作功；当 $\frac{\pi}{2}<\theta\leqslant\pi$ 时，$A<0$，称力对物体作负功，或者说物体反抗外力作功。

在国际单位制中，功的单位为焦耳，符号为 J(1J＝1N · m)。

2. 变力对曲线运动物体所作的功

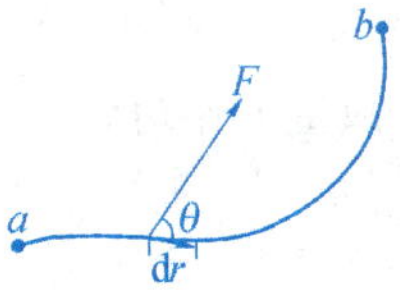

图 2-24 变力的功

如图 2-24 所示，设一质点在变力 $\boldsymbol{F}$ 的作用下，沿曲线路径由 a 点运动至 b 点。为计算力 $\boldsymbol{F}$ 在此段上的功，我们按以下步骤进行：首先，把物体所经历的这段路程分割成许多个无限小段。对于任一小段，由于其无限小，因而可以认为物体在其上的路径为直线，则对应的路径可取为位移元 $\mathrm{d}\boldsymbol{r}$，如图 2-24 所示；其次，计算变力在位移元 $\mathrm{d}\boldsymbol{r}$ 上作的功，称为元功。由于 $\mathrm{d}\boldsymbol{r}$ 无限小，因而可以认为在其上力的变化很小，力是恒力，则元功为 $\mathrm{d}A=\boldsymbol{F}\cdot\mathrm{d}\boldsymbol{r}=F\cos\theta\mathrm{d}r$；最后，计算整段路径上力的功。从 a 点至 b 点力 $\boldsymbol{F}$ 所作的功应为每段位移元上力所作元功的总和，则有

$$A=\int_a^b \mathrm{d}A=\int_a^b \boldsymbol{F}\cdot\mathrm{d}\boldsymbol{r}=\int_a^b F\cos\theta\mathrm{d}r \tag{2-23}$$

3. 合力的功

如果物体同时受到 n 个力 $\boldsymbol{F}_1$、$\boldsymbol{F}_2$、…、$\boldsymbol{F}_n$ 作用，物体移动一段路程，此段路程上合力 $\boldsymbol{F}=\boldsymbol{F}_1+\boldsymbol{F}_2+\cdots+\boldsymbol{F}_n$ 所作的功为

$$\begin{aligned}A&=\int_a^b \boldsymbol{F}\cdot\mathrm{d}\boldsymbol{r}=\int_a^b (\boldsymbol{F}_1+\boldsymbol{F}_2+\cdots+\boldsymbol{F}_n)\cdot\mathrm{d}\boldsymbol{r}\\&=\int_a^b \boldsymbol{F}_1\cdot\mathrm{d}\boldsymbol{r}+\int_a^b \boldsymbol{F}_2\cdot\mathrm{d}\boldsymbol{r}+\cdots+\int_a^b \boldsymbol{F}_n\cdot\mathrm{d}\boldsymbol{r}\\&=A_1+A_2+\cdots+A_n\end{aligned} \tag{2-24}$$

可见，求合力的功有两种方法：一是先求出合力，再求合力的功；二是先求各分力的功，然后再求各功的代数和，从而得出合力的功。

4. 功率

在实际工作中,我们不仅要考虑力作功的多少,往往还考虑力作功的快慢,为此我们需要引入功率的概念。

单位时间内力所作的功,称为功率,用字母 P 表示。

设 Δt 时间内,力所作的功为 ΔA,则这段时间内力的平均功率为

$$\overline{P}=\frac{\Delta A}{\Delta t}$$

当 $\Delta t\to 0$ 时,平均功率的极限值称为 t 时刻的瞬时功率,简称功率,即

$$P=\lim_{\Delta t\to 0}\frac{\Delta A}{\Delta t}=\frac{\mathrm{d}A}{\mathrm{d}t}=\frac{\boldsymbol{F}\cdot\mathrm{d}\boldsymbol{r}}{\mathrm{d}t}=\boldsymbol{F}\cdot\boldsymbol{v} \tag{2-25}$$

功率等于力与速度的标积,是标量。在国际单位制中,功率的单位为瓦特,符号 W。

例题 2-17 如图 2-25 所示,劲度系数为 k 的轻弹簧一端固定,另一端连接一质量为 m 的物体,物体与水平面间的摩擦系数为 μ。以弹簧原长时物体所在处为坐标原点,水平向右为 Ox 轴正向,初始用外力使弹簧伸长至 x_2。试求:(1)撤去外力后,物体由 x_2 运动到 x_1 过程中所受各力作的功;(2)合力的功。

解 选物体为研究对象,受力分析,作示力图,如图 2-25 所示。运动过程中,物体共受四个力:重力 mg、支持力 N、弹簧的弹性力 F、平面的摩擦力 f。

(1)重力是恒力,方向竖直向下,与物体运动方向垂直,故重力作功为

$$A_G=mg(x_2-x_1)\cos 90^\circ=0$$

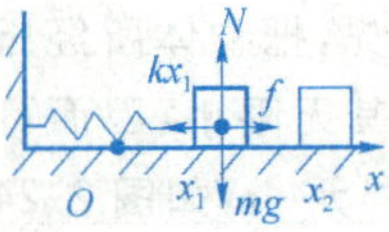

图 2-25 例题 2-17 用图

与重力情况相同,支持力作功为

$$A_N=N(x_2-x_1)\cos 90^\circ=0$$

摩擦力大小 $f=\mu mg$,方向水平向右,是恒力,力与运动方向相反,作功为

$$A_f=\mu mg(x_2-x_1)\cos 180^\circ=-\mu mg(x_2-x_1)$$

弹簧的弹性力大小 $F=kx$,是变力,依据变力作功方法计算此功:首先取位移元。因物体作水平方向直线运动,故位移元可取为 $\mathrm{d}x$(由于物体向坐标轴负向运动,位移元大小为 $-\mathrm{d}x$);然后计算元功。位移元上,弹性力方向水平向左,与位移元方向相同。故元功为

$$\mathrm{d}A=kx\cos 0^\circ(-\mathrm{d}x)=-kx\mathrm{d}x$$

最后,对元功积分,得在整个过程中弹力的功为

$$A_F=\int_{x_2}^{x_1}\mathrm{d}A=\int_{x_2}^{x_1}(-kx)\mathrm{d}x=\frac{1}{2}kx_2^2-\frac{1}{2}kx_1^2$$

(2)合力的功为

$$\begin{aligned}A&=A_G+A_N+A_f+A_F\\&=-\mu mg(x_2-x_1)+\left(\frac{1}{2}kx_2^2-\frac{1}{2}kx_1^2\right)\end{aligned}$$

2.6.2 质点动能定理

力作功，将对质点的运动状态产生怎样的影响，即力在空间上的累积作用效果如何，质点动能定理反映了这方面的规律。

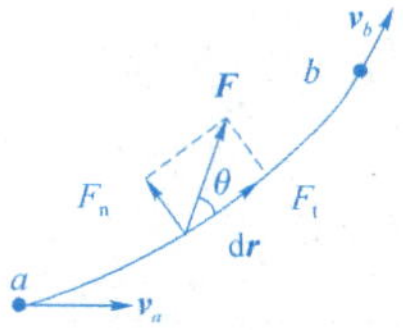

图 2-26 质点动能定理

如图 2-26 所示，设质量为 m 的物体在合外力 $\boldsymbol{F}$ 的作用下，从 a 点沿曲线路径到达 b 点，速度由 v_a 变为 v_b。在位移元 $\mathrm{d}\boldsymbol{r}$ 上力的元功为

$$\mathrm{d}A=\boldsymbol{F}\cdot\mathrm{d}\boldsymbol{r}=F\cos\theta\mathrm{d}r$$

式中，$F\cos\theta$ 为力在位移元方向的分量，即曲线切向的分量 F_t，根据牛顿运动第二定律 $F_t=ma_t$，以及切向加速度与速率的关系 $a_t=\frac{\mathrm{d}v}{\mathrm{d}t}$，则上式可改写为

$$\mathrm{d}A=F_t\mathrm{d}r=m\frac{\mathrm{d}v}{\mathrm{d}t}\mathrm{d}r=mv\mathrm{d}v$$

整个过程中，物体所受合外力作的功

$$A=\int_a^b\mathrm{d}A=\int_{v_a}^{v_b}mv\mathrm{d}v=\frac{1}{2}mv_b^2-\frac{1}{2}mv_a^2 \tag{2-26}$$

等式的右侧是速率函数 $E_k=\frac{1}{2}mv^2$ 在末态与初态值的差额，这个速率函数也是描述质点运动状态的物理量，称为动能。动能是标量，只有大小，没有方向。在国际单位制中，动能的单位与功的单位相同，都为焦耳。

式(2-25)表明，合外力对物体作的功等于物体动能的增量，这称为质点的动能定理。用 E_k 表示动能，则动能定理的数学表达式可以写为

$$A=E_k-E_{k0} \tag{2-27}$$

对于动能定理的理解需要注意以下几点：

(1)由式(2-26)可知，当合外力的功 $A>0$ 时，$E_k>E_{k0}$，质点动能增加，外力作功转化为质点的动能；当 $A<0$ 时，$E_k<E_{k0}$，质点动能减少，质点牺牲自己的动能用来转化为对外界作的功。可见，功是能量变化的量度。

(2)质点的动能是与物体某时刻的运动速率相关，与状态相对应的物理量，这类的物理量称为状态量。前面我们接触的物理量，如速度、加速度、动量等都是状态量；功则对应于一段路程，一段时间，即对应于一个过程，这类的物理量称为过程量。前面我们接触的路程、冲量等都为过程量。动能定理实际上是把描述一个过程的过程量与该过程始末状态量的变化联系在一起。前面我们学习的动量定理也属于这类的关系，这点有时会给我们带来许多的方便，比如，我们可以利用状态量的变化求解对应的过程量，也可以利用过程量去求解某个状态量。

例题 2-18 一质量为 4kg 的物体可沿 Ox 轴无摩擦地滑动，$t=0$ 时物体静止于原点。试求下列情况中物体的速度大小：(1)物体在力 $F=3+2t$ N 的作用下运动了 3s；(2)物体在力 $F=3+2x$ N 的作用下运动了 3m。

解 (1)根据动量定理 $\int_{t_0}^{t}F\mathrm{d}t=mv-mv_0$，及 $v_0=0$ 可得

$$v=\frac{1}{m}\int_{t_0}^{t}F\mathrm{d}t=\frac{1}{4}\int_{0}^{3}(3+2t)\mathrm{d}t=4.5\mathrm{m}\cdot\mathrm{s}^{-1}$$

此问还有一种求解方法：

根据牛顿运动第二定律 $F=ma$，可得物体获得的加速度随时间变化的关系为

$$a=\frac{F}{m}=\frac{1}{m}(3+2t)$$

根据加速度与速度的关系 $a=\frac{\mathrm{d}v}{\mathrm{d}t}$，有 $\mathrm{d}v=a\mathrm{d}t$，结合上式得

$$\mathrm{d}v=\frac{1}{m}(3+2t)\mathrm{d}t$$

两侧积分，得

$$v=\int_{v_0}^{v}\mathrm{d}v=\int_{0}^{3}\frac{1}{m}(3+2t)\mathrm{d}t=4.5\mathrm{m}\cdot\mathrm{s}^{-1}$$

两种解法，结果相同，但显然后一种解法相对烦琐。

(2)根据动能定理 $\int_{x_0}^{x}F\mathrm{d}x=\frac{1}{2}mv^2-\frac{1}{2}mv_0^2$，及 $v_0=0$ 可得

$$v=\sqrt{\frac{2}{m}\int_{x_0}^{x}F\mathrm{d}x}=\sqrt{\frac{2}{4}\int_{0}^{3}(3+2x)\mathrm{d}x}=3\mathrm{m}\cdot\mathrm{s}^{-1}$$

例题 2-19 如图 2-27 所示，一链条总长为 L，质量为 m，放在光滑水平桌面上，并使其下垂，下垂一段的长度为 a，令链条由静止开始运动。试求：链条离开桌面时的速率。

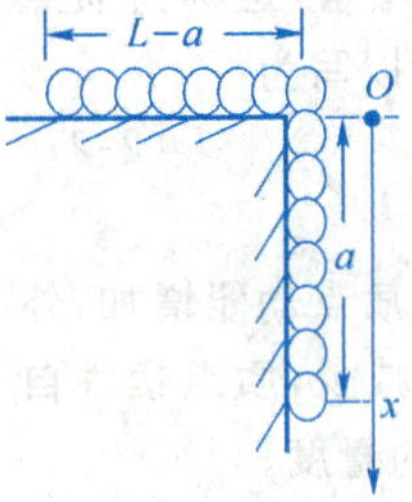

图 2-27 例题 2-19 用图

解 建立如图 2-27 所示坐标系。选链条为研究对象，对其受力作功情况进行分析。桌面光滑，没有摩擦力，桌面上链条的重力、支持力方向与运动方向垂直，都不作功。因而，链条下落过程中，只有下垂部分的重力作功。

设链条下垂的顶端所在位置为 x，下垂部分的重力大小为 mgx/L，重力的大小随下落的长度变化，重力方向与运动方向一致，当链条下落一微小位移 $\mathrm{d}x$ 时，重力作的元功可写为

$$\mathrm{d}A=mg\frac{x}{L}\mathrm{d}x$$

链条由静止至离开桌面，重力的功为

$$A=\int\mathrm{d}A=\int_{a}^{L}mg\frac{x}{L}\mathrm{d}x=\frac{1}{2L}mg(L^2-a^2)$$

根据动能定理，$A=\frac{1}{2}mv^2-\frac{1}{2}mv_0^2$，及初始链条静止，$v_0=0$，可得

$$v=\sqrt{\frac{2A}{m}}=\sqrt{\frac{g}{L}(L^2-a^2)}$$

2.6.3 质点系动能定理

我们仍以两个质点构成的最简单的质点系为例，研究系统功与动能变化

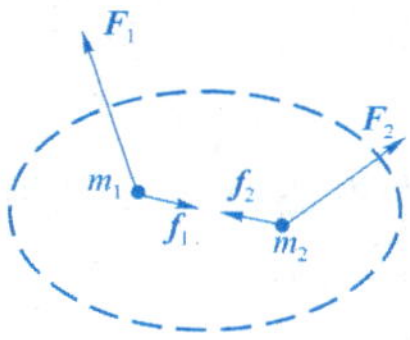

图 2-28 质点系动能定理

之间的关系。如图 2-28 所示，设 m_1、m_2 组成的质点系所受外力分别为 $\boldsymbol{F}_1$、$\boldsymbol{F}_2$，内力分别为 $\boldsymbol{f}_1$、$\boldsymbol{f}_2$，m_1 始末速率分别为 v_{10}、v_1，m_2 始末速率分别为 v_{20}、v_2。对两质点分别列动能定理，有

$$\int \boldsymbol{F}_1 \cdot \mathrm{d}\boldsymbol{r}_1 + \int \boldsymbol{f}_1 \cdot \mathrm{d}\boldsymbol{r}_1 = \frac{1}{2}m_1 v_1^2 - \frac{1}{2}m_1 v_{10}^2$$

$$\int \boldsymbol{F}_2 \cdot \mathrm{d}\boldsymbol{r}_2 + \int \boldsymbol{f}_2 \cdot \mathrm{d}\boldsymbol{r}_2 = \frac{1}{2}m_2 v_2^2 - \frac{1}{2}m_2 v_{20}^2$$

两式相加，有

$$\int \boldsymbol{F}_1 \cdot \mathrm{d}\boldsymbol{r}_1 + \int \boldsymbol{F}_2 \cdot \mathrm{d}\boldsymbol{r}_2 + \int \boldsymbol{f}_1 \cdot \mathrm{d}\boldsymbol{r}_1 + \int \boldsymbol{f}_2 \cdot d\boldsymbol{r}_2$$
$$= \left(\frac{1}{2}m_1 v_1^2 + \frac{1}{2}m_2 v_2^2\right) - \left(\frac{1}{2}m_1 v_{10}^2 + \frac{1}{2}m_2 v_{20}^2\right)$$

此式左侧的前两项，为系统所受外力作功的和，即合外力的功，可用 $A_{外}$ 表示；左侧后两项，为系统内力作功的和，即内力的功，可用 $A_{内}$ 表示；右侧第一项为末态各质点动能之和，即系统的末态动能，用 E_k 表示；右侧第二项为初态各质点动能之和，即系统的初态动能，用 E_{k0} 表示。上式可整理为

$$A_{外} + A_{内} = E_k - E_{k0} \tag{2-28}$$

可以证明，此式可以推广到多个质点组成的质点系情况。式(2-27)表明，一切外力所作功与一切内力所作功的代数和等于质点系动能的增量。这称为质点系动能定理。

前面我们学习了质点系的动量定理，在动量定理中，我们只考虑外力的冲量，因为内力的冲量为零。那么，在质点系动能定理中，我们是否也可以仅考虑外力的功呢？这取决于质点系内力的功是否也为零。我们以图2-29所示情况为例，讨论内力的功。设两物体的质量分别为 m_1、m_2，二者间摩擦力大小分别为 f_1、f_2，对于 m_1、m_2 所构成的系统来说，这对摩擦力为内力。现用外力 $\boldsymbol{F}$ 作用于 m_1，使 m_1 向右运动。由于摩擦力作用，m_2 也将向右运动，运动过程中，摩擦内力的功的代数和为

$$A_{内} = A_1 + A_2 = -f_1 \Delta r_1 + f_2 \Delta r_2$$

根据作用力与反作用力大小相等，$f_1 = f_2$，则有

$$A_{内} = f_1(-\Delta r_1 + \Delta r_2)$$

显然内力的功是否为零，取决于两质点运动位移是否相同。如果两质点位移相同(即两者间无相对位移)，如图 2-29(a)所示，$\Delta r_1 = \Delta r_2$，则有 $A_{内} = 0$；如果两质点位移不同(即两者间有相对位移)，如图 2-29(b)所示，$\Delta r_1 \neq \Delta r_2$，则有 $A_{内} \neq 0$。

显然，内力的功与内力的冲量不同，内力的冲量不能改变系统的总动量，但内力的功却可以改变系统的总动能。内力作功的例子很多，如地雷爆炸时，弹片四处飞溅，有很大的动能，这动能即来自于火药爆炸力这一内力所作的功。

练习题

1. 狗拉质量为 150kg 的雪橇在水平雪地上沿一弯曲的道路匀速奔跑 1km，雪橇与地面间的摩擦系数为 0.12。试求：狗对雪橇作的功。

2. 如图 2-30 所示，劲度系数为 $k=20\mathrm{N\cdot cm^{-1}}$ 的弹簧一端固定，另一端连接质量为 2kg 的物体，初始用外力使弹簧伸长 10cm，然后使物体由静止释放。设平面光滑。试求：物体运动到弹簧原长处时的速率。

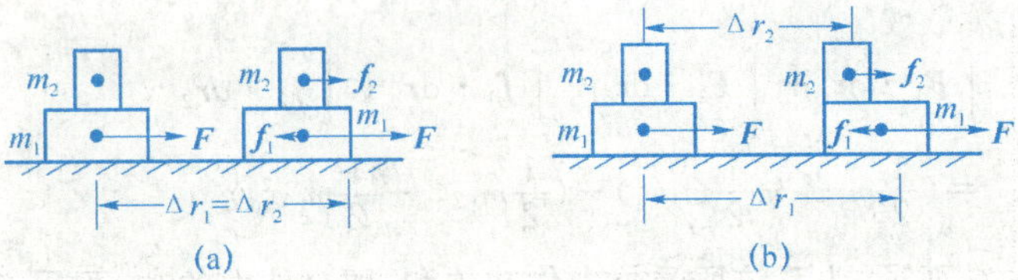

图 2-29　内力的功

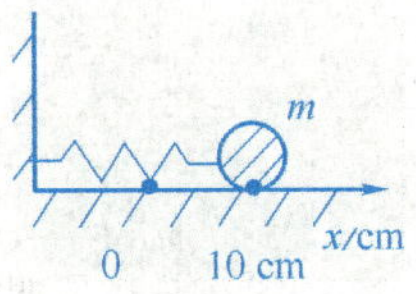

图 2-30　练习 2 用图

2.7　功能原理　机械能守恒定律

在机械运动的范围内，不仅有动能，还有势能。本节我们将在讨论保守力作功的基础上，引入势能的概念，进而研究质点系的功能原理和机械能守恒定律。

2.7.1　保守力的功　势能

在深入研究力作功的时候，我们发现有一类力作功具有鲜明的特色，这类力称为保守力。下面我们从研究弹簧的弹性力作功、重力作功出发，总结这类力作功的特点。

1. 弹簧弹性力的功

在 2.6 节例题 2-17 中，我们得出弹簧由 x_2 伸长至 x_1 过程中，弹性力作功为

$$A_F=\int_{x_2}^{x_1}\mathrm{d}A=\int_{x_2}^{x_1}(-kx)\mathrm{d}x=\frac{1}{2}kx_2^2-\frac{1}{2}kx_1^2$$

分析结果可以看出，弹性力作功只与始末位置有关，而与物体具体经过怎样的路径无关。

我们再研究使弹簧由 x_1 经过任一路径伸长至 x_2 过程中弹力的功。采取与例题 2-17 相同的方法，取位移元 $\mathrm{d}x$，因力与 $\mathrm{d}x$ 方向相反，则位移元上弹力的元功仍可写为 $\mathrm{d}A'=-kx\mathrm{d}x$，弹性力作功为

$$A'_F=\int_{x_1}^{x_2}\mathrm{d}A'=\int_{x_1}^{x_2}(-kx)\mathrm{d}x=\frac{1}{2}kx_1^2-\frac{1}{2}kx_2^2$$

可见，功仍只与物体运动的始末位置有关，而与路径无关。

如果使弹簧由 x_2 沿任意路径至 x_1，然后再由 x_1 经任一路径返回至 x_2，即经过一个闭合路径，则弹性力作功为

$$A=A_F+A'_F=0$$

可见,沿闭合路径弹性力作功为零。

2. 重力的功

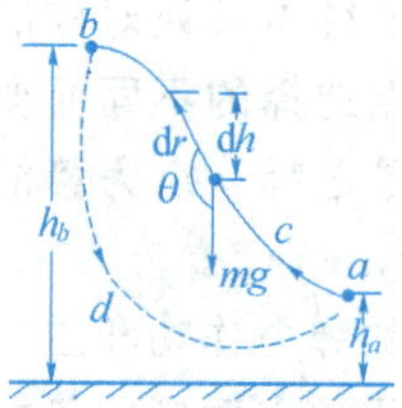

图 2-31 重力的功

如图 2-31 所示,质量为 m 的物体从位置 a 沿任一路径 acb 运动到位置 b,在此过程中,重力的大小 mg 及重力方向保持不变,但物体运动路径为曲线,重力与物体运动方向之间的夹角 θ 不断改变。在路径上取位移元 $\mathrm{d}\boldsymbol{r}$,重力的元功为

$$\mathrm{d}A=m\boldsymbol{g}\cdot\mathrm{d}\boldsymbol{r}=mg\cos\theta\mathrm{d}r=-mg\mathrm{d}h$$

设 a 点离地面的高度为 h_a,b 点离地面的高度为 h_b,从 a 到 b 重力作功为

$$A=\int_a^b \mathrm{d}A=\int_{h_a}^{h_b}(-mg)\mathrm{d}h$$
$$=mgh_a-mgh_b$$

由结果可以看出,重力作功也仅与物体的始末位置有关,而与具体的路径无关。如果物体从位置 b 沿任一路径 bda 运动到位置 a,重力作功为

$$A'=\int_b^a \mathrm{d}A'=\int_{h_b}^{h_a}(-mg)\mathrm{d}h=mgh_b-mgh_a$$

结果仍仅与始末位置有关,而与具体是经过怎样的路径无关。

如果物体从位置 a 沿任一路径 acb 运动到位置 b,再从位置 b 沿任一路径 bda 运动到位置 a,重力作功为

$$A_{总}=A+A'=0$$

即重力沿任意闭合路径作功也为零。

总结以上,弹性力和重力作功的特点为:仅与物体的始末位置有关,而与路径无关,沿闭合路径作功为零。作功具有这样特点的力称为保守力。除了重力和弹簧的弹力之外,万有引力以及以后我们要接触的静电场力也都是保守力。作功不具有上述特点的力称为非保守力。由例题 2-17 可以看出,摩擦力作功与路径有关,不具有保守力作功的特点,因而摩擦力是非保守力。

3. 势能

进一步研究重力作功和弹性力作功的结果,我们发现,它们都是一个与位置相关的函数在始末位置取值的差值,功是能量变化的量度,因此我们定义这两个与位置相关的函数为势能,用 E_p 表示。重力势能的表达式为 mgh,弹性势能的表达式为 $\frac{1}{2}kx^2$。

对于势能的理解需要注意以下几个方面:

(1)势能是相对量。重力势能 mgh 中的 h 与高度零点定在哪里有关,弹性势能 $\frac{1}{2}kx^2$ 中的 x 值与坐标原点选在哪里有关,零点选择不同,则势能具有不同的值。因而在以后应用势能时,一定要先指明势能零点选择在何处,否则说某一物体的势能值是没有意义的。一般地,重力势能零点选择在地面处,当然也可以根据具体情况选择其他位置;但弹性势能零点要选择在弹簧

原长时自由端所在处,否则弹性势能的表达式不再是$\frac{1}{2}kx^2$(这点读者可自行证明)。

(2)势能差值是绝对的。虽然选择不同的势能零点,系统中某处对应的势能值不同,但两点间的势能差值是绝对的,不随势能零点选择的不同而变化。例如,在图2-31中,无论是选择地面为势能零点,还是选择a点为势能零点,a、b两点的重力势能差都为$\Delta E_p = E_{pb} - E_{pa} = mgh_b - mgh_a$。

(3)保守力作功等于势能增量的负值。观察前面得出的弹力作功和重力作功的结果,可以看出,由a到b过程中,保守力作的功等于a点对应的势能减b点对应势能,即等于势能增量的负值,数学表达式为

$$A_{ab} = -(E_{pb} - E_{pa}) = -\Delta E_p \tag{2-29}$$

(4)势能属于相互作用的系统。物体之所以具有重力势能,是因为地球对物体有重力作用。弹簧之所以具有弹性势能,是因为外界对弹簧有力的作用,可见势能的存在依赖于物体间的相互作用,势能并不属于某个物体,而是属于相互作用的系统。

2.7.2 质点系功能原理

在2.6节中,我们学习了质点系动能定理$A_外 + A_内 = \Delta E_k$。由于质点系的内力可以分为保守内力和非保守内力,则上式可以改写为

$$A_外 + A_{保内} + A_{非保内} = \Delta E_k$$

由前面分析可知,保守力作功等于势能增量的负值$A_{保内} = -\Delta E_p$,代入上式,有

$$A_外 + A_{非保内} - \Delta E_p = \Delta E_k$$

考虑动能、势能之和为机械能,动能增量与势能增量之和为机械能增量,则上式可改写为

$$A_外 + A_{非保内} = \Delta E_k + \Delta E_p = \Delta E \tag{2-30}$$

式(2-29)表明:外力与非保守内力对系统所作功之和,等于系统机械能的增量,这称为系统功能原理。

质点系动能定理与功能原理在本质上是相同的,都是研究力作功与能量变化之间的关系;但二者之间又存在着区别,动能定理考虑动能的变化,而功能原理考虑机械能的变化;动能定理考虑所有力作的功,而功能原理不考虑保守内力作的功。产生这样区别的原因,是从不同的角度考虑保守内力的作用,动能定理考虑力所作的功,而功能原理考虑保守内力作功所对应的势能。

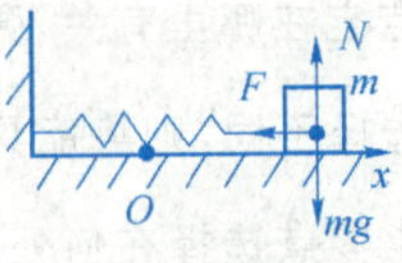

图2-32 例题2-20用图

例题2-20 试用功能原理求解2.6节练习题2。

解 选择弹簧、物体、地球为系统,进行受力分析。物体受的重力、弹簧的弹力都为保守力,系统不受外力和非保守内力作用。如图2-32所示,以地面为重力势能零点,弹簧原长时自由端所在处为弹性势能零点。设弹簧原长

时物体的速率为 v，根据功能原理，有

$$0=E-E_0=(\frac{1}{2}mv^2+0)-(0+\frac{1}{2}kx^2)$$

解方程得，$v=\sqrt{\frac{kx^2}{m}}=\sqrt{\frac{2\ 000\times0.1^2}{2}}=3.16\mathrm{m\cdot s^{-1}}$

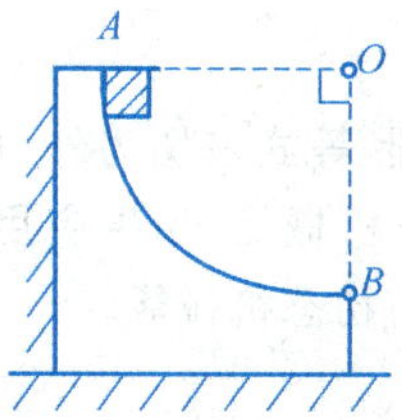

图 2-33 例题 2-21 用图

例题 2-21 如图 2-33 所示，质量为 $m=2\mathrm{kg}$ 的物体由静止开始，沿半径 $R=2\mathrm{m}$ 的四分之一圆弧轨道从 A 滑到 B 点。物体到达 B 点时速率为 $4\mathrm{m\cdot s^{-1}}$。试求：物体下滑过程中，轨道摩擦力所作的功。

解 选择物体、地球为系统，进行受力分析。物体受重力、轨道支持力、摩擦力的作用，其中重力为保守内力，作功不改变系统机械能，支持力指向圆弧的圆心，与运动方向垂直，不作功。选 B 点为重力势能零点，根据功能原理，有

$$A_f=E_B-E_A=(0+\frac{1}{2}mv^2)-(mgR+0)=\frac{1}{2}mv^2-mgR$$

$$=\frac{1}{2}\times2\times4^2-2\times9.8\times2=-23.2\ \mathrm{J}$$

2.7.3 机械能守恒定律

在式(2-30)中，如果 $A_{外}+A_{非保内}=0$，则有

$$\Delta E=0\text{ 或者说 }E=E_0=\text{常量} \tag{2-31}$$

式(2-31)表明，如果系统所受合外力及非保守内力作功之和为零，或者说，只有保守内力作功，则系统内各质点的动能和势能可以相互转换，但总机械能保持不变。这称为机械能守恒定律。

例题 2-22 试用机械能守恒定律求解例题 2-19。

解 选择地面、链条为系统，受力分析。链条受重力和桌面的支持力作用，支持力与链条运动方向垂直，不作功；重力为保守内力。系统机械能守恒，选图 2-27 中 O 点为重力势能零点，初始系统机械能为

$$E_0=0-\frac{mga}{L}\cdot\frac{a}{2}$$

设链条离开桌面时速率为 v，此时机械能为

$$E=\frac{1}{2}mv^2-mg\frac{L}{2}$$

根据机械能守恒定律，$E=E_0$，有

$$\frac{1}{2}mv^2-mg\frac{L}{2}=0-\frac{mga}{L}\cdot\frac{a}{2}$$

解方程，得

$$v=\sqrt{gL-\frac{ga^2}{L}}=\sqrt{\frac{g}{L}(L^2-a^2)}$$

结果与应用动能定理求解结果相同。

应用功能原理和机械能守恒定律求解问题的步骤基本相同，大致如下：

(1)选择系统，受力分析，判断题目所符合的规律。功能原理可以用来求解任何问题，但机械能守恒定律有严格的适用条件，即外力和非保守内力作功为零，或者只有保守内力作功。注意，有的题目应用两个规律求解都可以，这时要指明所使用的是哪个规律。

(2)选择零势能点，并写出初始和末态对应的机械能。

(3)根据规律，写出对应的关系式。如果应用功能原理，等式左侧为外力和非保守内力作功之和，等式右侧为末态机械能减去初态机械能；如果应用机械能守恒定律，等式的左侧为末态机械能，等式的右侧为初态机械能。

(4)解方程，代入数据，写出结果。

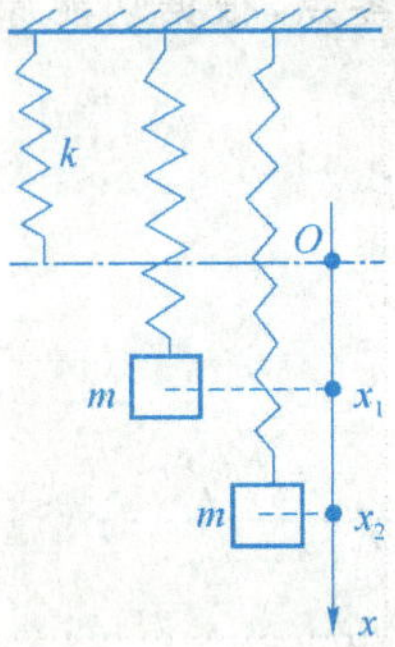

图 2-34　例题 2-23 用图

例题 2-23　如图 2-34 所示，一劲度系数为 k 的轻弹簧上端固定，下端悬挂一质量为 m 的物体。先用手将物体托住，使弹簧保持原长。试求下列情况中弹簧的最大伸长量：(1)将物体托住慢慢放下；(2)突然撤手，使物体落下。

解　(1)选物体为研究对象，受力分析。将物体慢慢放下，则可以认为在整个过程中物体受力平衡。在弹簧最大伸长时，作用在物体上的重力应与弹力相平衡，故此位置称为平衡位置。若以弹簧原长时下端所在处为坐标原点，向下为正向，建立坐标轴，则弹簧伸长可用其下端坐标值 x_1 表示。根据受力平衡，有

$$mg-kx_1=0$$

解方程得 $x_1=\dfrac{mg}{k}$

(2)选择物体、弹簧、地面为系统，受力分析。若突然撤手，物体落下过程中，外力和非保守内力不作功，只有重力和弹性力这两个保守内力作功，系统机械能守恒。选图中 O 点为重力势能和弹性势能零点，则刚撤手时系统机械能为 $E_0=0$。设弹簧最大伸长为 x_2，则最大伸长时系统的机械能为

$$E=0+\frac{1}{2}kx_2^2-mgx_2$$

根据机械能守恒，$E=E_0$，有

$$0=0+\frac{1}{2}kx_2^2-mgx_2$$

解方程得 $x_2=\dfrac{2mg}{k}$。

系统机械能守恒的条件是外力和非保守内力作功为零。如果外力和非保守内力作功不为零时，则系统的机械能将发生变化。这说明，自然界中除了机械能之外，还存在着其他形式的能量。热能、电能、化学能、核能等都是能量存在的形式。各种形式能量之间是可以相互转换的，如水力发电是机械能向电能的转换、燃烧煤炭发电是化学能向电能的转换、蒸汽机实现的是热能向机械能的转换、电动机实现的则是电能向机械能的转换等。实验表明，

对于一个孤立系统，各种形式能量之间可以相互转换，但在转换的过程中，各种形式能量的总和始终保持不变，这称为能量转换和守恒定律。能量转换和守恒定律是自然界中又一个最普遍的规律。

练习题

1. 试用动能定理求解例题 2-21。
2. 试用功能原理求解例题 2-23(2)。
3. 试用机械能守恒定律求解练习 1。
4. 在例题 2-19 中，若链条与水平桌面间的摩擦系数为 μ。试求链条离开桌面时的速率。

2.8 碰撞问题

如果两个或多个物体在相遇时，物体间的相互作用仅持续一个极为短暂的时间，这种现象称为碰撞。碰撞现象在生活中很常见，如球的撞击、打桩、锻打及分子原子间的相互作用，再如人从车上跳下、跳上，子弹打中目标，炮弹爆炸等都属于碰撞现象。本节主要介绍碰撞的定义及种类，以及碰撞过程中所遵循的物理规律。

在碰撞过程中，物体间相互作用的时间极短，作用力极大。如果以相互碰撞的物体为系统，则系统的内力远大于外力，根据质点系动量守恒定律可知，碰撞系统动量守恒。根据质点系功能原理可知，内力作功也可以改变系统机械能，所以，碰撞过程中系统机械能不一定守恒。按照碰撞过程中系统机械能是否守恒，可以把碰撞分为三类：完全弹性碰撞、完全非弹性碰撞、非完全弹性碰撞。

2.8.1 完全弹性碰撞

在完全弹性碰撞中，物体间相互作用的内力是弹性力。由前面学习我们知道，弹性力是保守力，保守力作功不改变系统的机械能，因而物体间发生完全弹性碰撞时，碰撞前、后系统机械能守恒。

例题 2-24 如图 2-35 所示，质量分别为 m_1、m_2 的两个弹性小球沿同一直线方向运动，设两物体碰撞前的速率分别为 v_{10}、v_{20}（$v_{10}>v_{20}$）。试求：两物体发生完全弹性碰撞后的速率。

解 以两个小球为系统，进行受力分析。系统碰撞过程中内力远大于外力，系统动量守恒，以碰撞前物体运动方向为正方向，并设碰撞后两物体的速率分别为 v_1、v_2，则有

$$m_1v_{10}+m_2v_{20}=m_1v_1+m_2v_2$$

小球发生完全弹性碰撞，机械能守恒，则有

$$\frac{1}{2}m_1v_{10}^2+\frac{1}{2}m_2v_{20}^2=\frac{1}{2}m_1v_1^2+\frac{1}{2}m_2v_2^2$$

联立求解上面两式组成的方程组,可得

$$v_1=\frac{m_1-m_2}{m_1+m_2}v_{10}+\frac{2m_2}{m_1+m_2}v_{20}$$

$$v_2=\frac{2m_1}{m_1+m_2}v_{10}+\frac{m_2-m_1}{m_1+m_2}v_{20}$$

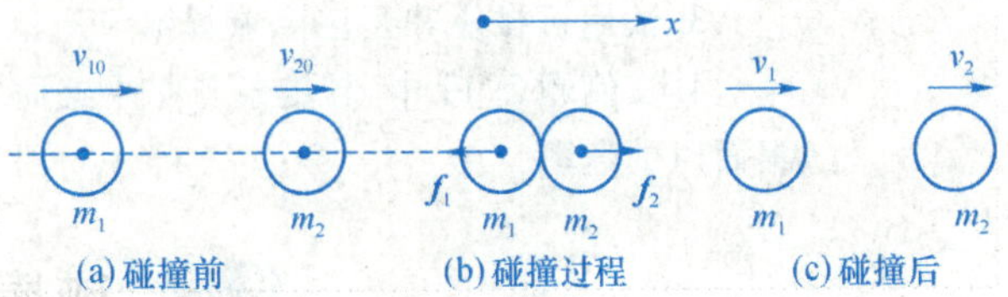

图 2-35　例题 2-24 用图

(1)若两小球质量相等,即 $m_1=m_2$,则有 $v_1=v_{20}$,$v_2=v_{10}$。碰撞过程中两球相互交换速率,碰撞后两球分别以对方的初速率前进;

(2)若两小球质量相差悬殊,且 $m_1\ll m_2$,$v_{20}=0$,则有 $v_1\approx -v_{10}$,$v_2\approx 0$。碰撞后质量小的球以原来的速率返回,质量大的球仍保持原来的运动状态。如乒乓球撞铅球,乒乓球会被弹回,而铅球运动状态不变化;

(3)若两小球质量相差悬殊,且 $m_1\gg m_2$,$v_{20}=0$,则有 $v_1\approx v_{10}$,$v_2\approx 2v_{10}$。碰撞后质量大的球以原来的速率前进,质量小的球奖获得很大的速率前进。如铅球撞乒乓球,铅球将保持原来的速率前进,而乒乓球会被快速地弹走。

2.8.2　完全非弹性碰撞

如果物体间发生完全非弹性碰撞,碰撞后物体不再分开,而是一起运动,物体在碰撞过程中发生的形变也不能再恢复,这时物体间相互作用的内力不是弹性力,故碰撞前、后系统机械能不守恒,碰撞使系统的机械能产生了损失。实验证明,完全非弹性碰撞是系统机械能损失最大的情况。无论内力是哪种类型的力,它都不改变系统的动量,因而完全非弹性碰撞中,系统动量仍然是守恒的。

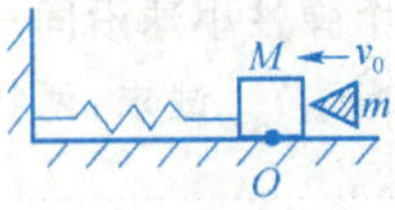

图 2-36　例题 2-25 用图

例题 2-25　一劲度系数为 k 的轻弹簧,一端固定,另一端系一质量为 M 的木块。初始弹簧为原长,木块静止放置于光滑水平面上。现有一质量为 m 的子弹以速率 v_0 沿水平向左的方向射入木块。设子弹射入木块后与木块一起运动,如图2-36所示。试求:弹簧的最大压缩量。

解　此问题分为两个过程:子弹与木块的碰撞过程、木块压缩弹簧的过程。

①子弹与木块的碰撞过程

选子弹和木块为系统,碰撞瞬间系统受合外力为零,动量守恒。以初始

子弹运动方向为正方向,设子弹木块一起运动速率为 v,根据动量守恒,有

$$(m+M)v=mv_0$$

(注:此碰撞过程是完全非弹性碰撞,机械能不守恒,只有动量守恒)

②木块压缩弹簧过程

选木块、子弹、弹簧、地面为系统,压缩过程只有保守内力作功,系统机械能守恒。设弹簧原长时自由端所在位置为弹性势能零点和重力势能零点,则有

$$\frac{1}{2}kl^2+0=0+\frac{1}{2}(m+M)v^2$$

联立求解上面两个方程组成的方程组,可得弹簧最大压缩量 l 为

$$l=\sqrt{\frac{m+M}{k}\cdot\left(\frac{v_0}{m+M}\right)^2}=mv_0\sqrt{\frac{l}{k(m+M)}}$$

2.8.3 非完全弹性碰撞

非完全弹性碰撞是介于完全弹性碰撞和完全非弹性碰撞之间的一种类型。在这类碰撞中,碰撞后物体的形变有一定的恢复,但不能完全恢复,因而系统机械能不守恒,会有损失,但不如完全非弹性碰撞损失的多。机械能损失多少,要视具体情况而定,一般与碰撞物体的材料性质等情况有关。这类问题一般比较复杂,在此我们不再作过多的讨论。

练习题

1. 水平桌面上有两个质量都为 $m=0.5\text{kg}$ 的台球,其中一个台球静止,另一个台球以速率 $v_0=0.8\text{m}\cdot\text{s}^{-1}$ 正面撞来。设台球间为完全弹性碰撞。试求碰撞后两球的速率。

2. 在例题 2-25 中,设 $k=20\text{N}\cdot\text{cm}^{-1}$,$v_0=400\text{m}\cdot\text{s}^{-1}$,$M=4\text{kg}$,$m=20\text{g}$,木块与平面间摩擦系数为 $\mu=0.4$。试求弹簧的最大压缩量。

小　结

质点动力学的任务是解释质点的运动,即研究质点受力与质点运动状态变化之间的关系。本章主要从两个方面讨论力对质点运动状态的影响:力的瞬时作用效果和力的持续作用效果。

一、力的瞬时作用效果

牛顿运动第二定律反映了这方面的规律。力对物体的瞬时作用效果是使物体产生对应的加速度,有力则有加速度,力变化则加速度随之变化,力消失则加速度也随之消失。牛顿运动第二定律的内容:运动的变化与所加的动

力成正比,并且发生在这个力所在的那个直线方向上。其数学表达式为

$$\boldsymbol{F}=\frac{\mathrm{d}}{\mathrm{d}t}(m\boldsymbol{v})=m\boldsymbol{a}$$

二、力的持续作用效果

力的持续作用效果又分两个侧面:一是力在时间上的累积作用效果,动量定理反映了这方面的规律;二是力在空间上的累积作用效果,动能定理反映了这方面的规律。

1. 动量定理及守恒定律

(1)质点动量定理:物体所受合外力的冲量等于物体动量的增量(即物体末动量与初动量的矢量差)。其数学表达式为

$$\boldsymbol{I}=\boldsymbol{p}-\boldsymbol{p}_0 \text{ 或 } \int_{t_0}^{t}\boldsymbol{F}\mathrm{d}t=m\boldsymbol{v}-m\boldsymbol{v}_0$$

(2)质点系动量定理:在一段时间内,质点系动量的增量等于这段时间内质点系所受合外力的冲量。其数学表达式为

$$\int_{t_0}^{t}\boldsymbol{F}_{合外}\mathrm{d}t=\boldsymbol{p}-\boldsymbol{p}_0$$

(3)动量守恒定律:如果质点系所受合外力为零,则质点系的总动量保持不变。即,若 $\boldsymbol{F}_{合外}=0$,则有

$$\boldsymbol{p}-\boldsymbol{p}_0=0 \quad \text{或 } \boldsymbol{p}=\boldsymbol{p}_0=\text{常矢量}$$

2. 动能定理及机械能守恒定律

(1)质点动能定理:合外力对物体作的功等于物体动能的增量。其数学表达式为

$$A=E_{\mathrm{k}}-E_{\mathrm{k0}} \text{ 或 } \int_{0}^{t}\boldsymbol{F}_{合外}\cdot\mathrm{d}\boldsymbol{r}=\frac{1}{2}mv^2-\frac{1}{2}mv_0^2$$

(2)质点系动能定理:一切外力所作功与一切内力所作功的代数和等于质点系动能的增量。其数学表达式为

$$A_{外}+A_{内}=E_{\mathrm{k}}-E_{\mathrm{k0}}$$

(3)系统功能原理:外力与非保守内力对系统所作功之和,等于系统机械能的增量。其数学表达式为

$$A_{外}+A_{非保内}=\Delta E_{\mathrm{k}}+\Delta E_{\mathrm{p}}=\Delta E$$

(4)机械能守恒定律:如果系统所受合外力及非保守内力作功之和为零,或者说,只有保守内力作功,则系统内各质点的动能和势能可以相互转换,但总机械能保持不变。即,若 $A_{外}+A_{非保内}=0$,则

$$\Delta E=0 \quad \text{或者说 } E=E_0=\text{常量}$$

阅读材料二:经典物理的奠基人——牛顿

艾萨克·牛顿(1643—1727 年):英国物理学家、天文学家和数学家。

主要成就：物理方面，发现万有引力定律，提出牛顿运动三定律，实现了经典力学的统一。用三棱镜分析光的组成，为光谱分析打下基础，并提出光本性的微粒说。确定了冷却定律；天文学方面，创制了反射天文望远镜，奠定了现代大型光学天文望远镜的基础。解释潮汐现象。预言地球不是正球体，并由此说明岁差现象等；数学方面，发现了二项式定理，提出“流数法”，和莱布尼茨一道并称为微积分的创始人。著有《自然哲学的数学原理》、《光学》、《解析几何》、《三次曲线枚举》等。

1643 年 1 月 4 日(儒略历 1642 年 12 月 25 日)牛顿出生于英格兰林肯郡小镇沃尔索浦的一个自耕农家庭里。牛顿是个早产儿，接生婆和他的亲人都担心他能否活下来。谁也没有料到，这个瘦弱的、只有三磅重的婴儿后来竟成为了一位震古烁今的科学巨人，并且活到了 85 岁的高龄。

少年的牛顿家境贫寒，而且资质平常，因而一度停学在家务农。但牛顿很喜欢动手制作、喜欢思考、更喜欢读书。有一次，母亲让他同佣人一道去市场熟悉生意之道，牛顿恳求佣人一个人上街，自己则躲在树丛后钻研一个数学问题。这件事被他的舅父发现了，他的好学精神深深地打动了他的舅父，于是在他舅父的帮助下，牛顿得以重返学堂，如饥似渴地吸取着书本上的营养。

19 岁时，牛顿以减费生的身份进入剑桥大学三一学院。在大学期间，牛顿开始接触到大量自然科学著作，经常参加卢卡斯创设的各类讲座，如自然科学知识、地理、物理、天文和数学课程等。讲座的第一任教授伊萨克·巴罗是个博学的科学家，尤其精于数学和光学。这位学者独具慧眼，看出了牛顿具有深邃的观察力、敏锐的理解力。于是将自己的数学知识全部传授给牛顿，并把牛顿引向了近代自然科学的研究领域。牛顿在巴罗门下的这段时间，是他学习的关键时期。1665 年牛顿获得学士学位。1665—1666 年，牛顿返回家乡躲避鼠疫，这段时间牛顿进行了深入的思考，以旺盛的精力从事科学创造。他的三大成就：微积分、万有引力、光学分析的思想都是在这时孕育成形的。1667 年复活节后不久，牛顿返回到剑桥大学，被选为三一学院的仲院侣(初级院委)，翌年 3 月 16 日获得硕士学位，同时成为正院侣(高级院委)。1669 年 10 月 27 日，比牛顿仅大 12 岁的巴罗为了提携牛顿而辞去了教授之职，26 岁的牛顿晋升为数学教授，并担任卢卡斯讲座的教授。巴罗为牛顿的科学生涯打通了道路，巴罗让贤，这在科学史上一直被传为佳话。

牛顿一生研究所涉及的领域极为广泛，所取得的成果也很多，但由于其性格原因，很少公开发表。1672 年，牛顿把自己关于光学方面的研究成果发表在《皇家学会哲学杂志》上，这是他第一次公开发表的论文。早在牛顿发现万有引力定律以前，已经有许多科学家严肃认真的考虑过这个问题：开普勒认识到要维持行星沿椭圆轨道运动必定有一种力在起作用，1659 年，惠更斯提出这种力为向心力，胡克等人认为这个向心力是引力，并得出力与距离的平方反比关系。1685 年，哈雷登门拜访牛顿时，牛顿已经发现了万有引力定律:两个物体之间有引力,引力和距离的平方成反比,和两个物体质量的乘积成正比。牛顿向哈雷证明了地球的引力是使月亮围绕地球运动的向心力,也证明了在太阳引力作用下,行星运动符合开普勒运动三定律。但直至1687年,在哈雷的敦促和帮助下,牛顿才发表了划时代的伟大著作《自然哲学的数学原理》一书。在这本书中,牛顿把经典力学确立为完整而严密的体系,把天体和地面上物体的运动规律概括在一个严密的统一理论之中,实现了物理学第一次大的综合。

另外,历史上有名的关于微积分最早发现权的争论也是与牛顿的这一性格有关的。牛顿关于微积分的思考早在1665年,其研究成果的取得也可能比莱布尼兹早一些,但他没有及时发表他的成果。莱布尼兹的著作出版时间比牛顿的早,而且莱布尼茨所采取的表达形式更加合理。为争夺微积分创立权,在牛顿和莱布尼茨之间发生了一场激烈的争吵,这种争吵在各自的学生、支持者和数学家中持续了相当长的一段时间,造成了欧洲大陆的数学家和英国数学家的长期对立。由于牛顿在英国的声望极高,而使得英国数学在一个时期里过于拘泥在牛顿的“流数术”中停步不前,因而数学发展整整落后了一百年。应该说,一门科学的创立决不是某一个人的业绩,它必定是经过多数人的努力后,在积累了大量成果的基础上,最后由某个人或几个人总结完成的。正像牛顿自己所说的那样“如果说我看得远,那是因为我站在巨人的肩上”。微积分也是这样,是牛顿和莱布尼茨在前人的基础上各自独立的建立起来的,因而后人现在认为是牛顿和莱布尼兹共同创立了微积分。

晚年的牛顿,地位显赫,生活富足。1727年3月20日,伟大的艾萨克·牛顿在伦敦逝世,在威斯敏斯特教堂以国礼埋葬。他的墓碑上镌刻着:

让人们欢呼这样一位多么伟大的人类荣耀曾经在世界上存在。

牛顿对自己的评价:我不知道在别人看来,我是什么样的人;但在我自己看来,我不过就象是一个在海滨玩耍的小孩,为不时发现比寻常更为光滑的一块卵石或比寻常更为美丽的一片贝壳而沾沾自喜,而对于展现在我面前的浩瀚的真理的海洋,却全然没有发现。

习题 2

A 类题目:

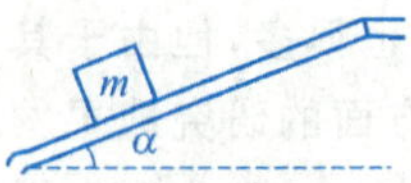

图 2-37 习题 2-1 图

2-1 如图 2-37 所示,用传送带把质量为 m 的货物运送至高处。设传送带的倾角为 α,与物体间的最大静摩擦系数为 μ_s。试求:(1)使物体慢慢上升时,传送带需要提供的力;(2)使物体加速上升时,传送带所能提供的最大加速度。

2-2 如图 2-38 所示,用与水平方向成 α 角的力 $\boldsymbol{F}$ 推动一个静止于平面上的重物 M。设重物与水平面间的最大静摩擦系数和滑动摩擦系数分别为 μ_s 和 μ。试求:(1)要推动重物,力 $\boldsymbol{F}$ 的大小;(2)推动后,维持物体匀速直线

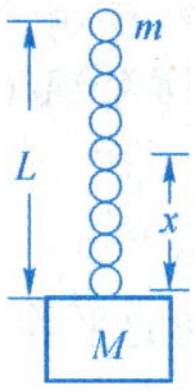

图 2-38　习题 2-2 用图

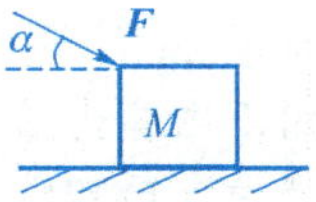

图 2-39　习题 2-4 用图

运动时力 $\boldsymbol{F}'$ 的大小；(3)当 α 角大到一定程度时，则无论 F 多大，都不能推动物体，此时 α 为多大？

2-3　地球卫星绕地球绕地球运转的速度称为第一宇宙速度。卫星绕地球运动的向心力由地球与卫星间的万有引力提供。地球的质量为 5.98×10^{24} kg，赤道半径为 6.378×10^{6} m。试以地球赤道半径为卫星运动轨迹半径，估算第一宇宙速度的大小，并讨论卫星离地距离与其运动速率的关系。

2-4　起重机通过一钢绳吊起一重物，如图 2-39 所示。设重物质量为 M，钢绳质量为 m、长度为 L。试求下列情况中钢绳距下端 x 处的张力：(1)匀速竖直吊起重物；(2)以加速度 a 竖直吊起重物。

2-5　如图 2-40 所示，用木板托一质量为 m 的物体在竖直平面内做圆周运动，且保证整个过程中物体和木板间无相对运动。设物体与木板间的滑动摩擦系数和最大静摩擦系数分别为 μ 和 μ_s。试求：(1)物体在轨道最高点时的最大速率；(2)物体在 A 点时的最大速率。

2-6　如图 2-41 所示，电梯内固定有一定滑轮，一轻绳绕过定滑轮，轻绳的两端分别挂质量为 m_1 和 $m_2(m_1>m_2)$ 的物体，设滑轮和绳的质量可以忽略不计，滑轮轴承光滑，轻绳伸长可忽略。试求下列情况下绳中的张力：(1)电梯以加速度 $\boldsymbol{a}_1$ 上升；(2)电梯以加速度 $\boldsymbol{a}_2$ 下降($a_2<g$)。

2-7　如图 2-42 所示，质量分别为 $m_A=60$ kg、$m_B=80$ kg 的两个物体通过轻绳连接在一起，绳绕过质量可以忽略的定滑轮。设物体与斜面间光滑、滑轮轴承光滑。试求：(1)物体的运动方向；(2)物体运动的加速度和绳中的张力。

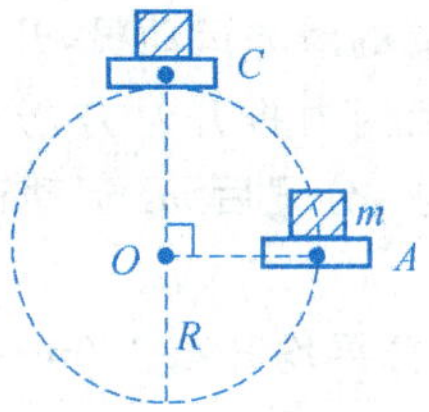

图 2-40　习题 2-5 用图

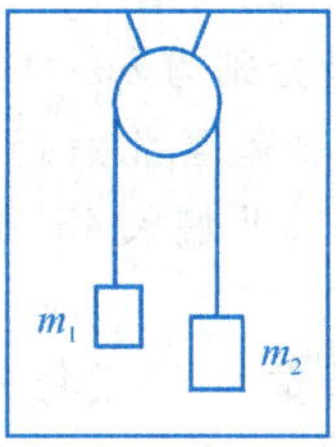

图 2-41　习题 2-6 用图

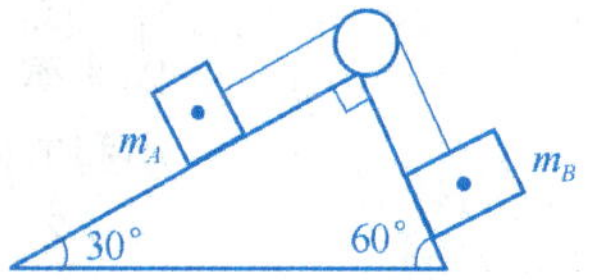

图 2-42　习题 2-7 用图

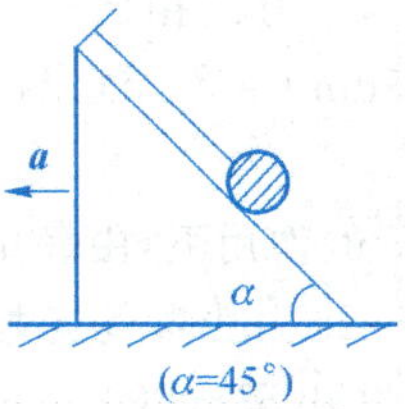

图 2-43　习题 2-8 用图

2-8　如图 2-43 所示，将质量为 $m=10$ kg 的小球挂在倾角为 $\alpha=45°$ 的斜面上。试求：(1)斜面以加速度 $a=\dfrac{g}{2}$ 沿水平向左运动时，绳中的张力和小球对斜面的正压力；(2)斜面以多大加速度运动，小球将脱离斜面。

2-9　如图 2-44 所示，用轻弹簧连接质量都为 $m=2$ kg 的物体 A 和 B，外力通过细线拉物体 A 以加速度 $a=0.5\ \text{m}\cdot\text{s}^{-2}$ 竖直上升。若在上升的过程中突然将细线剪断，试求：在剪断细线的瞬间物体 A 和 B 的加速度各为多大？

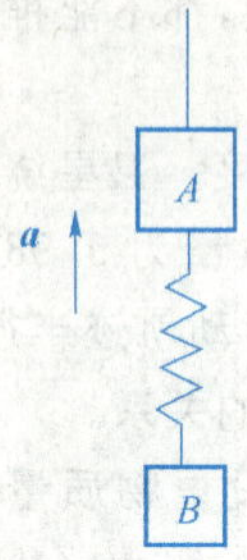

图 2-44 习题 2-9 用图

2-10 一名质量为 $m=60\text{kg}$ 的跳高运动员从高 $h=2.5\text{m}$ 处自由下落。试求:(1)运动员下落过程中,重力的冲量;(2)若运动员落到地面海绵垫上,与海绵垫的作用时间为 2s,运动员受到的平均冲力为多大。

2-11 质量为 80g 的子弹,垂直的穿过一面墙壁后,速率由 $800\text{m}\cdot\text{s}^{-1}$ 变为 $700\text{m}\cdot\text{s}^{-1}$,子弹穿墙的时间为 $1\times10^{-4}\text{s}$。试求:(1)子弹受的平均冲力大小;(2)墙壁的厚度。

2-12 一质量为 m 的物体在弹簧弹力作用下作简谐振动。弹力随位移变化的关系为 $F=-kx$,位移随时间变化的关系为 $x=A\cos\omega t$,其中 k、A、ω 都为常量。试求:$0\sim\dfrac{2\pi}{\omega}$时间内力的冲量。

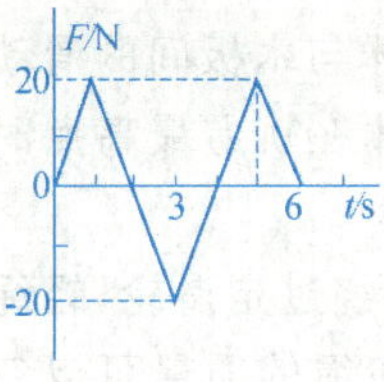

图 2-45 习题 2-13 用图

2-13 一质量为 $m=8\text{kg}$ 的物体在沿 Ox 轴方向力的作用下由静止沿光滑水平面开始运动。力随时间的变化关系如图 2-45 所示。试求:(1)写出力随时间的变化关系;(2)0～4s 力的冲量及 4s 末物体的速度;(3)0～6s 力的冲量及 6s 末物体的速度。

2-14 如图 2-46 所示,炮车以仰角 α 向上发射一枚炮弹,炮弹的出口速度(相对于炮车)为 v。设炮车和炮弹的质量分别为 M、m,炮车与地面的摩擦力忽略不计。试求:炮车发射炮弹后的反冲速度。

图 2-46 习题 2-14 用图

2-15 一静止在水平面上的物体忽然炸裂成质量相同的三份。其中两份以相同的速率 v 沿相互垂直的方向飞开。试求第三块的速度大小和方向。

2-16 质量为 $M=60\text{kg}$ 的人,手拿一个质量为 $m=3\text{kg}$ 的铅球,以与水平方向成 60°的方向向前跳出,初速度大小为 $v=9.8\text{m}\cdot\text{s}^{-1}$。跳至最高点时,人将铅球以相对于人的速率 $u=10\text{m}\cdot\text{s}^{-1}$ 向后平抛出去。试求:由于抛出铅球,此人跳的水平距离增加了多少。

2-17 两名质量分别为 $m_1=50\text{kg}$、$m_2=60\text{kg}$ 的滑冰运动员,开始以 $v=6\text{m}\cdot\text{s}^{-1}$ 的速率一起由南至北滑行。现两人忽然用力推开对方,分开后 m_1 以速率 $v_1=8\text{m}\cdot\text{s}^{-1}$ 向北偏东 45°方向滑行。试求:分开后 m_2 运动速度的大小和方向。

2-18 一卡车载重六吨,沿每公里(水平方向)平均升高 170m 的斜坡向坡上运送货物,车轮与路面的摩擦系数为 $\mu=0.1$。试求:卡车在这样的斜坡上前进 5km 过程中卡车驱动力作的功。

2-19 在高度为 19.6m 处,以速度 $v_0=10\text{m}\cdot\text{s}^{-1}$ 沿水平方向抛出一个质量为 $m=0.5\text{kg}$ 的石块。石块到达地面时速率变为 $v=20\text{m}\cdot\text{s}^{-1}$。试求此过程中:(1)重力作的功;(2)空气阻力作的功。

2-20 一质量为 $m=5\text{kg}$ 的物体,在沿 Ox 轴方向力 F 的作用下,由静止沿光滑水平面开始运动。力大小随时间的变化关系为:0～2s 力由零均匀增加至 20N,2～4s 力保持 20N 不变,4～8s 力由 20N 均匀减小至 −20N。试求:(1)0～2s 力作的功及 2s 末物体的速率;(2)2～4s 力作的功及 4s 末物体的速率;(3)4～8s 力作的功及 8s 末物体的速率。

2-21 升降机预将一质量为 $M=200\text{kg}$ 的货物运送至 9m 高的楼顶。试求:(1)慢慢地运送货物,升降机作的功;(2)以加速度 $a=2\text{m}\cdot\text{s}^{-2}$ 运送货物,升降机作的功及平均功率。

2-22 一汽车以速度 $v_0=36\text{km}\cdot\text{h}^{-1}$ 的速率从斜坡底端冲上斜坡。斜坡与水平方向的夹角为 30°,轮胎与路面间的摩擦系数为 $\mu=0.05$。试求:如果关闭发动机,汽车能沿斜坡前进多远?

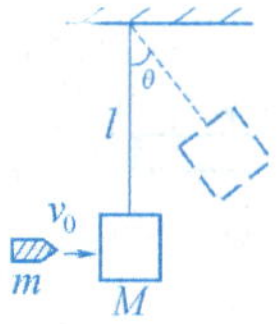

图 2-47 习题 2-24 用图

2-23 质量分别为 m_A、m_B 的两个物体通过弹簧连接在一起。初始把物体放置在光滑水平面上,并用外力将物体拉开,使弹簧伸长一段距离。然后突然撤去外力,使物体由静止释放。试求:外力撤去后,两物体的动能之比。

2-24 如图 2-47 所示,一颗质量为 m 的子弹以速率 v_0 沿水平方向射入一块用细线竖直悬挂的木块中,设木板的质量为 M,悬线的长度为 l,子弹射入木块后与木块一起运动。试求:木块摆至最大高度时,悬线与竖直方向的夹角 θ。

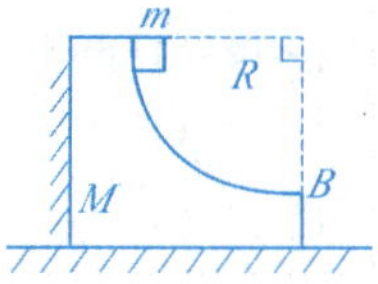

图 2-48 习题 2-25 用图

2-25 如图 2-48 所示,质量为 $m=2\text{kg}$ 的物体,从质量为 $M=8\text{kg}$ 的四分之一圆弧形槽顶端由静止滑下,设圆弧形槽的半径为 $R=2\text{m}$。如果所有摩擦力都可以忽略不计,试求:(1)物体运动到轨道末端 B 处时,物体和槽的速率;(2)在这一过程中,物体对槽所作的功。

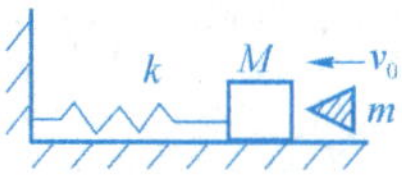

图 2-49 习题 2-26 用图

2-26 如图 2-49 所示,弹簧一端固定,另一端连接一质量为 8.98kg 的木块,初始弹簧原长,物体静止于水平面上。现有一质量为0.02kg的子弹沿水平方向射入木块,并与木块一起压缩弹簧。测得弹簧的最大压缩量为 10cm,木块与水平面间的摩擦系数为 0.2,弹簧的劲度系数为 $100\text{N}\cdot\text{m}^{-1}$。试求:子弹射入木块前的速度。

B 类题目:

2-27 两根弹簧的劲度系数分别为 k_1、k_2。试求下列情况中系统的劲度系数:(1)两弹簧串联,如图 2-50(a)所示;(2)两弹簧并联,如图 2-50(b)所示。

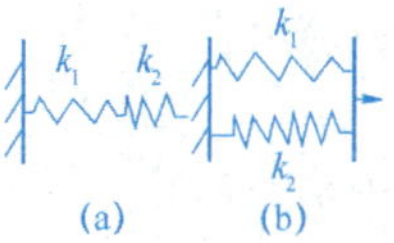

图 2-50 习题 2-27 用图

2-28 如图 2-51 所示,质量为 M 的楔形物体静止于水平面上,现在此楔形物体上再放置一个质量为 m 的物体。设所有的接触面都光滑。试求:楔形物体的加速度。

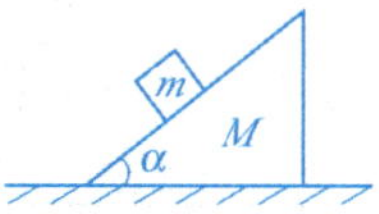

图 2-51 习题 2-28 用图

2-29 在空秤盘上方 $h=4.9\text{m}$ 的地方将钢球以 $n=100$ 个/秒的速率注入秤盘中。设钢球的质量为 $m=20\text{g}$,钢球落到秤盘中即停止运动。试求:开始注入后 10s 时称的读数。

2-30 如图 2-52 所示,一质量为 m 的质点,在水平面内作半径为 R 的匀速圆周运动,角速度为 ω。试求:质点由 A 到 B 点过程中,向心力的冲量。

2-31 一长为 l、质量为 M 的小船静止浮在湖面上。现有一质量为 m 的人从船头匀速走向船尾,如图 2-53 所示。试求:人和船相对于湖岸各自移动的距离。

2-32 一地下蓄水池,面积为 50m^2,贮水深度为 2.0m,水面至地面的高度为 1m。试求:(1)若将水池中的水全部吸到地面,抽水机须作多少功;(2)

若抽水机的效率为80%,则需消耗多少电能。

2-33 如图2-54所示,质量分别为 m_A、m_B 的两个板通过弹簧连接在一起。试求:在 m_A 板上需要加多大的外力 F,才能使外力撤去后,m_B 恰被提离地面。

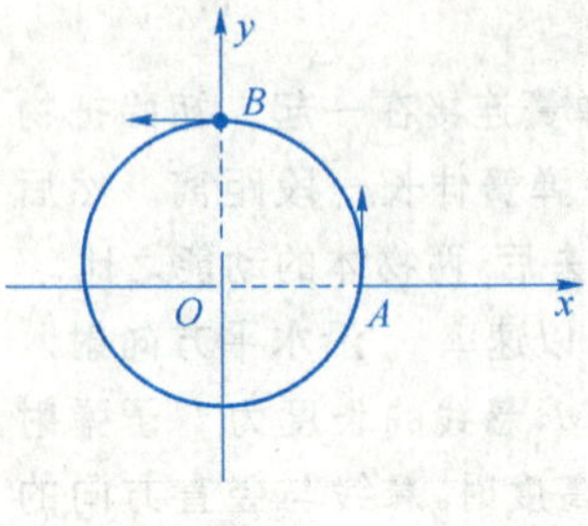

图2-52 习题2-30用图

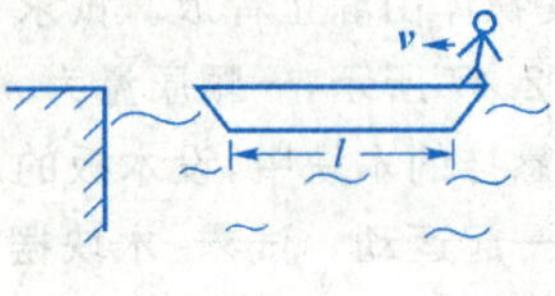

图2-53 习题2-31用图

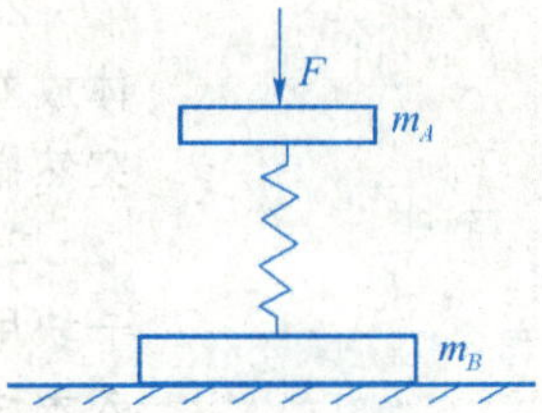

图2-54 习题2-33用图

第 3 章　刚体的定轴转动

刚体是固体物件的理想化模型。本章主要研究刚体定轴转动的描述、力矩对刚体的作用效果等问题。力矩对刚体的作用效果可以分为两个方面：一是力矩的瞬时作用效果。刚体定轴转动定律反映了这方面的规律；二是力矩的持续作用效果。刚体的转动动能定理和角动量定理分别从两个角度反映了这方面的规律。

本章的学习方法是：把刚体知识与质点力学相关知识进行类比。通过类比来理解刚体知识，并通过类比来寻求解决刚体转动问题的方法。

3.1 刚体定轴转动的描述

在第 1 章中，我们采用位移、速度、加速度等线量描述质点的运动状态。那么，我们将采用哪些量、什么来描述刚体的运动状态？如何描述刚体的运动状态呢？这就是本节我们主要研究的内容。

3.1.1 刚体

通过前面的学习，我们知道，如果研究物体运动时，可以忽略物体的大小和形状，则可把物体视为质点。但是，在许多实际问题中，物体的大小和形状往往不能忽略。例如，行进中的车轮，轮上各点的运动情况不尽相同，离轴越远的点运动速率越大，这时我们不能忽略车轮的大小和形状，不能再把车轮视为质点；再比如，许多物体在外力的作用下会发生形变，而且有的物体形变明显（如海绵），其上各点的运动情况相差也很大，这时我们也不能把物体视为质点。显然，只有质点这个物理模型是不够的，我们有时需要考虑物体的大小和形状。

但是，考虑物体大小和形状时，物体的运动往往是比较复杂的。我们仅考虑其中较为简单的情况，即物体在力作用下所产生的形变很小，对所研究的问题没有影响，这时，我们可以只考虑物体的大小和形状，而忽略物体的形变，这样的物体称为刚体。刚体是我们引入的又一个理想物理模型。

由于刚体是有大小和形状的，所以研究刚体运动时，应把刚体视为许多质点组成的质点系；又由于刚体是没有形变的物体，所以可以将刚体视为一个特殊的质点系——系统内部各质点间没有相对运动。刚体的这一特点是我们以后研究刚体运动所必须随时考虑的,也是我们研究刚体运动的基本方法。

3.1.2 刚体的运动形式

刚体的运动形式有平动、转动以及二者的结合。

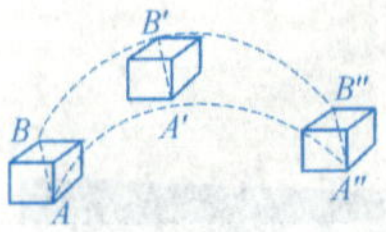

图 3-1 刚体的平动

如果刚体运动时,其上任意两点连成的直线始终与其初始位置平行,这种运动称为平动,如图 3-1 所示。根据平动的定义可以看出,刚体平动时,刚体上各点的运动情况都相同,因此,我们可以用其上任意一点代表整个刚体的运动,此时刚体可视为质点。可以用描述质点运动的物理量描述刚体的平动,用解释质点运动的相关规律解释刚体的平动。相关的知识在前两章中已经进行了充分的讨论,本章不再赘述。

如果刚体运动时,其上点的运动不符合上面的特征,则称为转动。刚体的转动又可以分为两种形式:定轴转动和非定轴转动。转轴固定不动的转动,称为定轴转动。如机床上齿轮、飞轮的转动,门窗的开关等都是定轴转动;转轴运动的转动称为非定轴转动。如行使中车轮的转动即为非定轴转动。两种转动中,定轴转动是最简单的,也是最基本的。本章主要研究定轴转动的情况。

3.1.3 刚体定轴转动的描述

刚体作定轴转动时,其上各点的运动有如下特点:一是到轴距离不同的点在相同时间内的位移不同,速度、加速度也不同,如图 3-2 所示。因而,刚体定轴转动无法用位移、速度、加速度等线量描述;二是轴上各点都不动,其他点都绕轴作圆周运动。圆周运动所在的平面都与轴垂直,这样的平面称为转动平面;三是相同的时间内各点转过的角位移相同。如果我们选择角量描述刚体的转动,则可以用任意一点代替整个刚体,从而使描述得以简化。因而,对于刚体的定轴转动,我们选择角量描述。把刚体上任一点的角位移、角速度、角加速度作为定轴转动刚体角位移、角速度和角加速度。这样,我们便可以用第 1 章中圆周运动的有关公式描述刚体的定轴转动。

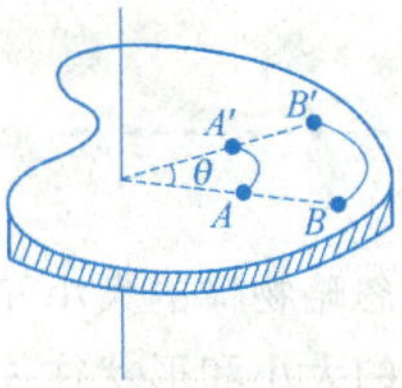

图 3-2 刚体的转动

如果刚体匀速转动,则有

$$\theta=\theta_0+\omega t$$

式中:θ_0 为刚体初始的角位置;ω 为刚体转动的角速度。

如果刚体作匀加速转动,则有

$$\theta=\theta_0+\omega_0 t+\frac{1}{2}\beta t^2,\omega=\omega_0+\beta t,\omega^2-\omega_0^2=2\beta\Delta\theta$$

式中:ω_0 为刚体初始的角速度;β 为刚体转动的角加速度;$\Delta\theta$ 为该段时间内刚体的角位移。

例题 3-1 一飞轮在制动力的作用下均匀减速,在 50s 内角速度由

$30\pi rad\cdot s^{-1}$降低为零。试求:(1)飞轮转动的角加速度;(2)制动开始后25s时飞轮的角速度;(3)从开始制动至停止,飞轮转过的转数。

解 (1)飞轮作匀减速转动,则角加速度为

$$\beta=\frac{\omega-\omega_0}{\Delta t}=\frac{0-30\pi}{50}=-0.6\pi rad\cdot s^{-2}$$

(2)$\omega=\omega_0+\beta t=30\pi-0.6\pi\times25=15\pi rad\cdot s^{-1}$

(3)从开始制动至停止,飞轮转过的角度为

$$\theta=\theta_0+\omega_0 t+\frac{1}{2}\beta t^2=0+30\pi\times50-\frac{1}{2}\times0.6\pi\times50^2=750\pi rad$$

转数为 $$N=\frac{\theta}{2\pi}=\frac{750\pi}{2\pi}=375\text{ 转}$$

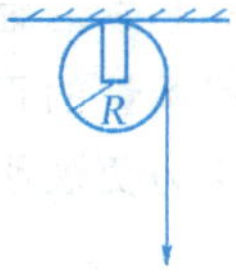

图 3-3 例题 3-2 用图

例题 3-2 一定滑轮在绳线的拉动下由静止开始均匀加速转动,经10s转速达$20r\cdot s^{-1}$,如图3-3所示。设滑轮半径为$R=10cm$,绳线与滑轮间无相对滑动。试求:绳线运动的加速度。

解 滑轮转动角加速度为

$$\beta=\frac{\omega-\omega_0}{\Delta t}=\frac{40\pi}{10}=4\pi rad\cdot s^{-2}$$

滑轮与绳线间无相对滑动,则在滑轮转动过程中,其边缘一点转过的弧长与绳线前进的距离相等,因而,绳线的加速度等于滑轮边缘一点的切向加速度。即

$$a=R\beta=0.1\times4\pi=2.51m\cdot s^{-2}$$

练习题

1. 在例题3-1中,若设飞轮半径为$R=40cm$。试求:$t=25s$时飞轮边缘一点的线速度以及切向加速度的大小。

2. 已知如例题3-2。试求:(1)拉动开始后2s时滑轮的角速度;(2)从开始拉动至$t=2s$,滑轮转过的转数。

3.2 刚体定轴转动定律 转动惯量

力是改变质点运动状态的原因,力的瞬时作用效果可以通过牛顿运动第二定律加以反映。本节我们研究引起刚体转动状态变化的原因——力矩,以及反映力矩瞬时作用效果的刚体定轴转动定律。另外,我们还将介绍一个与质点质量相对应的物理量——转动惯量。

3.2.1 力矩

由日常生活经验可知,要把门窗开启或关上,力作用在离轴远的地方比作用在离轴近的地方要容易得多;用扳手拧紧螺钉,力作用在离螺钉远的扳尾要比力

作用在离螺钉近的扳手前部要容易得多。大量类似的事例说明,要使物体的转动状态发生变化,不仅要考虑力的大小,还有考虑转轴到力的作用线的距离。转轴到力的作用线的距离称为力臂,力与力臂的乘积称为力矩,用 $\boldsymbol{M}$ 表示。

1. 转动平面内力的力矩

如图 3-4 所示,O 点为转轴与转动平面的交点,$\boldsymbol{F}$ 为转动平面内的作用力,$\boldsymbol{r}$ 为由 O 点指向力作用点的矢量,φ 为 $\boldsymbol{F}$ 与 $\boldsymbol{r}$ 正向的夹角,则力矩大小为

$$M=rF\sin\varphi \tag{3-1}$$

考虑 $\boldsymbol{F}$、$\boldsymbol{r}$ 都为矢量,以及物体转动有方向性,我们写出上式对应的矢量形式

$$\boldsymbol{M}=\boldsymbol{r}\times\boldsymbol{F} \tag{3-2}$$

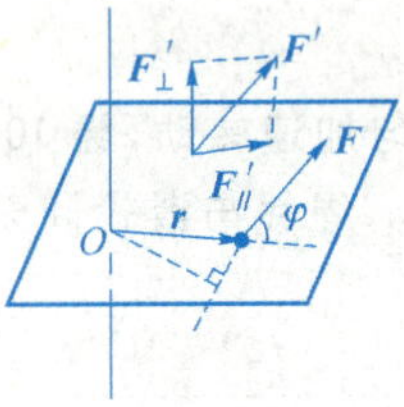

图 3-4 力矩

即力矩是矢量。根据式(3-2)可知,力矩方向依据右手定则确定。刚体作定轴转动时,由图 3-4 可知,力矩的方向只有两种可能性:沿轴向上或沿轴向下,因此,在定轴转动的情况下,我们可以用标量 M 表示力矩,用标量的正负反映力矩的方向。通常,力矩为正表明力矩方向沿轴向上,力矩为负表明力矩方向沿轴向下。

在国际单位制中,力矩的单位是牛顿·米(N·m)。

2. 不在转动平面内力的力矩

如果刚体所受的力不在转动平面内,如图 3-4 中所示力 $\boldsymbol{F}'$。可以把力沿平行转动平面、垂直转动平面两个方向分解。其中力的垂直分量 $F_{\perp}'$ 将被转轴支撑力平衡,对刚体的转动状态不会产生影响,因而它对应的力矩为零。所以,力的平行分量 $F_{//}'$ 对应的力矩即是力 $\boldsymbol{F}'$ 的力矩。

3. 合力矩

如果刚体同时受到几个力的作用,计算合力矩的步骤为:首先求出各力对应的力矩,然后再求各力矩的代数和,从而得合力矩。即

$$M_{合}=M_1+M_2+\cdots+M_n \tag{3-3}$$

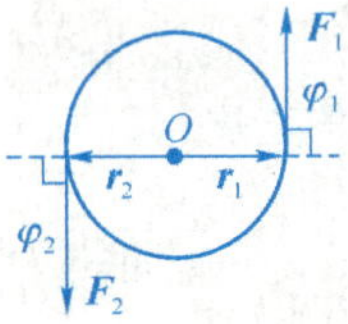

图 3-5 合力矩

需要注意的是,求合力矩切不可先求各力的合力,然后再求合力的力矩。例如,在图 3-5 中,若 $r_1=r_2$,$F_1=F_2$,$\varphi_1=\varphi_2$,如果用第一种方法,得合力矩为 $M=2M_1$;而如果用第二种方法,则根据 $\boldsymbol{F}=\boldsymbol{F}_1+\boldsymbol{F}_2=0$,得合力矩为零。两种方法所得结果完全不同。由图可以看出,这两个力的作用应该会使刚体的转动状态发生变化,而如果刚体转动状态发生变化,则说明力矩不应为零。显然,采用第二种方法计算合力矩是错误的。

3.2.2 转动定律

力作用于质点,它的瞬时作用效果是使质点产生加速度,力与加速度之间的关系为 $\boldsymbol{F}=m\boldsymbol{a}$。式中 m 是质点的质量,m 越大,相同力作用于质点产生的加速度越小,这说明质点的运动状态越不容易被改变,即质点的惯性越大。因而,我们说质量是质点惯性大小的量度。

与此相类似，力矩作用于刚体，它的瞬时作用效果是使刚体产生角加速度，可以证明(证明从略)，力矩 $\boldsymbol{M}$ 与角加速度 $\boldsymbol{\beta}$ 的关系为

$$\boldsymbol{M}=J\boldsymbol{\beta} \tag{3-4}$$

此式称为刚体定轴转动的转动定律(对于此式的理解及应用将在下一节中详细介绍)。

3.2.3 转动惯量

式(3-4)中，字母 J 所代表的物理量对应于牛顿第二定律中的 m。而且由式(3-4)可以看出，相同的力矩作用于刚体，J 大的刚体获得的角加速度小，刚体转动状态不容易被改变，刚体转动的惯性大。可见，字母 J 所代表的物理量是描述刚体转动惯性大小的物理量，它能反映刚体保持原来转动状态的能力，因而我们称其为转动惯量。它的定义式为

$$J=\int_V r^2\mathrm{d}m \tag{3-5}$$

式中，$\mathrm{d}m$ 表示刚体上任意一个质元的质量；r 表示该质元到转轴的垂直距离。若刚体质量离散分布，则转动惯量可以写为

$$J=\sum_i \Delta m_i r_i^2 \tag{3-6}$$

式中，Δm_i 表示刚体各部分的质量；r_i 表示刚体各部分到转轴的垂直距离。

由定义式可以看出，转动惯量与质量一样，都是标量。在国际单位制中，转动惯量的单位为千克·米^2($\mathrm{kg\cdot m^2}$)。

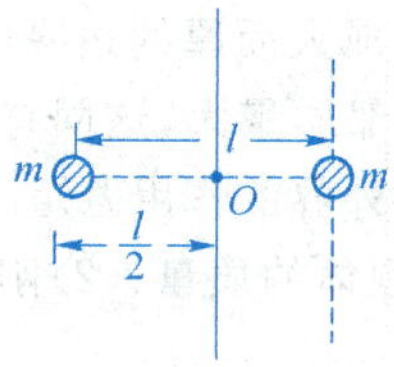

图 3-6 例题 3-3 用图

例题 3-3 刚性双原子气体分子的结构是哑铃状，如图 3-6 所示。设每个原子的质量为 m，两原子间距离为 l，若相对原子间距离而言，原子自身尺度可以忽略。试求：(1)分子对于通过原子连线中心并与其垂直轴的转动惯量；(2)分子对于通过其中一个原子并与连线垂直轴的转动惯量。

解 此刚体属于质量离散分布情况。

(1) $J=\sum_i \Delta m_i r_i^2=m\left(\frac{l}{2}\right)^2+m\left(\frac{l}{2}\right)^2=\frac{1}{2}ml^2$

(2) $J=\sum_i \Delta m_i r_i^2=ml^2+0=ml^2$

由结果可以看出，转动惯量的大小与刚体的质量、转轴位置有关。

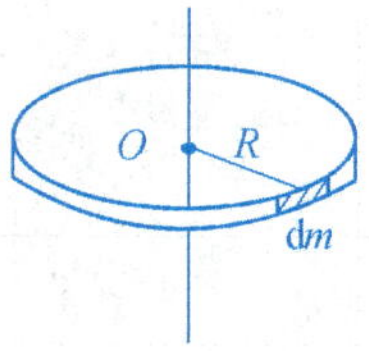

图 3-7 均质圆环的转动惯量

例题 3-4 如图 3-7 所示，试求质量为 m，半径为 R 的均质圆环对于通过圆心且与环面垂直轴的转动惯量。

解 此刚体属于质量连续分布的情况。在环上取质量元 $\mathrm{d}m$，每个质元到转轴的垂直距离都等于圆环的半径 R。根据转动惯量的定义，有

$$J=\int_V r^2\mathrm{d}m=\int_V R^2\mathrm{d}m=R^2\int_V \mathrm{d}m=mR^2$$

例题 3-5 如图 3-8 所示，试求质量为 m，半径为 R 的均质圆盘对于通过圆心且与盘面垂直轴的转动惯量。

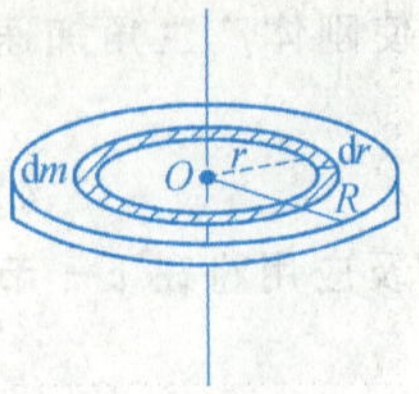

图 3-8　均质圆盘的转动惯量

解　圆盘可以认为是由许多半径不同的均质圆环套叠组成。在圆盘上任取一半径为 r、宽度为 $\mathrm{d}r$ 的圆环为质元，如图 3-8 所示。圆盘上质量分布的面密度为$\sigma=\dfrac{m}{\pi R^2}$，则所取质元的质量为

$$\mathrm{d}m=\sigma\mathrm{d}S=\sigma\cdot 2\pi r\cdot \mathrm{d}r=\frac{2m}{R^2}r\mathrm{d}r$$

质元至转轴的距离为 r，则均质圆盘的转动惯量为

$$J=\int_V r^2\,\mathrm{d}m=\int_V \frac{2m}{R^2}r^3\,\mathrm{d}r=\frac{2m}{R^2}\int_0^R r^3\,\mathrm{d}r=\frac{2m}{R^2}\cdot\frac{R^4}{4}=\frac{1}{2}mR^2$$

此题还有另一种方法求解：

取与上面相同的质元，根据所取圆环质量、半径，以及均质圆环转动惯量公式，可得所取质元对轴的转动惯量为

$$\mathrm{d}J=\mathrm{d}m\cdot r^2=\left(\frac{m}{\pi R^2}\cdot 2\pi r\cdot \mathrm{d}r\right)\cdot r^2=\frac{2m}{R^2}r^3\,\mathrm{d}r$$

整个刚体的转动惯量应为各组成部分转动惯量的和，因而均质圆盘的转动惯量为

$$J=\int \mathrm{d}J=\int_V \frac{2m}{R^2}r^3\,\mathrm{d}r=\frac{1}{2}mR^2$$

两种方法所得结果一致。由第二种方法可得：如果刚体由几部分组成，则刚体对轴的转动惯量等于组成刚体各部分对该轴转动惯量的和。

比较例题 3-4 和例题 3-5 结果可知，刚体的转动惯量大小还与刚体的质量分布有关。质量、半径、轴的位置都相同的均质圆环和均质圆盘，均质圆环的转动惯量大。可见，其他条件相同时，刚体质量分布离轴越远，转动惯量越大。这一点在生活中有许多应用。例如，制造飞轮时，常做成大而厚的边缘，从而使飞轮的转动惯量大；再如，我们常用的锤子，也是头部质量大，这同样是为了增大转动惯量，使转动状态不易被改变，从而增大对外界的作用力矩。

总结以上，刚体转动惯量的大小与下列因素有关：(1)刚体的质量；(2)刚体质量的分布情况；(3)转轴的位置。

表 3-1 给出了几种常见的几何形状简单的均质刚体对特定轴的转动惯量。

表 3-1　转动惯量

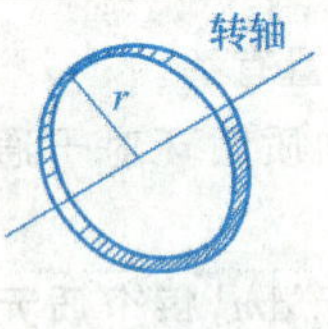	圆环 转轴通过中心 且与环面垂直 $J=mr^2$	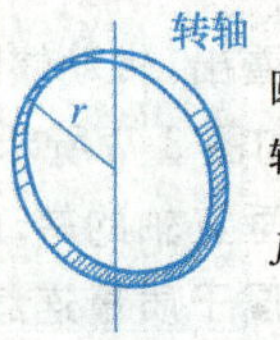	圆环 转轴沿直径 $J=\frac{1}{2}mr^2$
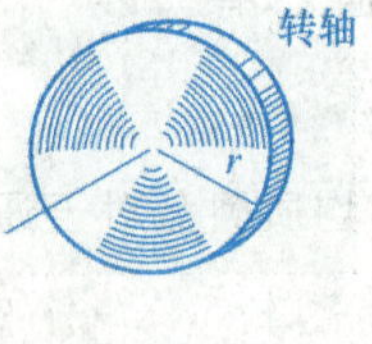	薄圆盘 转轴通过中心 且与盘面垂直 $J=\frac{1}{2}mr^2$	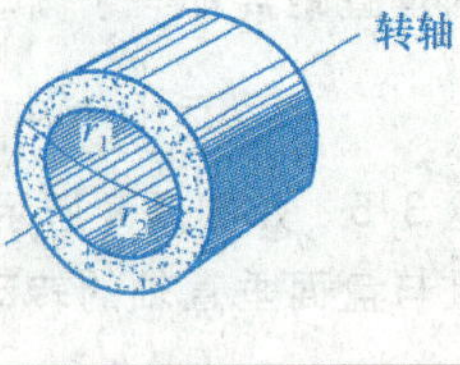	圆筒 转轴沿几何轴 $J=\frac{1}{2}(mr_2^2-mr_1^2)$

续表

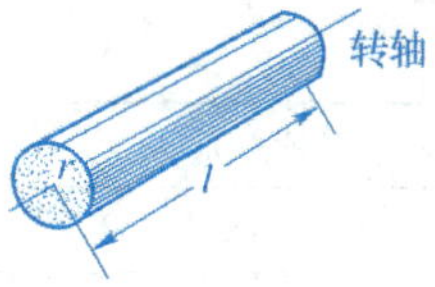	圆柱体 转轴沿几何轴 $J=\frac{1}{2}mr^2$	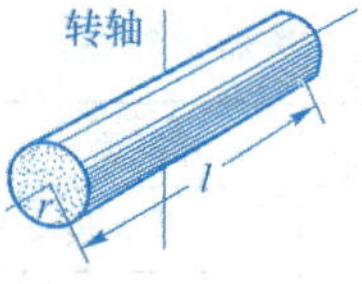	圆柱体 转轴通过中心 且与几何轴垂直 $J=\frac{1}{4}mr^2+\frac{1}{12}ml^2$
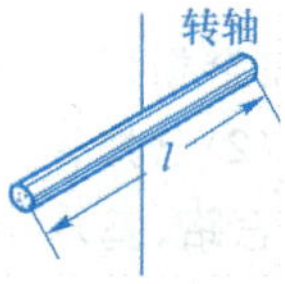	细棒 转轴通过中心 且与棒垂直 $J=\frac{1}{12}ml^2$	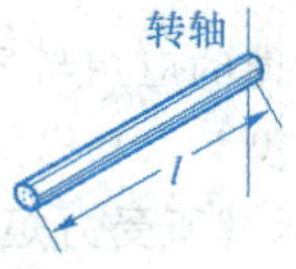	细棒 转轴通过一端 且与棒垂直 $J=\frac{1}{3}ml^2$
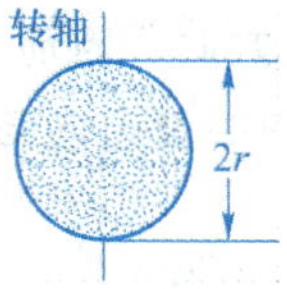	球体 转轴沿直径 $J=\frac{2}{5}mr^2$	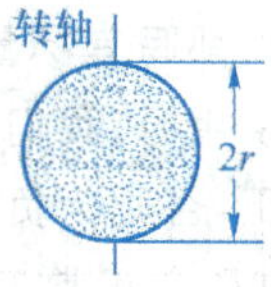	薄球壳 转轴沿直径 $J=\frac{2}{3}mr^2$

练习题

1. 试求质量为 m、长度为 l 的均质细棒对通过中心且与棒垂直的转轴的转动惯量。

2. 试求质量为 m、长度为 l 的均质细棒对通过端点且与棒垂直的转轴的转动惯量。

3.3 转动定律的应用

在 3.2 节，我们介绍了转动定律，其数学表达式为

$$\boldsymbol{M}=J\boldsymbol{\beta}$$

此时表明：绕定轴转动刚体的角加速度与作用于刚体上的合外力矩成正比，与刚体的转动惯量成反比。这就是刚体定轴转动定律的内容。

转动定律表明，刚体受合外力矩作用，则产生角加速度；合外力矩变化，则角加速度变化；合外力矩消失，则角加速度消失。可见，转动定律反映了力矩的瞬时作用效果。

转动定律在刚体定轴转动中的地位与牛顿运动第二定律在质点运动中的地位是相当的。二者所包含的物理量及物理量之间的关系都是一一对应

的,对应关系可以通过表 3-2 清晰的反映出来。

表 3-2 转动定律与牛顿第二定律的对应关系

	状态变化原因	描述状态物理量	描述惯性的物理量	三者关系
牛顿第二定律	力 $\boldsymbol{F}$	加速度 $\boldsymbol{a}$	质量 m	$\boldsymbol{F}=m\boldsymbol{a}$
转动定律	力矩 $\boldsymbol{M}$	角加速度 $\boldsymbol{\beta}$	转动惯量 J	$\boldsymbol{M}=J\boldsymbol{\beta}$

刚体转动定律的应用与质点动力学中牛顿定律的应用也完全相似。解决问题的基本类型为:(1)已知受力矩情况,求解刚体转动状态;(2)已知转动状态变化情况,求解所受力矩。应用转动定律求解问题的基本思路、基本步骤,以及需要注意的问题也与牛顿定律基本相似,在此不再重复。另外,对于定轴转动的刚体,由于描述其转动状态的各物理量方向仅有两种可能,我们在计算过程中一般都写其标量形式,而用值的正负反映该量的方向。因而,转动定律在具体使用时,我们也一般写其标量形式 $M=J\beta$,式中各量方向与正方向相同则为正,否则为负。

例题 3-6 电风扇正常工作时额定角速度为 ω_0,关闭电源后经历 t_1 时间风扇停止转动。设风扇的转动惯量为 J,摩擦力矩为恒量。试求:(1)摩擦力矩的大小;(2)如果开启电源后,风扇需经历时间 t_2 才能达到额定角速度。设电源电磁力矩为恒量,则电磁力矩为多大。

解 此问题属于已知转动情况,求解力矩。

(1)摩擦力矩为恒力矩,关闭电源后,风扇均匀减速,角加速度为

$$\beta_1=\frac{\omega-\omega_0}{t_1}=-\frac{\omega_0}{t_1}$$

根据转动定律,$M=J\beta$,可得风扇所受摩擦力矩为

$$M_1=J\beta_1=J\cdot\left(-\frac{\omega_0}{t_1}\right)=-\frac{J\omega_0}{t_1}$$

摩擦力矩为负,说明摩擦力矩方向与风扇转动方向相反。

(2)开启电源后,风扇均匀加速,角加速度为

$$\beta_2=\frac{\omega_0-0}{t_2}=\frac{\omega_0}{t_2}$$

根据转动定律,$M=J\beta$,可得风扇所受合外力矩为

$$M_{合}=J\beta_2=J\cdot\frac{\omega_0}{t_2}=\frac{J\omega_0}{t_2}$$

风扇加速过程同时受电磁力矩和摩擦力矩作用,$M_{合}=M_2+M_1$,则电磁力矩为

$$M_2=M_{合}-M_1=\frac{J\omega_0}{t_2}-\left(-\frac{J\omega_0}{t_1}\right)=J\omega_0\left(\frac{1}{t_2}+\frac{1}{t_1}\right)$$

例题 3-7 质量为 $m=5\text{kg}$ 的一桶水系于绕在辘轳上的绳子下端,图 3-9(a)为其截面图,辘轳可视为质量为 $M=10\text{kg}$、截面半径为 $R=50\text{cm}$ 的圆柱体。桶从静止开始释放。设轴承光滑,绳子和辘轳无相对滑动。试求:桶下

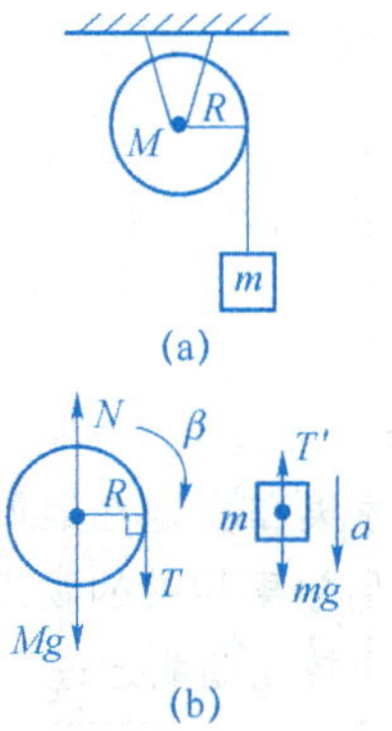

图 3-9 例题 3-7 用图

落过程中，辘轳的角加速度、水桶的加速度以及绳中张力大小。

解 此题属于已知力矩，求解转动状态问题。选水桶、辘轳为研究对象，进行受力分析，如图 3-9(b)所示。轴承光滑，辘轳受三个力的作用，其中重力 Mg 和轴承的支持力 N 都通过转轴，力矩为零。辘轳在拉力 T 的作用下作顺时针的加速转动，设角加速度为 β；水桶在重力 mg 和拉力 T' 作用下作向下加速直线运动，设加速度大小为 a。对于二者分别列转动定律和牛顿第二定律方程，有

对 m：$mg-T'=ma$

对 M：$TR=J\beta$

T 与 T' 是作用力与反作用力，大小相等，即 $T=T'$；绳与辘轳间无相对滑动，则有 $a=R\beta$；圆柱体的转动惯量 $J=\dfrac{1}{2}MR^2$，代入上面两式，联立求解得

$$T=24.5\ \text{N},\beta=9.8\ \text{rad}\cdot\text{s}^{-2},a=4.9\ \text{m}\cdot\text{s}^{-2}$$

例题 3-8 如图 3-10 所示，一轻绳跨过一轴承光滑的定滑轮，绳的两端分别悬有质量为 m_1、m_2 的物体，$m_1<m_2$。滑轮可视为质量为 m、半径为 r 的均质圆盘。绳不能伸长且与滑轮间无相对滑动。试求：物体的加速度、滑轮的角加速度、绳中的张力。

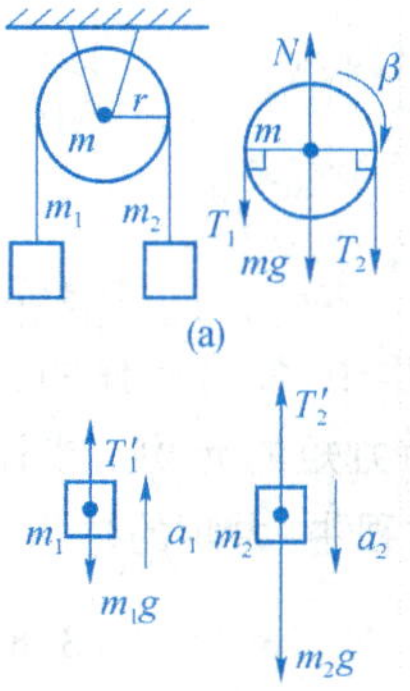

图 3-10 例题 3-8 用图

解 选滑轮、物体为研究对象，进行受力分析，如图 3-10 所示。滑轮受四个力作用：重力、轴承的支持力、左侧绳线的拉力 T_1、右侧绳线的拉力 T_2（这里有一点需注意，由于滑轮质量不能忽略，因而必须考虑其转动问题，所以滑轮两侧的拉力不能相等，即 $T_1\neq T_2$）。重力和支持力的力矩为零，则滑轮在两侧拉力的作用下加速转动，根据 $m_1<m_2$，可知，滑轮角加速度的方向为顺时针。相应的，m_1 加速上升，m_2 加速下降，且有 $a_1=a_2=a$(绳线不能伸长)。

对滑轮及物体分别列转动定律和牛顿运动第二定律，有

对 m_1：　$T'_1-m_1g=m_1a$

对 m_2：　$m_2g-T'_2=m_2a$

对 m：　$T_2r-T_1r=J\beta$

根据作用力反作用力关系，有 $T_1=T'_1$、$T_2=T'_2$；根据角、线量关系，有 $a=r\beta$；均质圆盘的转动惯量 $J=\dfrac{1}{2}mr^2$。代入方程，联立求解，得

$$a=\frac{(m_2-m_1)g}{m_2+m_1+\frac{1}{2}m},\beta=\frac{(m_2-m_1)g}{(m_2+m_1+\frac{1}{2}m)r}$$

$$T_1=\frac{m_1(2m_2+\frac{1}{2}m)g}{m_2+m_1+\frac{1}{2}m},T_2=\frac{m_2(2m_2+\frac{1}{2}m)g}{m_2+m_1+\frac{1}{2}m}$$

练习题

1. 在例题 3-7 中，如果把水桶改为竖直向下 49N 恒力的作用。试求辘轳的角加速度。

2. 在例题 3-8 中,若把 m_1 放置于与滑轮平行的光滑水平面上,且设 $m=2\mathrm{kg}$、$m_1=3\mathrm{kg}$、$m_2=4\mathrm{kg}$、$r=20\mathrm{cm}$。试求例题中各问。

3.4 转动动能定理

与力的持续作用效果相对应,力矩也存在持续作用效果。类似地,力矩的持续作用效果也分为两个方面:力矩在空间上的累积作用效果和力矩在时间上的累积作用效果。本节我们主要介绍与力矩空间累积作用效果相关的物理量——力矩的功、刚体的转动动能,以及反映二者之间关系的转动动能定理。

3.4.1 力矩的功

力作用于物体,物体在力的作用下发生一段位移,我们说力对物体作了功。同样的,力矩作用于刚体,刚体在力矩的作用下转过一段角位移,我们说力矩对刚体作了功。力矩作功的定义式可以由力作功推倒得出。

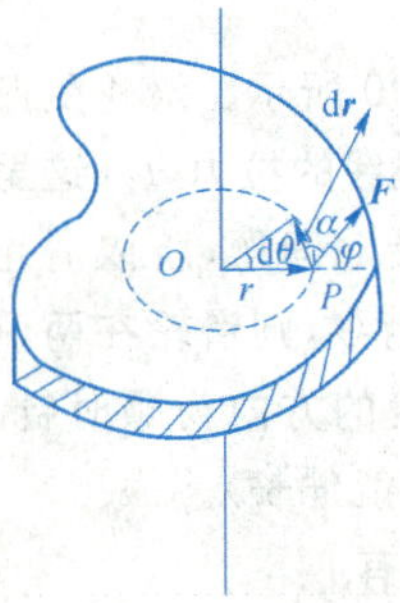

图 3-11 力矩的功

如图 3-11 所示,刚体在力 $\boldsymbol{F}$ 作用下作定轴转动,力作用点 P 到轴的距离为 $\boldsymbol{r}$。设刚体在 $\boldsymbol{F}$ 作用下转过一微小角位移 $\mathrm{d}\theta$,P 点对应的位移为 $\mathrm{d}\boldsymbol{r}$。力作功为

$$\mathrm{d}A=\boldsymbol{F}\cdot\mathrm{d}\boldsymbol{r}=F\cos\alpha\mathrm{d}r$$

图中,$\alpha+\varphi=90°$,$\mathrm{d}r=r\mathrm{d}\theta$,代入上式,有

$$\mathrm{d}A=Fr\sin\varphi\mathrm{d}\theta=M\mathrm{d}\theta \tag{3-7}$$

式中,M 为力 $\boldsymbol{F}$ 对应力矩的大小。此式表明,刚体转动过程中,外力所作的元功可以用力矩大小 M 与对应的角位移元的乘积表示,称为力矩的元功。当刚体在力矩 M 作用下,从初始角位置 θ_0 转动到末角位置 θ 过程中,力矩的功为

$$A=\int\mathrm{d}A=\int_{\theta_0}^{\theta}M\mathrm{d}\theta \tag{3-8}$$

对于力矩功的理解注意以下几个方面:

(1)力矩的功本质上与力的功相同,在国际单位制中,单位都为焦耳。力矩的功是在力的功基础上变形得出的,因而力矩的功与力的功是同一个量。在以后我们处理问题时,如果已经计算了力的功,则不必再计算该力对应力矩的功。在具体问题中,以哪种形式计算功要视情况而定。一般地,对于平动物体,我们计算力的功相对方便;对于转动物体则计算力矩的功相对方便。

(2)恒力矩的功。如果力矩在刚体转动过程中保持不变,则力矩功可简化为

$$A=\int\mathrm{d}A=M\int_{\theta_0}^{\theta}\mathrm{d}\theta=M\Delta\theta \tag{3-9}$$

(3)合力矩的功。如果刚体同时受到几个力矩的作用,则可以先求合力矩,再计算合力矩的功;也可以先计算每个力矩的功,然后再求功的代数和。

例题 3-9 一转动惯量为 $J=30\mathrm{kg}\cdot\mathrm{m}^2$ 的刚体在恒力矩的作用下,由静止开始经历 50s 角速度达到 $\omega=10\mathrm{rad}\cdot\mathrm{s}^{-1}$。试求:力矩的功。

解 力矩是恒量,根据转动定律可知,刚体作匀加速转动。角加速度为

$$\beta=\frac{\omega-0}{t}=\frac{10}{50}=0.2\text{rad}\cdot\text{s}^{-2}$$

根据转动定律，力矩大小为

$$M=J\beta=30\times0.2=6\text{N}\cdot\text{m}$$

50s 内刚体转过的角位移为

$$\Delta\theta=0+\frac{1}{2}\beta t^2=\frac{1}{2}\times0.2\times50^2=250\text{rad}$$

根据恒力矩作功 $A=M\Delta\theta$，可得功为

$$A=M\Delta\theta=6\times250=1.5\times10^3\text{J}$$

3.4.2 转动动能

刚体作定轴转动时，其上所有质元动能之和称为刚体的转动动能。设刚体定轴转动的角速度为 ω，其上第 i 个质元到转轴的距离为 r_i、质量为 Δm_i，则该质元的动能为

$$\Delta E_{ki}=\frac{1}{2}\Delta m_i v_i^2=\frac{1}{2}\Delta m_i r_i^2\omega^2$$

对每个质元的动能求和，得刚体的转动动能为

$$E_k=\sum_i\Delta E_{ki}=\frac{1}{2}(\sum_i\Delta m_i r_i^2)\omega^2$$

式中，$\sum_i\Delta m_i r_i^2=J$，则转动动能可表示为

$$E_k=\frac{1}{2}J\omega^2 \tag{3-10}$$

把式(3-10)与质点平动动能 $E_k=\frac{1}{2}mv^2$ 相类比，可以看出，二者在形式上是完全一致的，而且相关物理量也有很强的对应关系：转动惯量对应于质量，角速度对应于速度。另外，由前面的推导过程可知，转动动能与质点的平动动能在本质上也是一致的，因而，对于定轴转动的刚体，我们计算其转动动能，而不必再计算其平动动能。

3.4.3 转动动能定理

在质点力学中，外力对质点作功将改变质点的动能。相应的，在刚体转动中，外力矩对刚体作功与刚体转动动能之间也有着密切的关系。前面提到，我们可以把刚体视为一个质点系，因而对于刚体我们可以应用质点系动能定理

$$A_{外}+A_{内}=E_k-E_{k0}$$

前面我们还提到，刚体是一个特殊的质点系，即系统内部各质点间无相对位移。对于这样的系统，内力不作功，即 $A_{内}=0$，则上式可变成

$$A_{外}=E_k-E_{k0} \tag{3-11}$$

根据本节前面的讨论可知,刚体定轴转动时,外力的功即是外力矩的功,质点系的动能即是刚体的转动动能,因而,对于刚体,式(3-11)的内容可以叙述为:刚体在绕定轴转动的过程中,外力矩所作的功等于刚体转动动能的增量。这称为刚体定轴转动的动能定理。转动动能定理的数学表达式除了式(3-11)所示的形式外,还可以表示为

$$\int M\mathrm{d}\theta=\frac{1}{2}J\omega^2-\frac{1}{2}J\omega_0^2 \tag{3-12}$$

转动动能定理在刚体定轴转动中的地位与动能定理在质点运动中的地位是相当的。二者所包含的物理量及物理量之间的关系都是一一对应的,对应关系可以通过表3-3清晰的反映出来。

表3-3　转动动能定理与动能定理的对应关系

	状态变化原因	描述状态的物理量	二者关系
动能定理	力的功 $\int \boldsymbol{F}\cdot\mathrm{d}\boldsymbol{r}$	平动动能 $\frac{1}{2}mv^2$	$\int \boldsymbol{F}\cdot\mathrm{d}\boldsymbol{r}=\frac{1}{2}mv^2-\frac{1}{2}mv_0^2$
转动动能定理	力矩的功 $\int M\mathrm{d}\theta$	转动动能 $\frac{1}{2}J\omega^2$	$\int M\mathrm{d}\theta=\frac{1}{2}J\omega^2-\frac{1}{2}J\omega_0^2$

例题3-10　应用转动动能定理求解例题3-9中力矩的功,以及该段时间内力矩的平均功率。

解　根据题意可求得刚体始末状态的转动动能分别为

$$E_{k0}=\frac{1}{2}J\omega_0^2=0$$

$$E_k=\frac{1}{2}J\omega^2=\frac{1}{2}\times30\times10^2=1.5\times10^3$$

根据转动动能定理 $A_{外}=E_k-E_{k0}$,可得力矩的功为

$$A_{外}=1.5\times10^3-0=1.5\times10^3\,\mathrm{J}$$

50s内的平均功率为 $\overline{P}=\dfrac{A}{\Delta t}=\dfrac{1.5\times10^3}{50}=30\mathrm{W}$

例题3-11　如图3-12所示,一长度为 l、质量为 m 的均质细棒可绕过 O 点的水平轴在竖直平面内转动。设轴承光滑,现使棒由水平位置自由下摆。试求:棒摆至竖直位置时,其端点 A 和质点 C 的速率。

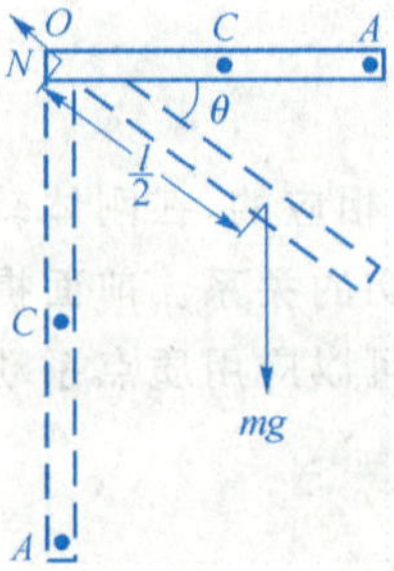

图3-12　例题3-11用图

解　选择棒为研究对象,受力分析,如图3-12所示。棒受重力和轴承的支持力作用,其中支持力 N 作用于转轴,对应力矩为零。重力大小 mg,方向竖直向下,作用在重心上,重力对应的力臂随棒所处位置不同而不同,因而重力矩是变化的。设某时刻棒与水平方向夹角 θ,取角位移元 $\mathrm{d}\theta$,重力矩的元功为

$$\mathrm{d}A=M\mathrm{d}\theta=\frac{l}{2}mg\cos\theta\mathrm{d}\theta$$

整个过程重力矩的功为

$$A=\int \mathrm{d}A=\int_0^{\frac{\pi}{2}} \frac{l}{2} mg\cos\theta \mathrm{d}\theta=\frac{1}{2}mgl$$

初始棒的角速度为零，转动动能为零。设转至竖直位置时棒的角速度为 ω，根据刚体定轴转动动能定理，有

$$\frac{1}{2}mgl=\frac{1}{2}J\omega^2-0$$

棒对过端点转轴的转动惯量为 $J=\frac{1}{3}ml^2$，代入上式，得

$$\omega=\sqrt{\frac{3g}{l}}$$

根据角线量关系，质点速率 $v=r\omega$，可得 A、C 点速率分别为

$$v_A=l\omega=\sqrt{3gl}\quad v_C=l\omega/2=\sqrt{3gl}/2$$

解题方法二：

由前面学习可知，力矩作功与力作功本质上是一回事，因而，此题仅有重力矩作功即是仅有重力作功。选棒、地面为系统，系统机械能守恒。确定初始棒位于水平位置所在处为势能零点，并用转动动能表示动能，则有

$$0=\frac{1}{2}J\omega^2+\left(-\frac{1}{2}mgl\right)$$

解方程得

$$\omega=\sqrt{\frac{3g}{l}}$$

结果与前一种方法相同。比较两种方法，显然后者简捷，因为后者仅考虑始末状态，而不必细讨论中间的细节。另外，此题告诉我们，机械能守恒定律在刚体转动问题中，仍然是适用的。

例题 3-12 如图 3-13 所示，绳的一端与质量为 M 的滑轮连接，绳子在滑轮上绕过几圈后，另一端系一质量为 m 的物体。开始时，物体距地面高度为 h。设滑轮可视为均质圆盘，半径为 R，滑轮轴承光滑，绳不能伸长，绳与滑轮间无相对滑动。试求：物体由静止释放后到达地面时的速率以及滑轮转动的角速度。

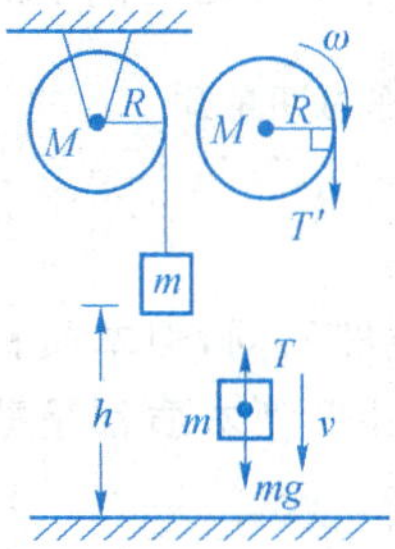

图 3-13 例题 3-12 用图

解 选择滑轮、物体、地面为系统，受力分析，如图 3-13 所示。T 和 T' 这对内力作功之和为零(力大小相同，位移大小相同，但一个力与位移夹角为零，另一个力与位移反向)。外力矩——轴承的支持力矩为零。系统机械能守恒。以地面为重力势能零点，则有

$$mgh=\frac{1}{2}mv^2+\frac{1}{2}J\omega^2$$

根据角、线量关系 $v=R\omega$，滑轮的转动惯量 $J=\frac{1}{2}MR^2$，代入上式，可得

$$v=2\sqrt{\frac{mgh}{2m+M}}$$

$$\omega=\frac{2}{R}\sqrt{\frac{mgh}{2m+M}}$$

练习题

1. 试用转动动能定理求解例题3-6。
2. 试用转动动能定理求解例题3-12。

3.5 角动量定理　角动量守恒定律

本节我们主要研究力矩在时间上的累积作用效果。这部分内容对应于质点运动中的动量定理和动量守恒定律。我们将由刚体定轴转动定律出发，讨论力矩作用一段时间所引起的效果，定义两个新的物理量——冲量矩、角动量，并讨论二者之间的关系，从而得出角动量定理以及角动量守恒定律。

根据角加速度与角速度的关系，我们对刚体定轴转动定律可以作如下变形

$$M=J\beta=J\frac{d\omega}{dt}$$

即

$$Mdt=Jd\omega$$

刚体作定轴转动时，转动惯量 J 是常量。设力矩作用时间为 $t_0\sim t$，作用的始末时刻刚体角速度为 ω_0、ω。为讨论力矩在时间上的累积作用效果，对上式两侧积分，得

$$\int_{t_0}^{t}Mdt=\int_{\omega_0}^{\omega}Jd\omega=J\omega-J\omega_0 \tag{3-13}$$

3.5.1 力矩的冲量矩

式(3-13)的左侧 $\int_{t_0}^{t}Mdt$，为力矩在时间上的积分，它反映了力矩在时间上的累积情况。力在时间上的积分是冲量，力矩在时间上的积分称为冲量矩。

对于冲量矩的理解我们需要注意以下两点：

1. 冲量矩不同于冲量

力矩的功是在力的功基础上变形而来的，二者外形虽然不同，但本质相同；而冲量矩是我们单独定义的物理量，它与力的冲量从外形到本质都是截然不同的，彼此不能替代。

2. 冲量矩是矢量

力矩是矢量，时间是标量，矢量与标量的乘积为矢量，因而冲量矩是矢量。前面我们之所以把它写成标量形式，理由与多次提到的一样——定轴转动刚体的相关矢量方向只有两种可能性，因而可以写成标量形式。

3.5.2 角动量

式(3-3)的右侧为物理量 $J\omega$ 在始末时刻对应值的增量。质点运动中，质量与速度的乘积是动量。相应地，在刚体定轴转动中，我们定义转动惯量与角速度的乘积为刚体的角动量(也称动量矩)。用字母 L 表示，即

$$L=J\omega \tag{3-14}$$

对于角动量的理解需注意以下几点：

1. 角动量不同于动量

与冲量矩相同，角动量也是我们单独定义的物理量。在国际单位制中，角动量的单位是千克·米^2·弧度·秒$^{-1}$($kg\cdot m^2\cdot rad\cdot s^{-1}$)。

2. 角动量是矢量

角动量是矢量，可写为 $\boldsymbol{L}=J\boldsymbol{\omega}$。角动量的方向与角速度方向一致，与刚体的旋转方向成右手螺旋关系，即右手四指依刚体旋转方向摆放，拇指指向即为角动量方向。与前面相同，在刚体定轴转动时我们常写角动量的标量形式，$L=J\omega$。

3. 点对轴的角动量

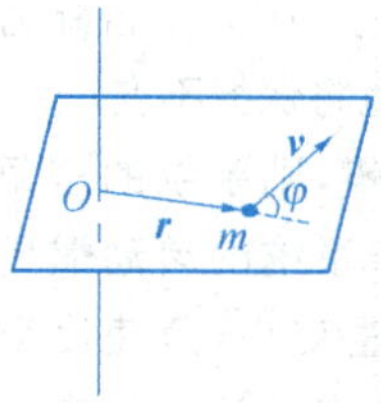

图 3-14 点对轴的角动量

一般的，对于质点我们常讨论其质量、速度，因而有必要写出用这两个物理量表示的质点的角动量。如图 3-14 所示，一个质点质量为 m，转轴到质点的距离为 r，质点在转动平面内的运动速率为 v。则质点对轴的转动惯量 $J=mr^2$，质点绕轴的角速度

$$\omega=\frac{v_t}{r}=\frac{v\sin\varphi}{r}$$

则角动量大小为

$$L=J\omega=mr^2\cdot\frac{v\sin\varphi}{r}=mrv\sin\varphi \tag{3-15}$$

如果考虑到速度$\boldsymbol{v}$ 是矢量、轴到质点 $\boldsymbol{r}$ 的方向，则上式对应的矢量式为

$$\boldsymbol{L}=\boldsymbol{r}\times m\boldsymbol{v}=\boldsymbol{r}\times\boldsymbol{p} \tag{3-16}$$

式中，$\boldsymbol{p}$ 为质点的动量。式(3-16)清晰地表明，角动量与动量是截然不同的两个物理量。

3.5.3 角动量定理

定义了冲量矩和角动量之后，式(3-13)所表达的内容可叙述为：作用在刚体上的冲量矩等于刚体角动量的增量，这称为角动量定理(也称动量矩定理)。其矢量形式的数学表达式为

$$\int_{t_0}^{t}\boldsymbol{M}\mathrm{d}t=\boldsymbol{L}-\boldsymbol{L}_0 \tag{3-17}$$

式(3-17)虽然是由一个绕定轴转动的刚体推导得来的，但可以证明(证明从略)它对于多个刚体组成的系统绕定轴转动的情况仍适用。只是这时的

冲量矩为系统所受合外力矩的冲量矩,角动量为各刚体角动量的矢量和。

角动量定理是从时间累积的角度反映力矩的作用效果,它与质点力学中反映力在时间上累积作用效果的动量定理是相对应的,具体的对应关系如表 3-4 所示。

表 3-4　角动量定理与动量定理的对应关系

	状态变化原因	描述状态的物理量	二者关系
动量定理	冲量 $\int F\cdot dt$	动量 mv	$\int F\cdot dt=mv-mv_0$
角动量定理	冲量矩 $\int Mdt$	角动量 $J\omega$	$\int Mdt=J\omega-J\omega_0$

3.5.4　角动量守恒定律

在式(3-17)中,若刚体所受合外力矩 $\boldsymbol{M}_{合外}=0$,则有

$$\boldsymbol{L}=\boldsymbol{L}_0=常矢量 \tag{3-18}$$

图 3-15　花样滑冰的旋转

即刚体的角动量保持不变,这称为角动量守恒定律。角动量守恒分以下几种情况:

(1)对于绕定轴转动的单个刚体,由于其转动惯量保持不变,刚体受合外力矩为零时,根据角动量守恒定律,则有刚体绕轴转动的角速度也将保持不变;

(2)对于绕定轴转动的刚体组合,若所受的合外力矩为零,则系统的总角动量守恒。此时,若系统的转动惯量不变,则角速度不变;若系统的转动惯量变化,则角速度变化。转动惯量变大,角速度变小;转动惯量变小,角速度变大。这一规律在生活中有许多的应用。如图 3-15 所示,花样滑冰运动员在开始旋转时总是伸开双臂,然后快速收拢双臂和腿,以获得较大的旋转角速度,而要结束旋转时,必然再度伸展四肢,以便降低旋转角速度。这是因为,运动员可以视为刚体系统,在冰面上系统受合外力矩为零,角动量守恒。四肢伸展时,质量到转轴的距离大,因而系统转动惯量大,从而旋转的角速度小,旋转平稳;而四肢收拢时,系统转动惯量小,因而角速度大。再如,跳水运动员在起跳时,总是向上伸展手臂,跳到空中做翻滚动作时,又快速收拢手臂和腿,这样做同样是为了减小转动惯量,以便增加翻滚的角速度。而在入水前,运动员一定会再度伸展身体,增大转动惯量,从而减小翻滚速度,竖直平稳落水。

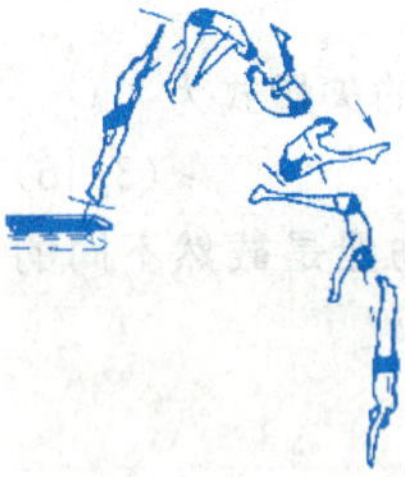

图 3-16　跳水的翻滚

角动量守恒定律也是自然界中的一条普遍规律。宏观的天体演化、微观的电子绕核运动等都遵守角动量守恒定律。角动量守恒定律在刚体转动中的地位与动量守恒定律在质点运动中的地位是相当的,二者的对应关系如表 3-5 所示。

表 3-5　角动量守恒定律与动量守恒定律的对应关系

	适用条件	守恒关系
动量守恒定律	系统所受合外力为零,即 $\boldsymbol{F}_{合外}=0$	$\boldsymbol{p}=\boldsymbol{p}_0=常矢量$
角动量守恒定律	系统所受合外力矩为零,即 $\boldsymbol{M}_{合外}=0$	$\boldsymbol{L}=\boldsymbol{L}_0=常矢量$

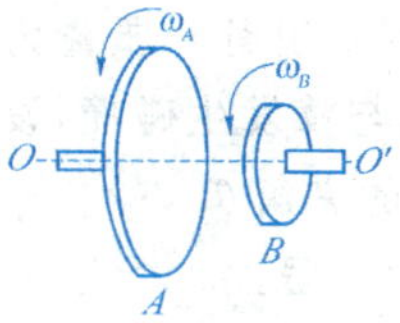

图 3-17 例题 3-13 用图

例题 3-13 如图 3-17 所示，轴承光滑的两个齿轮可绕通过中心的轴 OO' 转动。初始两轮的角速度方向相同，大小为 $\omega_A = 50\text{rad}\cdot\text{s}^{-1}$、$\omega_B = 200\text{rad}\cdot\text{s}^{-1}$。设两轮的转动惯量分别为 $J_A = 0.4\text{kg}\cdot\text{m}^2$、$J_B = 0.2\text{kg}\cdot\text{m}^2$。试求：两齿轮齿合后一起转动的角速度。

解 选两齿轮组成的系统为研究对象，受力分析。系统只受重力及轴承的支持力作用，这两个力都通过转轴，力矩都为零，系统角动量守恒。以地面为参考系，初始齿轮转动方向为正方向，则有

$$J_A\omega_A + J_B\omega_B = (J_A + J_B)\omega$$

解方程，得系统一起转动的角速度为

$$\omega = \frac{J_A\omega_A + J_B\omega_B}{J_A + J_B} = \frac{0.4\times50 + 0.2\times200}{0.4+0.2} = 100\text{rad}\cdot\text{s}^{-1}$$

根据此题我们总结应用角动量守恒定律求解问题的基本步骤如下：

(1)选择系统，受力分析，判断守恒条件。角动量守恒的条件是系统受合外力矩为零，这与动量守恒条件有所区别。

(2)根据题意选择转动的正方向。角动量守恒虽然是矢量表达式，但一般情况下，我们只涉及刚体定轴转动问题，矢量的方向仅有两种可能性，所以确定矢量的正方向即可，而不必建立坐标系。

(3)依据题意写角动量守恒的方程。方程中各矢量方向与正方向相同者为正值，否则为负值。另外，方程中各量应是相对于同一参考系的，这点与动量守恒定律相同。

(4)解方程，讨论。

例题 3-14 如图 3-18 所示，质量为 M、半径为 R 的转台，可绕通过中心的光滑竖直轴转动。质量为 m 的人站在转台的边缘。初始台和人都静止。试求：如果人沿台的边缘匀角速度跑一圈，人和转台相对于地面各转动多大的角度？

图 3-18 例题 3-14 用图

解 选择人和转台为系统，受力分析。转台受重力、支持力都通过转轴，力矩为零。人受重力平行转轴，力矩为零。系统角动量守恒。以地面为参考系，人转动的方向为正方向，设人和转台的角速度大小分别为 $\omega_人$、$\omega_台$，则有

$$J_人\omega_人 - J_台\omega_台 = 0$$

人和台的转动惯量分别为 $J_人 = mR^2$、$J_台 = \frac{1}{2}MR^2$，代入上式，解方程有

$$\omega_台 : \omega_人 = 2m : M$$

匀速转动，则根据角速度之比，可得二者相对于地面转动角度之比为

$$\theta_台 : \theta_人 = 2m : M$$

人绕台跑一圈，则有 $\theta_台 + \theta_人 = 2\pi$，结合二者比例关系，可得

$$\theta_台 = \frac{2\pi M}{2m+M} \quad \theta_台 = \frac{4\pi m}{2m+M}$$

例题 3-15 如图 3-19 所示，一均质细棒质量为 M，长度为 l，可绕过端

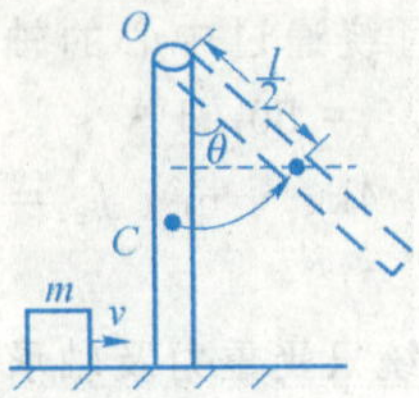

图 3-19　例题 3-15 用图

点 O 的轴在竖直平面内自由摆动,初始棒静止于竖直位置。现有一质量为 m、速率为 v 的物体沿光滑水平面运动,物体运动至棒处时与棒发生碰撞,设碰撞后物体静止。试求:棒摆动到最高位置时与竖直方向的夹角 θ。

解　这个问题分两个阶段分析:物体与棒碰撞、棒自由上摆。

第一阶段:物体与棒碰撞。

选择物体与棒为系统,受力分析。物体受重力和平面支持力,二力方向通过转轴,力矩为零;棒受重力和支持力,对应力矩也为零。系统角动量守恒。以地面为参考系,物体运动方向为正方向,设碰撞后棒的角速度为 ω,则有

$$mvl=\left(\frac{1}{3}Ml^2\right)\omega$$

解方程得

$$\omega=\frac{3mv}{Ml}$$

第二阶段:棒自由上摆。

选择棒和地面为系统,受力分析。只有重力矩作功,系统机械能守恒。以棒竖直摆放时质心 C 所在处为重力势能零点。棒摆至最高位置时动能为零,则有

$$\frac{1}{2}\left(\frac{1}{3}Ml^2\right)\omega^2=Mg\cdot\frac{l}{2}(1-\cos\theta)$$

解方程,并代入 ω 值,可得

$$\cos\theta=1-\frac{3m^2v^2}{glM^2}$$

练习题

1. 在例题 3-13 中,若初始时齿轮 B 的转动方向与 A 相反,大小不变。试求:齿合后一起转动的角速度大小和方向。

2. 在例题 3-15 中,若物体改换为子弹,而且子弹射入棒后与棒一起转动。试求:棒摆至最高位置时与竖直方向的夹角余弦值。

小　结

本章主要研究刚体定轴转动的描述及力矩对刚体的作用效果。

一、刚体定轴转动的描述

刚体作定轴转动时,刚体上的每个质点都在各自的转动平面内作圆周运动。运动过程中,各质点的角位移、角速度、角加速度等物理量都相同,因而,刚体定轴转动的描述可以转化为刚体上任意一个质点的圆周运动角量描述

问题。即，利用第 1 章中圆周运动的角量描述有关公式描述刚体的定轴转动。

二、刚体定轴转动的解释——力矩的作用效果

力矩的作用是刚体定轴转动状态发生变化的原因。力矩的作用效果可以分为两个方面：力矩的瞬时作用效果和力矩的持续作用效果。

1. 力矩的瞬时作用效果

力矩的瞬时作用效果是通过转动定律来反映的。

转动定律的内容为：绕定轴转动刚体的角加速度与作用于刚体上的合外力矩成正比，与刚体的转动惯量成反比。其数学表达式为

$$\boldsymbol{M}=J\boldsymbol{\beta}$$

2. 力矩的持续作用效果

力矩的持续作用效果又分为两个侧面：力矩在空间上的累积作用效果和力矩在时间上的累积作用效果。转动动能定理和角动量定理分别反映了这两个侧面的规律。

(1) 转动动能定理：刚体在绕定轴转动的过程中，外力矩所作的功等于刚体转动动能的增量。其数学表达式为

$$A_{外}=E_k-E_{k0}$$

(2) 角动量定理（也称动量矩定理）：作用在刚体上的冲量矩等于刚体角动量的增量。其数学表达式为

$$\int_{t_0}^{t}\boldsymbol{M}\mathrm{d}t=\boldsymbol{L}-\boldsymbol{L}_0$$

(3) 角动量守恒定律：若刚体系统所受合外力矩为零，则刚体角动量保持不变。即，若 $\boldsymbol{M}_{合外}=0$，则有

$$\boldsymbol{L}=\boldsymbol{L}_0=常矢量$$

习题 3

A 类题目：

3-1　一刚体由静止开始作匀加速的定轴转动，设某时刻刚体的角位置为 θ，切向角加速度为 a_t，法向角加速度为 a_n。试证明 $a_n=2a_t\theta$。

3-2　地面赤道位置有一高 100m 的大楼。地球赤道位置的半径为 6.37×10^6 m。试求：此楼随地球一起定轴转动时其底端和顶端的速率。

3-3　一飞轮初始转速为 $n=1\,500\mathrm{r\cdot min^{-1}}$，停电后均匀减速，经 10s 后完全停止转动。试求：(1) 飞轮的角加速度；(2) 这段时间内转过的圈数。

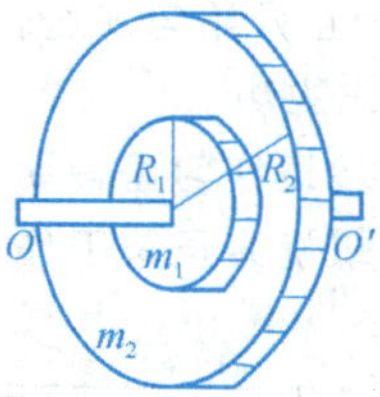

图 3-20　习题 3-7 用图

3-4　自行车轮作加速定轴转动时，其边缘一点转过的弧长随时间变化的关系为 $s=0.1t^3$ (SI)。设车轮的半径为 0.4m。试求 10s 时车轮的：(1) 角速度；(2) 角加速度。

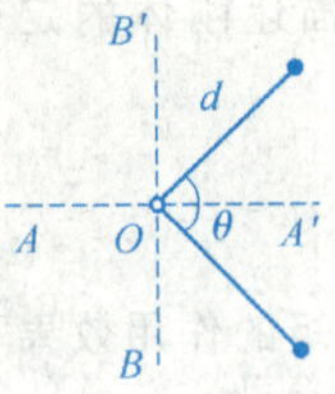

图 3-21 习题 3-8 用图

3-5 研究表明，地球的自转正逐渐变慢。1987 年完成 365 次自转所经历的时间比 1900 年多 1.14s。试求地球自转的平均角加速度。

3-6 试求质量为 m、长度为 l 的均质细棒，对通过距中点为 d 的点且与棒垂直的转轴的转动惯量。

3-7 半径分别为 R_1、R_2，质量分别为 m_1、m_2 的两个均质圆盘同轴放置在一起，如图 3-20 所示。试求：系统对通过中心球与盘面垂直轴的转动惯量。

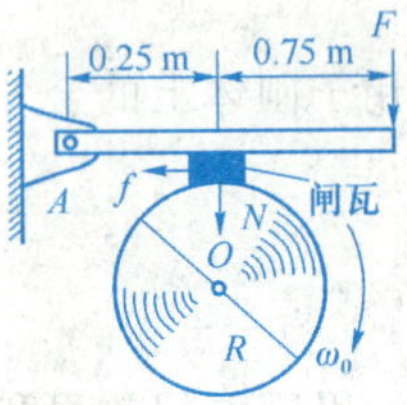

图 3-22 习题 3-9 用图

3-8 水分子的形状如图 3-21 所示。实验测得水分子对于 AA' 轴的转动惯量为 $1.93\times10^{-47}\mathrm{kg\cdot m^{-2}}$，氢和氧原子间的距离为 $d=9.59\times10^{-11}\mathrm{m}$。若各原子都可当质点处理，试求：两个氢原子与氧原子连线间的夹角 θ。

3-9 如图 3-22 所示。一个飞轮的质量为 $m=60\mathrm{kg}$，半径为 0.2m，正在以 $\omega_0=1\,000\mathrm{r\cdot min^{-1}}$ 的转速转动。现用制动力矩使它在 5.0s 时间内均匀减速至停止。设闸瓦与飞轮建的滑动摩擦系数为 $\mu=0.8$，飞轮视为均质圆环。试求：(1) 飞轮的角加速度；(2) 飞轮受的摩擦力矩大小；(3) 闸瓦施加的正压力大小；(4) 制动力 F 的大小。

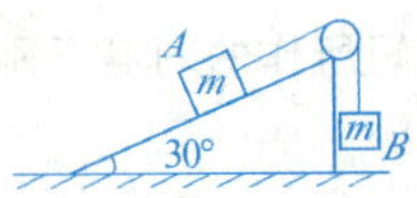

图 3-23 习题 3-10 用图

3-10 如图 3-23 所示，水平面上固定着一个倾斜角为 30°的斜面，斜面上固定一个质量为 m、半径为 $R=0.1\mathrm{m}$ 的定滑轮，滑轮可视为均质圆盘。有一轻绳跨过定滑轮，两端分别系有质量都为 m 的物体 A 和 B，物体 A 与斜面间的滑动摩擦系数为 $\mu=0.25$。若轻绳与滑轮间无相对滑动，且摩擦可以忽略不计，试求：(1) 物体 A、B 的运动方向及加速度；(2) 滑轮的角加速度；(3) 若斜面是光滑的，(1)、(2) 结果如何？

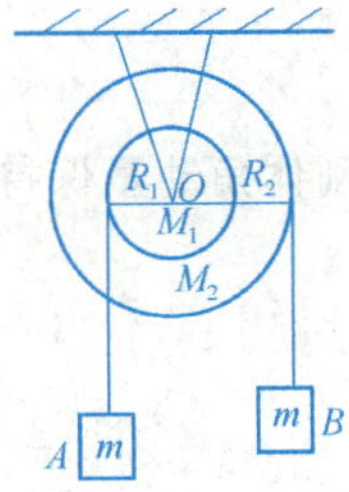

图 3-24 习题 3-11 用图

3-11 如图 3-24 所示，两个轴承连在一起的定滑轮半径分别为 $R_1=0.1\mathrm{m}$，$R_2=0.2\mathrm{m}$，质量分别为 $M_1=1\mathrm{kg}$、$M_2=2\mathrm{kg}$。现在两轮上各绕一轻绳，绳的另一端分别系质量都为 $m=3\mathrm{kg}$ 的物体 A 和 B。设滑轮都可以视为均质圆盘，轴承光滑，滑轮与绳之间无相对滑动。试求：(1) 物体 A 的运动方向及加速度；(2) 滑轮组的转动方向及角加速度。

3-12 一质量为 m、长度为 l 的均质细棒 OA，可绕过 O 点且垂直棒长的轴自由转动。试求：棒从水平位置释放后，转至与水平夹角为 60°时的角加速度。

3-13 一飞轮转动惯量为 $500\mathrm{kg\cdot m^2}$，转速为 $600\mathrm{r\cdot min^{-1}}$。现用摩擦力矩使其在 5s 内停止转动。试求：摩擦力矩的大小。

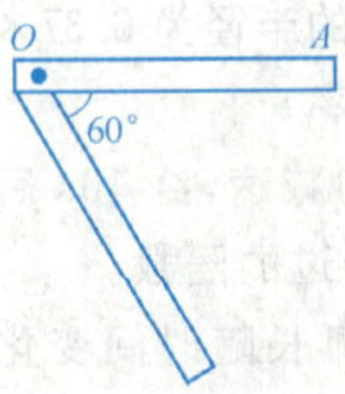

图 3-25 习题 3-12 用图

3-14 转动惯量为 $30\mathrm{kg\cdot m^2}$ 轮子在皮带的带动下由静止开始匀加速转动，经 5s 转速达 $50\mathrm{r\cdot s^{-1}}$。试求此段时间内皮带对轮子所作的功。

3-15 一螺旋桨在发动机的驱动下，以 $600\mathrm{r\cdot min^{-1}}$ 的转速作匀速转动。转动过程中，桨受水的阻力矩为 $4\,000\mathrm{N\cdot m}$。试求：为保证螺旋桨正常工作，发动机需要提供的功率。

3-16 冲床上的飞轮转速为 $120\mathrm{r\cdot min^{-1}}$，转动惯量为 $40\mathrm{kg\cdot m^2}$。现用此飞轮冲断一个厚度为 1mm 的薄钢片，设冲断过程中钢片受力为恒量，大小为 $1.0\times10^6\mathrm{N}$。试求：冲断此钢片后，飞轮的转速变为多大。

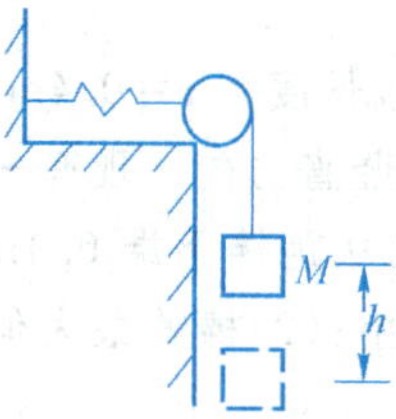

图 3-26 习题 3-17 用图

3-17 如图 3-26 所示。一劲度系数为 $k=20\text{N}\cdot\text{m}^{-1}$ 的轻弹簧一端固定,另一端通过一轻绳绕过定滑轮与质量为 $M=1\text{kg}$ 的物体相连。滑轮质量为 1kg、半径为 0.1m,可视为均质圆盘。初始用手托住物体,使弹簧处于原长。若忽略物体与平面、滑轮与轴承间的摩擦力。试求:物体由静止释放后下落 0.5m 时的速率。

3-18 一个塑料陀螺质量为 $m=50\text{g}$,半径为 $r=5\text{cm}$,以 $\omega=5\text{r}\cdot\text{s}^{-1}$ 的角速度在光滑水平面内匀速旋转。现有一质量为 $m'=5\text{g}$ 的蜘蛛沿竖直方向落在陀螺的边缘。若陀螺可视为均质圆盘,试求蜘蛛与陀螺一起转动时的角速度大小。

3-19 两个质量都为 60kg 的滑冰运动员,以相同的速率 $5\text{m}\cdot\text{s}^{-1}$ 分别沿相距为 1m 的两条平行线相向滑行。当两人连线方向与滑行方向垂直时,二人拉手在一起作半径为 0.5m 的圆周运动。试求:二人转动的角速度大小。

3-20 如图 3-28 所示,一均质细棒质量为 M,长度为 l,可绕过端点 O 的轴在竖直平面内自由摆动,初始用手托住棒使其静止于水平方向。现放手使棒自由下摆,棒摆至竖直位置时与静止于水平面的质量为 m 的物体发生碰撞,设碰撞后棒静止。试求:(1)物体 m 获得的速率为 v;(2)若物体与平面间的摩擦系数为 μ,则物体运动多远停下来。

3-21 科学研究预测,当太阳中的热核反应材料消耗殆尽时,太阳将因无能量的支持而急速塌缩半径仅为原来的 1/218 的白矮星。若在塌缩的过程中太阳质量的变化可以忽略不计,太阳和白矮星都可视为均质球体。目前太阳的自传周期为 26 天,试求:太阳变为白矮星后的自转周期。

B 类题目:

3-22 从一个半径为 R、质量为 M 的球体中心挖去一个半径为 R' 的同心球体,如图 3-29 所示。试求:此刚体对于过球心轴的转动惯量。

3-23 一质量为 8kg、长度为 1m 的均质细棒,在其中点 O 处弯成 120° 角,如图 3-30 所示。试求:此棒对 Ox 轴、Oy 轴的转动惯量。

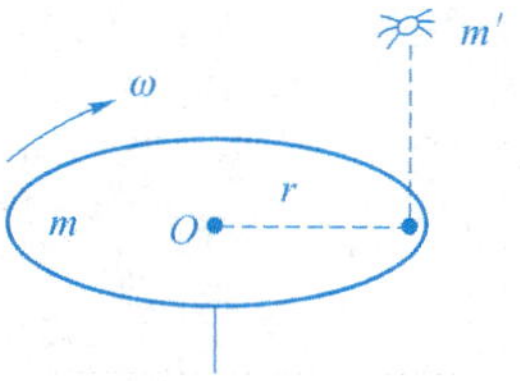

图 3-27 习题 3-18 用图

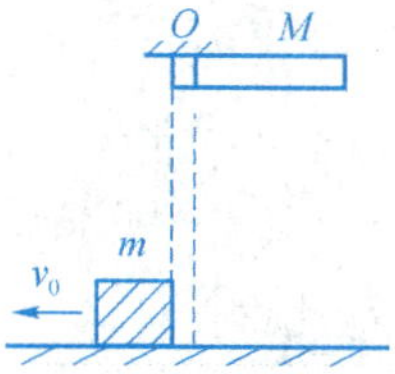

图 3-28 习题 3-20 用图

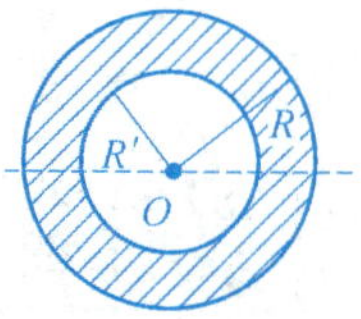

图 3-29 习题 3-22 用图

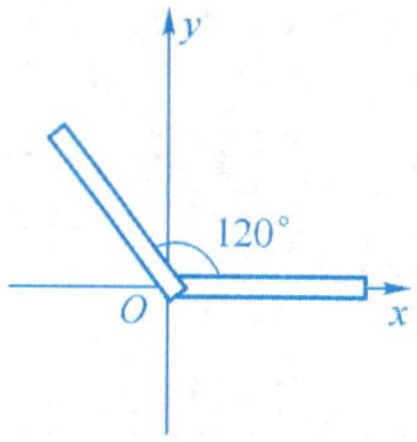

图 3-30 习题 3-23 用图

3-24 如图 3-31 所示。一轻绳绕过质量为 1kg、半径为 0.1m 的定滑轮,绳的一端系在劲度系数为 $k=38\text{N}\cdot\text{m}^{-1}$ 的弹簧自由端,绳的另一端系一质量为 $m=4\text{kg}$ 的物体。初始物体静止于倾角为 60°的光滑斜面上,弹簧为原长。滑轮视为均质圆盘,忽略物体与斜面、滑轮与轴承间的摩擦力。试求:

物体由静止释放后沿斜面下滑 1m 时的速率。

3-25　如图 3-32 所示,一均质细棒质量为 $M=1.0\text{kg}$,长度为 $l=0.4\text{m}$,可绕过端点 O 的轴在竖直平面内自由摆动,初始棒静止于竖直方向。现有一质量为 $m=8.0\text{g}$ 的子弹以速率 $v=200\text{m}\cdot\text{s}^{-1}$ 沿水平方向从距棒下端 0.1m 处射入棒,并与棒一起摆动。试求:(1)棒获得的角速度大小;(2)棒的最大偏转角。

3-26　如图 3-33 所示,用一个细线系一质量为 m 的小球,并使小球在光滑的水平面上做角速度为 ω_0、半径为 R 的匀速圆周运动。现加大细线的拉力,使小球的运动半径变为原来的一半。试求:(1)小球新的角速度;(2)这一过程中,细线拉力作的功。

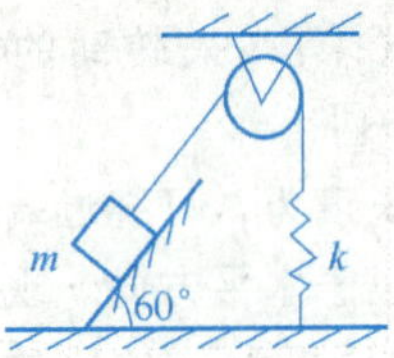

图 3-31　习题 3-24 用图

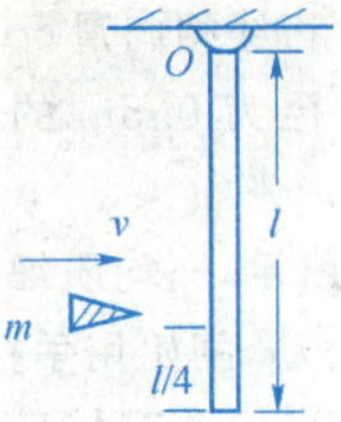

图 3-32　习题 3-25 用图

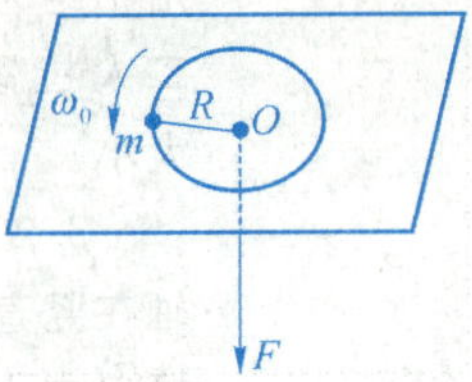

图 3-33　习题 3-26 用图

第 4 章　狭义相对论

前面几章的力学内容都是在牛顿定律的基础上建立起来的。这些理论的研究开始于十七世纪，至十九世纪末已经建立起完备的体系，而且在日常生活和生产实践中有着极其广泛的指导意义，我们称之为经典力学。十九世纪末二十世纪初，随着生产技术水平的提高，人们开始涉及高速领域问题，这时人们发现，经典力学理论在高速领域中存在着与实验事实不符的现象。爱因斯坦对这一矛盾进行深入研究，于 1905 年发表了划时代的论文《论动体的电动力学》，创立了狭义相对论，开辟了物理学的新纪元。

本章首先介绍经典力学的时空观以及经典力学理论在高速领域遇到的困难；然后主要介绍狭义相对论的基本理论，并在此基础上讨论狭义相对论的时空观；最后介绍狭义相对论的动力学基础。

4.1　力学相对性原理　经典力学时空观

为方便进行狭义相对论与经典力学理论的比较，本节我们介绍经典力学的相对性原理及经典力学的时空观，并在此基础上讨论经典力学在高速领域遇到的困难。

4.1.1　力学相对性原理

通过前面的学习我们知道，牛顿运动定律适用的参考系称为惯性系。换句话说，在所有的惯性系中，牛顿运动定律都是适用的。也就是说，在不同的惯性系中我们应用牛顿定律研究同一个运动时，应得出相同的结论，对于力学现象的描述，一切惯性系都是等价的。即，对于一切惯性系而言，力学现象都服从同样的规律，这称为力学的相对性原理。

力学的相对性原理最早是伽利略通过大量的实验事实总结出来的，因而又称为伽利略相对性原理。为定量研究不同惯性系中观察同一运动所得结果之间的关系，伽利略给出了一套变换公式，称为伽利略变换。伽利略变换分为坐标变换和速度变换。我们以图 4-1 所示情况为例，推导伽利略变换。设惯性系 K'（如匀速直线运动的车厢）以速度 v 相对于惯性系 K（如地面）作

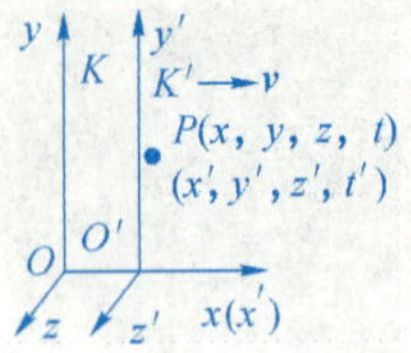

图 4-1 伽利略变换

匀速直线运动。在两参考系中分别建立直角坐标系$O'x'y'z'$和$Oxyz$,初始时两坐标系完全重合,且K'的运动方向沿Ox轴正向。在两坐标系中分别安放时钟计时,初始进行校对,使$t'=t=0$。任意时刻,对于空间一点P,两参考系中的时空坐标(x,y,z,t)和(x',y',z',t')之间的关系为

$$\begin{cases}x'=x-vt\\y'=y\\z'=z\\t'=t\end{cases}\quad 或\quad\begin{cases}x=x'+vt'\\y=y'\\z=z'\\t=t'\end{cases}\tag{4-1}$$

式(4-1)称为伽利略坐标变换。其中,第一组关系称为正变换,第二组关系称为逆变换。

根据式(4-1),将坐标对时间求一阶导数,可得伽利略速度变换为

$$\begin{cases}u_x'=u_x-v\\u_y'=u_y\\u_z'=u_z\end{cases}\quad 或\quad\begin{cases}u_x=u_x'+v\\u_y=u_y'\\u_z=u_z'\end{cases}\tag{4-2}$$

式中,第一组关系称为正变换,第二组关系称为逆变换;u_x、u_y、u_z分别表示点P在参考系K中沿三个坐标轴方向的速度分量;u_x'、u_y'、u_z'分别表示点P在参考系K'中沿三个坐标轴方向的速度分量。

4.1.2 经典力学时空观

根据伽利略坐标变换,我们可以总结出在经典力学中对于时间和空间的认识观点,即经典力学的时空观如下:

(1)时间和空间是彼此独立的。由伽利略坐标变换可以看出,进行位置变换时可以不考虑时间因素,进行时间变换时与点的位置也不相关,因此,我们说二者彼此独立,互不联系。

(2)时间间隔的绝对性。根据坐标变换中的时间关系可知,一个事件在运动的参考系K'中经历的时间τ与该事件在静止的参考系K中经历的时间τ_0之间的关系为

$$\tau=t_2'-t_1'=t_2-t_1=\tau_0$$

二者相等。这说明,时间间隔的测量与参考系的选择无关,与观察者是否运动无关,这称为经典力学的绝对时间观。

(3)空间间隔的绝对性。根据坐标变换中的空间关系,可知一个物体在运动的参考系K'中测量的长度L与该物体在静止的参考系K中测量的长度L_0之间的关系为

$$L_0=x_2-x_1=(x_2'+vt_2')-(x_1'+vt_1')$$

在相对于物体运动的参考系K'中测量物体的长度时,应保证同时测量物体两端的坐标,即有$t_2'=t_1'$,代入上式有

$$L_0=x_2'-x_1'=L$$

二者相等。这说明,空间间隔的测量与参考系的选择无关,与观察者是否运动无关,这称为经典力学的绝对空间观。

绝对的时空观是牛顿在他的《自然哲学的数学原理》中以假设的形式提出的,它也是与我们日常的生活经验相符的。

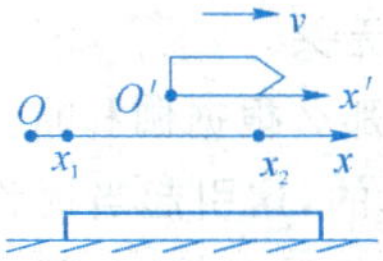

图 4-2 例题 4-1 用图

例题 4-1 如图 4-2 所示,在地面上静止放置一把米尺,有一宇宙飞船以 $v=1.8\times10^8\,\mathrm{m\cdot s^{-1}}$ 的速率沿米尺摆放方向飞行。试用经典理论求飞船上的人测量的米尺的长度。

解 选地面为静止的参考系 K,飞船为运动的参考系 K',以飞船飞行的方向为坐标轴正向,在两个参考系中分别建立坐标轴,如图 4-2 所示。设 K 系中测得米尺两端的坐标分别为 x_1、x_2,飞船上人测量米尺两端的坐标为 x_1'、x_2'。根据伽利略坐标变换,则有

$$L_0=x_2-x_1=(x_2'+vt_2')-(x_1'+vt_1')=x_2'-x_1'=L$$

即,飞船上的人测量米尺的长度 L 与地面上测得米尺的长度是相同的,都为 1 米。由此例可以看出,在经典力学范筹,物体的长度是绝对的,与参考系选择无关。

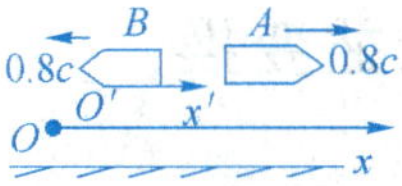

图 4-3 例题 4-2 用图

例题 4-2 有两艘宇宙飞船以相对于地面 $0.8c$ 的速率向相反的方向飞行,如图 4-3 所示。试用经典理论求飞船 A 相对于飞船 B 的速度。

解 选择地面为静止参考系 K,飞船 B 为运动参考系 K',沿飞船 A 飞行方向建立坐标轴,K' 系相对于 K 的运动速度为 $v=-0.8c$。飞船 A 相对于地面的速度为 $u=0.8c$。根据伽利略速度变换,飞船 A 相对于飞船 B 的速度为

$$u'=u-v=0.8c-(-0.8c)=1.6c$$

由此例可以看出,物体运动速度的大小与参考系的选择有关,而且,物体的运动速度可以超过光速。

4.1.3 经典力学在高速领域遇到的困难

十九世纪六十年代,英国著名的物理学家麦克斯韦在总结前人和自己的研究成果基础上,给出了一组方程——麦克斯韦方程组,统一了电磁学理论,并预言光是一种电磁波,光在真空中的传播速度为

$$c=\sqrt{\frac{1}{\varepsilon_0\mu_0}}\approx3.0\times10^8\,\mathrm{m\cdot s^{-1}}$$

图 4-4 光的传播速度

根据经典力学知识我们知道,物体运动速度具有相对性,同一个运动在不同的参考系中有不同的速度。如图 4-4 所示,一沿水平方向以速率 v 向右运动的火车上放置一个光源,现打开光源使光向右传播。选火车为运动的惯性系,光相对于火车的速度记为 u'。如果观察者在地面测量此光的传播速度,根据伽利略速度变换式(4-2)可知,光相对于地面的速度为

$$u=u'+v$$

即,不同的参考系中光速不同。那么,麦克斯韦所给的光的速度 $c=3.0\times10^8\,\mathrm{m\cdot s^{-1}}$ 是相对于那个参考系的呢?

许多物理学家对这一问题展开了深入的思考和研究,其中比较有名的是迈克尔逊-莫雷实验。迈克尔逊和莫雷是两位美国著名的物理学家,他们用长达七年的时间致力于光速的测量,最终得出了一个让许多物理学家震惊、无法用经典力学理论加以解释的结论——无论在怎样的惯性系中,无论在哪个方向上测量,光的速度都为常量 c,光速与参考系的选择无关。

如果实验结论正确,光在任意的惯性系中速度都为 c,那么根据伽利略变换,前面所举的例子中会有 $c=c+v$。显然,这是无法理解的,这引起当时许多物理学家的困惑,被物理学家开尔文称为是二十世纪初物理学界"晴朗天空中令人不安的一朵乌云"。在理论和实验事实之间如何进行取舍呢?爱因斯坦从完全不同的角度对此加以分析,从而创立了狭义相对论。

练习题

已知如例题 4-2,试用经典理论求飞船 B 相对于飞船 A 的速度。

4.2 狭义相对论基本原理　洛伦兹变换

关于光的速度问题,爱因斯坦在十几岁时就进行过思考:既然光是一种电磁波,那么,如果一个人以与光相同的速度与光一起运动时,这个人将会看到什么样的景象呢?他能否看到静止的电磁波呢?这就是历史上非常有名的"追光实验"。爱因斯坦对麦克斯韦给出的光速公式 $c=\sqrt{\dfrac{1}{\varepsilon_0\mu_0}}$ 进行深入分析发现,ε_0、μ_0 是真空介质的常量,仅与介质情况相关,而与参考系的选择无关,因而,真空中的光速也应仅与介质情况相关,而与参考系选择无关,即无论在什么样的参考系中观察,光在真空中的速度永远是 $c=3.0\times10^8\,\mathrm{m\cdot s^{-1}}$。即使人以光速与光一起运动,他应仍然看到运动的光,而不是静止的光。爱因斯坦的这个结论与迈克尔逊—莫雷的实验结果不谋而合,于是,当经典力学理论与迈克尔逊-莫雷实验结果相矛盾时,爱因斯坦大胆的提出,相信实验结果,而修改经典力学的相关理论。为此,他提出了两条基本假设,这两条假设即是狭义相对论的基本原理。

4.2.1 狭义相对论基本原理

1. 相对性原理

物理定律在一切惯性参考系中都具有相同的数学表达形式,或者说,所有的惯性系对于物理现象的描述都是等价的。爱因斯坦的相对性原理不同于伽利略相对性原理,它是对伽利略相对性原理的一个推广。伽利略相对性原理仅说明力学规律对于所有的惯性系是等价的，而爱因斯坦的相对性原理则把力学规律推广到所有的物理定律。

2. 光速不变原理

在所有的惯性参考系中，光在真空中的传播速度都为常量 c，光的速度与参考系的选择无关。这个假设不仅被迈克尔逊—莫雷实验所证实，而且近代的天文观察和物理实验也都证实了这个假设的正确性。另外，现代物理实验还证明，光速是所有实物运动速度的极限，现代最先进的高能粒子加速仪也仅能将粒子速度加速到 $0.999\ 75c$。

为在高速领域能进行相关的定量计算，爱因斯坦以上面两个假设为基础，推导得出一套两个惯性系之间时、时空坐标变换关系（推导过程在此从略），称为洛伦兹变换。洛伦兹变换也分为坐标变换和速度变换。

4.2.2 洛伦兹坐标变换

如图 4-5 所示，运动参考系 K' 以速度 v 相对于静止参考系 K 作沿 Ox 轴正向的匀速直线运动，空间发生一事件 P，此事件在两个参考系中的时空坐标之间的关系为：

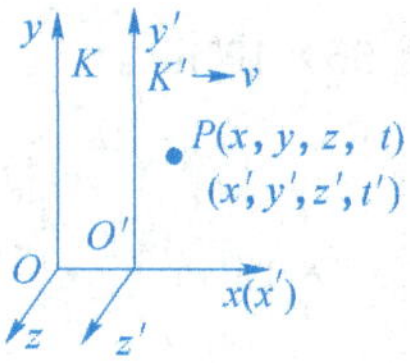

图 4-5 洛伦兹坐标变换

$$\begin{cases} x'=\dfrac{x-vt}{\sqrt{1-\left(\dfrac{v}{c}\right)^2}} \\ y'=y \\ z'=z \\ t'=\dfrac{t-\dfrac{vx}{c^2}}{\sqrt{1-\left(\dfrac{v}{c}\right)^2}} \end{cases} \text{或} \begin{cases} x=\dfrac{x'+vt'}{\sqrt{1-\left(\dfrac{v}{c}\right)^2}} \\ y=y' \\ z=z' \\ t=\dfrac{t'+\dfrac{vx'}{c^2}}{\sqrt{1-\left(\dfrac{v}{c}\right)^2}} \end{cases} \tag{4-3}$$

式(4-3)所反应的关系即称为洛伦兹坐标变换。其中第一组关系称为洛伦兹坐标变换的正变换，第二组关系称为逆变换。式中，x'、y'、z'、t'分别表示所观察事件在运动参考系 K'中的空间和时间坐标；x、y、z、t 分别表示所观察事件在静止参考系中的空间和时间坐标；v 表示运动参考系 K'相对于静止参考系 K 的速度。

关于洛伦兹变换，需注意以下几点：

(1)在低速领域，洛伦兹变换可以转化为伽利略变换。以式(4-3)中正变换的第一个方程为例，如果在低速领域，即参考系的运动速度 $v \ll c$，则有

$$x'=\frac{x-vt}{\sqrt{1-\left(\dfrac{v}{c}\right)^2}} \approx x-vt$$

显然，这与伽利略变换是一致的。同样的方法可以得出，两种变换的其他几个方程在低速领域也是一致的。因而，可以说，伽利略变换是洛伦兹变

换在低速领域的近似。我们日常生活所接触的运动，如汽车、飞机等运动速度最大不超过 100 m·s^{-1}，即使是绕地球运行的卫星，其速度也仅为几千米每秒，与光速相比较，都是低速运动。应用洛伦兹变换计算可知，这些运动的相对论效应不明显，因而，在处理这些问题时，我们可以直接运用伽利略变换进行计算；而如果问题中涉及宇宙飞船等速度可以与光速相比较的高速运动物体时，则必须运用洛伦兹变换，否则计算结果的精度是无法满足要求的。

(2)洛伦兹变换说明了光速是极限。对洛伦兹变换式中各方程分母的意义进行分析，不难得出

$$\sqrt{1-\left(\frac{v}{c}\right)^2}>0$$

解方程得 $v<c$，即，任何物体的运动速度都不能超过光的速度。

例题 4-3 地面参考系中，$t_1=2\times10^{-3}$ s 时，在 $x_1=2.4\times10^6$ m 处发生一个事件 A，$t_2=4\times10^{-3}$ s 时，在 $x_2=4.8\times10^6$ m 处发生另一个事件 B。试求：(1)在相对于地面以速率 $v=0.6c$ 沿 Ox 方向飞行的飞船中观察，两事件发生地的距离；(2)若在飞船中观察两事件在同时发生，则飞船的速度应为多大？

解 (1)选地面为静止的参考系 K，飞船为运动的参考系 K'。根据洛伦兹坐标变换，可得在 K' 系中两事件发生地分别为

$$x_1'=\frac{x_1-vt_1}{\sqrt{1-\left(\frac{v}{c}\right)^2}}=\frac{2.4\times10^6-0.6c\times2\times10^{-3}}{\sqrt{1-\left(\frac{0.6c}{c}\right)^2}}=2.55\times10^6\text{ m}$$

$$x_2'=\frac{x_2-vt_2}{\sqrt{1-\left(\frac{v}{c}\right)^2}}=\frac{4.8\times10^6-0.6c\times4\times10^{-3}}{\sqrt{1-\left(\frac{0.6c}{c}\right)^2}}=5.1\times10^6\text{ m}$$

两事件发生地的距离为

$$\Delta x'=x_2'-x_1'=2.55\times10^6\text{ m}$$

把此值与地面参考系中两事件的距离 $\Delta x=2.4\times10^6$ m 相比较可知，在不同的参考系中，空间间隔是不同的。

(2)设飞船的速度为 v'，在飞船中观测，两事件若同地发生，应有 $t_2'=t_1'$。根据洛伦兹变换，则有

$$\frac{t_2-\frac{v'x_2}{c^2}}{\sqrt{1-\left(\frac{v'}{c}\right)^2}}=\frac{t_1-\frac{v'x_1}{c^2}}{\sqrt{1-\left(\frac{v'}{c}\right)^2}}$$

代入已知数据，解方程得

$$v'=\frac{c}{4}$$

由结果可知，在地面参考系中不同时发生的两件事，在飞船参考系中观察却可能同时发生，即不同的参考系中，时间间隔是不同的。

4.2.3 洛伦兹速度变换

把洛伦兹坐标变换中的坐标对时间求一阶导数,可得洛伦兹速度变换(推导过程从略),为

$$\begin{cases} u_x{}' = \dfrac{u_x - v}{1 - \dfrac{v}{c^2}u_x} \\ u_y{}' = \dfrac{u_y\sqrt{1-\left(\dfrac{v}{c}\right)^2}}{1 - \dfrac{v}{c^2}u_x} \\ u_z{}' = \dfrac{u_z\sqrt{1-\left(\dfrac{v}{c}\right)^2}}{1 - \dfrac{v}{c^2}u_x} \end{cases} \text{或} \begin{cases} u_x = \dfrac{u_x{}' + v}{1 + \dfrac{v}{c^2}u_x{}'} \\ u_y = \dfrac{u_y{}'\sqrt{1-\left(\dfrac{v}{c}\right)^2}}{1 + \dfrac{v}{c^2}u_x} \\ u_z = \dfrac{u_z{}'\sqrt{1-\left(\dfrac{v}{c}\right)^2}}{1 + \dfrac{v}{c^2}u_x} \end{cases} \tag{4-4}$$

式中,第一组关系称为正变换,第二组关系称为逆变换;u_x、u_y、u_z 分别表示物体在参考系 K 中沿三个坐标轴方向的速度分量;$u_x{}'$、$u_y{}'$、$u_z{}'$分别表示物体在参考系 K'中沿三个坐标轴方向的速度分量。

若 $v \ll c$,即参考系的运动速度 v 远小于光速,式(4-4)可过渡为伽利略速度变换式。因而,可以说,伽利略速度变换式是洛伦兹速度变换式在低速情况下的近似。在处理低速领域的问题时,我们可以直接使用伽利略速度变换。而如果处理的问题中涉及到可与光速相比较的速度时,则必须使用洛伦兹速度变换。

爱因斯坦的“追光试验”可以应用洛伦兹速度变换进行解释。选择地面为静止的参考系 K,与光一起运动的人为运动的参考系 K',K'相对于 K 的运动速度为 v。设光相对于地面参考系 K 的速度为 $u=c$,则根据洛伦兹速度变换,光相对于 K'的运动速度 u'为

$$u' = \frac{u - v}{1 - \dfrac{v}{c^2}u} = \frac{c - v}{1 - \dfrac{v}{c^2}c} = c$$

可见,光速与参考系的选择无关,光在任意一个惯性系中的速度都相等,都为常量 c。

注意:狭义相对论研究的是在两个惯性系观测结果之间的关系。如果所研究的问题中涉及了非惯性系,则是广义相对论的内容。本书中仅讨论狭义相对论的相关问题,因此,所接触的参考系都是惯性系。

例题 4-4 已知如例题 4-2。试应用洛伦兹速度变换计算飞船 A 相对于飞船 B 的速度。

解 选择地面为静止参考系 K,飞船 B 为运动参考系 K',沿飞船 A 飞行方向建立坐标轴,K'系相对于 K 系的运动速度为 $v=-0.8c$。飞船 A 相对于

地面的速度为 $u_x=0.8c$。根据洛伦兹速度变换，飞船 A 相对于飞船 B 的速度为

$$u_x'=\frac{u_x-v}{1-\frac{v}{c^2}u_x}=\frac{0.8c-(-0.8c)}{1-\frac{(-0.8c)}{c^2}\times0.8c}=0.976c$$

比较此值与例题 4-2 结果，可以看出二者差异很大。产生这种差异的原因，是同一问题但使用的公式不同。那么，哪一个结果是正确的呢？问题中涉及的飞船速度可以与光速相比较，因而是高速领域的问题，前面我们介绍过，高速领域的问题，必须使用洛伦兹变换。因而，对于这个问题的处理，例题 4-4 所得结论是正确的。从此例我们还可以看出，高速领域中如果使用伽利略变换，计算产生的误差将是极大的。

练习题

1. 已知如例题 4-3。试求：在相对于地面以速率 $v=0.6c$ 沿 Ox 方向飞行的飞船中观察，两事件发生的时间间隔。

2. 已知如例题 4-4。试求：飞船 B 相对于飞船 A 的速度。

4.3 狭义相对论的时空观

前面，我们根据伽利略变换分析得出了经典力学的时空观。本节我们将从洛伦兹变换出发，分析讨论狭义相对论的时空观。

4.3.1 同时的相对性

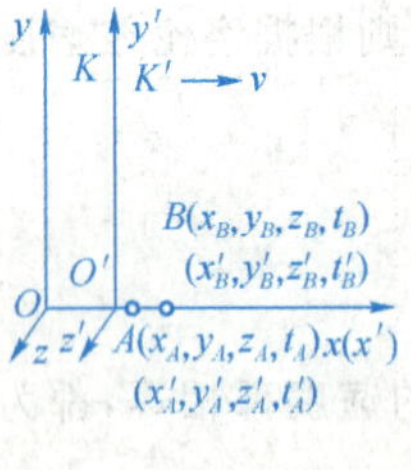

图 4-6　同时的相对性

在低速领域，若静止参考系中两件事同时发生，即 $t_1=t_2$，根据伽利略坐标变换 $t'=t$ 可得，这两件事在运动参考系中对应的时间坐标关系为 $t_1'=t_2'$，即这两件事在运动参考系中观察也是同时发生的。这称为同时的绝对性。那么，在高速领域，一个参考系中同时发生的两件事，在另一个参考系中观测还是不是同时发生呢？“同时”还具有绝对性吗？

如图 4-6 所示，运动参考系 K' 沿 Ox 轴方向以速率 v 相对于静止参考系 K 运动。在空间两点 A、B 分别发生一件事，这两件事在两个参考系中对应的时空坐标如图 4-6 所示。设这两件事在静止参考系中观察是同时发生的，即 $t_A=t_B$。下面我们讨论这两件事在运动的参考系中是否同时发生。根据洛伦兹变换，这两件事在运动参考系中对应的时间坐标差值为

$$\Delta t'=t_B'-t_A'=\frac{t_B-\frac{vx_B}{c^2}}{\sqrt{1-(\frac{v}{c})^2}}-\frac{t_A-\frac{vx_A}{c^2}}{\sqrt{1-(\frac{v}{c})^2}}=\frac{(t_B-t_A)-\frac{v}{c^2}(x_B-x_A)}{\sqrt{1-(\frac{v}{c})^2}}=\frac{-\frac{v}{c^2}(x_B-x_A)}{\sqrt{1-(\frac{v}{c})^2}}$$

式中，若 $x_A=x_B$，则有 $t_A'=t_B'$，即在运动参考系 K' 中，两事件同时发生；若

$x_A \neq x_B$，则有 $t_A' \neq t_B'$，即在运动参考系 K' 中，两事件不同时发生。此例说明，在一个参考系中同时且同地发生的两件事，在另一个参考系中观察也是同时发生的；而在一个参考系中同时但不同地发生的两件事，在另一个参考系中观察则不是同时发生的。这称为同时的相对性。

从上式可以看出，若在低速领域 $v \ll c$，则无论两事件是否在同地发生，是否有 $x_A = x_B$ 关系存在，都可以得出 $t_A' = t_B'$。即在低速领域，我们仍可以认为同时具有绝对性。

4.3.2 时间间隔的相对性——时间膨胀

同时的相对性很自然地让我们思考，时间间隔是否也具有相对性。为研究不同参考系中观察同一事件经历时间之间的关系，我们先定义两个物理量。

1. 固有时间：在相对于事件发生地静止的参考系中观测的时间称为固有时间，用字母 τ_0 表示。

2. 运动时间：在相对于事件发生地运动的参考系中观测的时间称为运动时间，用字母 τ 表示。

设运动参考系 K' 以速度 v 相对于静止参考系 K 沿 Ox 轴方向运动，在 K 系中某固定点 P 处发生一个事件，事件开始于 t_1 时刻，结束于 t_2 时刻。在 K 系中观测的时间为固有时间，即

$$\tau_0 = t_2 - t_1$$

设在 K' 系中观测此事件开始于 t_1' 时刻，结束于 t_2' 时刻，根据洛伦兹变换，可得 K' 系中观测的运动时间 τ 为

$$\tau = t_2' - t_1' = \frac{t_2 - \frac{vx_2}{c^2}}{\sqrt{1-\left(\frac{v}{c}\right)^2}} - \frac{t_1 - \frac{vx_1}{c^2}}{\sqrt{1-\left(\frac{v}{c}\right)^2}}$$

P 点为 K 系中固定点，应有 $x_1 = x_2$，代入上式，则有

$$\tau = \frac{t_2 - t_1}{\sqrt{1-\left(\frac{v}{c}\right)^2}} = \frac{\tau_0}{\sqrt{1-\left(\frac{v}{c}\right)^2}} \tag{4-5}$$

在式(4-5)中，由于 $\sqrt{1-\left(\frac{v}{c}\right)^2} < 1$，则有 $\tau > \tau_0$。即在相对于事件发生地运动的参考系中观测的时间，要比相对于事件发生地静止的参考系中观测的时间长些，这称为时间膨胀效应。时间膨胀效应说明，同一个事件所经历的时间与参考系的选择有关，不同的参考系中观测结果不同，其中，相对于事件发生地静止的参考系中观测的固有时间最短。

时间膨胀效应现已被大量的实验事实所证实，在高速领域也有着许多应用，如航天技术中必须考虑这点，否则无法进行精确的计算。

例题4-5 在地面上学生上一节课的时间为45分钟。试求:相对于地面以0.6c运动的飞船上的人看来,这一节课的时间为多长?

解 选择地面为静止参考系K,飞船为运动参考系K',K'系相对于K的速率为$v=0.6c$。地面上观测的时间为固有时间$\tau_0=45\text{min}$,飞船上人观测的时间为运动时间τ,根据相对论时间膨胀效应,有

$$\tau=\frac{\tau_0}{\sqrt{1-(\frac{v}{c})^2}}=\frac{45\text{min}}{\sqrt{1-(\frac{0.6c}{c})^2}}=56.25\ \text{min}$$

例题4-6 π介质是一种不稳定的粒子,很容易衰变。在实验室中,人们测量到带正电的π介质的飞行速度为0.91c,飞行距离为17.135m。试求:π介质的固有寿命。

解 运动具有相对性,π介质相对于实验室运动,反过来,实验室相对于π介质也是运动的,实验室测量的飞行时间则为运动时间,即

$$\tau=\frac{17.135}{0.91c}\approx6.28\times10^{-8}\text{s}$$

选π介质为静止参考系K,实验室为运动参考系K',K'系相对于K系的速度为0.91c。根据时间膨胀效应公式$\tau=\frac{\tau_0}{\sqrt{1-(\frac{v}{c})^2}}$,可得$\pi$介质的固有寿命为

$$\tau_0=\tau\sqrt{1-(\frac{v}{c})^2}=6.28\times10^{-8}\sqrt{1-(\frac{0.91c}{c})^2}=2.604\times10^{-8}\ \text{s}$$

4.3.3 空间间隔的相对性——长度收缩

在高速领域,不仅时间间隔的测量具有相对性,空间间隔的测量也具有相对性。为方便下面讨论,我们也先定义两个物理量。

(1)固有长度:在相对物体静止的参考系中测量的物体长度,称为固有长度,用字母L_0表示。

(2)运动长度:在相对物体运动的参考系中测量的物体长度,称为运动长度,用字母L表示。

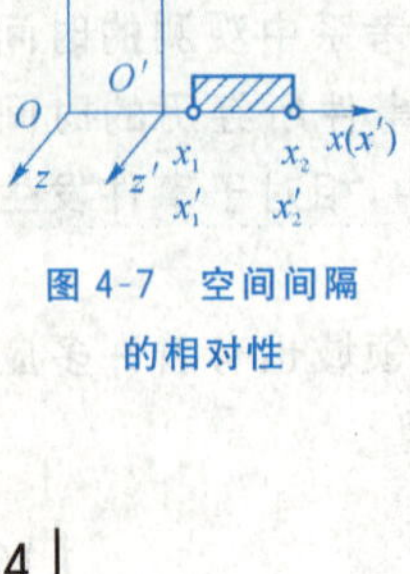

图4-7 空间间隔的相对性

我们以静止于地面的一把直尺的长度测量为例,讨论固有长度和运动长度之间的关系。如图4-7所示,运动的参考系K'沿Ox轴正向以速度v相对于静止参考系K运动,直尺静止放置于K系Ox轴。在K系中测量直尺的长度为固有长度,设直尺两端的坐标分别x_1、x_2,则有

$$L_0=x_2-x_1$$

注意:由于K相对于直尺静止,所以进行这个长度测量时,直尺两端的坐标可以同时测量,也可以先后测量,不会影响测量结果。

在K'系中测量直尺的长度为运动长度,设直尺两端的坐标分别为x_1'、

x_2'，则有

$$L=x_2'-x_1'$$

注意：由于 K' 相对于直尺运动，所以进行这个长度测量时，直尺两端的坐标必须同时测量，否则会影响测量结果。即，测量两端坐标对应的时间关系为 $t_2'=t_1'$。根据洛伦兹坐标变换，有

$$L_0=x_2-x_1=\frac{x_2'+vt_2'}{\sqrt{1-(\frac{v}{c})^2}}-\frac{x_1'+vt_1'}{\sqrt{1-(\frac{v}{c})^2}}=\frac{(x_2'-x_1')+v(t_2'-t_1')}{\sqrt{1-(\frac{v}{c})^2}}$$

把 $t_2'=t_1'$ 代入上式，有

$$L_0=\frac{x_2'-x_1'}{\sqrt{1-(\frac{v}{c})^2}}=\frac{L}{\sqrt{1-(\frac{v}{c})^2}} \tag{4-6}$$

在式(4-6)中，由于 $\sqrt{1-(\frac{v}{c})^2}<1$，则有 $L_0>L$。即在相对于物体运动的参考系中观测的长度，要比相对于物体静止的参考系中观测的长度短些，这称为长度收缩效应。长度收缩效应说明空间间隔的测量与参考系的选择有关，不同的参考系中观测结果不同，其中相对于物体静止的参考系中观测的固有长度最长。

关于长度收缩效应，有下面两点需要注意：

(1)长度收缩效应仅发生在参考系的运动方向，与运动垂直方向不会发生长度收缩效应。即，在例 4-6 中，若直尺沿 Oy 轴方向放置，而 K' 系仍沿 Ox 方向运动，则在两个参考系中测量的长度应是相同的。

(2)长度收缩效应与日常生活中我们感觉的远处物体“变小”是不同的。长度收缩效应是由空间、时间测量特点决定的，是一种时空属性和客观实在；而我们感觉物体的“变小”，是由于我们眼睛的视角变小而产生的错觉，是一种“感觉”结果。

例题 4-7 试用狭义相对论理论求解例题 4-1。

解 选择地面为静止参考系 K，飞船为运动参考系 K'。地面测得米尺的长度为固有长度，$L_0=1\text{m}$；飞船测量米尺长度为运动长度。根据长度收缩效应公式，有

$$L_0=\frac{L}{\sqrt{1-(\frac{v}{c})^2}}=\frac{L}{\sqrt{1-(\frac{1.8\times10^8}{c})^2}}$$

解方程得

$$L=0.8\text{m}$$

此结果与例题 4-1 结果截然不同，因而，在高速领域，不可以应有伽利略变换处理问题。

例题 4-8 地面上的人测量一速度为 $0.6c$ 的飞船长度为 5m。试求此飞船的固有长度。

解 飞船的固有长度是在飞船上测量的长度，地面测量飞船的长度应为运动长度，即 $L=5\text{m}$。选择飞船为静止参考系 K，地面为运动参考系 K'，以飞船飞行方向为正方向，则 K' 系相对于 K 的速度为 $v=-0.6c$。根据长度收缩效应公式，有

$$L_0=\frac{L}{\sqrt{1-(\frac{v}{c})^2}}=\frac{5}{\sqrt{1-(\frac{-0.6c}{c})^2}}=6.25\text{ m}$$

练习题

1. 甲、乙两个观察者分别静止于两个惯性参考系 K 和 K' 中，甲测得在该系中同一地点发生的两个事件的时间间隔为 6s，而乙在自己的参考系中测得两事件的时间间隔为 10s。试求：乙所在参考系 K' 相对于甲所在参考系 K 的运动速度。

2. 一长度为 600m 的列车以超高速通过一车站，站台上的人测量此列车的长度为 480m。试求：此高速列车的速度。

4.4 狭义相对论的动力学基础

前面几节我们讨论的是狭义相对论的运动学效应，本节我们将讨论狭义相对论的动力学效应。主要介绍高速运动领域中，物体的质量、动量、动能、能量的定义，以及它们之间的相互关系。

4.4.1 相对论动量 质量和速率关系

根据狭义相对性原理，物理定律在所有的惯性系中应具有相同的形式。动量守恒定律是自然界的几大守恒定律之一，因而，动量守恒定律在所有的惯性系中应具有相同的形式。但是，在经典力学中，动量守恒定律是在牛顿定律的基础上建立起来的，而前面讨论时我们已经指出，牛顿定律在高速领域不再适用。因而，在高速领域，我们应在保持动量守恒定律形式不变的基础上，重新定义动量，以保证动量守恒定律在高速领域仍然适用。

1. 相对论动量

物体的动量等于物体的质量与速度的乘积，即

$$\boldsymbol{p}=m\boldsymbol{v} \tag{4-7}$$

从式(4-7)可以看出，相对论的动量在外在形式上仍与经典力学中的动量相同。但注意二者有本质的区别：经典力学中，物体的质量是常量，因而物体的动量仅随速度的变化而变化，动量与速度成正比关系；在狭义相对论中，物体的动量不仅随速度变化而变化，而且还随物体质量的变化而变化，动量与速度并不成正比关系，因为狭义相对论中，物体的质量不是常量，而是一个

随物体运动速率变化的函数。

2. 质量和速率关系

根据狭义相对性原理及动量守恒定律，可以推导(推导过程从略)出运动物体的质量与速率的关系为

$$m=\frac{m_0}{\sqrt{1-\left(\frac{v}{c}\right)^2}} \tag{4-8}$$

式(4-8)称为质量速率关系，简称质—速关系。式中，m_0 是物体静止($v=0$)时的质量，称为静止质量。

由式(4-8)可以看出，当物体运动时，由于$\sqrt{1-\left(\frac{v}{c}\right)^2}<1$，则有 $m>m_0$，即物体运动时的质量大于静止质量，物体的质量不是常量，它随物体速率的增加而增加。

例题 4-9 设地球的静止质量为 m_0。试求：地球以 $3.0\times10^4\,\mathrm{m\cdot s^{-1}}$ 速度绕太阳公转时的质量。

解 根据质—速关系，有

$$m=\frac{m_0}{\sqrt{1-\left(\frac{v}{c}\right)^2}}=\frac{m_0}{\sqrt{1-\left(\frac{3.0\times10^4}{c}\right)^2}}\approx1.000\ 000\ 005m_0$$

由此例可以看出，在低速领域，质量随速率变化是极其微小的，因而，我们可以认为质量是常量。

例题 4-10 高能粒子加速仪可以将粒子的速率加速到 $2.7\times10^8\,\mathrm{m\cdot s^{-1}}$。设粒子的静止质量为 m_0。试求：粒子达到最大速率时的质量。

解 根据质—速关系，有

$$m=\frac{m_0}{\sqrt{1-\left(\frac{v}{c}\right)^2}}=\frac{m_0}{\sqrt{1-\left(\frac{2.7\times10^8}{c}\right)^2}}\approx2.3m_0$$

可见，当物体运动速率可以与光速相比较时，质量的变化是明显的，因而，高速领域中，质量不再是常量。质—速关系现已被大量的实验事实所证明。

对于某些粒子(如光子)，其运动速率与光相同，如果粒子有静止质量，则根据质—速关系，可得粒子的质量为无穷大，这显然是没有实际意义的，因而，这些粒子的静止质量必然为零。另外，如果一个物体的速率大于光速，即 $v>c$，则根据质—速关系可得，物体的质量将是一个虚数，显然这也是没有实际意义的，因而，实际物体的运动速率不可能超过光速，即光速是极限速度。

4.4.2 相对论动力学基础方程

经典力学中，动力学基础方程为牛顿运动第二定律 $\boldsymbol{F}=\frac{\mathrm{d}}{\mathrm{d}t}(mv)$。在狭

义相对论中,此形式仍然成立,只是式中的质量不再是常量,而是随速率变化的量。即

$$F=\frac{\mathrm{d}}{\mathrm{d}t}\left(\frac{m_0}{\sqrt{1-(\frac{v}{c})^2}}v\right) \tag{4-9}$$

式(4-9)称为相对论动力学基础方程。当物体运动速率远小于光速时,此式过渡为牛顿运动第二定律 $F=m_0a$ 形式。

4.4.3 相对论动能 质能关系

1. 相对论动能

在相对论中,我们仍然认为物体动能可以由外力作功转化而来,因而,根据相对论动力学基础方程,可以推导得出(推导过程从略)物体的动能为

$$E_k=mc^2-m_0c^2 \tag{4-10}$$

式中,m 为物体运动时的质量;m_0 为物体的静止质量;c 为光速,是常量。由此式可以看出:(1)当物体的运动速率 $v\to c$ 时,其 $m\to\infty$,进而 $E_k\to\infty$。这意味着要使物体能够获得与光相同的速率,外力所作的功将是无限大。或者说,无论外力作多大的功,都无法使物体获得与光相同的速率。这再次证明了光速是物体运动速率的极限;(2)当物体的运动速率 $v\ll c$ 时,利用泰勒展开,并略去高次项,物体的相对论动能可变为

$$E_k=mc^2-m_0c^2=\frac{m_0}{\sqrt{1-(\frac{v}{c})^2}}c^2-m_c{}^2$$

$$\approx m_0c^2[1+\frac{1}{2}(\frac{v}{c})^2+\frac{3}{8}(\frac{v}{c})^4+\cdots-1]=\frac{1}{2}m_0v^2$$

即在低速领域,相对论动能过渡为经典力学的动能表达式。

2. 质能关系

在相对论动能表达式(4-10)中,动能等于两项之差,这很自然地让爱因斯坦想到,这两项也应该是一种能量。其中 m_0c^2 为物体静止质量与光速平方的乘积,因而爱因斯坦称其为物体的静能,用 E_0 表示,即

$$E_0=m_0c^2 \tag{4-11}$$

物体的静能是物体内能的总和,它包括分子、原子运动的动能、相互作用的势能、原子内部原子核和电子的动能、势能,以及原子核内部质子、中子之间的结合能等等。由于 c^2 具有非常大的值,因而即使质量很小的物体,在静止的时候,其内部也蕴含着巨大的能量。

式(4-10)中,mc^2 为物体动能与静能的和,爱因斯坦称其为物体的总能量,用 E 表示,即

$$E=mc^2=E_k+E_0 \tag{4-12}$$

式(4-12)即是著名的相对论质能关系式。在历史上,质量守恒和能量守恒是

作为两个各自独立的自然规律被人们分别认识的，而质能关系则把二者统一到了一起。由此式可以看出：物体的质量和能量之间有着密不可分的关系，有质量的物体其内部一定蕴含着巨大的能量，而有能量的物体一定具有相应的质量；如果物体的质量发生 Δm 的变化，其能量也必然发生相应 ΔE 的变化，二者关系为

$$\Delta E=\Delta mc^2 \tag{4-13}$$

由式(4-13)可知，如果物体质量减少，必然有相应的能量由物体放出。这是现代原子能开发和利用的理论根据，原子能时代正是随同这一关系的发现而到来的。

例题 4-11 太阳到地球的平均距离为 $1.5\times10^{11}\,\mathrm{m}$，实验测得单位时间内太阳垂直辐射到地球大气层边缘单位面积上的能量约为 $1.4\times10^3\,\mathrm{J\cdot m^{-2}\cdot s^{-1}}$，这些辐射能是太阳自身的热核反应所释放的能量。试求：单位时间内太阳因辐射而失去的质量。

解 单位时间内太阳的总辐射能为

$$\Delta E=1.4\times10^3\times4\pi\times(1.5\times10^{11})^2=4.0\times10^{26}\,\mathrm{J}$$

根据质能关系 $\Delta E=\Delta mc^2$，太阳因辐射而失去的质量为

$$\Delta m=\frac{\Delta E}{c^2}=\frac{4.0\times10^{26}}{9\times10^{16}}=4.4\times10^9\,\mathrm{kg}$$

此值虽然与太阳的总质量 $2\times10^{30}\,\mathrm{kg}$ 相比很小，但长期如此，太阳总有一天会因为燃料消耗殆尽而不再放出热量，或者，放出的热量不足以维持地球上的生命，那时，地球上的人类将不得不寻求其他的生存空间。

4.4.4 动量和能量的关系

根据相对论动量公式 $p=mv$ 和能量公式 $E=mc^2$，可得

$$v^2=\left(\frac{p}{m}\right)^2=\frac{c^4}{E^2}p^2$$

把此式带回能量公式，有

$$E=\frac{m_0c^2}{\sqrt{1-\left(\frac{v}{c}\right)^2}}=\frac{m_0c^2}{\sqrt{1-\frac{c^2}{E^2}p^2}}$$

变形得

$$E^2=p^2c^2+m_0^2c^4 \tag{4-14}$$

式(4-14)即为相对论动量和能量关系。当 $v\ll c$ 时，此式也可以过渡到经典力学的动量和动能关系式 $E_k=\dfrac{p^2}{2m_0}$（推导过程从略）。

练习题

1. 一电子的静能为 0.5MeV，此电子经同步加速器加速后，能量变为 20.5MeV。试求：此电子加速后的质量与静质量之比。

2. 一电子经同步加速器加速后，质量变为静质量的 5 倍。试求：电子加速后获得的速度。

阅读材料三：物理学的革命者——爱因斯坦

阿尔伯特·爱因斯坦(1879—1955)：二十世纪最伟大的科学家。

主要成就：创立了狭义相对论、广义相对论，并为核能的开发和利用提供理论基础；提出光量子假说，揭示了光的波粒二象性，解释了光电效应现象，并以此获得 1921 年诺贝尔物理学奖；研究分子布朗运动规律及分子运动的涨落现象规律，给出分子大小的测定方法，为原子存在的证明打下了坚实的理论基础；致力于统一场理论的研究。

1879 年 3 月 14 日，阿尔伯特·爱因斯坦出生在德国西南的乌耳姆城。他的父母都是犹太人。母亲受过中等教育，非常喜欢音乐，爱因斯坦六岁时就跟她学习小提琴。爱因斯坦小时候并不活泼，三岁多还不会讲话，直到九岁时讲话还不很通畅，所讲的每一句话都必须经过吃力但认真的思考。爱因斯坦的叔叔雅各布是一个工程师，非常喜爱数学，当小爱因斯坦来找他问问题时，他总是用很浅显通俗的语言把数学知识介绍给爱因斯坦。在叔父的影响下，爱因斯坦较早的受到了科学和哲学的启蒙。爱因斯坦的父亲是一个乐观和心地善良的人，家里每星期都有一个晚上要邀请来慕尼黑念书的穷学生吃饭。其中有一位来自立陶宛的犹太人麦克斯非常喜欢爱因斯坦，并经常借给他一些通俗的自然科学普及读物。这些读物不但增进了爱因斯坦的知识，而且拨动了他的好奇心，引起他对问题的深思，这可以说是爱因斯坦接受的关于科学的启蒙教育。

1896 年 10 月，爱因斯坦跨进了苏黎世工业大学的校门，在师范系学习数学和物理学。在学校中，他广泛的阅读了赫尔姆霍兹、赫兹等物理学大师的著作，他最着迷的是麦克斯韦的电磁理论。1900 年，爱因斯坦从苏黎世工业大学毕业，失业两年后，在同学父亲的帮助下到瑞士专利局作一个三级技术员，工作职责是审核申请专利权的各种技术发明创造。

1905 年是爱因斯坦第一个创作黄金时期，这一年他写了六篇举足轻重的论文。他于 3 月发表的论文《关于光的产生和转化的一个推测性观点》把普朗克 1900 年提出的量子概念推广到光的传播领域，提出光量子假说，揭示了微观客体的波动性和粒子性的统一，即现在我们认为的光本质的波粒二象性。另外，在这篇论文结尾处，他用光量子假说解释了经典物理学无法解释的光电效应现象，关于这一现象的解释使他获得了1921年的诺贝尔物理学奖；4月发表的论文《分子大小的新测定法》、5月发表的论文《热的分子运动论所要求的静液体中悬浮粒子的运动》所提出的理论被三年后法国物理学家佩兰以精密的实验证实，解决了科学界和哲学界争论了半个多世纪的原子是否存在的问题；6月发表的长篇论文《论动体的电动力学》完整的提出著名的狭义相对论，成功地解释了19世纪末出现的一个经典物理无法解释的问题"迈克尔逊-莫雷"实验结果，改变了牛顿力学的时空观念，创立了一个全新的物理学世界；9月发表的论文《物体的惯性同它所含的能量有关吗?》给出了质量和能量的关系，这是近代原子核物理学和粒子物理学的理论基础，也是核能开发和利用的理论基础。可以说，这几篇论文中的任何一篇都足以让一个人在科学史、乃至人类文明史上留名，而这些论文全出自一人之手，而且是在短短的半年内完成，这不能不说是科学史上的一段神话。

1915—1917年是爱因斯坦的第二个创作黄金时期。1915年他先后发表了四篇论文，提出了广义相对论的一些基本理论，推算出光线经过太阳表面所发生的偏转是1.7弧秒，同时还推算出水星近日点每100年的进动是43秒，圆满解决了60多年来天文学的一大难题。1916年春天，爱因斯坦写了一篇总结性的论文《广义相对论的基础》。同年年底，又写了一本普及性的小册子《狭义与广义相对论浅说》。1917年，爱因斯坦用广义相对论的结果来研究宇宙的时空结构，发表了开创性的论文《根据广义相对论对宇宙所做的考察》，提出应把宇宙看作是一个具有有限空间体积的自身闭合的连续区，使宇宙学摆脱了纯粹猜想的思辨，进入现代科学领域。

1925年以后，爱因斯坦想把广义相对论进一步推广，因而全力以赴去探索统一场理论。1925—1955年这30年中，除了关于量子力学的完备性问题、引力波以及广义相对论的运动问题以外，爱因斯坦几乎把他全部的科学创造精力都用于统一场论的探索。尽管在统一场理论方面，他始终没有成功，但他从不气馁，每次都满怀信心地从头开始，毫不动摇地走他自己所认定的道路，直到临终前一天，他还在病床上准备继续他的统一场理论的数学计算。

爱因斯坦热爱科学，也热爱人类，热爱人类的和平，并为之顽强、勇敢地战斗。他说过："人只有献身于社会，才能找出那实际上是短暂而又有风险的生命的意义"。1914年第一次世界大战爆发期间，他不顾各方面的压力和威胁，毅然在反战的《告欧洲人书》上签上自己的名字，这一举动震惊了全世界。1939年8月2日为防止德国制造原子弹，他给罗斯福总统写了一封信建议进行这方面的研究。他以后完全不知道美国政府秘密从事原子弹的制造。当他知道德国没有制成原子弹，而美国已造出原子弹并在日本使用，致使大量无辜平民被害后，他的心情感到沉重和不安。他说，如果他知道德国不会制造原子弹，他就不会为"打开这个潘多拉魔匣做任何事情。"1955年，爱因斯坦与罗素联名发表了反对核战争和呼吁世界和平的《罗素—爱因斯坦宣言》。

1955 年 4 月 18 日,阿尔伯特·爱因斯坦逝世于美国普林斯顿。他留下遗嘱,要求不发讣告,不举行葬礼。他把自己的脑捐献供医学研究,身体火葬焚化,骨灰秘密的撒在不让人知道的河里,不要有坟墓,也不立碑。

小　结

狭义相对论讨论的是高速(速度与光速可比拟)领域力学的基本规律。本章在介绍经典力学在高速领域遇到的困难之后,重点介绍了狭义相对论基本原理,利用洛伦兹变换讨论了狭义相对论的时空观,并介绍了狭义相对论的动力学基础方程。

一、狭义相对论的基本原理及洛伦兹变换

1. 狭义相对论基本原理

相对性原理:物理定律在一切惯性参考系中都具有相同的数学表达形式,或者说,所有的惯性系对于物理现象的描述都是等价的。

光速不变原理:在所有的惯性参考系中,光在真空中的传播速度都为常量 c,光的速度与参考系的选择无关。

2. 洛伦兹变换

洛伦兹变换包含坐标变换和速度变换两组关系式。

二、狭义相对论的时空观

1. 同时的相对性

在一个参考系中同时且同地发生的两件事,在另一个参考系中观察也是同时发生的;而在一个参考系中同时但不同地发生的两件事,在另一个参考系中观察则不是同时发生的。

2. 时间间隔的相对性——时间膨胀

在相对于事件发生地运动的参考系中观测的时间,要比相对于事件发生地静止的参考系中观测的时间长些,这称为时间膨胀效应。固有时间与运动时间的关系为:

$$\tau=\frac{\tau_0}{\sqrt{1-(\frac{v}{c})^2}}$$

3. 空间间隔的相对性——长度收缩

在相对于物体运动的参考系中观测的长度,要比相对于物体静止的参考系中观测的长度短些,这称为长度收缩效应。固有长度与运动长度的关系为:

$$L_0=\frac{L}{\sqrt{1-(\frac{v}{c})^2}}$$

三、狭义相对论的动力学基础

1. 相对论动量

$$\boldsymbol{p}=m\boldsymbol{v}$$

2. 质量和速率关系

$$m=\frac{m_0}{\sqrt{1-(\frac{v}{c})^2}}$$

3. 相对论动力学基础方程

$$\boldsymbol{F}=\frac{\mathrm{d}}{\mathrm{d}t}\left(\frac{m_0}{\sqrt{1-(\frac{v}{c})^2}}\boldsymbol{v}\right)$$

4. 相对论动能

$$E_k=mc^2-m_0c^2$$

5. 质能关系

$$E=mc^2=E_k+E_0$$

6. 动量和能量的关系

$$E^2=p^2c^2+m_0^2c^4$$

习题 4

A 类题目：

4-1 地面上的人观测到 $x=6.0\times10^6$ m 处在 $t=0.02$s 时有一闪电发生。试求：在相对于地面以速率 $0.6c$ 沿 Ox 轴正向匀速飞行的飞船中人看来，闪电的发生地和发生时间。

4-2 一质点在惯性系 K 中作圆周运动，轨迹方程为 $x^2+y^2=R^2$，$z=0$。试证：在相对于 K 系沿 Ox 轴正向以速率 v 运动的惯性系 K' 中观测，此质点的运动轨迹为椭圆。

4-3 有一超高速列车以速率 v 相对于地面匀速前进，火车上的人向前和向后分别射出一束光。试求：两束光相对于地面的速度。

4-4 地面上的一个观测者看到飞船 A 以速度 $0.8c$ 从其身边飞过，飞船 B 以速度 $0.6c$ 跟随 A 飞行。试求：(1)飞船 A 上的人看到飞船 B 的速度；(2)飞船 B 上的人看到飞船 A 的速度。

4-5 在地面上的人测得地面上事件 A 的时空坐标为 $x_A=6.0\times10^6$ m、$t_A=2.0\times10^{-2}$ s，事件 B 的时空坐标为 $x_B=12\times10^6$ m、$t_B=1.0\times10^{-2}$ s。而在飞船上的人看来事件 A 和事件 B 是同时发生的。试求：(1)飞船相对于地

面的运动速度;(2)飞船中人测量两事件发生地的距离。

4-6 μ粒子的固有寿命为2.197×10^{-6}s。在1966～1972年,欧洲原子核研究中心对μ粒子的平均寿命进行了多次测量。若某次测量中,测得μ粒子相对于实验室的速率为$0.9965c$,飞行时间为26.17×10^{-6}s。试求比较此次测量结果与理论值的符合情况。

4-7 在6 000m的高空大气层中产生了一个π介质,此介质以$0.998c$的速率飞向地球。已知π介质的固有寿命为2×10^{-6}s。试分析此介质能否到达地球。

4-8 长度为1m的直尺与水平Ox正向成30°静止放置于地面。若在沿Ox方向飞行的飞船中的人看来,直尺与$O'x'$轴正向成45°角。试求:(1)飞船相对的速度大小;(2)飞船中人测得直尺的长度。

4-9 在相对于地面以速率$2.0\times10^{8}\mathrm{m\cdot s^{-1}}$沿水平方向飞行的飞船上测得宇航员的身高为1.70m,肩宽为0.5m。试求:在地面上的人测量此宇航员的身高和肩宽各是多少?

4-10 π介子的固有寿命为2.6×10^{-8}s,若从高能加速器中释放出的π介子速率为$0.75c$。试求:此介子衰变前在空中飞行的距离。

4-11 一个静止质量为m_0、边长为L_0的立方体沿一个棱边方向以速率v相对于地面运动。试求地面上的观察者计算的此立方体的体积和密度。

4-12 在核聚变反应中,两个质子和两个中子结合成一个氦${}_{2}^{4}\mathrm{He}$核。实验测得质子和中子的静质量分别为$M_p=1.007\ 28u$和$M_n=1.008\ 66u$,氦核的质量为$M_A=4.001\ 50u$,其中$u=1.66\times10^{-27}$kg,是原子质量单位。试求:(1)形成一个氦核放出的能量;(2)形成一摩尔这样的氦核放出的能量。

4-13 电子的静止质量为9.11×10^{-31}kg,通过电子螺旋加速器中对其加速。试求:(1)把它由静止加速到$0.1c$,需要对它作多少功?(2)把它由$0.7c$加速到$0.8c$,需要作多少功?(3)把它由$0.9c$加速到$0.99c$,需要作多少功?

4-14 试求:(1)1kg任何物质中包含的静能量;(2)燃烧1kg汽油释放的热量为4.6×10^{7}J,这是1kg物质静能的几分之几?

4-15 氢弹爆炸核聚变反应之一为

$$ {}_{1}^{2}\mathrm{H}+{}_{1}^{3}\mathrm{H}\rightarrow{}_{2}^{4}\mathrm{He}+{}_{0}^{1}n $$

式中各粒子的静质量为:氘核(${}_{1}^{2}\mathrm{H}$)$m_D=3.3437\times10^{-27}$kg;氚核(${}_{1}^{3}\mathrm{H}$)$m_T=5.0049\times10^{-27}$kg;氦核(${}_{2}^{4}\mathrm{He}$)$m_{\mathrm{He}}=6.6425\times10^{-27}$kg;中子(${}_{0}^{1}n$)$m_n=1.6750\times10^{-27}$kg。试求:发生聚变反应时1kg这样的材料释放的能量。

4-16 一个人测得地面上静止直棒的长度为L_0,质量为m_0,进而计算得出棒的质量线密度为$\rho_0=m_0/L_0$。有一飞船以速度$0.6c$相对地面飞行。试求:(1)飞船沿棒长方向飞行,飞船上人测量此棒的质量线密度为多大;(2)飞船沿与棒长垂直方向飞行,飞船上人测量此棒的质量线密度为多大。

B类题目:

4-17 地球上的人观测到一个向东以$0.6c$速率飞行的飞船将与一个向

西以 $0.8c$ 运动的陨石在 10s 后发生碰撞。试求：(1)飞船上的人看来，陨石正以多大的速率向他们飞来？(2)飞船上的人计算，陨石将在多长时间后撞向他们？

4-18　关于宇宙起源和演化过程的研究表明，宇宙正在经历一个膨胀过程，太空中的天体绝大多数都在远离我们而去。若地球上的人观察到一个以 $0.6c$ 离我们而去星体的闪光周期为五昼夜。试求：这个星体的固有闪光周期。

4-19　半人马座 α 星是离地球最近的恒星，在地球上测量它到地球的距离为 4.3×10^{16} m。若有一飞船以相对于地球 $0.999c$ 的速率飞向此恒星。试求：(1)飞船上的人测得此星到地球的距离；(2)飞船上人计算到达此星所需的时间；(3)地球上的人计算到达此星所需的时间。

4-20　一个正负电子对撞机可以把电子的动能提高到 2.8×10^{9} eV。已知电子的电量为 -1.602×10^{-19} C，电子的静止质量为 9.11×10^{-31} kg。试求：(1)此时电子的速率与光速相差多少？(2)电子的动量大小；(3)电子在周长为 240m 的存储空间内作圆周运动时受的向心力；(4)此力若由洛伦兹力提供，则磁场的强度为多大。

第二篇 机械振动和机械波

机械振动和机械波是自然界中的普通现象，也是物质运动的一种基本形式。在科学研究领域内，振动和波动理论是声学、光学、无线电技术及近代物理学等学科的基础。

任何具有时间周期性的运动都称为振动。机械振动是指物体在平衡位置附近所做的往复运动。如钟摆的摆动、人心脏的跳动、机器的振动、舰船的水中的摇摆等都是机械振动。机械振动在空间的传播便形成了机械波。声波、水波、地震波等都是机械波。我们身边的波除了机械波，还有光波、电磁波等，可以说人类就生活在振动和波动的环境中。虽然各类波有其各自的特性，但它们都具有明显的共性：大都具有类似的波动表达式；在两种不同介质的交界面处，它们都能产生反射和折射等现象；在遇到障碍物时，都有可能产生衍射现象；两列波在空间相遇时一般都遵循叠加原理，并可能形成干涉现象。

由于机械振动和机械波比较直观，所以本篇主要介绍机械振动和机械波的相关知识。

第 5 章　机械振动

机械振动是指物体在平衡位置附近所做的往复运动。机械振动中最简单、最基本的形式是简谐振动。本章主要研究简谐振动的特征、描述方法、能量及合成等内容，并在简谐振动知识基础之上，讨论一般振动的基本性质和规律。

5.1　简谐振动的特征

机械振动中最简单的形式是简谐振动。可以证明，自然界中各种复杂的振动都可以表示为简谐振动的合成，所以研究简谐振动是分析和理解一切复杂振动的基础。本节我们以弹簧振子为例，研究简谐振动的动力学特征、运动学特征和能量特征。

5.1.1　简谐振动的定义

大多数动力学系统中的质点都有各自的平衡位置。在这种系统中，当其中的一个质点受到外界扰动，离开自己的平衡位置后，它就会受到系统中其他质点对它的作用，使它回到自身的平衡位置，这种作用力的特点是：力的方向始终指向平衡位置，我们称这种力为回复力；如果回复力的大小又与位移成正比，那么这种力就称为线性回复力。物体在线性回复力的作用下产生的运动形式称为简谐振动。研究表明，作简谐振动的物体在运动时，物体相对平衡位置的位移随时间按余弦（或正弦）规律变化。

下面我们以最基本的简谐振动系统——弹簧振子（又称谐振子）为例，分析简谐振动的特征。一轻质弹簧一端固定，另一端连接一个可自由运动的物体，就构成一个弹簧振子，如图 5-1 所示。设置于光滑水平面上的轻弹簧其劲度系数为 k，物体的质量为 m（可视为质点），以平衡位置（平衡位置为物体受力平衡处）为原点建立坐标，弹簧伸长方向为 x 轴正方向。移动物体使弹簧拉长或压缩，然后释放，由于水平面光滑，物体在弹簧弹性力作用下，将沿着 x 轴在 O 点附近做往复运动，可以证明物体所作的运动是简谐振动。

5.1.2 简谐振动的动力学特征

如图 5-1 所示，当物体 m 运动到任一位移 x 处时，根据胡克定律，在弹簧的弹性限度内，物体所受的弹性力大小与位移成正比，方向与位移相反，所以物体受力为

$$f=-kx$$

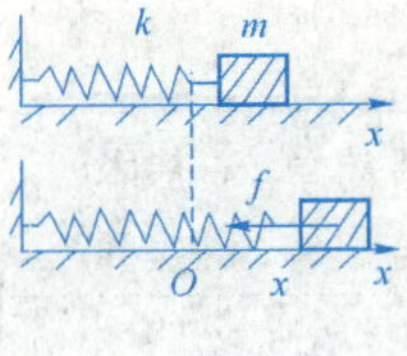

图 5-1 弹簧振子

式中负号表示力的方向与位移的方向相反。由此式可知，物体在运动过程中受力满足线性回复力的条件，物体做简谐振动。

根据牛顿运动第二定律，对物体 m 有

$$f=ma=m\frac{d^2x}{dt^2}=-kx \tag{5-1}$$

经整理得

$$\frac{d^2x}{dt^2}+\frac{k}{m}x=0$$

在式(5-1)中，令 $\omega^2=\frac{k}{m}$(ω 有其特殊的物理意义，在后面的学习中会介绍)，则有

$$\frac{d^2x}{dt^2}+\omega^2x=0 \tag{5-2}$$

式(5-2)称为简谐振动的动力学特征方程。若某系统的运动规律满足此方程，我们便说该系统作简谐振动。

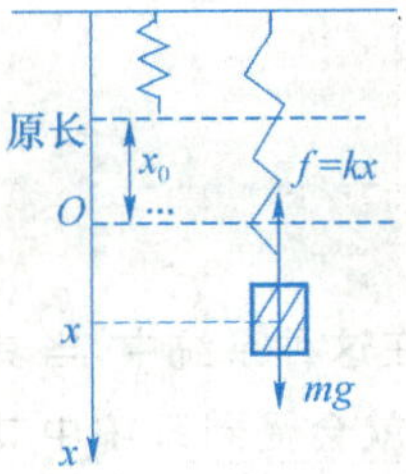

图 5-2 例题 5-1 用图

例题 5-1 一根劲度系数为 k 的轻质弹簧一端固定，另一端悬挂一质量为 m 的物体，如图 5-2 所示，开始时用手将物体托住，使弹簧处于原长状态。然后突然把手撤去，物体将运动起来。试判断：此物体的运动是否是简谐振动。

分析 当突然撤去手时物体将向下运动，物体受力如图 5-2 所示。开始阶段重力大于弹簧的弹力，物体加速向下运动，弹簧伸长；随着弹簧逐渐伸长，弹力逐渐增大，当重力和弹力相等时物体运动的速度达到最大，弹簧与物体相连的一端所处的位置即为平衡位置；在平衡位置物体受力平衡，但由于惯性，物体将继续向下运动，弹簧进一步伸长，此时弹力大于物体的重力，物体的速度逐渐减小，当物体速度为零时弹簧达到最大伸量。在此之后，由于弹力大于重力，物体会加速上升至平衡位置，在减速到达最高点，之后再加速下降到平衡位置……，如此往复。运动过程中，物体是否做简谐振动，关键看物体受力是否满足线性回复力的特征，能否建立简谐振动的动力学特征方程。

解 以平衡位置为坐标原点，以向下为 x 轴的正方向，建立坐标如图。在任意一位置 x 处，物体所受的合外力为

$$F_{合}=mg-k(x+x_0)$$

式中 x_0 为物体在平衡位置时弹簧的伸长量，应有 $mg=kx_0$，带入上式，可得

$$F_{合}=-kx$$

可见，物体受力满足线性回复力的特征。

又根据牛顿运动第二定律 $F_{合}=ma$ 及 $a=\frac{d^2x}{dt^2}$，则对物体 m 有

$$-kx=ma=m\frac{d^2x}{dt^2}$$

代入上式并整理得

$$\frac{d^2x}{dt^2}+\frac{k}{m}x=0$$

此方程与简谐振动的动力学特征方程一致，所以此物体在平衡位置上下作简谐振动。

5.1.3 简谐振动的运动学特征

式(5-2)是一个二阶线性微分方程，求解此方程(求解过程从略)，可得到简谐振动的运动学特征方程

$$x=A\cos(\omega t+\varphi_0) \tag{5-3}$$

此式简称简谐振动方程，或称其为简谐振动表达式(除特别说明外，本书均采用余弦形式)。式中的 φ_0 一般取值在 $-\pi\sim+\pi$。

将式(5-3)对时间 t 求一阶、二阶导数，可分别得出简谐振动物体速度表达式和加速度表达式，即

$$v=-A\omega\sin(\omega t+\varphi_0)=-v_m\sin(\omega t+\varphi_0) \tag{5-4}$$

$$a=-A\omega^2\cos(\omega t+\varphi_0)=-a_m\cos(\omega t+\varphi_0) \tag{5-5}$$

式中：$v_m=A\omega$ 为速度最大值，称为速度振幅；$a_m=A\omega^2$ 为加速度最大值，称为加速度振幅。

由以上三个表达式可知，做简谐振动的物体的位置、加速度和速度都随时间作周期性变化。比较三个表达式可知，作简谐振动的物体其位置达最大位移处时，速度最小，加速度最大；而速度最大时，物体处于平衡位置，加速度为零。比较式(5-3)和式(5-5)可知，作简谐振动物体的加速度 a 和位置 x 之间有如下关系：

$$a=-\omega^2x \tag{5-6}$$

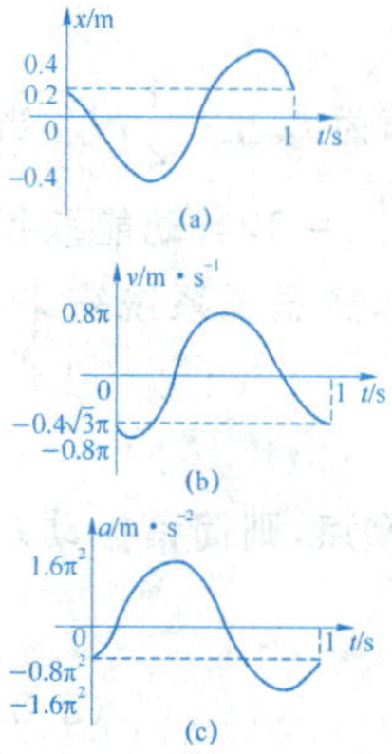

图 5-3 例题 5-2 用图

例题 5-2 已知一简谐振动的振动表达式为 $x=0.4\cos(2\pi t+\frac{\pi}{3})$m。试求：(1)位移随时间变化的关系曲线($x-t$ 曲线)；(2)速度表达式、速度最大值、并画出 $v-t$ 曲线；(3)加速度表达式、加速度最大值、并画出 $a-t$ 曲线。

解 (1)由振动表式 $x=0.4\cos(2\pi t+\frac{\pi}{3})$m 可知，振幅为 $A=0.4$m、周期为 $T=1$s；当 $t=0$ 时，$x=0.2$m，则曲线与 x 轴交点为 $x=0.2$m；随着时间的增加 $\varphi=\left(2\pi t+\frac{\pi}{3}\right)$ 也在增加，余弦函数在第一象限随角度的增加而减小，因而，x 的值随 t 的增加而减小，$x-t$ 曲线如图 5-3(a)所示。

(2)速度表达式为

$$v=\frac{dx}{dt}=-0.4\times2\pi\sin(2\pi t+\frac{\pi}{3})=-0.8\pi\sin(2\pi t+\frac{\pi}{3})\text{m}\cdot\text{s}^{-1}$$

速度最大值为 $v_m=0.8\pi\,\mathrm{m\cdot s^{-1}}$

按照上述步骤可画出 $v-t$ 曲线如图 5-3(b)所示。

(3)加速度表达式为

$$a=\frac{\mathrm{d}v}{\mathrm{d}t}=-0.4\times(2\pi)^2\cos\left(2\pi t+\frac{\pi}{3}\right)=-1.6\pi^2\cos\left(2\pi t+\frac{\pi}{3}\right)\mathrm{m\cdot s^{-2}}$$

加速度最大值为 $a_m=1.6\pi^2\,\mathrm{m\cdot s^{-2}}$

按照上述步骤可画出 $a-t$ 曲线如图 5-3(c)所示。

备注:根据表达式做曲线的步骤分为三步。

①建立坐标系,标出振幅和周期;

②求 $t=0$ 时的 x(或 v、a)值,作出曲线与纵轴交点;

③根据时间的增加及余弦函数特点,判断 x(或 v、a)值随时间增加而变化的情况,进而确定曲线的弯曲方向。做出一个完整周期的函数曲线,标好周期值即可。

5.1.4 简谐振动的能量特征

做简谐振动的系统,由于物体运动而具有动能,由于弹簧形变而具有弹性势能,我们仍以水平放置的弹簧振子为例,讨论简谐振动系统的能量特征。

1. 简谐振动系统的动能 E_k

设物体的质量为 m,根据物体的速度表达式

$$v=-A\omega\sin(\omega t+\varphi_0)$$

可知,物体的动能为

$$E_k=\frac{1}{2}mv^2=\frac{1}{2}mA^2\omega^2\sin^2(\omega t+\varphi_0)$$

考虑到 $\omega^2=\frac{k}{m}$(由弹簧振子系统的固有条件决定),上式可改写为

$$E_k=\frac{1}{2}mv^2=\frac{1}{2}kA^2\sin^2(\omega t+\varphi_0) \tag{5-7}$$

可见物体的动能是随时间周期性变化的。动能的最大值为 $E_{kmax}=\frac{1}{2}kA^2$,当动能取得最大值时,物体处于平衡位置;动能的最小值 $E_{kmin}=0$,当动能取得最小值时,物体处于两侧的最大位移处。此规律虽然由弹簧振子系统得来,可以证明,其他简谐振动系统的动能也有此特点。

2. 简谐振动系统的势能 E_p

取平衡位置(也是弹簧原长时自由端所在处)为势能零点,则简谐振动系统的势能为

$$E_p=\frac{1}{2}kx^2=\frac{1}{2}kA^2\cos^2(\omega t+\varphi_0) \tag{5-8}$$

可见,系统的势能也是随时间周期性变化的。势能的最大值为 $E_{pmax}=\frac{1}{2}$

kA^2，当势能取得最大值时，弹簧的形变最大，物体处于两侧的最大位移处；势能的最小值为 $E_{pmin}=0$，当势能取得最小值时，弹簧的形变为零，物体处于平衡位置处。同样此势能特征也可以推广至其他任意简谐振动系统。

3. 简谐振动系统的总能量 E

任意一时刻，简谐振动系统总的机械能为

$$E=E_k+E_p=\frac{1}{2}kA^2\cos^2(\omega t+\varphi_0)+\frac{1}{2}kA^2\sin^2(\omega t+\varphi_0)$$

整理有

$$E=\frac{1}{2}kA^2[\sin^2(\omega t+\varphi_0)+\cos^2(\omega t+\varphi_0)]=\frac{1}{2}kA^2 \qquad (5\text{-}9)$$

由此可见，在简谐振动过程中物体的动能和系统的弹性势能随时改变，但系统的总机械能恒定不变。

系统的机械能守恒也可以从另一个角度给予说明：弹簧振子系统在物体往返运动过程中，弹簧与物体组成的系统仅有弹力作功，弹力是保守内力，因而系统机械能是守恒的。当物体由平衡位置向两侧运动时，物体的速度逐渐减小，相应的动能逐渐减小，而随着位移的增加，弹簧的势能逐渐增加，即由平衡位置向两侧运动的过程是动能逐渐向势能转化的过程。当物体运动到最大位移处时，系统势能最大，物体的速度为零，动能为零；当物体由两侧向平衡位置运动时，物体的速度逐渐增大，相应的动能逐渐增大，而随着位移的减小，弹簧的弹性势能逐渐减小，即由两侧向平衡位置运动的过程是势能逐渐向动能转化的过程。当物体运动到平衡位置时，物体速度最大，动能最大，弹簧处于原长状态，则系统势能为零。

由于简谐振动的总机械能恒定，所以在振动过程中，一个主要外在体现就是振幅保持不变。以上结论虽然是由水平放置的弹簧振子的振动系统中得出的，但可以证明它适用于所有孤立的简谐振动系统。

例题 5-3 质量为 0.10kg 的物体，以振幅 1.0×10^{-2}m 作简谐振动，其最大加速度为 $4.0\text{m}\cdot\text{s}^{-2}$。试求：(1)振动的周期；(2)通过平衡位置时的动能；(3)总机械能；(4)物体在何处其动能和势能相等。

解 (1)根据 $a_{max}=A\omega^2$

有
$$\omega=\sqrt{\frac{a_{max}}{A}}=\sqrt{4/1\times10^{-2}}=20\text{rad}\cdot\text{s}^{-1}$$

则振动周期为

$$T=\frac{2\pi}{\omega}=0.314\text{s}$$

(2)通过平衡位置时物体的速度最大，动能取得最大值，即

$$E_{kmax}=\frac{1}{2}mv_{max}^2=\frac{1}{2}mA^2\omega^2$$
$$=\frac{1}{2}\times0.1\times(1.0\times10^{-2})^2\times20^2=2.0\times10^{-3}\text{J}$$

(3)通过平衡位置时动能最大,势能为零,总机械能

$$E=E_{kmax}=2.0\times10^{-3}\text{ J}$$

(4)根据 $E_k=E_p$ 及 $E=E_k+E_p$

有
$$E_p=\frac{E}{2}$$

由于 $E=\frac{1}{2}kA^2$ 及 $E_p=\frac{1}{2}kx^2$,有

$$\frac{1}{2}kx^2=\frac{1}{2}\times\frac{1}{2}kA^2$$

解方程得
$$x=\pm\frac{\sqrt{2}}{2}A\approx\pm0.707\times10^{-2}\text{ m}$$

练习题

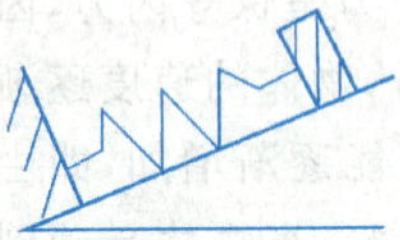

图 5-4 练习题 1 用图

1. 弹簧振子系统如图 5-4 所示放置。试讨论此系统是否作简谐振动。

2. 一物体质量为 0.25kg,在弹性力作用下做简谐振动,弹簧的劲度系数 $k=25\text{N}\cdot\text{m}^{-1}$,如果起始振动时具有势能 0.06J 和动能 0.02J。试求:(1)振幅;(2)动能等于势能时的位移;(3)经过平衡位置时物体的动能。

3. 质量为 0.02kg 的弹簧振子沿 x 轴作简谐振动,振幅为 0.12 m,周期为 2 s。当 $t=0$ 时,位移为 0.06 m,且向 x 轴正方向运动。试求:(1)此振动系统的机械能等于多少?(2)物体动能和势能相等时物体的位置。

5.2 描述简谐振动的物理量

从简谐振动的振动表达式 $x=A\cos(\omega t+\varphi_0)$ 可以看出,描述简谐振动的物理量共有以下几个:

5.2.1 振幅

根据简谐振动的振动表达式 $x=A\cos(\omega t+\varphi_0)$ 及余弦函数的最大值为 1 可知,物体在运动中所能达到的最大位移的绝对值为 A,因而振动表式中的 A 值能够描述物体振动的强弱,我们称此值为振幅,即我们称物体偏离平衡位置的最大距离为振幅,用 A 表示。

5.2.2 周期和频率

物体在振动过程中,运动状态第一次与初状态完全相同时,我们称物体完成了一次全振动。物体完成一次全振动所需要的时间称为振动的周期,用 T 表示。物体在单位时间内完成全振动的次数称为频率,用 γ 表示。

根据振动表达式 $x=A\cos(\omega t+\varphi_0)$,以及余弦函数的周期为 2π,有 $\omega T=$

2π，简谐振动的周期为

$$T=\frac{2\pi}{\omega} \tag{5-10}$$

根据周期与频率的关系 $T=\frac{1}{\gamma}$，可得

$$\gamma=\frac{\omega}{2\pi} \tag{5-11}$$

根据式(5-11)可知，$\omega=2\pi\gamma$，可见振动表达式中的 ω 是一个与频率相关的物理量，由于其处于余弦函数的角量位置，所以 ω 称为角频率，单位为 $\mathrm{rad\cdot s^{-1}}$。角频率 ω 等于 2π 时间内物体完成全振动的次数。

例题 5-4 已知物体沿 x 轴方向作简谐振动，其振动表达式为 $x=0.5\cos\left(2t+\frac{\pi}{3}\right)$，$x$ 以 m 为单位，t 以 s 为单位。试求：振动的周期、频率和振幅。

解 由简谐振动表达式的标准形式 $x=A\cos(\omega t+\varphi_0)$ 可知，此振动的振幅为 $A=0.5\mathrm{m}$，角频率 $\omega=2\mathrm{rad\cdot s^{-1}}$

由式(5-10)可知，周期为

$$T=\frac{2\pi}{\omega}=\frac{2\pi}{2}=\pi\ \mathrm{s}$$

由式(5-11)可知，频率为

$$\gamma=\frac{\omega}{2\pi}=\frac{1}{\pi}\ \mathrm{Hz}$$

5.2.3 相位和相位差

由式(5-3)、式(5-4)和式(5-5)可知，当振幅 A 为定值时，描述简谐振动物体运动状态的物理量——位移、速度和加速度均由三角函数的角量 $(\omega t+\varphi_0)$ 来决定，我们称这个角量为相位，用 φ 表示。相位 φ 也是描述物体运动状态的物理量，且采用相位来描述振动物体的运动状态十分简便，由位移、速度和加速度表达式可以看出，不同的相位对应不同的运动状态，但当相位相差 2π 或 2π 的整数倍时，对应的两运动状态完全相同，这体现出振动的周期性特征。

$t=0$ 时刻的相位称为初相位，用 φ_0 表示。初相位 φ_0 是描述质点在初始时刻运动状态的物理量，初相位 φ_0 与人为选定的计时起点有关。

两个振动的相位之差称为相位差。相位差的概念在比较两个同频率简谐振动的步调时非常便利。设有两个同频率的简谐振动

$$x_1=A_1\cos(\omega t+\varphi_{10})$$
$$x_2=A_2\cos(\omega t+\varphi_{20})$$

则两简谐振动的相位差为

$$\Delta\varphi=(\omega t+\varphi_{20})-(\omega t+\varphi_{10})=\varphi_{20}-\varphi_{10}$$

当 $\Delta\varphi=0$(或 2π 的整数倍)时，两振动物体步调完全一致，我们称两简谐振动同相位；当 $\Delta\varphi=\pi$(或 π 的奇数倍)时，两振动步调完全相反，称两简谐振

动反相;当 $\Delta\varphi$ 为其他值时,我们一般说二者不同相,若 $\Delta\varphi=\varphi_{20}-\varphi_{10}>0$,我们说 x_2 振动超前 x_1 振动 $\Delta\varphi$,或者说 x_1 振动落后 x_2 振动 $\Delta\varphi$;若 $\Delta\varphi=\varphi_{20}-\varphi_{10}<0$,我们说 x_2 振动落后 x_1 振动 $|\Delta\varphi|$,或者说 x_1 振动超前 x_2 振动 $|\Delta\varphi|$。通常我们把 $|\Delta\varphi|$ 的值限定在 $0\sim\pi$ 范围内。

例题 5-5 已知物体沿 x 轴方向作简谐振动,表达式为 $x_1=0.5\cos(2t+\frac{\pi}{3})$,$x$ 以 m 为单位,t 以 s 为单位。试求:(1)初相位及 $t=2\text{s}$ 时的相位;(2)若有另一简谐振动的表达式为 $x_2=0.5\cos(2t-\frac{\pi}{3})$,求两简谐振动的相位差。

解 (1)由振动表达式可知初相位为 $\varphi_0=\frac{\pi}{3}$。

根据振动表达式中相位 $\varphi=2t+\frac{\pi}{3}$ 及 $t=2\text{s}$,可得此时相位为

$$\varphi=2t+\frac{\pi}{3}=2\times2+\frac{\pi}{3}=4+\frac{\pi}{3}\ \text{rad}$$

(2)由两个简谐振动的表达式可知,这两个简谐振动同频率,初相位分别为 $\varphi_{10}=\frac{\pi}{3}$、$\varphi_{20}=-\frac{\pi}{3}$,则两简谐振动的相位差为

$$\Delta\varphi=\varphi_{20}-\varphi_{10}=-\frac{\pi}{3}-\frac{\pi}{3}=-\frac{2}{3}\pi$$

$\Delta\varphi<0$,说明 x_2 振动落后 x_1 振动 $\frac{2}{3}\pi$,或者说 x_1 振动超前 x_2 振动 $\frac{2}{3}\pi$。

5.2.4 振幅和初相位的求法

若初始时物体的位置及速度分别为 x_0、v_0,根据简谐振动的表式 $x=A\cos(\omega t+\varphi_0)$ 和速度表达式 $v=-A\omega\sin(\omega t+\varphi_0)$,以及 $t=0$ 可得

$$\begin{cases}x_0=A\cos\varphi_0\\ v_0=-A\omega\sin\varphi_0\end{cases}$$

求解上述方程组,不难看出

$$A=\sqrt{x_0^2+(\frac{v_0}{\omega})^2} \tag{5-12}$$

$$\varphi_0=\arccos\frac{x_0}{A} \tag{5-13}$$

可见,振幅和初相位由初始条件(x_0、v_0)决定。

必须注意,由于 φ_0 取值范围一般在 $-\pi\sim+\pi$,所以根据式(5-13)求得的 φ_0 可能有两个值,而初相位仅能有一个值,因此必须对两个 φ_0 值进行取舍。具体的方法为:将 φ_0 的两个值分别代入 $v_0=-A\omega\sin\varphi_0$ 中,比较所得 v_0 的正负与已知情况(v_0 方向沿 x 轴正向则为正,反之则为负)是否一致,从而决定 φ_0 值的取舍,一致者为所求。

例题 5-6 一个理想的弹簧振子系统，弹簧的劲度系数 $k=0.72\ \mathrm{N\cdot m^{-1}}$，振子的质量为 0.02kg。在 $t=0$ 时，振子在 $x_0=0.05\mathrm{m}$ 处，初速度为 $v_0=0.30\mathrm{m\cdot s^{-1}}$，且沿着 x 轴正向运动。试求：(1)振子的振动表达式；(2)振子在 $t=\frac{\pi}{4}\mathrm{s}$ 时的速度和加速度。

解 (1)设振子的振动表达式为

$$x=A\cos(\omega t+\varphi_0)$$

根据弹簧振子振动系统的固有条件，可求得角频率 $\omega=\sqrt{\frac{k}{m}}=6.0\mathrm{rad\cdot s^{-1}}$

由 $x_0=0.05\mathrm{m}$、$v_0=0.30\mathrm{m\cdot s^{-1}}$ 及式(5-12)可得振幅

$$A=\sqrt{x_0^2+(\frac{v_0}{\omega})^2}=0.07\mathrm{m}$$

$$\varphi_0=\arccos\frac{x_0}{A}=\arccos\frac{0.05}{0.07}=\pm\frac{\pi}{4}$$

将初相位 $\varphi_0=\pm\frac{\pi}{4}$ 分别代回到 $v_0=-A\omega\sin\varphi_0$ 中。由于在 $t=0$ 时，质点沿 x 轴正向运动，即 $v_0>0$，所以只有 $\varphi_0=-\frac{\pi}{4}$ 满足要求，于是所求的振动表达式为

$$x=0.07\cos(6t-\frac{\pi}{4})\mathrm{m}$$

(2)当 $t=\frac{\pi}{4}\mathrm{s}$ 时，振子的相位为

$$\varphi=\omega t+\varphi_0=\frac{5}{4}\pi$$

将相位值分别带入速度及加速度表达式，可得振子的速度和加速度分别为

$$v=-A\omega\sin\varphi=-0.07\times6\times\sin\frac{5}{4}\pi=0.297\mathrm{m\cdot s^{-1}}$$

$$a=-A\omega^2\cos\varphi=-0.07\times6^2\times\cos\frac{5}{4}\pi=1.78\mathrm{m\cdot s^{-2}}$$

练习题

1. 一放在水平桌面上的弹簧振子，周期 $T=1\mathrm{s}$，当 $t=0\mathrm{s}$ 时物体位于平衡位置且沿 x 轴正向运动，速率为 $0.4\pi\mathrm{m\cdot s^{-1}}$。试求：(1)物体的振幅；(2)物体在 $t=0.25\mathrm{s}$ 时的加速度。

2. 一物体沿 x 轴作简谐振动，角频率为 $\omega=2\pi\mathrm{rad\cdot s^{-1}}$，加速度最大值为 $a_{max}=4\pi^2\mathrm{rad\cdot s^{-2}}$，当 $t=0\mathrm{s}$ 时物体位于最大位移处且沿 x 轴负向运动。试求：物体的振动表达式及物体的最大速度。

5.3 简谐振动的描述方法

简谐振动的描述方法常用的有三种——解析法、振动曲线法、旋转矢量

图示法。本节主要介绍这三种方法及彼此之间的转换关系。

5.3.1 解析法

用位置随时间的变化关系式——振动表达式 $x=A\cos(\omega t+\varphi_0)$ 描述简谐振动的方法称为解析法。由振动表达式我们可以得出描述简谐振动的三个物理量——A、ω、φ_0,也可以得出任意一个时刻物体的位置、速度和加速度,即物体任意时刻的运动状态可知,可见,用振动表达式可以描述一个简谐振动的情况。若用周期和频率表示,则振动表达式还可写为

$$x=A\cos(\frac{2\pi}{T}t+\varphi_0) \tag{5-14}$$

$$x=A\cos(2\pi\gamma t+\varphi_0) \tag{5-15}$$

5.3.2 振动曲线(x－t 曲线)法

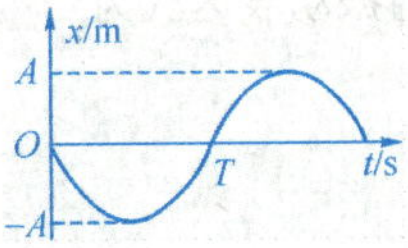

图 5-5　位移随时间变化的关系曲线

做简谐振动物体的位置随时间变化的关系曲线($x-t$ 曲线)称为振动曲线,如图 5-5 所示,根据简谐振动的振动曲线,我们不仅可以知道任意时刻物体的位置,我们还可以求出描述简谐振动的三个特征物理量(振幅、周期和初相)。另外,根据简谐振动物体的速度和加速度表达式:

$$v=-A\omega\sin(\omega t+\varphi_0)$$

$$a=-A\omega^2\cos(\omega t+\varphi_0)$$

我们还可以从振动曲线分析出物体的速度和加速度。可见,振动曲线也可用来描述简谐振动,用振动曲线描述简谐振动的方法称为振动曲线法。

由 $x-t$ 曲线作出描述速度、加速度随时间变化的关系曲线,如图 5-6 所示。

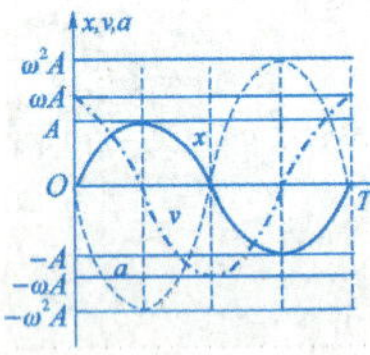

图 5-6　位移、速度、加速度随时间变化的关系曲线

例题 5-7　一简谐振动的振动表达式为 $x=0.02\cos(6\pi t+\frac{\pi}{2})$,$x$ 以 m 为单位,t 以 s 为单位。试求:(1)求 A、ω、γ、T 和振动初相位 φ_0;(2)求 $t=2$s 时振动的速度、加速度;(3)做出振动曲线。

解　(1)由 $x=0.02\cos(6\pi t+\frac{\pi}{2})$可知

$$A=0.02\text{m},\omega=6\pi\text{rad}\cdot\text{s}^{-1},\gamma=\frac{\omega}{2\pi}=\frac{6\pi}{2\pi}=3\text{Hz}$$

$$T=\frac{1}{\gamma}=\frac{1}{3}\text{s},\varphi_0=\frac{\pi}{2}$$

(2)速度 $v=\frac{dx}{dt}=-A\omega\sin(\omega t+\varphi_0)=-0.02\times6\pi\sin(6\pi t+\frac{\pi}{2})$

当 $t=2$s 时 $v=-0.02\times6\pi\sin(6\pi\times2+\frac{\pi}{2})=-0.12\pi\ \text{m}\cdot\text{s}^{-1}$

加速度 $a=\frac{dv}{dt}=-A\omega^2\cos(\omega t+\varphi_0)=-0.02\times(6\pi)^2\cos(6\pi t+\frac{\pi}{2})$

当 $t=2\mathrm{s}$ 时　$a=-0.02\times(6\pi)^2\cos(6\pi\times2+\frac{\pi}{2})=0\mathrm{m\cdot s^{-2}}$

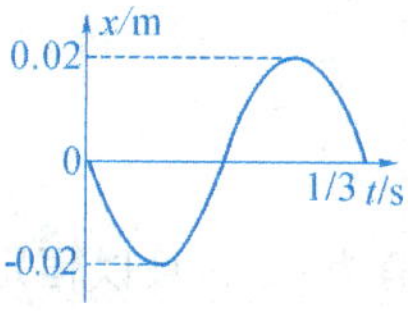

图 5-7　例题 5-7 用图

(3)根据振动表达式可知，当 $t=0\mathrm{s}$ 时，$x=0$，即物体位于坐标原点处；随着时间的增加，相位 $\varphi=6\pi t+\frac{\pi}{2}$ 增加，则根据余弦函数在第一象限值的特点，$\cos\varphi$ 将减小，即物体将向 x 轴负方向运动，所以振动曲线如图 5-7 所示。

例题 5-8　已知一振动的振动曲线如图 5-8 所示，试求：(1)振动表达式；(2)a 点对应时刻的振动时间。(3)a 点速度和加速度。

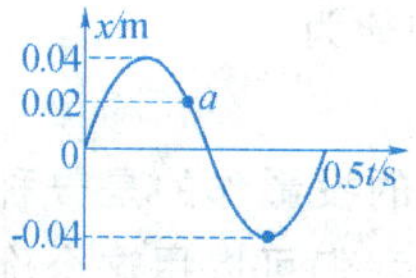

图 5-8　例题 5-8 用图

解　(1)根据振动曲线可知

$A=0.04\mathrm{m}, T=0.5\mathrm{s}, \omega=\frac{2\pi}{T}=4\pi\mathrm{rad\cdot s^{-1}}$

将上述各量代入简谐振动的振动表达式 $x=A\cos(\omega t+\varphi_0)$

则有

$$x=0.04\cos(4\pi t+\varphi_0)$$

由 $t=0\mathrm{s}$ 时，$x=0\mathrm{m}$，代入上式得

$$0=0.04\cos\varphi_0$$

所以

$$\varphi_0=\pm\frac{\pi}{2}$$

又由图可知 $t=0\mathrm{s}$ 时振动物体有沿 x 轴正方向运动的趋势，即此时速度为正，即

$$v_0=-A\omega\sin\varphi_0=-0.04\times4\pi\sin\varphi_0>0$$

由此可推出只有 $\varphi_0=-\frac{\pi}{2}$ 满足条件，带入振动表达式，可得

$$x=0.04\cos(4\pi t-\frac{\pi}{2})\mathrm{m}$$

(2)在图中 a 点 $x=\frac{A}{2}=0.02\mathrm{m}$，代入振动表达式，有

$$\cos(4\pi t-\frac{\pi}{2})=\frac{1}{2}$$

即 $4\pi t-\frac{\pi}{2}=\pm\frac{\pi}{3}$，根据曲线可知 a 点物体有向 x 轴负向运动的趋势，即 $v_a=-A\omega\sin(4\pi t-\frac{\pi}{2})<0$，因此，$4\pi t-\frac{\pi}{2}=\frac{\pi}{3}$，所以

$$t=(\frac{5}{6}\pi)/4\pi=\frac{5}{24}\mathrm{s}$$

(3)将(2)问中所求得的时间代入速度和加速度表达式，可得

速度 $v=-0.04\times4\pi\sin(4\pi t-\frac{\pi}{2})$

$$=-0.04\times4\pi\sin(4\pi\times\frac{5}{24}-\frac{\pi}{2})=-0.08\sqrt{3}\pi\mathrm{m\cdot s^{-1}}$$

加速度 $a=-0.04\times(4\pi)^2\cos(4\pi t-\frac{\pi}{2})$

$$=-0.04\times(4\pi)^2\cos\left(4\pi\times\frac{5}{24}-\frac{\pi}{2}\right)=-0.32\pi^2\ \mathrm{m\cdot s^{-2}}$$

5.3.3 旋转矢量图示法

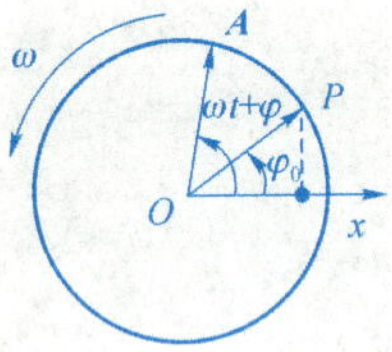

图 5-9 旋转矢量图示法

如图 5-9 所示，长度等于振幅 A、初始与 x 轴正向夹角为 φ_0 的且以恒定角速度 ω(其数值等于简谐振动的角频率)绕 O 点沿逆时针方向旋转的矢量 $\boldsymbol{A}$ 就称为旋转矢量。在矢量 $\boldsymbol{A}$ 旋转过程中，矢量末端形成的圆称为参考圆。当矢量 $\boldsymbol{A}$ 旋转时，其末端在 x 轴上的投影随时间变化的规律为

$$x=A\cos(\omega t+\varphi_0)$$

可见，矢量 $\boldsymbol{A}$ 逆时针以 ω 角速度旋转时，其末端在 x 轴上的投影作的是一种简谐振动，一个简谐振动与一个旋转的矢量相对应，因而，我们可以用这个旋转的矢量 $\boldsymbol{A}$ 来描述简谐振动，这种方法称为旋转矢量图示法。

旋转矢量图与简谐振动的对应关系为：

(1)简谐振动的振幅对应于旋转矢量 $\boldsymbol{A}$ 的长度(即参考圆的半径)；

(2)简谐振动的角频率 ω 对应于旋转矢量 $\boldsymbol{A}$ 作逆时针转动时的角速度；

(3)简谐振动的初相位 φ_0 对应于零时刻旋转矢量 $\boldsymbol{A}$ 与 x 轴正向之间的夹角；

(4)简谐振动的相位 $\varphi=\omega t+\varphi_0$ 对应于 t 时刻旋转矢量 $\boldsymbol{A}$ 与 x 轴正向之间的夹角；

(5)相位差 $\Delta\varphi$ 对应于不同时刻两旋转矢量间的夹角。

由此可见，旋转矢量图示法的优点是形象直观，它不仅将简谐振动中最难理解的相位用角度表示出来，它还将相位随时间变化的线性和周期性也清楚地描述出来了。另外，通过旋转矢量图，我们可以把一个非匀速运动的简谐振动转换成匀速的转动来描述，使得问题得以简化。必须强调，旋转矢量 $\boldsymbol{A}$ 本身并不作简谐运动，我们只是用矢量 $\boldsymbol{A}$ 的末端在 x 轴上的投影来形象地展开一个简谐振动。

5.3.4 旋转矢量图的应用

1. 求初相位 φ_0

用旋转矢量图求初相位具有简单、方便的特点，步骤如下：

(1)作半径为 A 的参考圆，沿振动方向确定坐标 x 轴方向，并标明正向，如图 5-10(a)所示；

(2)根据零时刻质点所在位置 x_0，在参考圆上标出矢量末端对应的两个可能位置，并根据矢量与 Ox 轴正向夹角确定初相位 φ_0 取值的两种可能性，如图 5-10(b)所示；

(3)根据零时刻速度 v_0 的正负(速度方向与坐标正向一致时为正，反之为

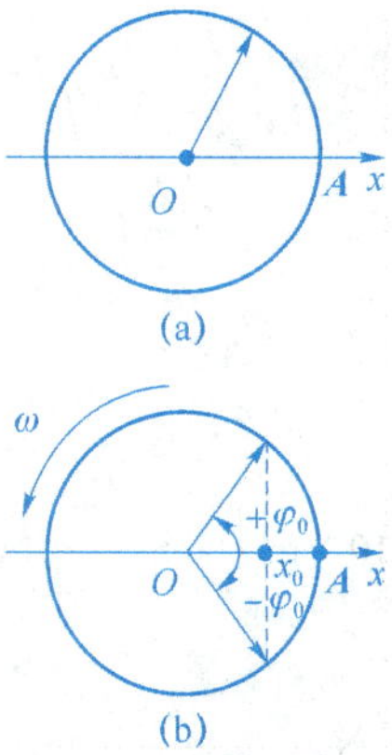

图 5-10　旋转矢量图示法求初相位 φ_0

负),及旋转矢量图描述简谐振动时矢量 $\boldsymbol{A}$ 沿着逆时针方向旋转,判断初相位 φ_0 的正确取值。即,如果矢量 $\boldsymbol{A}$ 与 Ox 轴正向夹角为正值,矢量在参考圆的上半周旋转,矢量 $\boldsymbol{A}$ 末端投影点将向 x 轴负方向运动,对应振动速度 v_0 为负;如果矢量 $\boldsymbol{A}$ 与 Ox 轴正向夹角为负值,矢量在参考圆的下半周旋转,矢量末端投影点将向 x 轴正方向运动,对应振动速度 v_0 为正。另外,写 φ_0 值时,当矢量 $\boldsymbol{A}$ 在参考圆的下半周时,对应的 φ_0 是大于 π 的值,而一般 φ_0 范围为 $-\pi\sim\pi$,所以,此时可写 φ_0 的负值,如图5-10(b)所示。

例题 5-9　一物体沿 x 轴方向作振幅为 A 的简谐振动。$t=0$s 时,物体处于$x=\dfrac{A}{2}$的位置,且向 x 轴正向运动。试求:此简谐振动的初相位。

解　做对应旋转矢量图,如图 5-11 所示,a、b 两点在 x 轴的投影点均在 $x=\dfrac{A}{2}$的位置。

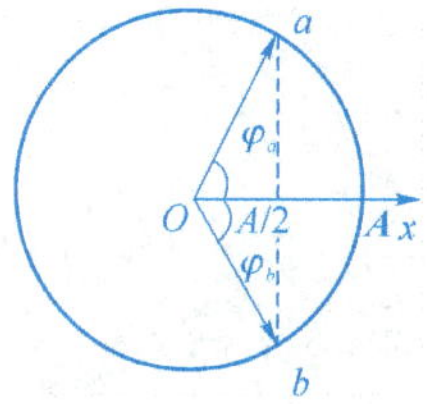

图 5-11　例题 5-8 用图

两点对应的初相分别为

$$\varphi_a=\arccos\frac{A}{2}\Big/A=\frac{\pi}{3}\quad \varphi_b=\arccos\frac{A}{2}\Big/A=-\frac{\pi}{3}$$

根据旋转矢量逆时针旋转,可知两点对应振动此时的速度情况为:

$$v_a<0,v_b>0$$

b 点对应振动与已知情况相符,故简谐振动的初相位为

$$\varphi_0=-\frac{\pi}{3}$$

2. 比较同频率不同振动之间的相位关系

设两个简谐振动的振动表达式分别为

$$x_1=0.5\cos(4\pi t-\frac{\pi}{3})$$

$$x_2=0.7\cos(4\pi t-\frac{\pi}{6})$$

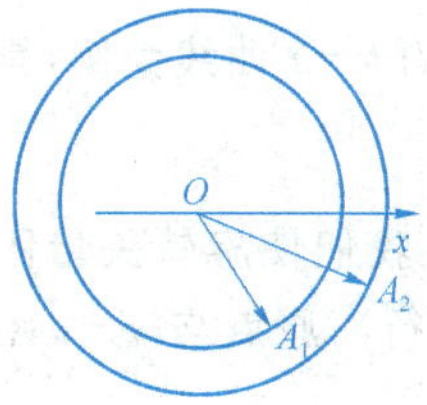

图 5-12　旋转矢量图

对应的旋转矢量图如图 5-12 所示,由于旋转矢量是逆时针旋转,图中很明显看出 2 振动超前 1 振动,相位差是$\dfrac{\pi}{6}$。

例题 5-10　质量为 0.01kg 的物体作简谐振动,其振幅为 0.08m,周期为 4s,初始时刻物体在 $x=0.04$m 处,且向 x 轴负方向运动,如图 5-13 所示。试求:(1)$t=1.0$s 时,物体所处的位置及所受合外力;(2)由起始位置运动到$x=-0.04$m 处所需要的最短时间。

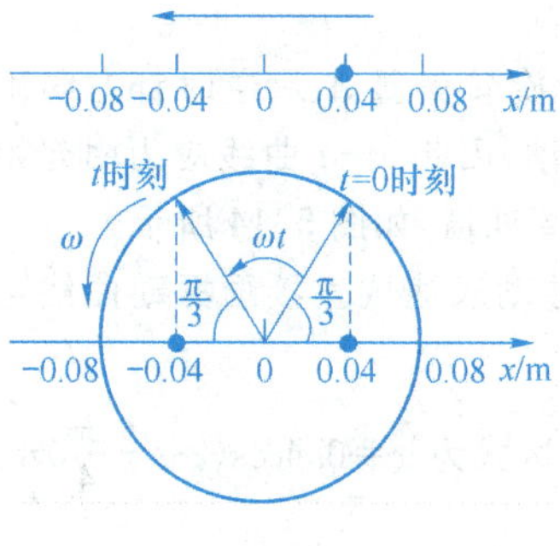

图 5-13　例题 5-10 用图

解　(1)依题意可得振动的角频率为

$$\omega=\frac{2\pi}{T}=\frac{2\pi}{4}=\frac{\pi}{2}\text{rad}\cdot\text{s}^{-1}$$

利用旋转矢量图 5-13 可得振动的初相位为

$$\varphi_0=\frac{\pi}{3}$$

$t=1.0\mathrm{s}$ 时，矢量与 x 轴正向的夹角——相位为

$$\varphi=\omega t+\varphi_0=\frac{\pi}{2}\times1.0+\frac{\pi}{3}=\frac{5}{6}\pi$$

此时物体所处位置为

$$x=A\cos\varphi=0.08\cos(\frac{5\pi}{6})\approx-0.069\mathrm{m}$$

根据加速度的表达式，可得此时物体的加速度

$$a=-A\omega^2\cos\varphi=-0.08\times(\frac{\pi}{2})^2\cos\frac{5}{6}\pi=\sqrt{3}\pi^2\times10^{-2}\mathrm{m\cdot s^{-2}}$$

根据牛顿运动第二定律，可得物体受合外力为

$$F=ma=0.01\times\sqrt{3}\pi^2\times10^{-2}\approx1.7\times10^{-3}\mathrm{N}$$

值为正，说明此时力沿坐标轴正向。

(2)设物体由起始位置经时间 t 第一次运动到 $x=-0.04\mathrm{m}$ 处。根据旋转矢量图，可知 t 时刻物体对应的相位为

$$\varphi=\omega t+\varphi_0=\frac{2}{3}\pi$$

根据 $\varphi_0=\frac{\pi}{3}$，$\omega=\frac{\pi}{2}$，代入上式得最短时间为

$$t=\frac{2}{3}\mathrm{s}$$

3. 画振动曲线

我们以用旋转矢量图画简谐运动 $x=A\cos(\omega t+\frac{\pi}{4})$ 的 $x-t$ 曲线为例，具体地领会用旋转矢量图画振动曲线的方法。步骤如下：

(1)准备工作。为作 $x-t$ 图方便起见，在图 5-14 中我们使旋转矢量图的 x 轴正方向竖直向上(以便与 $x-t$ 图中的 x 轴方向平行)，原点与 $x-t$ 图中原点对齐，并在 x 轴标出振幅值；

(2)确定 $x-t$ 曲线的起始点，即 $t=0$ 时的 x 值。$t=0$ 时，旋转矢量 $\boldsymbol{A}$ 与 x 轴的夹角等于初相位 $\varphi_0=\frac{\pi}{4}$，旋转矢量末端位于 a 点，而 a 点在 x 轴上的投影对应于 $x-t$ 图中的 a' 点；

(3)讨论曲线从起始点开始的走势。随着旋转矢量 $\boldsymbol{A}$ 沿逆时针方向旋转，其端点在 x 轴上的投影点将向 x 轴负向运动，因此 $x-t$ 曲线应为由起始点向下画出。画出一个完整曲线形状，并标出周期值，如图 5-14 所示。

比较应用旋转矢量图画振动曲线和应用振动表达式直接画振动曲线可知，前者更便捷。

例题 5-11 已知物体作简谐振动的振动表达式为 $x=0.4\cos(2\pi t-\frac{\pi}{4})\mathrm{m}$。试利用旋转矢量图作出此振动的振动曲线。

解 根据题意建坐标系，如图 5-15 所示；

根据题意可知初始时矢量与 x 轴正向夹角为 $\varphi_0=-\frac{\pi}{4}$，过矢量端点作 x 轴垂线，得到 $x-t$ 曲线的起头点为 a' 点，如图 5-15 所示；

旋转矢量由图示位置开始逆时针旋转，其端点投影将向 x 轴正向运动，因此 $x-t$ 曲线将从 a' 点开始有向上的走势，则可作出 $x-t$ 曲线如图 5-15 所示，并标出周期 $T=\frac{2\pi}{2\pi}=1\text{s}$。

综上所述，简谐振动可以用三种不同的方法描述：解析法、振动曲线法和旋转矢量图示法，这三种方法各有优势，应用时可视问题的具体情况，在方法上进行灵活选择。

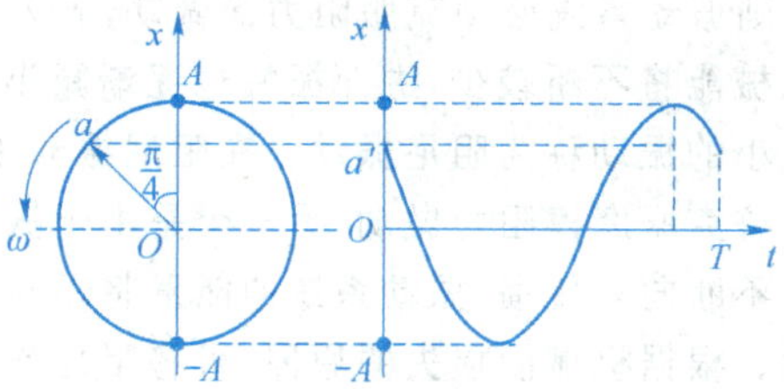

图 5-14　根据旋转矢量图画振动曲线

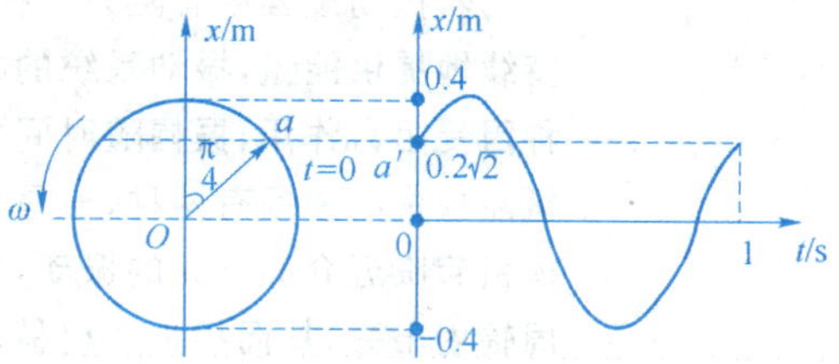

图 5-15　例题 5-11 用图

练习题

1. 质点简谐振动的振动曲线如图 5-16 所示。已知振幅 A，周期 T，且 $t=0\text{s}$ 时 $x=\frac{A}{2}$。试求：(1)振动的初位相；(2)a、b 两点的相位；(3)从 $t=0\text{s}$ 到 a、b 两点所用的最短时间。

2. 一简谐振动曲线如图 5-17 所示。试求：振动周期。

3. 一简谐振动的振动曲线如图 5-18 所示。试求：振动表达式。

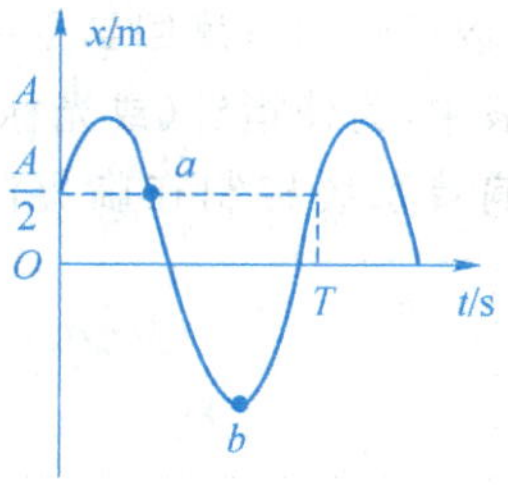

图 5-16　练习题 1 用图

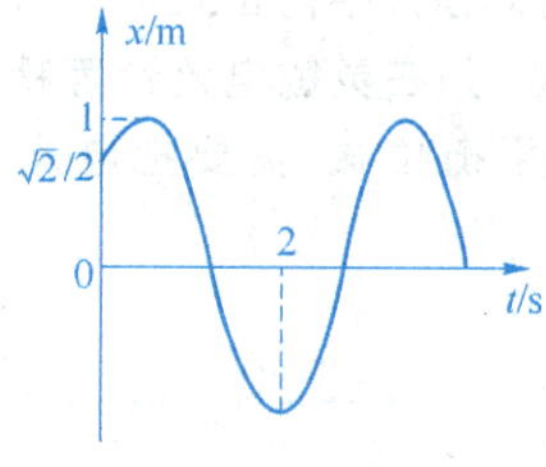

图 5-17　练习题 2 用图

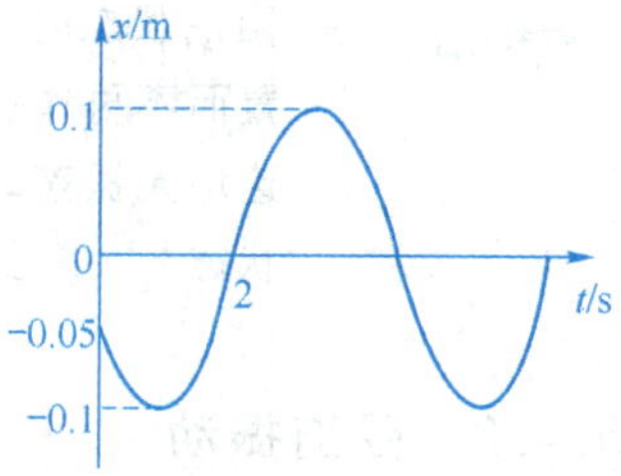

图 5-18　练习题 3 用图

5.4　阻尼振动　受迫振动　共振

简谐振动是最简单最基本的振动，是一种理想化的情况。以弹簧振子系统为例，物体在平衡位置附近作简谐振动的条件是仅受线性回复力的作用，

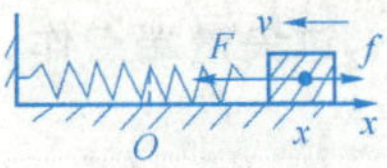

图 5-19　有摩擦存在的振动系统

但实际中,这个条件是很难实现的,因为无论实际的平面做的如何光滑,平面和物体间的摩擦力总是有的,如果考虑了实际的摩擦力作用(如图 5-19 所示),则物体振动的机械能会因为摩擦力作负功而减少,物体的振幅将随机械能的减少而减小,即物体不能再作简谐振动了。不仅弹簧振子系统如此,现实生活中的振动其实都不是严格的简谐振动。本节就来研究一下有阻力存在情况下的振动。

5.4.1　阻尼振动

若振动过程中有阻力存在,则振动系统必须克服阻力而做功,若外界不持续地提供能量,振动系统的机械能将不断较少,进而振幅也逐渐减小。这种因受阻力作用,振幅随时间减小的振动称为阻尼振动。在阻尼振动中,机械能损失的原因有两种,一是系统克服摩擦阻力做功,另一个是由于振动物体引起临近介质质元的振动,并不断向外传播,振动系统的能量将逐渐向四周辐射出去,从而损失了机械能。根据机械能损失的原因,可将阻尼作用分为摩擦阻尼和辐射阻尼,在振动的研究中,常把辐射阻尼当作某种等效的摩擦阻尼来处理。由于摩擦阻力的存在,简谐振动的动力学特征方程式(5-2)将有所变化,修改为(推导过程从略)

$$\frac{d^2x}{dt^2}+2\beta\frac{dx}{dt}+\omega_0^2x=0 \tag{5-16}$$

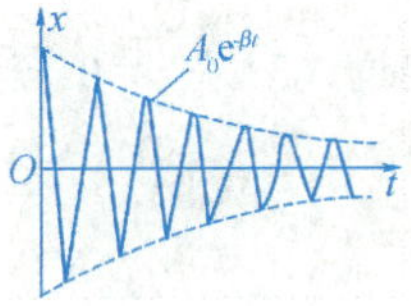

图 5-20　阻尼振动曲线

式(5-16)中,ω_0 为振动系统的固有角频率;β 称为阻尼因数,它与系统本身的性质以及周围介质的性质都有关系。阻尼振动的振动曲线如图 5-20 所示。

在生产实际中,可以根据不同的要求,用不同的方法来控制阻尼的大小。如果希望在一段时间内,物体近似地作简谐振动,则应使阻尼充分小,反之则应加大阻尼,如各种减振装置。有时还需要利用临界阻尼的特性,处于临界阻尼状态时,若将物体移开平衡位置后释放,它将以最快的速度回到平衡位置而不再作往复运动,如在灵敏电流计等精密仪表中,为使指针(或光标)迅速地无振荡地回到平衡位置,需要把电流计的偏转系统控制在临界阻尼状态。

5.4.2　受迫振动

为了不使做阻尼振动的系统因能量的不断损失而最终停止下来。我们需要在阻尼较小的振动系统上加上一个周期性的外力,通过外力对振动系统做功,不断对系统补充能量。如果补充的能量正好弥补了由于阻尼所引起的振动能量的损失,则可获得一个持续稳定的振动。这种在周期性外力作用下发生的振动称为受迫振动。引起受迫振动的周期性外力称为驱动力。

当有驱动力和摩擦阻力同时存在时,式(5-16)又有所变化(推导过程从

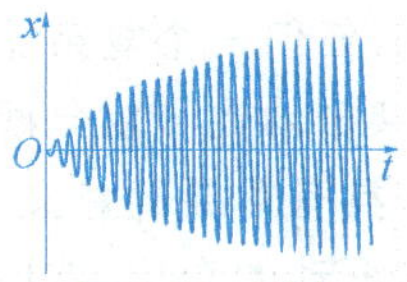

图 5-21 受迫振动曲线

略)，为

$$\frac{d^2x}{dt^2}+2\beta\frac{dx}{dt}+\omega_0^2x=\frac{F}{m}\cos\omega t \tag{5-17}$$

式(5-17)中，F 为驱动力、ω 为驱动力的角频率。

受迫振动的振动曲线如图 5-21 所示，由图可见，开始时受迫振动的振幅较小，经过一定时间后，阻尼振动即可忽略不计，受迫振动达到稳定状态。

5.4.3 共振

通过理论推导可知(推导过程略)受迫振动达到稳定状态时，其振幅为

$$A=\frac{F}{m\sqrt{(\omega_0^2-\omega^2)^2+4\beta^2\omega^2}}$$

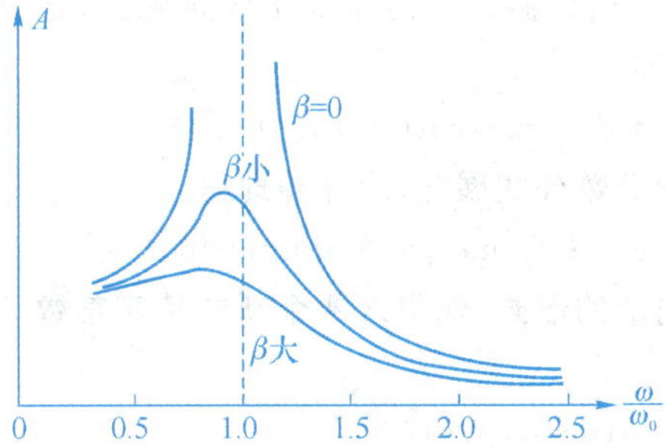

图 5-22 受迫振动的($A-\omega$)曲线

可见振幅 A 是驱动力角频率 ω 的函数，图 5-22 画出了在不同阻尼因数 β 的情况下 A 与 ω 的关系曲线，由 A—ω 曲线可以看出，当驱动力的角频率 ω 与振动系统的固有角频率 ω_0 相差较大时，受迫振动的振幅 A 是很小的；当 ω 接近于 ω_0 时，A 迅速增大；当 ω 为某一特定值时，A 达到最大值，即当驱动力角频率 ω 接近系统的固有角频率 ω_0 时，受迫振动的振幅出现极大值，这种现象称为共振。

共振现象在力学、声学、电磁学、原子和原子核物理学中都会遇到，在工程技术中，共振现象也有着广泛的应用。实际中有的问题需要加强振动效果，有的问题则需要减振防振，人们可以用变更驱动力的频率或系统固有频率的方法来控制受迫振动的效果。如果要获得大振幅的受迫振动，就应使驱动力的频率尽量接近系统的固有频率，同时减小阻尼因数，以出现最大共振；若要减振防振，就要使驱动力的频率远离系统的共振频率或加大阻尼。常用的技术措施是加大阻尼，吸收振动。

5.5 简谐振动的合成

在前面的讨论中，我们研究的都是一个质点参与一种简谐振动的情况。而在实际问题中，经常会遇到一个质点同时参与了几个振动。如舰船中的钟摆，在船体发生颠簸时，就同时参与了两种振动，一个是钟摆自己的摆动，另一个是钟随船的振动。这时质点的振动是几个单独振动合成的结果，称为合振动；相对而言，那几个单独的振动称为分振动。例如，汽车上乘客座椅下有弹簧，行驶中乘客在座椅上相对于车厢上下振动，而车厢下也有弹簧，车厢相对于地面上下振动，乘客便同时参与了这两个振动，此时乘客的振动为合振动，车与座椅的振动为分振动。

我们知道,简谐振动是最简单也是最基本的振动形式,任何一个复杂振动都可以看作是多个简谐振动的叠加结果,因而,一个复杂振动也可以分解为若干个简谐振动,由此可见,研究简谐振动的合成问题具有重要的意义。本节我们首先重点介绍沿同一直线、相同频率的两个简谐振动的合成,然后再进一步分析同一直线、不同频率的两个简谐振动的合成。

5.5.1 沿同一直线、频率相同的两个简谐振动的合成

设质点同时参与的两个振动都沿 x 轴,频率都是 ω,振幅分别为 A_1、A_2,初相位分别为 φ_{10} 和 φ_{20},这两个简谐振动的振动表达式可分别写为

$$x_1 = A_1\cos(\omega t + \varphi_{10})$$
$$x_2 = A_2\cos(\omega t + \varphi_{20})$$

既然两个简谐振动处于同一直线上,那么合振动一定也处于该直线上,合位移 x 应等于两个分位移的代数和,亦即

$$x = x_1 + x_2 = A_1\cos(\omega t + \varphi_{10}) + A_2\cos(\omega t + \varphi_{20})$$

将上式中的余弦函数利用和角的三角函数公式展开,合并整理得

$$x = (A_1\cos\varphi_{10} + A_2\cos\varphi_{20})\cos\omega t - (A_1\sin\varphi_{10} + A_2\sin\varphi_{20})\sin\omega t$$

为了使合振动的振动表式具有较为简洁的形式,现引入两个新的待定常数 A 和 φ_0,并令

$$\begin{cases} A\cos\varphi_0 = A_1\cos\varphi_{10} + A_2\cos\varphi_{20} \\ A\sin\varphi_0 = A_1\sin\varphi_{10} + A_2\sin\varphi_{20} \end{cases} \tag{5-18}$$

将式(5-18)代入合振动表达式并化简,可得

$$\begin{aligned} x &= A\cos\varphi_0\cos\omega t - A\sin\varphi_0\sin\omega t \\ &= A(\cos\varphi_0\cos\omega t - \sin\varphi_0\sin\omega t) \\ &= A\cos(\omega t + \varphi_0) \end{aligned}$$

即两个同方向、同频率简谐振动的合振动表达式为

$$x = A\cos(\omega t + \varphi_0) \tag{5-19}$$

式中,A 为合振动的振幅;φ_0 为合振动的初相位,根据式(5-18)可得

$$A = \sqrt{A_1^2 + A_2^2 + 2A_1A_2\cos(\varphi_{20} - \varphi_{10})}$$

$$\varphi_0 = \arctan\left(\frac{A_1\sin\varphi_{10} + A_2\sin\varphi_{20}}{A_1\cos\varphi_{10} + A_2\cos\varphi_{20}}\right) \tag{5-20}$$

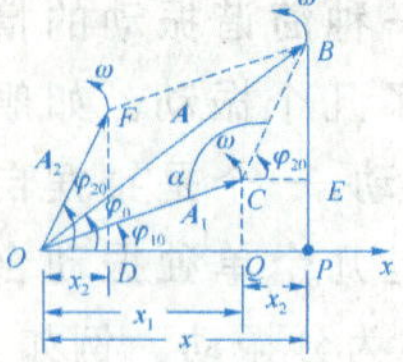

图 5-23 同频率平行振动的旋转矢量合成法

由此可见,两个同频率且沿同一直线简谐振动的合振动是一个与分振动同方向、同频率的简谐振动,其振幅 A 和初相位 φ_0 由两个分振动的振幅——A_1、A_2 和初相位——φ_{10}、φ_{20} 所决定,它们之间的具体关系由式(5-20)给出。

利用旋转矢量图示,根据矢量求和的平行四边形法则,也可以求合振动的振动表达式,且方法比较直观、简便。如图 5-23 所示,取水平方向为 x 轴,两个分振动对应的旋转矢量分别为 $\mathbf{A}_1$ 和 $\mathbf{A}_2$,它们在 $t=0$ 时刻与 x 轴的夹角分别为 φ_{10} 和 φ_{20},$\mathbf{A}$ 为 $\mathbf{A}_1$ 和 $\mathbf{A}_2$ 的矢量和。

由于 $\boldsymbol{A}_1$ 和 $\boldsymbol{A}_2$ 以相同的角速度 ω 绕 O 点沿逆时针方向旋转，它们之间的夹角保持不变，则对角线对应的合矢量 $\boldsymbol{A}$ 的大小就恒定不变，且以同样的角速度 ω 绕 O 点沿逆时针方向旋转。由图 5-23 可以看出，在 Rt△OFD 和 Rt△CBE 中，$\overline{OF}=\overline{CB}$，$\angle OFD=\angle CBE$，根据三角形全等条件可知，Rt△$OFD$≌Rt△$CBE$，所以，有 $\overline{PQ}=\overline{OD}=x_2$，即合矢量 A 的末端在 x 轴上投影点 p 的坐标 x 正好是 x_1 和 x_2 的代数和。所以，合矢量 A 为合振动对应的旋转矢量。它所代表的合振动为

$$x=A\cos(\omega t+\varphi_0)$$

其角频率与分振动的角频率相同。对图 5-23 中的△OBC 应用余弦定理可得出合成振动的振幅 A 为

$$A=\sqrt{A_1^2+A_2^2-2A_1A_2\cos\alpha}$$

由图 5-23 可知 $\alpha+(\varphi_{20}-\varphi_{10})=\pi$，代入上式有

$$A=\sqrt{A_1^2+A_2^2+2A_1A_2\cos(\varphi_{20}-\varphi_{10})}$$

在图示的 Rt△OBP 中，根据直角三角形中的边、角关系，即可求得初相 φ_0 的正切值为

$$\tan\varphi_0=\frac{\overline{BP}}{\overline{OP}}=\frac{\overline{BE}+\overline{EP}}{x_1+x_2}=\frac{A_1\sin\varphi_{10}+A_2\sin\varphi_{20}}{A_1\cos\varphi_{10}+A_2\cos\varphi_{20}}$$

可见，用旋转矢量图示法所得到的结果与用解析法求出的结果完全一致。

分析合振动的振幅公式可知，合振动的振幅 $\boldsymbol{A}$ 不仅取决于两分振动的振幅 $\boldsymbol{A}_1$、$\boldsymbol{A}_2$，而且还与两分振动的相位差 $(\varphi_{20}-\varphi_{10})$ 有关，两分振动步调上的差异（即相位差 $\Delta\varphi$）决定了合成振动是加强还是减弱。

（1）当相位差 $\Delta\varphi=\varphi_{20}-\varphi_{10}=2k\pi\quad(k=0,\pm1,\pm2\cdots)$ 时，由式（5-20）可知，合振动的振幅为

$$A=A_1+A_2 \tag{5-21}$$

此时，合振动取得最大振幅，两分振动相互加强。对应的振动曲线如图 5-24(a) 所示。

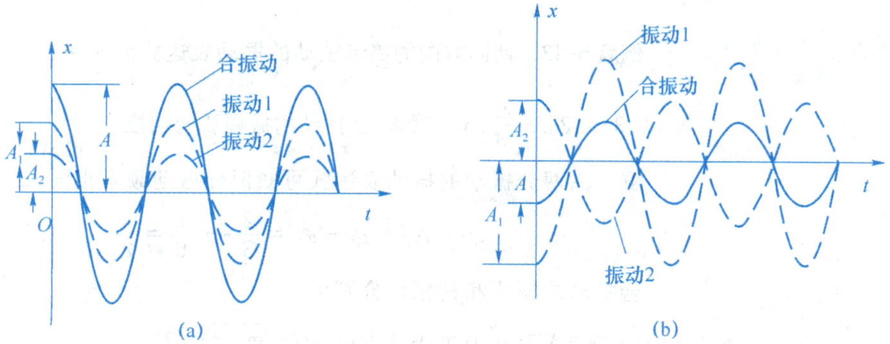

图 5-24　同方向、同频率两个简谐振动合成

（2）当相位差 $\Delta\varphi=\varphi_{20}-\varphi_{10}=(2k+1)\pi\quad(k=0,\pm1,\pm2\cdots)$ 时，由式（5-

20)可知,合振动的振幅为

$$A=|A_1-A_2| \tag{5-22}$$

此时,合振动取得最小振幅,两分振动相互减弱。对应的振动曲线如图 5-24(b)所示。这种情况下,合振动的初相位与振幅较大振动的初相位相同。若 $A_1=A_2$,则$A=0$,即振动合成的结果使质点静止不动。

(3)当相位差 $\Delta\varphi=\varphi_{20}-\varphi_{10}$ 不是 π 的整数倍时,合成振动振幅的大小介于(A_1+A_2)和$|A_1-A_2|$之间,亦即

$$|A_1-A_2|<A<A_1+A_2 \tag{5-23}$$

例题 5-12 一个质点同时参与两个同方向的简谐振动,其振动表达式分别为 $x_1=0.04\cos(8t+\frac{\pi}{3})$,$x_2=0.03\cos(8t-\frac{2\pi}{3})$,式中 x 以 m 为单位,t 以 s 为单位。试求:合振动的振动表达式。

解 由分振动表达式可知两简谐振动同频率,二者的相位差为

$$\Delta\varphi=\varphi_{20}-\varphi_{10}=-\frac{2}{3}\pi-\frac{\pi}{3}=-\pi$$

此时满足两振动合成的振幅最小的情况,所以合振动的振幅

$$A=|A_1-A_2|=|0.04-0.03|=0.01\text{m}$$

合振动的初相位与振幅较大的初相位相同,即 $\varphi_0=\frac{\pi}{3}$

所以合振动的振动表达式为

$$x=0.01\cos(8t+\frac{\pi}{3})\text{m}$$

此题也可以由旋转矢量图示法来求解:

画出分振动的旋转矢量图,如图 5-25 所示。

合振动对应的旋转矢量由图中的粗黑线表示,由旋转矢量图可以得出合振动的振动表达式为

$$x=0.02\cos(8t+\frac{\pi}{3})\text{m}$$

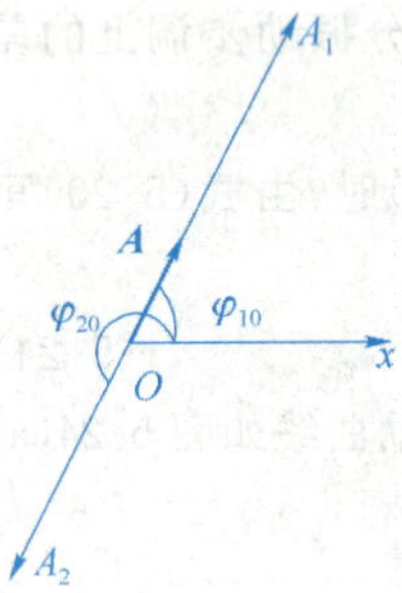

图 5-25 例题 5-12 用图

例题 5-13 两同方向的简谐振动的振动表达式为 $x_1=0.4\cos(2\pi t+\frac{\pi}{6})\text{m}$,$x_2=0.3\cos(2\pi t+\frac{2\pi}{3})\text{m}$。试求:合振动的振幅和初相位。

解 由两分振动的振动表达式可知两分振动频率相同,二者的相位差为

$$\Delta\varphi=\varphi_{20}-\varphi_{10}=\frac{2}{3}\pi-\frac{\pi}{6}=\frac{\pi}{2}$$

合振动的振幅和初相位分别为

$$\begin{aligned}A&=\sqrt{A_1^2+A_2^2+2A_1A_2\cos(\varphi_{20}-\varphi_{10})}\\&=\sqrt{0.4^2+0.3^2+2\times0.4\times0.3\times\cos\frac{\pi}{2}}\\&=0.5\text{m}\end{aligned}$$

$$\varphi_0=\arctan\left(\frac{A_1\sin\varphi_{10}+A_2\sin\varphi_{20}}{A_1\cos\varphi_{10}+A_2\cos\varphi_{20}}\right)$$

$$=\arctan\frac{0.4\times\frac{1}{2}+0.3\times\left(\frac{\sqrt{3}}{2}\right)}{0.4\times\frac{\sqrt{3}}{2}+0.3\times\left(-\frac{1}{2}\right)}$$

$$=\arctan\left(\frac{25\sqrt{3}+48}{39}\right)$$

※5.5.2 同一方向、不同频率的简谐振动的合成

设两个不同频率的简谐振动都是相对平衡点 O 沿 x 轴振动，振动表式分别为

$$x_1=A_1\cos(\omega_1 t+\varphi_{10})\quad x_2=A_2\cos(\omega_2 t+\varphi_{20})$$

由于两分振动均在 x 轴方向上，它们的合成振动一定也在 x 轴方向上，且

$$x=x_1+x_2=A_1\cos(\omega_1 t+\varphi_{10})+A_2\cos(\omega_2 t+\varphi_{20})\qquad(5\text{-}24)$$

与同方向、同频率两简谐振动的合成比较可知，同方向、不同频率的简谐振动合成要复杂一些。下面，我们利用旋转矢量图示法对合振动的振幅进行定性分析。

如图 5-26 所示，$\boldsymbol{A}_1$ 和 $\boldsymbol{A}_2$ 分别为分振动在 t 时刻的旋转矢量，由于两分振动的频率不同，因而对应矢量旋转的角速度也不同，角速度分别为 ω_1 和 ω_2，$\boldsymbol{A}$ 为 $\boldsymbol{A}_1$ 和 $\boldsymbol{A}_2$ 的合矢量，也就是合成振动的旋转矢量。

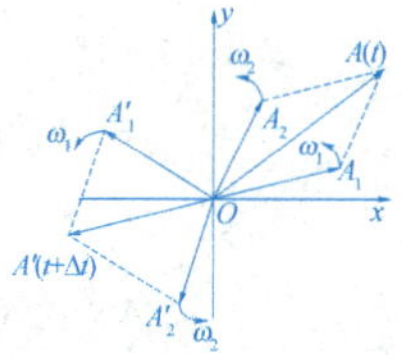

图 5-26 同方向、不同频率简谐振动的合成

由于 $\omega_1\neq\omega_2$（图中 $\omega_2>\omega_1$），所以在旋转过程中，A_1 和 A_2 之间的夹角即两分振动之间的相位差 $\Delta\varphi=[(\omega_2-\omega_1)t+(\varphi_{20}-\varphi_{10})]$是随时间变化的，因而合振动的旋转矢量 A 的大小也必然随时间而变化。由图 5-26 可以看出，$t+\Delta t$ 时刻的合振动振幅 $\boldsymbol{A}'$ 明显不同于 t 时刻的合振动振幅 $\boldsymbol{A}$。在旋转过程中，当 $\boldsymbol{A}_1$ 和 $\boldsymbol{A}_2$ 同向重合时，合振动振幅最大($A=A_1+A_2$)；当 $\boldsymbol{A}_1$ 和 $\boldsymbol{A}_2$ 反向时，合振动振幅最小($A=|A_1-A_2|$)。显然，同方向、不同频率简谐振动的合振动的振幅 A 是一个时强时弱呈周期性变化的物理量，它与时间 t 之间的函数关系为（由旋转矢量图和余弦函数公式可推导出，在此推导过程从略）。

$$A=\sqrt{A_1^2+A_2^2+2A_1A_2\cos[(\omega_2-\omega_1)t+(\varphi_{20}-\varphi_{10})]}\qquad(5\text{-}25)$$

另外，由于合振动对应的旋转矢量 A 的角速度 ω 既不同于 ω_1 和 ω_2，也不再是一个恒定的量，因而合振动不再是简谐振动，而是一个较为复杂的周期性运动。

为了突出频率不同所引起的效果，同时也为了处理问题简单起见，我们假设这两个分振动有相同的振幅和初相位，即 $A_1=A_2$、$\varphi_{10}=\varphi_{20}$，于是合振动可写为

$$x=x_1+x_2=A_1\cos(\omega_1 t+\varphi_{10})+A_1\cos(\omega_2 t+\varphi_{10})$$

$$=A_1[\cos(\omega_1 t+\varphi_{10})+\cos(\omega_2 t+\varphi_{10})]$$

$$=2A_1\cos\frac{1}{2}(\omega_2-\omega_1)t\cdot\cos\left[\frac{1}{2}(\omega_1+\omega_2)t+\varphi_{10}\right] \tag{5-26}$$

由(5-25)式可知,此时

$$A=\sqrt{2A_1^2+2A_1^2\cos[(\omega_2-\omega_1)t]}$$

$$=\sqrt{2A_1^2[1+\cos(\omega_2-\omega_1)t]}=\left|2A_1\cos\frac{1}{2}(\omega_2-\omega_1)t\right|$$

此式与式(5-26)的前半部分完全一致,这就是说式(5-26)的前半部分是合成振动的振幅,后半部分则应对应于合振动的相位,这样我们可以看出合振动的角频率为

$$\omega=\frac{1}{2}(\omega_1+\omega_2) \tag{5-27}$$

合振动的振幅为 $A=\left|2A_1\cos\frac{1}{2}(\omega_2-\omega_1)t\right|$ (5-28)

在一般情况下,合成振动的物理图像是比较复杂的,我们也很难觉察到合振幅的周期性变化。只有当 ω_1 和 ω_2 都较大且两者之差很小时,即 $|\omega_2-\omega_1|\ll\frac{\omega_2+\omega_1}{2}\approx\omega_1\approx\omega_2$ 时,合振动振幅 A 才会出现明显的周期性变化。图 5-27 给出了这样两个简谐振动合成时对应的振动曲线及合振动的振动曲线。

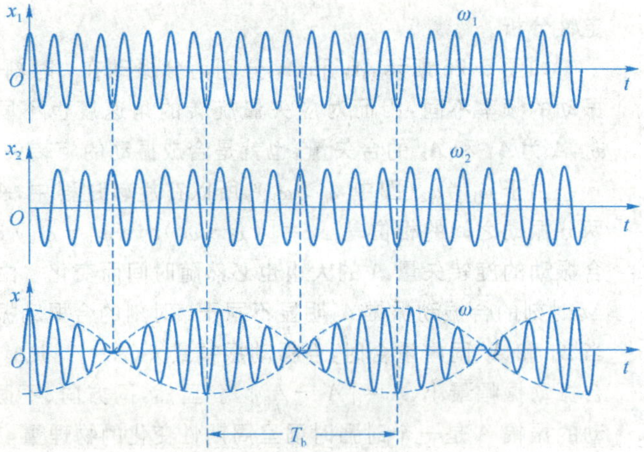

图 5-28 拍得形成

合振动振幅 A 的变化周期 $T\propto\frac{1}{\omega_2-\omega_1}$,若 ω_1 和 ω_2 相差很小,则合振动振幅周期很大,在合振动振幅到达相邻两个零值之间所包含合振动次数就很多,如图 5-27 所示。人们把这种合振动振幅有节奏地时强时弱变化的现象叫做拍。合振动振幅变化的频率亦即单位时间内振幅加强或减弱的次数叫做拍频,以 γ_b 表示。

由式(5-28)所给出的合振动振幅的表达式可知,合振动振幅变化的周期

即为拍的周期。由于振幅总是正值，而余弦函数的绝对值以 π 为周期，因而合振动振幅的变化周期（即拍的周期）为

$$T_b=\frac{\pi}{\frac{1}{2}(\omega_2-\omega_1)}=\frac{2\pi}{\omega_2-\omega_1}=\frac{1}{\gamma_2-\gamma_1}$$

所以，拍频为

$$\gamma_b=\frac{1}{T_b}=\gamma_2-\gamma_1 \tag{5-29}$$

拍频等于两分振动频率之差。

拍是一种重要的物理现象，在声振动和电振动中经常遇到。例如管乐中的双簧管，由于它的两个簧片略有差别，演奏时将会发生拍效应，我们就会听到悦耳的颤音；又如校准钢琴时往往拿待校钢琴同标准钢琴作比较，弹奏两架钢琴的同一音键，细听有无拍现象，如果听出有拍现象，说明尚未校准，必须再次校对；在无线电技术中，拍现象可以用来制造差拍振荡器，以产生极低频率的电磁振荡；另外，超外差式收音机也是利用本机振荡系统的固有频率与外来的高频载波信号混频而获得拍频，这一混频过程称之为外差，若本机振荡频率高就称为超外差。

※5.5.3 垂直方向、同频率两个简谐振动的合成

设垂直方向、同频率两个简谐振动的振动表达式分别为

$$x=A_1\cos(\omega t+\varphi_{10})$$
$$y=A_2\cos(\omega t+\varphi_{20})$$

在任意时刻 t，上两式给出振动质点的位置随时间 t 变化关系。若把这两式中的时间参量消去，则得到质点的轨迹方程

$$\frac{x^2}{A_1^2}+\frac{y^2}{A_2^2}-2\frac{xy}{A_1A_2}\cos(\varphi_{20}-\varphi_{10})=\sin^2(\varphi_{20}-\varphi_{10}) \tag{5-30}$$

式(5-30)这是一个椭圆方程，具体的椭圆形状取决于初相位差($\varphi_{20}-\varphi_{10}$)。

(1)当两振动初相位相同时，即 $\varphi_{20}=\varphi_{10}=\varphi_0$，则式(5-30)化简为

$$\left(\frac{x}{A_1}-\frac{y}{A_2}\right)^2=0$$

即

$$y=\frac{A_2}{A_1}x \tag{5-31}$$

质点的运动轨迹为过坐标原点，斜率为 $\frac{A_2}{A_1}$ 的直线，质点在此直线上往返运动。如图 5-28(a)所示。

(2)当两振动初相位差 $\varphi_{20}-\varphi_{10}=\pi$ 时，式(5-30)化简为

$$y=-\frac{A_2}{A_1}x \tag{5-32}$$

质点运动轨迹如图 5-28(b)所示。

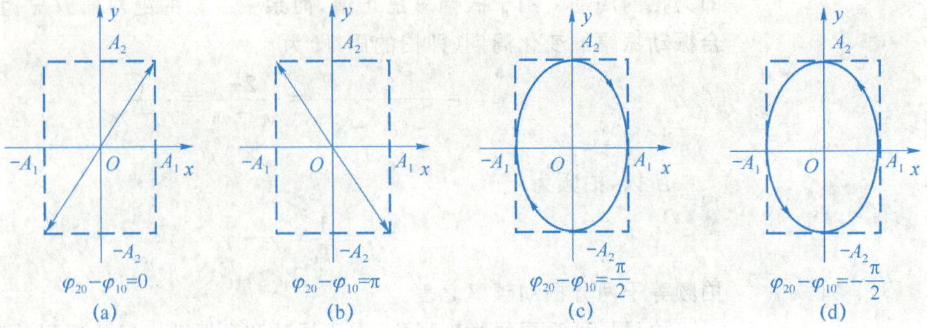

图 5-28　垂直方向、频率相同两简谐振动的合成

(3)当两振动初相位差 $\varphi_{20}-\varphi_{10}=\frac{\pi}{2}$(设沿 x 轴的振动落后于沿 y 轴的振动$\frac{\pi}{2}$)时,式(5-30)化简为

$$\frac{x^2}{A_1^2}+\frac{y^2}{A_2^2}=1 \tag{5-33}$$

这是以坐标轴为主轴的椭圆方程,质点沿椭圆轨迹做周期运动,如图 5-28(c)所示。若两个分振动的振幅相等,则合振动的轨迹方程为 $x^2+y^2=A^2$,即合振动是一个以原点为圆心,半径为 A 的圆周运动。

初相位差为其他情况的合振动轨迹如图 5-29 所示。

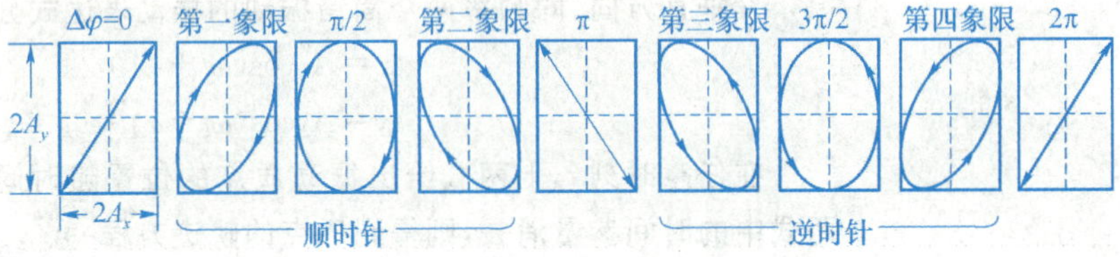

图 5-29　不同相位差对应的合振动的轨迹

※5.5.4　垂直方向、不同频率两个简谐振动的合成

设两简谐振动的振动表达式为

$$x=A_1\cos(\omega_1 t+\varphi_{10})$$
$$y=A_2\cos(\omega_2 t+\varphi_{20})$$

它们的相位差为

$$\Delta\varphi=(\omega_2-\omega_1)t+(\varphi_{20}-\varphi_{10})$$

很显然,相位差 $\Delta\varphi$ 随时间变化,合振动比较复杂。可以证明(证明从略)如果两分振动的频率成倍数关系,则合成振动轨迹为稳定的封闭曲线,这种曲线称为李萨如图。图 5-30 给出了 3 种频率比、3 种初相位差的李萨如图形。如果在李萨如图形中建立水平和竖直的坐标系,图形与两个坐标轴的交

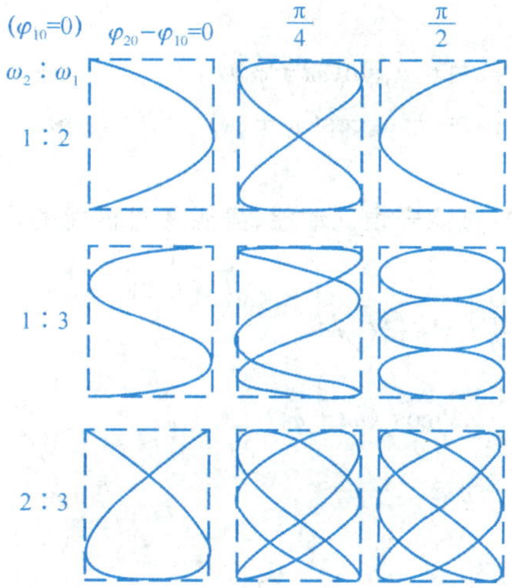

图 5-30 李萨如图

点个数比应等于两个方向分振动频率的反比。如果已知一个分振动的频率，根据李萨如图形的形状，则可确定另一个分振动的频率，在无线电技术中，常用这种方法确定信号的频率。

练习题

1. 已知两个沿 x 轴方向的简谐振动的振动表达式分别为 $x_1=0.5\cos(t-\frac{\pi}{3})\,\text{m}$，$x_2=0.5\cos(t+\frac{2}{3}\pi)\,\text{m}$。试求：合振动的振幅。

2. 已知两个同方向同频率的简谐振动合振动的振动表达式为 $x=0.1\cos(2t+\frac{\pi}{3})\,\text{m}$，且两振动合成为振幅最大情况。若其中一个简谐振动的振动表达式为 $x=0.06\cos(2t+\frac{\pi}{3})\,\text{m}$，试求：另一个简谐振动的振动表达式。

3. 已知两个同方向同频率的简谐振动合振动振动表达式为 $x=0.1\cos(2t+\frac{\pi}{3})\,\text{m}$，且两振动合成为振幅最小情况。若其中一个简谐振动的振动表式为 $x=0.06\cos(2t+\frac{\pi}{3})\,\text{m}$，试求：另一个简谐振动的振动表达式。

小　结

简谐振动是机械振动中最简单最基本的形式。本章主要介绍了简谐振动的特征、描述方法及简谐振动的合成。

一、简谐振动的特征

1. 简谐振动的动力学特征

做简谐振动的物体在运动过程中所受合外力为线性回复力，力大小与位移成正比，方向与位移相反，即

$$F=-kx$$

根据受力特征及牛顿运动第二定律，可写出简谐振动的动力学方程为

$$\frac{\mathrm{d}^2x}{\mathrm{d}t^2}+\omega^2x=0$$

2. 简谐振动的运动学特征

做简谐振动的物体在运动过程中位置随时间按余弦规律变化，振动表达式、速度及加速度表达式分别为

$$x=A\cos(\omega t+\varphi_0)$$
$$v=-A\omega\sin(\omega t+\varphi_0)=-v_m\sin(\omega t+\varphi_0)$$
$$a=-A\omega^2\cos(\omega t+\varphi_0)=-a_m\cos(\omega t+\varphi_0)$$

3. 简谐振动的能量特征

做简谐振动的物体在运动过程中机械能守恒。动能、势能及机械能的表达式分别为

$$E_k=\frac{1}{2}mv^2=\frac{1}{2}kA^2\sin^2(\omega t+\varphi_0)$$
$$E_p=\frac{1}{2}kx^2=\frac{1}{2}kA^2\cos^2(\omega t+\varphi_0)$$
$$E=E_k+E_p=\frac{1}{2}kA^2$$

二、简谐振动的描述

简谐振动的描述共有解析法、振动曲线和旋转矢量图示三种方法。

1. 解析法

用振动表达式 $x=A\cos(\omega t+\varphi_0)$ 描述简谐振动的方法称为解析法。

2. 振动曲线法

用物体的位置随时间变化的关系曲线($x-t$ 曲线)描述简谐振动的方法称为振动曲线法。

3. 旋转矢量图示法

长度等于振幅、初始与 x 轴正向夹角为 φ_0 的且以恒定角速度 ω 绕 O 点沿逆时针方向旋转的矢量 $\mathbf{A}$ 就称为旋转矢量,用此矢量描述简谐振动的方法称为旋转矢量图示法。

描述简谐振动的三种方法之间可以相互转换,三种方法之间的相互转换是本章的一个重点题型。

三、简谐振动的合成

对于简谐振动的合成,我们重点关注同方向、同频率两个简谐振动的合成。这样两个振动的合振动仍是该方向、该频率的简谐振动,合振动的振幅和初相分别为

$$A=\sqrt{A_1^2+A_2^2+2A_1A_2\cos(\varphi_{20}-\varphi_{10})}$$
$$\varphi_0=\arctan\left(\frac{A_1\sin\varphi_{10}+A_2\sin\varphi_{20}}{A_1\cos\varphi_{10}+A_2\cos\varphi_{20}}\right)$$

习题 5

A 类题目:

5-1 劲度系数为 k_1 和 k_2 的两根弹簧,与质量为 m 的小球如图 5-31 所

示的两种方式连接，试证明他们的振动均为简谐振动，并分别求出它们的振动周期。

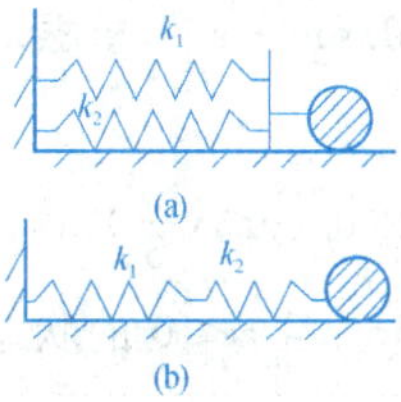

图 5-31 习题 5-1 用图

5-2 为了测得一物体的质量，将其挂到一弹簧上并让其自由振动，测得频率 $\gamma_1=1.0\text{Hz}$。当将另一已知质量为 2kg 的物体单独挂在这一弹簧上时，测得频率为 $\gamma_2=2.0\text{Hz}$，设振动均在弹簧的弹性限度范围内。试求被测物体的质量。

5-3 质量为 10g 的小球与轻弹簧组成的系统，小球的运动方程为 $x=0.1\cos(4\pi t+\frac{\pi}{3})\text{m}$。试求：(1)振动的周期、振幅、初相位及速度与加速度的最大值；(2)最大的回复力；(3)$t_2=4\text{s}$ 和 $t_1=2\text{s}$ 两个时刻的相位差。

5-4 一质量为 10g 的物体作简谐振动，振幅为 12cm，周期为 4s，当 $t=0\text{s}$ 时位移为 +12cm。试求：(1)$t=0.5\text{s}$ 时，物体所在的位置及此时所受力的大小和方向；(2)由起始位置运动到 $x=-12\text{cm}$ 处所需要的最短时间。

5-5 有一单摆，摆长 $l=1\text{m}$，摆球质量为 $m=10\text{g}$，当摆球处于平衡位置时，给小球一个水平向右的冲量 $F\Delta t=1.0\times10^{-4}\text{kg}\cdot\text{m}\cdot\text{s}^{-1}$，取打击时刻为计时起点。试求：振动的初相位和振幅。

5-6 一物体作简谐振动，其振动表达式为 $x=0.06\cos(4\pi t+\frac{\pi}{3})\text{m}$。试求：(1)振幅、频率、角频率、周期和初相位；(2)$t=2\text{s}$ 时的位移、速度和加速度。(3)势能为动能一半时，物体的位置。

5-7 质量为 2kg 的物体作简谐振动，其振动表达式为 $x=0.2\cos(\pi t-\frac{\pi}{3})\text{m}$。试求：(1)$t=2\text{s}$ 时作用于物体的力的大小和方向；(2)作用于物体的力的最大值和此时物体所在的位置。

5-8 一平板下端连接一弹簧，平板上放有一质量为 1.0kg 的物体，现让平板沿竖直方向作简谐振动，周期为 0.5s，振幅为 0.02m。试求：(1)平板到最低点时，物体对板的作用力；(2)若频率不变，则平板以多大的振幅振动时，重物会跳离平板；(3)若振幅不变，则平板以多大的频率振动时，重物会跳离平板。

5-9 图 5-32 所示是两个简谐振动的 $x-t$ 曲线，试分别写出振动表达式。

5-10 有一弹簧振子，振动的振幅为 $A=2\text{cm}$，周期为 $T=2\text{s}$，初相位为 $\varphi_0=\frac{\pi}{3}$。试写出它的振动表达式，并作出 $x-t$ 图、$v-t$ 图、$a-t$ 图。

5-11 一物体作简谐振动，其速度的最大值为 $v_{max}=2\times10^{-2}\text{m}\cdot\text{s}^{-1}$，振动的最大位移为 $3\times10^{-2}\text{m}$。若在初始时刻物体位于平衡位置且向 x 轴的负方向运动，试求：(1)振动的周期；(2)加速度的最大值 a_{max}；(3)简谐振动的振动表达式。

5-12 有一弹簧，其劲度系数为 $2\text{N}\cdot\text{cm}^{-1}$，弹簧下连接一物体质量为

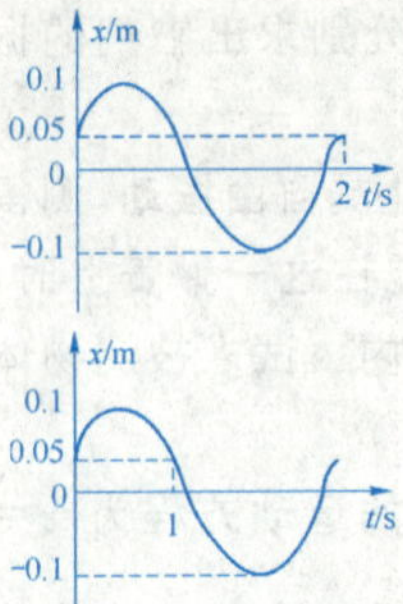

图 5-32　习题 5-9 用图

$m=0.2\text{kg}$。若使弹簧上下振动，且规定竖直向下为正方向。试求：(1)若初始时刻物体位于平衡位置上方 $8.0\times10^{-2}\text{m}$，由静止开始向下运动，求振动表达式；(2)若初始时刻物体位于平衡位置且有向上的速度 $0.6\text{m}\cdot\text{s}^{-1}$，求振动表达式。

5-13　一物体作简谐振动，其振动表达式为 $x=0.12\cos\left(\pi t-\frac{\pi}{3}\right)\text{m}$，试用旋转矢量图示法求出物体由初始状态运动到 $x=-0.6\text{m}$，且 $v<0$ 的状态所需要的最短时间。

5-14　两个质点作同方向、同频率、同振幅的简谐振动，当第一个质点经过 $x=\frac{A}{2}$ 的位置向平衡位置运动时，第二个质点也经过此位置，但向远离平衡位置的方向振动，试利用旋转矢量图示法求两个质点的相位差。

5-15　一物体沿 x 轴作简谐振动，振幅为 0.04m，周期为 2s，初始时刻物体位于 0.02m 的位置，且向 x 轴正方向运动。试求：(1) $t=0.5\text{s}$ 时物体的位移、速度和加速度；(2)物体从 $x=-0.02\text{m}$ 的位置向 x 轴负向运动开始，到达平衡位置至少需要多少时间。

5-16　有两个完全相同的单摆，其中一个将摆球放在了悬挂点，而另一个偏离平衡位置一个微小角度 θ，如图 5-33 所示，现将两个摆球同时放开。试判断哪一个球先到达最低点的位置。

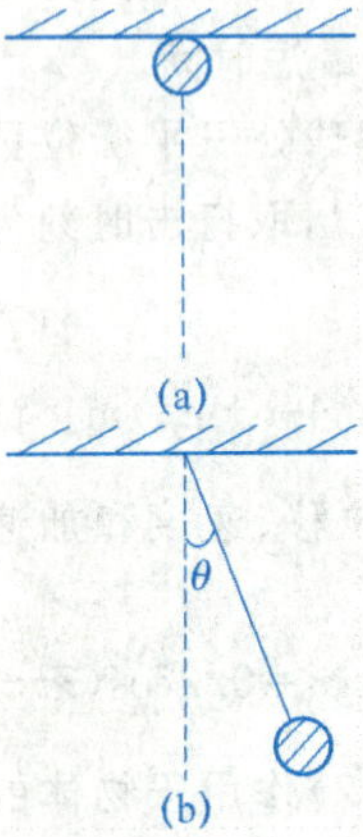

图 5-33　习题 5-16 用图

5-17　一物体放在水平木板上，木板以 2Hz 的频率沿水平直线作简谐振动，物体和水平木板之间的静摩擦系数为 0.2，求物体在木板上不滑动时的最大振幅。

5-18　一氢原子在分子中的振动可视为简谐振动，已知氢原子质量为 $m=1.68\times10^{-27}\text{kg}$，振动频率为 $\gamma=1.0\times10^{14}\text{Hz}$，振幅为 $A=1.0\times10^{-11}\text{m}$，试求：(1)此氢原子的最大速度；(2)与此振动相关的能量。

5-19　一物体质量为 0.5kg，在弹性力作用下作简谐振动，弹簧的劲度系数为 $k=2\text{N}\cdot\text{m}^{-1}$，起始振动时具有势能 0.06J 和动能 0.02J。试求：(1)振幅；(2)动能恰等于是势能时的位移；(3)经过平衡位置时物体的速度。

5-20　一个弹簧振子做简谐振动，振幅 $A=0.2\text{m}$，弹簧劲度系数 $k=2.0\text{N}\cdot\text{m}^{-1}$，所系物体质量为 0.5kg。试求：(1)当系统动能是势能的 3 倍时，物体的位移是多少？(2)从正的最大位移处运动到动能等于势能 3 倍处所需要的最短时间是多少？

5-21　有两个同方向、同频率的简谐振动，其合成振动的振幅为 0.20m，合振动的相位与第一个振动的相位差为 $\frac{\pi}{6}$，已知第一个振动的振幅为 $\frac{\sqrt{3}}{10}\text{m}$。试求：第二个振动的振幅以及第一、第二两振动的相位差。

5-22　试用最简单的方法求出下列两组简谐振动合成后所得合振动的振幅。

(1) $\begin{cases} x_1 = 0.05\cos(2t+\dfrac{\pi}{3})\text{m} \\ x_2 = 0.05\cos(2t+\dfrac{7\pi}{3})\text{m} \end{cases}$ (2) $\begin{cases} x_1 = 0.05\cos(2t+\dfrac{\pi}{3})\text{m} \\ x_2 = 0.05\cos(2t+\dfrac{4\pi}{3})\text{m} \end{cases}$

5-23 两个同方向的简谐振动的振动表达式分别为 $x_1=0.4\cos(2\pi t+\frac{\pi}{6})\text{m}$，$x_2=0.3\cos(2\pi t+\frac{2\pi}{3})\text{m}$，若另有一个同方向同频率的简谐运动 $x_3=0.5\cos(2\pi t+\varphi_0)\text{m}$。试求：(1)$\varphi_0$ 为多大时，x_1+x_3 的振幅最大？(2)φ_0 为多大时，x_2+x_3 的振幅最小？

B类题目：

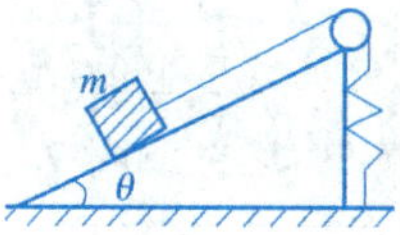

图 5-34 习题 5-24 用图

5-24 如图 5-34 所示，物体的质量为 m，放在光滑斜面上，斜面与水平面的夹角为 θ，弹簧的劲度系数为 k，滑轮的转动惯量为 J，半径为 R。先把物体托住，使弹簧维持原长，然后由静止释放，试证明物体作简谐振动，并求振动周期。

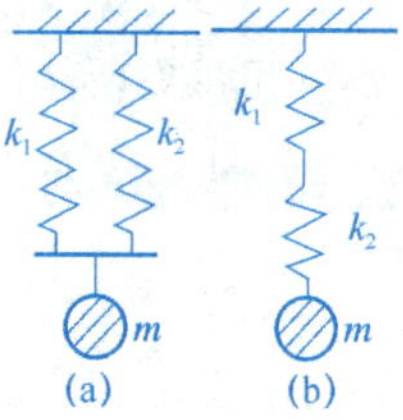

图 5-35 习题 5-25 用图

5-25 分别将劲度系数为 k_1 和 k_2 的两根轻质弹簧串联和并联，竖直悬挂，如图 5-35 所示，下端系一质量为 m 的物体，试求它们的振动周期分别为多少？

5-26 有一轻弹簧，下面悬挂质量为 2.0g 的物体时，伸长为 9.8cm。用这个弹簧和一个质量为 8g 的小球构成弹簧振子，将小球由平衡位置向下拉开 1.0cm 后，给予向上的初速度 $v_0=5.0\text{cm}\cdot\text{s}^{-1}$。试求：(1)振动周期和振动表达式；(2)振幅和通过平衡位置时的速度。

5-27 一轻弹簧的劲度系数为 k，其下端悬有一个质量为 m 的盘子，现有一质量为 m 的物体从离盘底 h 高度处自由下落到盘中并和盘子粘在一起，于是盘子开始振动。试求：(1)此时系统的振动周期；(2)振动的振幅。

5-28 三个同方向、同频率的简谐振动分别为 $x_1=0.06\cos(\pi t+\frac{\pi}{6})\text{m}$、$x_2=0.06\cos(\pi t+\frac{\pi}{2})\text{m}$、$x_3=0.06\cos(\pi t+\frac{5\pi}{6})\text{m}$。试求：(1)合振动的振动表达式；(2)合振动由初始位置运动到 $x=\frac{\sqrt{2}}{2}A$（A 为合振动的振幅）所需要的最短时间。

第6章 机械波

振动在空间的传播就形成了波动。波动也是一种常见的物质运动形式，例如绳子上的波、空气中的声波和水的表面波等，它们都是机械振动在弹性介质中传播形成的，这类波叫做机械波。波动并不限于机械波，无线电波、光波、x射线等也是一种波动，这类波是交变电磁场在空间中的传播形成的，统称电磁波。机械波和电磁波尽管在本质上是不同的，但是它们都具有波动的共同特征，即具有一定的传播速度，且都伴随着能量的传播，都能产生反射、折射、干涉、衍射等现象，而且具有相似的数学表述形式。本章作为波动学的基础，主要以机械波为例，研究机械波的形成、波的表达式及其所具有的能量，介绍惠更斯原理，并用惠更斯原理解释波的反射、折射和衍射等现象，最后简单介绍多普勒效应和声波。

6.1 机械波的产生和传播

本节我们主要分析机械波的产生条件及传播过程中所表现的特点，进而揭示波动过程的物理本质。

6.1.1 机械波产生的条件和种类

1. 机械波产生的条件

机械振动在弹性介质(固体、液体和气体)内传播就形成了机械波。由此可看出，产生机械波的条件有两个：一是需要有做机械振动的物体，称为波源；二是需要传播这种机械振动的弹性介质，如空气、液体、固体物质等。若波在弹性介质中传播时能量没有损失，介质中的质点依靠彼此之间的弹性力作用，使介质中的每一个质点都在做频率相同的机械振动，这样，当弹性介质中的一部分发生振动时，就将机械振动由近及远地传播开去，形成了波动。

2. 机械波的种类

按照不同的依据我们可以把机械波分成不同的种类。

(1)横波和纵波

按照质点的振动方向和波的传播方向之间的关系，机械波可以分为横波和纵波，这是波动的两种最基本的形式。

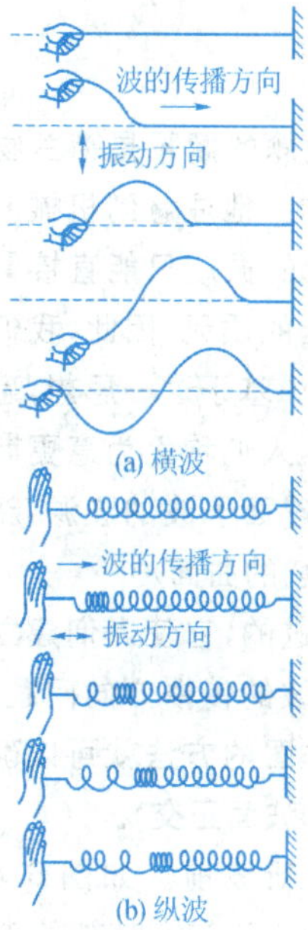

图 6-1　横波和纵波

如图 6-1(a)所示，用手握住一根绷紧的长绳，当手上下抖动时，绳子上各部分质点就依次上下振动起来，这种质点的振动方向与波的传播方向相互垂直，这类波称为横波。绳中有横波传播时，我们将会看到绳子上交替出现凸起的部分和下凹的部分，我们称凸起的部分为波峰，下凹的部分为波谷，此时波峰与波谷以一定的速度沿绳传播，这就是横波的外形特征，水的表面波即为横波。

如图 6-1(b)所示，将一根水平放置的长弹簧的一端固定起来，用手去拍打另一端，各部分弹簧就依次左右振动起来，这时各质点的振动方向与波的传播方向相互平行，这类波称为纵波。弹簧中有纵波传播时，我们会看到弹簧中交替出现“稀疏”和“稠密”区域，并且这种“稀疏”和“稠密”以一定的速度传播出去，这就是纵波的外形特征，我们所熟悉的声波即为纵波。

横波和纵波相比，外形不同，但本质相同。由于横波我们更为熟悉，因而本章主要研究横波，所得规律可以推广至纵波。

(2)简谐波和非简谐波

在弹性介质中传播的波，按照波源的振动类型可以将其分为简谐波和非简谐波。简谐振动在弹性介质中传播形成的就是简谐波；若波源的振动不是简谐振动，所形成的波动则是非简谐波。简谐波是一种最简单、最基本的波，任何一种复杂的机械波都可以看成是几个简谐波的合成，因而本章重点研究简谐波。

6.1.2　波动的几何描述

为了形象直观地描绘波动过程的物理图景，我们引入了以下几个概念，以便对波动进行几何描述。

1. 波线

表示波的传播方向的射线称为波线，可以用带箭头的直线表示。例如几何光学中的光线就是光波的波线，它表明了光波的传播方向。图 6-2 给出了两种典型波的波线分布情况。

2. 波面

介质中振动相位相同的点所组成的曲面称为波面。波源每一时刻都向介质中传出一个波面，这些波面以一定的速度向前推进，波面推进的速度就是波传播的速度。在一系列波面中，位于最前面的领先波面称为波前，如图 6-2 所示。

在各向同性介质（各个方向上的物理性质，如波速、密度、弹性模量等都相同的介质）中，波线与波面正交，在各向异性介质中二者未必正交。

按照波面形状的不同，波动可以分为球面波、柱面波、平面波。这几种典型的波面如图 6-3 所示，在各向同性介质中，点波源发出的波是球面波；线、柱波源发出的波是柱面波；平面波源发出的波是平面波。平面波和球面波、柱面波相比较，平面波最为简单，所以我们这一章主要以平面简谐横波为例来研究波动的特征。

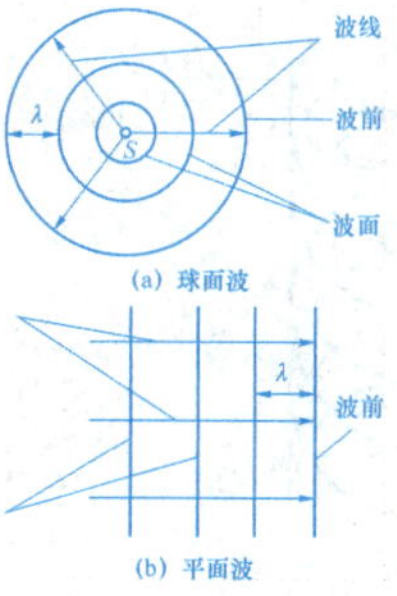

图 6-2　波动的几何描述

运用波线、波面和波前的概念，就可以用几何的方法描绘出波在空间传播的物理图景，波线给出了波的传播方向，一组动态的向前推进的波面形象化地展示了波在空间的传播过程。

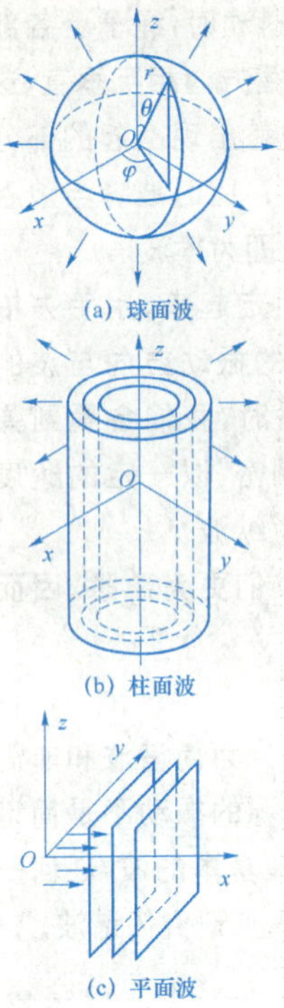

图 6-3　几种典型的波面

3. 惠更斯原理

在波动的几何描述中，波前是如何向前推进呢？这个问题的解释是荷兰物理学家惠更斯(Christian Huygens，1629—1695 年)最先给出的。他注意到机械波是靠介质中相邻质元之间的弹性作用力而传播的，任一质元的振动只能直接影响相邻质元的振动，波源并不能跨越一段距离直接带动远处的质元，因此，我们可以把介质中振动着的任何一点看作新的波源，称为子波源。基于这一思想，惠更斯于 1690 年提出了确定波前如何向前推进的一种作图法，人们称之为惠更斯原理，具体内容为：波前上的每一点都可以看作是发射次级球面子波的波源，新的波前就是这些次级子波波前的包络面(与所有子波波前相切的曲面)。

惠更斯原理借助于子波概念阐释了波前是如何向前推进的，它使人们建立了波的动态传播模型，根据这一原理，我们可以定性的解释波的传播方向问题，如果知道某一时刻的波前和波前上各点的波速，应用几何作图的方法就可以确定下一时刻新的波前，从而也可以确定波的传播方向(波线和波面正交)。

我们以球面波为例来说明如何应用惠更斯原理确定新波前。如图 6-4 所示，设 O 为点波源，由它发出的波以速度 u 向四周传播。已知 t 时刻的波前是半径为 R_1 的球面 S_1，应用惠更斯原理我们可以求出在下一时刻 $t+\Delta t$ 时的波前。在 S_1 上任意取一些点作为次级子波的波源，以所取点为中心，以 $r=u\Delta t$ 为半径，画出这些球面子波的波前(如图 6-4 中的半球面)，再作这些子波波前的包络面 S_2，它就是 $t+\Delta t$ 时刻的新波前，可以看出 S_2 实际上就是以 O 为中心，以 $R_2=R_1+u\Delta t$ 为半径的球面。

用类似的方法也可以求出平面波的新波前，如图 6-5 所示。

应该指出的是，惠更斯原理对各种波(机械波、电磁波)在任何介质(各向同性、各向异性)中传播都能适用，当波在各向同性介质中传播时，波面及波前的形状不变，波线也保持为直线，不会中途改变波的传播方向。但当波从一种介质传到另一种介质中时，波面的形状将发生改变，波的传播方向(亦即波线的方向)也将发生改变。

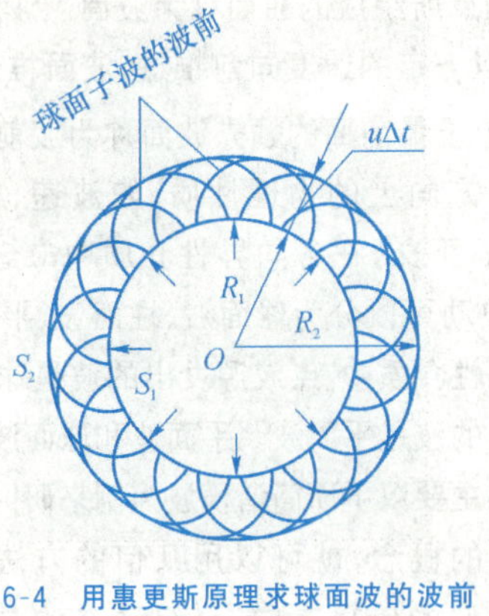

图 6-4　用惠更斯原理求球面波的波前

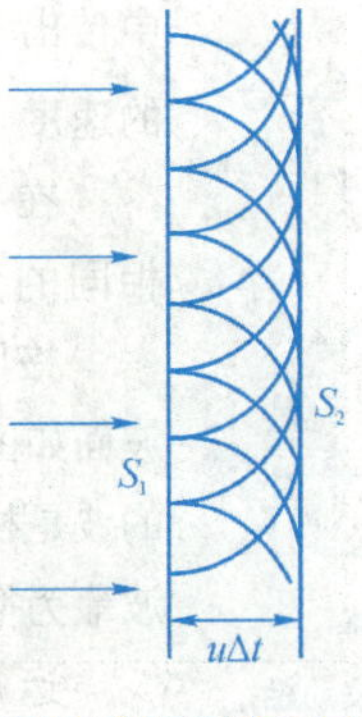

图 6-5　用惠更斯原理求平面波的波前

6.1.3 波动过程的物理本质

无论是横波还是纵波，虽然波的传播方向和质元的振动方向之间的关系不同，但传播的物理本质是相同的。在传播过程中介质中的质元都具备以下特征：

(1)波动过程是相位的传播过程。波源的状态随时间发生周期性变化，与此同时，波源所经历过的每一个状态都顺次的传向下一个质元。振动状态由质元振动的相位所决定，由此可见，波的传播过程也是一个相位的传播过程，波以一定的速度向前传播，相位也以这一速度向前传播。图 6-6 展示了横波传播过程中各质元振动状态情况。

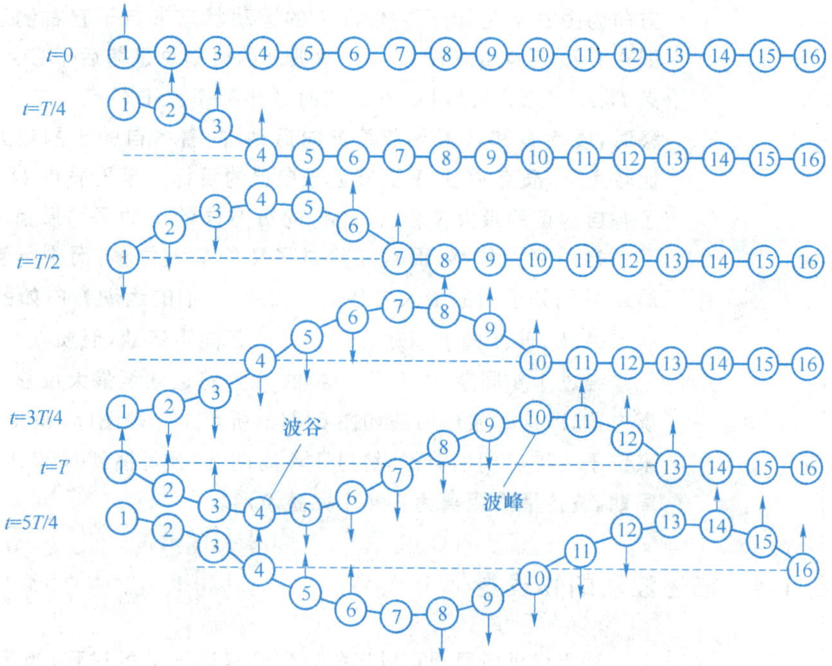

图 6-6 横波传播过程简图

(2)波动过程中，介质中各个质元在各自的平衡位置附近作有一定相位联系的集体振动。波在介质中传播，介质中各个质元并不随波的传播而向前移动，而是在各自的平衡位置附近作振动，即是一个集体的振动；各质元振动的步调有一定的差异，也有一定的联系，在相位上，两质元在任意时刻相位差总是一样的，如图 6-6 所示，质元 1 和质元 4 相位差始终是 $\frac{\pi}{2}$，质元 1 和质元 7 相位差始终是 π。

(3)波动过程也是能量的传播过程，能量的传播速度也就是波的传播速度。在波动的过程中，每个质元是依次振动起来的，质元之所以会振动起来，是因为它前面的质元带动的，即前面质元给后面质元能量。依此类推，最前面的质元之所以会动起来是因为波源给予的能量,而波源从外界不断获得能量,也不断向后传递能量。介质中的每一个质元一边不断从前面的质元处获得能量,一边又不断向后面的质元释放能量,能量就是这样在介质中传播的。

以上三点波传播的物理本质虽然是从一列简谐横波的传播过程中分析得出的,但可以证明,其他机械波都具有这三点物理本质。

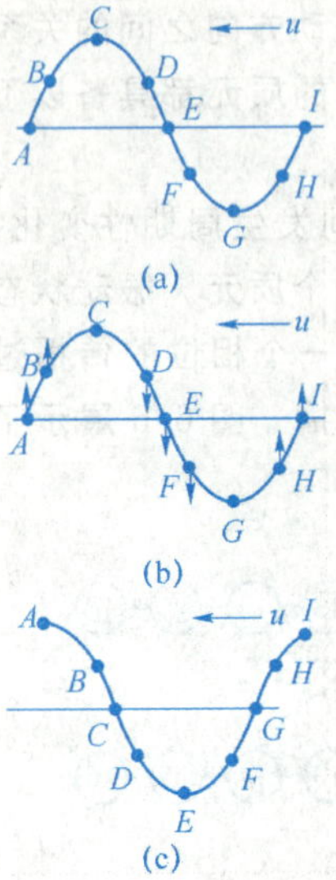

图 6-7　例题 6-1 用图

例题 6-1　设某一时刻绳上横波的波形曲线如图 6-7(a)所示,该波水平向左传播。试分别用小箭头标明图中 A、B、C、D、E、F、G、H、I 各质点在这时刻的运动方向,并画出经过 1/4 周期后的波形曲线。

解　在波的传播过程中,各个质点只在自己的平衡位置附近振动,并不会随波前进。横波中,质点的振动方向总是和波动的传播方向垂直。在图 6-7(a)中,质点 C 在正的最大位移处,这时,它的速度为零。图中的波动传播方向为由右至左,因而左侧质点的运动状态来自于它右侧质点的现在状态,即在 C 以后的质点 B 和 A 开始振动的时刻总是落后于 C 点。在 C 以前的质点 D、E、F、G、H、I 开始振动的时刻却都超前于 C 点。在 C 达到正的最大位移时,质点 B 和 A 都沿着正方向运动,向着各自的正的最大位移行进,但相比较之下,质点 B 比 A 更接近于自己的目标。至于质点 D、E、F 则都已经过了各自的正的最大位移,而进行向负方向的运动了。质点 H、I 不仅已经过了各自的最大位移,而且还经过了负的最大位移,而进行着正方向的运动。质点 G 则处于负的最大位移处。因此,它们的运动方向如图 6-7(b)所示,即质点 A、B、H、I 向上运动,质点 D、E、F 向下运动,而质点 C、G 速度为零。

经过 1/4 周期,图 6-7(a)中的 A 点将运动至最大位移处,而 C 将回到平衡位置,即这时波形曲线如图 6-7(c)所示。比较图(a)和(c),可以看出,它原来位于 I 和 C 间的波形,经过 1/4 周期,已经传播到 G 和 A 之间,即经过 1/4 周期,波传播的距离为 1/4 个完整波形。

6.1.4　描述波动的物理量

利用惠更斯原理可以形象地定性描述波动的过程,为了对波动过程进行定量的数学描述,建立平面简谐波的表达式,我们还需要引入几个描述波动的相关物理量。

1. 波长 λ

沿波的传播方向两相邻的、相位差为 2π 的两个点(如图 6-8 中的 a、b 两点)间的距离称为波长,用 λ 表示。波长也是一个完整波形的长度。波长反映了波的空间周期性,它说明整个波在空间分布的图景,是由许多长度为 λ 的同样“片段”所构成的,如图 6-8 所示。

在国际单位制中,波长的单位为米(m),常用单位还有 cm、μm、nm。

2. 波速 u

单位时间内波(振动状态)所传播的距离称为波速,用 u 表示。由于振动状态是由相位确定的，所以波速也是波的相位传播速度，故波速又称为波的相速度。

机械波的波速取决于传播波的介质的弹性和惯性，不同介质中波传播的速度是不同的，在同一种介质中横波和纵波传播的速度也不一定相同。理论证明(过程从略)，固体和流体中的波速与介质的关系为

固体中
$$\begin{cases} 横波：u=\sqrt{\dfrac{G}{\rho}} \\ 纵波：u=\sqrt{\dfrac{Y}{\rho}} \end{cases} \tag{6-1}$$

流体中
$$u=\sqrt{\frac{K}{\rho}} \tag{6-2}$$

上述公式中 G 为切变弹性模量，Y 为长变弹性模量(又称杨氏弹性模量)，K 为容变弹性模量，ρ 为介质密度。弹性模量是材料的特征常数。由上述波速公式可知，机械波的波速正比于介质弹性模量的平方根，而反比于介质密度的平方根。这一点也定性的说明，介质的弹性越强，介质越轻，则各质元之间互相带动越容易，波的传播速度也越大。

3. 波的周期 T

波传播一个波长的距离所需要的时间，即为波的周期，用 T 表示。则有

$$T=\frac{\lambda}{u} \tag{6-3}$$

波的周期也是波源的振动周期。介质质元振动的周期与波源周期相同，所以也是波的周期。由以上分析可看出：波动过程中，波源完成一次全振动，即相位增加一个 2π，所用的时间与波传播一个波长距离所需时间相同，此关系可以写为

$$\frac{2\pi}{\omega}=\frac{\lambda}{u} \tag{6-4}$$

式中，ω 为波源振动的角频率。相应的，波动过程中，Δt 时间内，波源的相位增加为 $\Delta\varphi=\omega\Delta t$，波传播的距离为 $x=u\Delta t$。两式相比，并约去时间 Δt，有

$$\frac{\Delta\varphi}{x}=\frac{\omega}{u} \tag{6-5}$$

比较式(6-3)和式(6-4)可得

$$\frac{\Delta\varphi}{2\pi}=\frac{x}{\lambda} \tag{6-6}$$

式(6-5)在使用时 $\Delta\varphi$ 即可以理解为波源的相位增量，也可以理解为相距为 x 的两质点的相位差值。另外，根据波速 $u=\dfrac{\lambda}{T}$，及讨论相距为 x 的两质点间波传播时间为 Δt，波速也可写为 $u=\dfrac{x}{\Delta t}$，则有

$$\frac{\Delta t}{T}=\frac{x}{\lambda} \tag{6-7}$$

结合式(6-6)和式(6-7)有

$$\frac{x}{\lambda}=\frac{\Delta\varphi}{2\pi}=\frac{\Delta t}{T} \tag{6-8}$$

波的周期 T 反映波的时间周期性，说明整个波动情况以 T 为周期一遍又一遍的重演。

周期的倒数叫波的频率，用 γ 表示，即

$$\gamma=\frac{1}{T}$$

频率的物理意义可以理解为：单位时间内传播完整波的个数。

在国际单位制中，周期的单位为秒(s)，频率的单位为赫兹(Hz)。

波的周期性如图 6-8 所示。

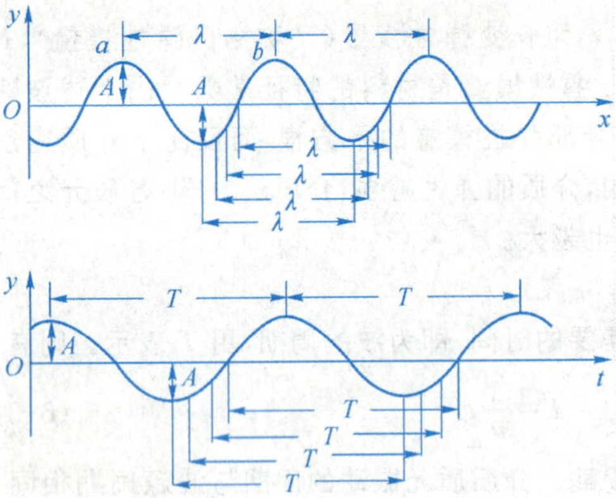

图 6-8 波的双重周期性

在以上三个描述波的物理量中：周期由波源决定，波速由传播波的介质决定，而波长则由波源和介质共同来制约。

例题 6-2 钢琴的中央 C 键，对应的频率是 262Hz。试求：20℃时在空气中相应声波的波长？(20℃时空气中声速为 $340\mathrm{m\cdot s^{-1}}$)

解 由式 $T=\dfrac{\lambda}{u}$ 及 $\gamma=\dfrac{1}{T}$ 可知

$$\lambda=\frac{u}{\gamma}=\frac{340}{262}=1.30\mathrm{m}$$

例题 6-3 铸铁的长变弹性模量 $Y\approx10^{11}\mathrm{N\cdot m^{-2}}$，切变弹性模量 $G=5\times10^{10}\mathrm{N\cdot m^{-2}}$，质量体密度为 $\rho=7.6\times10^{3}\mathrm{kg\cdot m^{-3}}$。试求：铸铁中横波和纵波的速度。

解 由式(6-2)可知，固体中横波的速度为

$$u=\sqrt{\frac{G}{\rho}}=\sqrt{\frac{5\times10^{10}}{7.6\times10^{3}}}\approx2\,560\mathrm{m\cdot s^{-1}}$$

固体中纵波的波速为

$$u=\sqrt{\frac{Y}{\rho}}=\sqrt{\frac{10^{11}}{7.6\times10^{3}}}\approx3\,800\mathrm{m\cdot s^{-1}}$$

可见，同一种介质，纵波的传播速度比横波大。

例题 6-4 一声波在空气中传播，频率为 2 500Hz，在传播方向上经 A 点后再经 34cm 而传至 B 点。试求：(1)从 A 点传播到 B 点所需要的时间；(2)波在 A、B 两点振动时的相位差；(3)设波源作简谐振动，振幅为 1mm，求质元振动速度的最大值。

解 (1)声波在空气中传播的速度为 $340\mathrm{m\cdot s^{-1}}$，则从 A 点传播到 B 点所需要的时间为

$$\Delta t=\frac{\overline{AB}}{u}=\frac{0.34}{340}=1\times10^{-3}\mathrm{s}$$

(2)波的周期为 $T=\frac{1}{\gamma}=\frac{1}{2\,500}=4\times10^{-4}\,\mathrm{s}$

由于$\frac{\Delta\varphi}{2\pi}=\frac{\Delta t}{T}$,所以波在 A、B 两点振动时的相位差为

$$\Delta\varphi=\frac{\Delta t}{T}2\pi=\frac{1\times10^{-3}}{4\times10^{-4}}\times2\pi=5\pi$$

(3)如果振幅 $A=1\mathrm{mm}$,则振动速度的最大值为

$$v_{\mathrm{m}}=A\omega=0.001\times2\pi\times2\,500=15.7\mathrm{m\cdot s^{-1}}$$

声波在空气中传播的速度为 $340\mathrm{m\cdot s^{-1}}$,可见,质元的振动速度和波的传播速度是不同的两个物理量。

练习题

1. 设某一时刻绳上横波的波形曲线如图 6-7(a)所示,该波水平向右传播。试分别用小箭头标明图中 A、B、C、D、E、F、G、H、I 各质点在该时刻的运动方向,并画出经过 1/4 周期后的波形曲线。

2. 一人站在长度为 100m 的钢管的一端打击钢管时,有两列纵波传到钢管的另一端(其中一列波在钢管中传播,另一列波在空气中传播)。站在钢管另一端的一个人能先后听到两个声音。试求:另一端的人听到两个声音的时间差是多少?(已知钢管密度为 $7.0\times10^{3}\mathrm{kg\cdot m^{-3}}$,杨氏模量为 $2\times10^{11}\mathrm{N\cdot m^{-2}}$,空气中的声速为 $340\mathrm{m\cdot s^{-1}}$。)

3. 一平面简谐纵波沿弹簧线圈传播,弹簧线圈的振动频率为 2.5Hz,弹簧中相邻两疏部中心的距离为 24cm,弹簧上沿传播方向上有 a、b 两点,波由 a 点传到 b 点所需要的时间为 $\Delta t=0.2\mathrm{s}$。试求:(1)a、b 两点相距多远?(2)a、b 两点的相位差为多少?

6.2 平面简谐波表达式的建立与意义

为定量计算和分析方便,我们需要建立平面简谐波的表达式。本节首先介绍平面简谐波表达式建立的基本方法和步骤,然后讨论平面简谐波表达式的意义。

6.2.1 平面简谐波表达式的建立

波动是振动在空间的传播过程,所以描述出介质中各质元的振动状态是得出波动表达式的关键。实验证明,复杂波可以看成是由若干个不同频率的简谐波合成的,因而研究波动,简谐波是基础。下面,我们以平面简谐横波为例,建立平面简谐波的表达式。

1. 平面简谐波表达式的建立

如图 6-9(a)所示,设一平面简谐横波在均匀介质中向右传播,各波面彼此平行,波线为一组平行直线。在同一波面上,各质元的振动状态完全相同,

沿每一条波线，振动的传播情况都是相同的，因而任意一条波线上的波动情况可以代表整个平面波的传播情况。

如图6-9(b)所示，建立Ox轴与其中一条波线重合，设波的传播方向为x轴正向，并设介质中质元的振动沿y轴方向。根据简谐振动的知识，我们可以设坐标原点O处质元的简谐振动表达式为

$$y_0=A\cos(\omega t+\varphi_0)$$

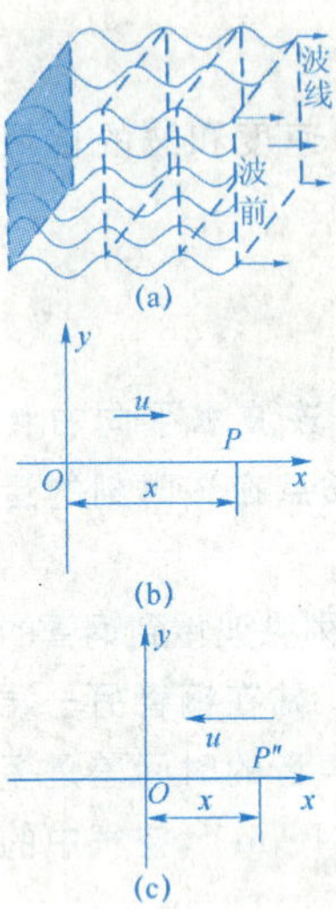

图6-9　平面简谐波表式的建立

(1)波沿x轴正方向传播

O点的振动状态沿波线(即x轴)传播下去，当O点的振动传播到距离O点为x处的一点P时，P点将以同样的振幅和频率重复O点的振动，只是在相位上较为滞后。P点滞后O点的相位为$\Delta\varphi=\frac{2\pi}{\lambda}x$，所以$P$点的振动表达式为

$$y=A\cos(\omega t+\varphi_0-\frac{2\pi}{\lambda}x) \tag{6-9}$$

式(6-9)可以表示波传播过程，介质中任意(坐标为x)一个质点在任意时刻(时间为t)的运动状态，或者说，此式能够表示出所有质点所有时刻的运动状态，即此式可以表示整个波动过程，我们称此式为平面简谐波的表达式。

(2)波沿x轴负方向传播

如果波沿x轴负方向传播，如图6-9(c)所示，此时P'点的相位超前于O点的相位为$\Delta\varphi=\frac{2\pi}{\lambda}x$，因而波的表达式可以写为

$$y=A\cos(\omega t+\varphi_0+\frac{2\pi}{\lambda}x) \tag{6-10}$$

(3)平面简谐波的表达式

综合以上两种情况，平面简谐波的表达式的一般形式为

$$y=A\cos(\omega t+\varphi_0\pm\frac{2\pi}{\lambda}x) \tag{6-11}$$

式中，x表示质元的空间坐标；t表示质元振动的时间；y表示质元离开自己平衡位置的位移；“$-$”号代表波沿x轴正向传播；“$+$”号代表波沿x轴负向传播。

式(6-11)变形(读者可自行推导)，可得波动表达式的另一个常用形式为

$$y=A\cos[\omega(t\pm\frac{x}{u})+\varphi_0]$$

2.建立波表达式的基本方法和步骤

由以上推导过程可知，建立波表达式的基本方法和步骤为：

(1)写出坐标原点O处质元的振动表达式$y_0=A\cos(\omega t+\varphi_0)$；

(2)判断波的传播方向上任意一点处质元振动相位与O点处质元振动相位之间的相位差$\Delta\varphi=\frac{2\pi}{\lambda}x$($x$为任意一质元的坐标)；

(3)确定波的传播方向与x轴正方向之间的关系，并写出波的表达式。二者方向一致时，波的表达式中相位差前用“$-$”号；二者方向相反时，波的表达式中相位差前用“$+$”号。

上面所得的波的表达式具有普遍意义，理论表明，它不仅适用于平面简谐横波，也适用于平面简谐纵波和平面电磁简谐波。只不过，这时 y 分别代表质元的纵向振动位移和电磁参量。

例题 6-5 一平面简谐波沿 x 轴正方向传播，已知 $A=0.1\text{m}, T=2\text{s}, \lambda=2.0\text{m}$。在 $t=0$ 时，原点处质元位于平衡位置且沿 y 轴正方向运动。试求：波动的表达式。

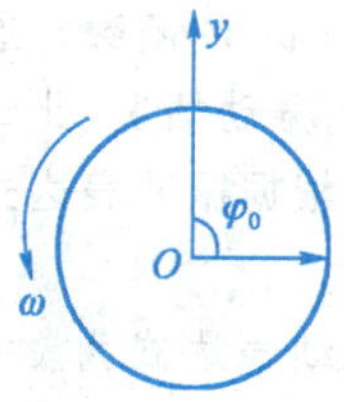

图 6-10 例题 6-5 用图

解 设原点 O 处质元的振动表式为

$$y_0=A\cos(\omega t+\varphi_0)$$

角频率为

$$\omega=\frac{2\pi}{T}=\pi$$

由于在 $t=0$ 时原点处的质元位于平衡位置处且沿 y 轴正方向运动，由旋转矢量图 6-10 所示，可看出 $\varphi_0=-\frac{\pi}{2}$，则原点 O 处的振动表达式为 $y_0=\cos(\pi t-\frac{\pi}{2})$

平面简谐波沿 x 轴正方向传播，则波动的表达式为

$$y=A\cos(\omega t+\varphi_0-\frac{2\pi}{\lambda}x)=0.1\cos(\pi t-\frac{\pi}{2}-\pi x)\text{m}$$

例题 6-6 波长为 λ 的平面简谐波以速度 u 沿 x 轴正方向传播，已知 $x=\frac{\lambda}{4}$ 处质元振动表达式为 $y=A\cos\omega t$。试求：此波的波动表达式。

分析 当波沿 x 轴的正方向传播时，可设简谐波表达式的一般形式为 $y=A\cos\left[\omega t+\varphi_0-\frac{2\pi}{\lambda}x\right]$，此形式是以坐标原点的振动表达式为基础推导而来的。但此题中已知的是 $x=\frac{\lambda}{4}$ 处质元简谐振动的表达式，而不是坐标原点处的，所以我们应从已知出发先推导坐标原点处简谐振动的表达式。

解 波沿 x 轴正方向传播，所以坐标原点 $x=0$ 处的质元振动超前 $x=\frac{\lambda}{4}$ 处的质元，超前的相位为

$$\Delta\varphi=\frac{2\pi}{\lambda}x=\frac{2\pi}{\lambda}\times\frac{\lambda}{4}=\frac{\pi}{2}$$

根据 $x=\frac{\lambda}{4}$ 处质元振动表达式为 $y=A\cos\omega t$，可得原点处质元简谐振动的振动表达式应为

$$y_0=A\cos(\omega t+\frac{\pi}{2})$$

波沿 x 轴正方向传播，根据平面简谐波的表达式一般形式，可写出此简谐波的表式达为

$$y=A\cos(\omega t+\frac{\pi}{2}-\frac{2\pi}{\lambda}x)$$

6.2.2 波动表式的物理意义

由平面简谐波的波动表达式可知,质元的位移 y 既是时间 t 的函数,又是空间坐标 x 的函数,即 $y=y(x,t)$,所以波的表达式实际上表达了媒质中所有质元任意时刻离开平衡位置的位移情况。

(1)若令波动表达式中 x 等于某一给定值,则 y 仅为时间 t 的函数。这就相当于我们盯住介质中某一点,考察该处质元每时每刻的振动情况,此时波的表达式即为该处质元简谐振动的振动表达式,我们可以根据振动表达式分析该质元的振动情况并画出这一点的振动曲线。

例题 6-7 已知一沿 x 轴方向传播的平面简谐波的波动表达式为 $y=2\cos\left[2\pi\left(t-\frac{x}{2}\right)+\frac{\pi}{2}\right]\mathrm{m}$。试求:(1)波的传播方向;(2)$x=2\mathrm{m}$ 处质元的振动表达式,并画出振动曲线。

解 (1)把此波的表达式变形成一般形式,得

$$y=2\cos\left(2\pi t+\frac{\pi}{2}-\frac{2\pi}{2}x\right)\mathrm{m}$$

此式与波的表达式一般形式进行对照,可知,此波沿 x 轴正方向传播。

(2)将 $x=2\mathrm{m}$ 代入波动表达式,可得此处质元的振动表达式为

$$y=2\cos\left[2\pi\left(t-\frac{2}{2}\right)+\frac{\pi}{2}\right]=2\cos\left(2\pi t+\frac{\pi}{2}\right)\mathrm{m}$$

振动曲线如图 6-11 所示,周期 $T=1\mathrm{s}$。

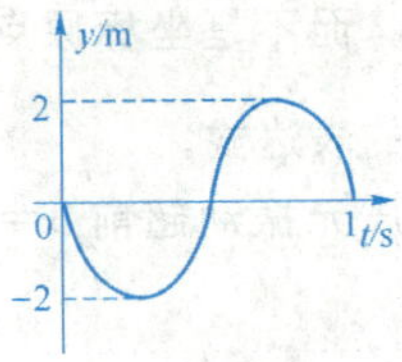

图 6-11 例题 6-7 用图

2. 若令波动表达式中 t 等于某一给定值,则 y 仅为空间坐标 x 的函数。这就表示我们在同一时刻统观波线上各质元,考察它们在给定时刻离开自己平衡位置的情况,若把此刻波传播方向上各点位置描出,则可得到波动在该时刻的"照片",这时波的表达式即为该给定时刻的波形表达式,画出的曲线为该时刻平面简谐波的波形曲线。

例题 6-8 已知如例题 6-7。试求:$t=2\mathrm{s}$ 时的波形方程并画出波形曲线。

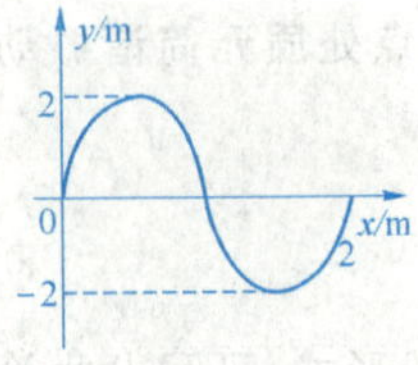

图 6-12 例题 6-8 用图

解 将 $t=2\mathrm{s}$ 代入波动表达式,可得波形方程为

$$y=2\cos\left[2\pi\left(2-\frac{x}{2}\right)+\frac{\pi}{2}\right]=2\cos\left(\frac{\pi}{2}-\frac{x}{2}\right)\mathrm{m}$$

波形曲线如图 6-12 所示,波长 $\lambda=2\mathrm{m}$。

画波形曲线的基本方法和步骤:

(1)建立直角坐标系 xOy。

(2)根据波形方程确定 $x=0$ 时 y 值,并把对于点画在坐标系中,此点为波形曲线的起头点。

(3)判断随着 x 值增加 y 值的变化情况,进而判断波形曲线的走势。

(4)求出波动的振幅及波长,根据波形曲线走势,在坐标系中画出至少一

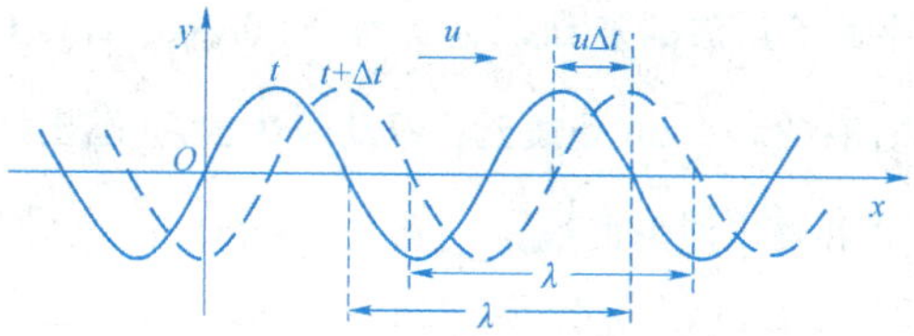

图 6-13　波形的平移

个完整波长的波形曲线。

(3)若波动表达式中 x、t 同时变化，则波的表达式给出了介质中任意质元在任意时刻的振动情况。前后各个时刻的波形曲线是波动的“电影”，动态地反映了波形的传播。图 6-13 中，t 时刻的波形如实线所示，下一时刻 $t+\Delta t$ 时的波形则如图中虚线所示，后一时刻的波形是前一时刻波形沿传播方向在空间平行推移的结果。

例题 6-9　某潜水艇声纳发出的超声波为平面简谐波，振幅 $A=1.2\times10^{-3}\text{m}$，频率 $v=5.0\times10^{4}\text{Hz}$，波长 $\lambda=2.85\times10^{-2}\text{m}$，波源振动的初相位 $\varphi_0=0$。试求：(1)该超声波的表达式；(2)距离波源 2m 处质元简谐振动表达式；(3)距离波源 8.00m 与8.05m的两质元振动的相位差。

解　(1)设该超声波的表达式为

$$y=A\cos(\omega t+\varphi_0-\frac{2\pi}{\lambda}x)$$

根据已知条件，有

$$\omega=2\pi\gamma=2\pi\times5.0\times10^{4}=\pi\times10^{5}\text{rad}\cdot\text{s}^{-1}$$

及 $A=1.2\times10^{-3}\text{m}$、$\lambda=2.85\times10^{-2}\text{m}$、$\varphi_0=0$，代入上式得

$$y=1.2\times10^{-3}\times\cos(\pi\times10^{5}t-2\pi\frac{x}{2.85\times10^{-2}})$$
$$=1.2\times10^{-3}\cos(10^{5}\pi t-220x)\text{m}$$

(2)将 $x=2\text{m}$ 代入上问结果中，可得到 2m 处质元的振动表达式

$$y=1.2\times10^{-3}\cos(10^{5}\pi t-220\times2)=1.2\times10^{-3}\cos(10^{5}\pi t-440)\text{m}$$

(3)由简谐波的表达式可知，波线上两点间的相位差为

$$\Delta\varphi=\frac{2\pi}{\lambda}(x_2-x_1)=\frac{2\pi}{\lambda}\Delta x$$

将 $\Delta x=x_2-x_1=8.05-8.00=0.05\text{m}$，$\lambda=2.85\times10^{-2}\text{m}$ 代入得

$$\Delta\varphi=\frac{2\pi}{\lambda}\Delta x=\frac{2\pi\times0.05}{2.85\times10^{-2}}=11\text{rad}$$

练习题

1. 设平面简谐波的表达式为 $y=2\cos[\pi(0.5t-200x)]\text{cm}$，式中 x 的单位为 cm，t 的单位为 s。试求：(1)振幅 A、波长 λ、波速 u 及波的频率 γ；(2)位于 $x_1=20\text{cm}$ 和 $x_2=21\text{cm}$ 处两质元振动的相位差。

2. 一平面简谐波沿 x 轴负方向传播，已知 $A=0.1\text{m}$，$T=2\text{s}$，$\lambda=2.0\text{m}$，在 $t=0$ 时原点处质元位于 $y=0.05\text{m}$的位置且沿 y 轴负方向运动。试求：波动的表达式。

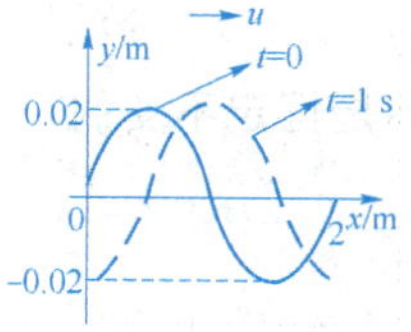

图 6-14　练习题 3 用图

3. 如图 6-14 给出了一简谐波在 $t=0$ 和 $t=1\text{s}$ 时刻的波形图。试根据图中的参数求：(1)波的周期、角频率；(2)该简谐波的表达式。

4. 已知一沿 x 轴方向传播的平面简谐波的波动表达式为 $y=0.2\cos[2\pi(t+\frac{x}{2})+\frac{\pi}{2}]\mathrm{m}$。试求:(1)波的传播方向;(2)$x=2\mathrm{m}$ 处质元的振动表达式,并画出振动曲线;(3)求 $t=2\mathrm{s}$ 时的波形表达式并画出波形曲线。

6.3 波的能量

由波动过程物理本质可知,波在介质中传播时,介质中的每个质元不断地接收波源方向质元传来的能量,同时又不断地向下一个质元放出能量,从而实现了波动过程中能量的传播。本节我们以介质中任一体积为 ΔV 的弹性质元为例,讨论其所具有的能量,以及波的能量传播过程中所具有的特征。

6.3.1 波的能量

设有一平面简谐波在密度为 ρ 的弹性介质中沿 x 轴正向传播,波速为 u,波的表达式为

$$y=A\cos(\omega t+\varphi_0-\frac{2\pi}{\lambda}x)$$

坐标为 x 处体积为 ΔV 的弹性质元质量为 $\Delta m=\rho\Delta V$,该质元可视为质点,当波传到该质元所在处时,其振动速度为(由于此时质元相对于平衡位置的位移 y 是时间 t 与位置坐标 x 的函数,所以求振动速度时应是位移 y 对时间 t 求一阶偏导数)

$$v=\frac{\partial y}{\partial t}=-A\omega\sin(\omega t+\varphi_0-\frac{2\pi}{\lambda}x)$$

质元的动能为

$$E_{\mathrm{k}}=\frac{1}{2}\Delta mv^2=\frac{1}{2}\rho\Delta VA^2\omega^2\sin^2(\omega t+\varphi_0-\frac{2\pi}{\lambda}x) \tag{6-12}$$

式(6-12)表明,质元中的动能是随时间 t 作周期性变化的(同一质元,不同时刻的动能值不同);同时,动能随 x 值作周期性变化,即在同一时刻介质中不同质元所具有的动能也是不同的。

该处质元因形变而具有弹性势能,可以证明(证明过程略),该质元的弹性势能为

$$E_{\mathrm{p}}=\frac{1}{2}\rho\Delta VA^2\omega^2\sin^2(\omega t+\varphi_0-\frac{2\pi}{\lambda}x) \tag{6-13}$$

式(6-12)和式(6-13)表明,质元的势能与动能一样,不是恒定不变的,而是随时间、位置作周期性的同步调的变化。

该质元所具有的总机械能为

$$E=E_{\mathrm{k}}+E_{\mathrm{p}}=\rho\Delta VA^2\omega^2\sin^2(\omega t+\varphi_0-\frac{2\pi}{\lambda}x) \tag{6-14}$$

式(6-14)表明,波动在弹性介质中传播时,介质中任一质元 Δm 的总机械能

随时间作周期性变化。这说明，质元和相邻质元之间有能量交换，当质元的能量增加时，说明它在从相邻质元中吸收能量；当质元的能量减少时，说明它在向相邻质元释放能量。正因质元不断吸收能量和释放能量，才实现了能量不断地从介质中的一部分传递给另一部分，这也充分说明了波动过程就是一个能量传播的过程。

应当注意，波动的能量与简谐振动的能量有着明显的区别。在一个孤立的简谐振动系统中，它和外界没有能量交换，机械能守恒，即动能与势能在不断的相互转化，但机械能总和不变。当动能极小时，势能为极大，当势能为极小时，动能为极大；而在波动中，质元所具有的能量并不守恒，介质中任意点处的质元均受到其前后两侧质元弹性力的作用，该质元从其前面质元处吸收能量，同时又向其后面的质元放出能量，但由于前后两质元对该质元的弹性力的作用效果不同，所以该质元的能量"收"、"支"是不平衡的，在能量传输的过程中，自身的能量也在改变，且自身的动能和势能的改变是同步的，即质元的动能和势能同时同处达到最大，动能为零，势能也为零。

6.3.2 波的能量密度

由式(6-14)可知，波动的能量与所取质元的体积 ΔV 有关，为了描述其能量的分布情况，以便进行两列波能量变化的比较，需要将体积因素排除掉，我们引入了能量密度的概念。单位体积介质中所具有的波动能量称为波的能量密度，用 w 表示。由式(6-14)可知，波的能量密度为

$$w=\frac{E}{\Delta V}=\rho A^2\omega^2\sin^2\left(\omega t+\varphi_0-\frac{2\pi}{\lambda}x\right) \tag{6-15}$$

在国际单位制中，能量密度的单位为焦/米^3($\mathrm{J\cdot m^{-3}}$)

由式(6-15)可知，能量密度 w 也是随时间变化的，所以通常在估算介质中的能量时，采用能量密度对时间的平均值，它被称作平均能量密度，用$\overline{w}$表示。根据正弦函数的平方在一个周期中的平均值为$\frac{1}{2}$，可得波的平均能量密度为

$$\overline{w}=\frac{1}{2}\rho A^2\omega^2 \tag{6-16}$$

在国际单位制中，平均能量密度的单位也是焦/米^3($\mathrm{J\cdot m^{-3}}$)。

式(6-16)说明，平均能量密度与波振幅的平方、角频率的平方及介质密度成正比，此公式适用于各种弹性波。

6.3.3 波的能流及能流密度

波是能量传递的一种方式，波动过程也就是能量的传播过程。为了分析能量传播过程的特点，我们首先引入能流的概念。

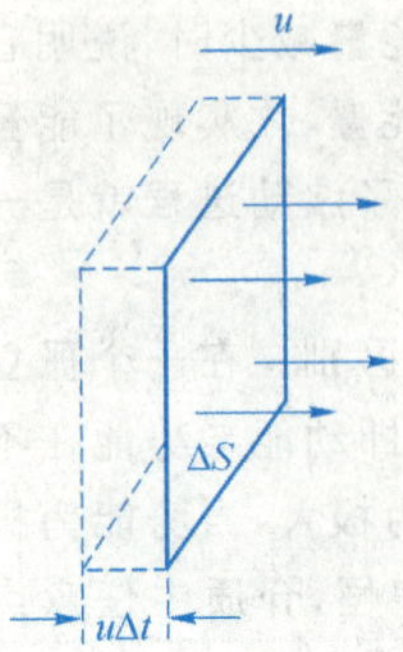

图 6-15 波的能流计算

1. 波的能流

能量在介质中流动,一束波就是一束能量流。能量流的流量亦即单位时间内通过介质中某一垂直截面的能量,称为通过该截面的能流。如图 6-15 所示,设想在介质中垂直于波速的方向上取一截面 ΔS,则在 Δt 时间内通过该截面的能量就等于 ΔS 面后方体积为 $\Delta Su\Delta t$ 中的能量,这一能量等于 $w\Delta Su\Delta t$,则通过这一截面 ΔS 的能流(以 P 表示)为

$$P=\frac{w\Delta Su\Delta t}{\Delta t}=w\Delta Su \tag{6-17}$$

在式(6-17)中,由于 w 是随时间变化的函数,所以,波的能流 P 也随时间变化。由于波的周期通常比人或大多数仪器的反应小得多,所以常取 P 的时间平均值作为波的能量流的量度,称为平均能流。用 $\overline{w}$ 代替式(6-17)中的 w,得波的平均能流为

$$\overline{P}=\overline{w}\Delta Su=\frac{1}{2}\Delta S\rho u\omega^2A^2 \tag{6-18}$$

在国际单位制中,波的平均能流的单位为瓦(W)。

2. 波的能流密度(波的强度)

波的能流与所考察的面积有关,并不能客观地反映出介质中能量流的强度。为此我们定义:单位垂直截面上的平均能流,亦即单位时间内通过单位垂直截面的平均能量为波的能流密度,又称为波的强度,以 I 表示,则有

$$I=\frac{\overline{P}}{\Delta S}=\frac{1}{2}\rho u\omega^2A^2 \tag{6-19}$$

在国际单位制中,波的强度的单位为瓦/米²($\mathrm{W\cdot m^{-2}}$)。

由式(6-19)可知,波的强度与振幅的平方、角频率的平方成正比,超声波因其角频率大而强,次声波因其振幅值大而强。波的强度越大,单位时间内通过垂直于波的传播方向的单位面积的能量越多,波就越强。例如声音的强弱决定于声波的能流密度(称为声强)的大小;光的强弱决定于光波的能流密度(称为光强)的大小。

波在传播过程中,其强度可能会发生衰减,造成强度减弱的原因有两个:一是介质对波能量的吸收,二是对于球面波来说,波向外传播时,波的截面越来越大,从而引起能量分布发生变化,能量分布在大的截面上,波的强度自然要减小。若平面简谐波在各向同性、均匀、无吸收的理想介质中传播,其强度不变,由式(6-19)可知,其振幅在传播过程中将保持不变。

例题 6-10 设一列平面简谐波在密度为 $\rho=0.8\times10^3\,\mathrm{kg\cdot m^{-3}}$ 的介质中传播,其波速为 $10^3\,\mathrm{m\cdot s^{-1}}$,振幅为 $1.0\times10^{-3}\,\mathrm{m}$,频率为 $\gamma=1\,\mathrm{kHz}$。试求:(1)波的能流密度;(2)1 分钟内通过垂直截面 $S=2\times10^{-4}\,\mathrm{m^2}$ 的总能量。

解 (1)由式 $I=\frac{1}{2}\rho u\omega^2A^2$,$\omega=2\pi\gamma$ 可知,波的能流密度为

$$I=\frac{1}{2}\times0.8\times10^3\times(1.0\times10^{-3})^2\times(2\pi\times10^3)^2\times10^3=1.58\times10^7\,\mathrm{W\cdot m^{-2}}$$

(2)由于能流密度是单位时间内通过垂直于波传播方向的单位面积上的平均能量,则 t 时间内垂直通过面积为 S 的总能量为

$$E=ISt$$

由已知 $S=2\times10^{-4}\text{m}^2$、$t=60\text{s}$ 则

$$E=1.58\times10^7\times2\times10^{-4}\times60=1.88\times10^5\text{J}$$

例题 6-11 假设灯泡功率的 5%是以可见光形式发出的,若将灯泡看成一个点波源,它发出的光波在各个方向上均匀分布并通过均匀介质向外传播。试求:与一个 60W 灯泡相距为 1.5m 处的可见光波的强度。

分析 功率是单位时间内的能量,而光的强度为单位时间通过垂直单位面积的能量,所以二者的关系应为 $P=IS$

解 灯泡以可见光形式输出的功率为

$$P_0=60\times5\%=3\text{W}$$

球面光波的强度为 $I=\dfrac{P_0}{S}=\dfrac{P_0}{4\pi r^2}$

当 $r=1.5\text{m}$ 时

$$I=\frac{P_0}{4\pi r^2}=\frac{3}{4\pi r^2}=0.1\text{W}\cdot\text{m}^{-2}$$

练习题

1. 生活中常用聚焦超声波的方法获得能流密度很高的超声波。若用此方法在水中产生能流密度高达 $I=120\text{kW}\cdot\text{cm}^{-2}$ 的超声波,设该超声波的频率为 $\gamma=500\text{kHz}$,水的密度为 $\rho=10^3\text{kg}\cdot\text{m}^{-3}$,水中声速为 $u=1\,500\text{m}\cdot\text{s}^{-1}$。试求:水中质元的振动振幅。

2. 一个点波源发射的功率为 1.0W,在各向均匀的不吸收能量的介质中传出球面波,求距波源 1.0m 处波的强度。

6.4 声波

在弹性介质中,如果波源激起纵波的频率为 20～20 000Hz,就能引起人的听觉,在这一频率范围内的振动称为声振动,由声振动引起的纵波称为声波。频率小于 20Hz 的声波称为次声波,频率大于 20 000Hz 的声波称为超声波。从波动的基本特征来看,次声波和超声波与能引起听觉的声波并没有什么本质的差异。

声波的强度称为声强。声强即为日常生活中人们所说的音量,是描述声音大小的物理量。对于频率为 1 000Hz 的声音,一般正常人听觉的最高声强为 $1\text{W}\cdot\text{m}^{-2}$,声强超过此值则能引起人的痛觉,因此,此值称为痛觉阈。最低声强为 $10^{-12}\text{W}\cdot\text{m}^{-2}$,低于此值的声音不能引起人的听觉,所以此值称为听觉阈。通常把听觉阈的声强值作为标准,用 I_0 表示,根据其他声音与 I_0 的比值

来定义其他声音的级别。由于声强的数量级相差悬殊(达 10^{12} 倍),所以这个比值也相差悬殊,因而我们用比值的对数标度作为声强级的度量,声强级用 I_L 表示,即

$$I_L=\log_{10}\frac{I}{I_0} \tag{6-20}$$

声强级的单位为贝尔(Bel)。实际上,人们嫌贝尔这个单位太大,所以通常采用分贝(dB)作为声强级的单位。即声强级的公式为

$$I_L=10\lg\frac{I}{I_0} \tag{6-21}$$

表 6-1 给出了常见的一些声音的声强及声强级。

例题 6-12 声强达到 $10^{-3}\,\mathrm{J\cdot m^{-2}\cdot s^{-1}}$ 已属于一种噪声公害。试求:此声强所对应的频率为 $\gamma=1\,000\,\mathrm{Hz}$ 声振动的振幅。(在通常的情况下,空气密度 $\rho=1.29\times10^3\,\mathrm{kg\cdot m^{-3}}$,空气中声速约为 $u=340\,\mathrm{m\cdot s^{-1}}$。)

解 由声强的公式 $I=\frac{1}{2}\rho u\omega^2A^2$ 可知振幅

$$A=\frac{1}{\omega}\sqrt{\frac{2I}{\rho u}}=\frac{1}{2\pi\gamma}\sqrt{\frac{2I}{\rho u}}=\frac{1}{2\pi\times1000}\times\sqrt{\frac{2\times10^{-3}}{1.29\times10^3\times340}}=3.4\times10^{-7}\,\mathrm{m}$$

表 6-1 一些声音的声强、声强级和感觉到的响度

声源	声强 $\mathrm{W\cdot m^{-2}}$	声强级/dB	响度
树叶微动	10^{-11}	10	极轻
细语	10^{-11}	10	
交谈(轻)	10^{-10}	20	轻
收音机(轻)	10^{-8}	40	
交谈(平均)	10^{-7}	50	正常
工厂(平均)	10^{-6}	60	
闹市(平均)	10^{-5}	70	响
警笛	10^{-4}	80	极响
锅炉工厂	10^{-2}	100	
铆钉锤	10^{-1}	110	
雷声、炮声	10^{-1}	110	
摇滚乐	1	120	震耳
喷气机起飞	10^{3}	150	

例题 6-13 震耳的炮声,其声强约为 $10^3\,\mathrm{W\cdot m^{-2}}$。试求:此声的声强级。

解 由 $I_L=10\lg\frac{I}{I_0}$ 有

$$I_L=10\lg\frac{I}{I_0}=10\lg10^{15}=10\times15=150\,\mathrm{dB}$$

练习题

1. 人正常交谈时声强约为 $10^{-6}\,W \cdot m^{-2}$。试求：此声的声强级。
2. 摇滚乐的声强级为 120dB。试求：此声的声强。

6.5 波的叠加原理　波的干涉

前面我们研究的都是一列波在空间传播的情况，如果空间有几列波在传播，在几列波相遇处，情况会如何呢？实验证明，当几列波在空间中相遇而叠加时，会出现许多有趣的现象，并引发了许多重要的实际应用。本节我们将介绍波的叠加原理，产生波干涉现象的条件，以及在波的干涉区域加强、减弱点的条件。

6.5.1 波的叠加原理

在平静的水面上投入两个小石子，它们会分别激起一列波纹，当两列波纹相遇时，它们交叉而过，各自不受对方影响，每列波纹都按自己原来的规律向前传播，原来是圆形波纹的仍保持其圆形波纹不变，就好像另一列波并不存在一样；又如两个探照灯所发出的光束，交叉后仍按原来各自的方向传播，彼此互不影响；再如乐队的合奏，其声波并没有因为在空间交叠而发生变化，它们总能保持自己原有的特性不变，因而我们能够分辨出乐曲声中都包含哪种乐器的声音。大量实验事实证明，几列波在空间相遇，各波原有特性保持不变，这就是说，在传播过程中，波动具有独立性。正因为波传播的独立性，当几列波同时传到空间的某一点而相遇时，每列波都单独引起该点质元的振动，所以该点的振动就是各列波在该点所引起的各个振动的合成。综上所述，在几列波相遇的区域内，各波原有特性（振幅、频率、波长、振动方向和传播方向）保持不变，介质中任一点的振动为各波列单独在该点所引起振动的合成，这称为波的叠加原理。

叠加原理是从大量实验事实的观察中总结出来的，一般来说，几列波叠加以后的情况是很复杂的，而且是随时间变化的，其中比较简单，比较有意义的是波的干涉现象。

6.5.2 波的干涉

1. 波的干涉现象

满足一定条件的两列波在空间相遇而叠加时，交叠区域某些地方的合振动始终加强，而另一些地方的合振动始终减弱，这种有规律的叠加现象称为波的干涉现象。能够产生干涉现象的两列波称为相干波。

那么，什么样的波才是相干波呢？

2. 相干波的条件

波动是振动的传播过程,某处波的叠加其实就是该处振动的叠加,只不过波叠加时参与叠加的质元不止一个,而是介质中众多质元这一群体。由简谐振动合成的知识我们知道,振动方向相同的两个振动叠加要比不同方向的振动叠加简单。其中最简单的情况是:频率相同、振动方向相同的两个振动的叠加,这样两个振动叠加而成的合振动的振幅为 $A_{合}=\sqrt{A_1^2+A_2^2+2A_1A_2\cos\Delta\varphi}$。

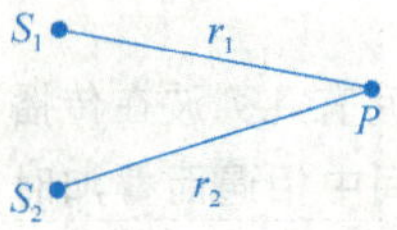

图 6-16 波的叠加

设图 6-16 中所示的频率相同、振动方向相同的两波源 S_1、S_2 简谐振动的表达式分别为:

$$y_{10}=A_1\cos(\omega t+\varphi_{10})$$

$$y_{20}=A_2\cos(\omega t+\varphi_{20})$$

由 S_1、S_2 发出的两列波沿波线方向分别传播了 r_1 和 r_2 到达 P 点,它们引起 P 点简谐振动的表达式分别为

$$y_1=A_1\cos(\omega t+\varphi_{10}-\frac{2\pi}{\lambda}r_1)$$

$$y_2=A_2\cos(\omega t+\varphi_{20}-\frac{2\pi}{\lambda}r_2)$$

在 P 点两振动的相位差为

$$\Delta\varphi=\varphi_{20}-\varphi_{10}-\frac{2\pi}{\lambda}(r_2-r_1) \tag{6-22}$$

由式(6-22)可知,对于空间任一点,相位差 $\Delta\varphi$ 是个与时间无关的常量,即恒量,因而 P 点的合振动的振幅 $A_{合}$ 也就不随时间变化,在 P 点会发生波的干涉现象。

对于振动方向相同、频率不同的两个简谐振动的叠加,由振动的合成理论可知,相位差 $\Delta\varphi$ 是与时间有关的量,其合振动振幅就随时间的变化而变化,故它们不可能形成干涉现象。

由此可见,只有同频率、同振动方向、相位差恒定的两个简谐波才是相干波。能发射相干波的波源称为相干波源。

3. 干涉加强、减弱条件

满足相干波条件的两列波在空间传播相遇时,两列波就会发生干涉现象,即介质中某些地方合振动始终加强,某些地方合振动始终减弱。介质中任一点的合振动是加强还是减弱,由式(6-22)所给出的相位差来决定。当相位差为 π 的偶数倍时,合成振幅最大($A_{合}=A_1+A_2$),合振动加强。故干涉加强条件为

$$\Delta\varphi=\varphi_{20}-\varphi_{10}-\frac{2\pi}{\lambda}(r_2-r_1)=2k\pi \tag{6-23}$$

当相位差为 π 的奇数倍时,合成振幅最小($A_{合}=|A_1-A_2|$),合振动减弱。故干涉减弱的条件为

$$\Delta\varphi=\varphi_{20}-\varphi_{10}-\frac{2\pi}{\lambda}(r_2-r_1)=(2k+1)\pi \tag{6-24}$$

上述两式中 k 的取值为 $0, \pm 1, \pm 2, \cdots$。

当两相干波源为同相位时，即 $\varphi_{10}=\varphi_{20}$，两波叠加处相位差为 $\Delta\varphi=\frac{2\pi}{\lambda}(r_2-r_1)$，$r_1$ 和 r_2 分别为两波在介质中传播的几何路程，称为波程。式中的(r_2-r_1)为两相干波到达相遇点的波程之差，称为波程差，以 δ 表示，即 $\delta=r_2-r_1$。代回上式，可得相位差与波程差的关系为

$$\Delta\varphi=2\pi\frac{\delta}{\lambda} \tag{6-25}$$

式(6-25)表明，两相干波的波程差为波长的整数倍时，其相位差为 π 的偶数倍，两波干涉加强。若用波程差来表示相位差，当两相干波源相位相同时，波干涉加强、减弱条件为

$$\delta=\begin{cases}2k\dfrac{\lambda}{2} & \text{加强}\\(2k+1)\dfrac{\lambda}{2} & \text{减弱}\end{cases}\quad k=0,\pm 1,\pm 2,\cdots \tag{6-26}$$

由此可见，波程差 δ 每变化半个波长，介质中质元的合振动就在强弱之间变化一次。

例题 6-14 S_1、S_2 是两相干波源，相距 $\frac{1}{4}$ 波长，S_1 比 S_2 的相位超前 $\frac{\pi}{2}$。设两相干波源简谐振动的振幅相同。试求：(1) S_1、S_2 连线上在 S_1 外侧各点的合成波的振幅及强度；(2)在 S_2 的外侧各点处合成波的振幅及强度。

解 由干涉加强、减弱的条件可知，合成波的振幅 $A_{合}$ 取决于相位差 $\Delta\varphi$。

(1)如图 6-17(a)所示，S_1 外侧的任一点 P 距离 S_1 和 S_2 分别为 r_1 和 r_2，则两波传播到 P 点时相位差为

$$\Delta\varphi=\varphi_{20}-\varphi_{10}-\frac{2\pi}{\lambda}(r_2-r_1)=-\frac{\pi}{2}-2\pi\frac{\frac{\lambda}{4}}{\lambda}=-\pi$$

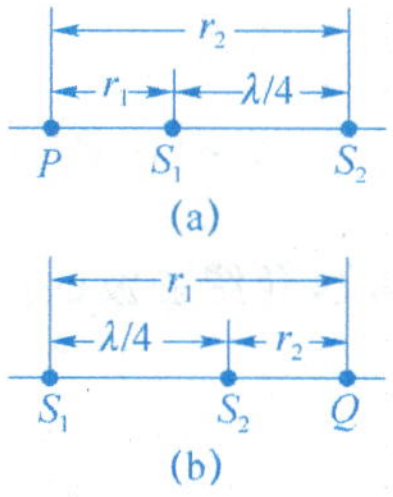

图 6-17 例题 6-14 用图

满足干涉减弱的条件，故干涉结果的振幅为

$$A_{合}=|A_1-A_2|=0$$

各点的合成波的强度 $I_{合}=0$

(2)如图 6-17(b)所示，S_2 外侧的 Q 点距离 S_1 和 S_2 分别为 r_1 和 r_2，则两波传播到 Q 点时，相位差为

$$\Delta\varphi=\varphi_{20}-\varphi_{10}-\frac{2\pi}{\lambda}(r_2-r_1)=-\frac{\pi}{2}-2\pi\frac{(\frac{-\lambda}{4})}{\lambda}=0$$

满足干涉加强的条件，所以

$$A_{合}=A_1+A_2=2A_1=2A_2$$

S_2 外侧各点的合成波强度为单个波强度的 4 倍。

例题 6-15 两列振幅相同的平面简谐横波在同一介质中相向传播，波速均为 $200\text{m}\cdot\text{s}^{-1}$，当这两列波各自传播到相距为 8m 的 A、B 两点时，两点

作同频率同方向的振动,频率为 100Hz,且 A 点为波峰时,B 点为波谷。试求:A、B 连线间因干涉而静止的各点位置。

分析:由于这两点作同频率同方向的振动,且 A 点为波峰时,B 点为波谷,即 A、B 两波源的振动相位差为 π,所以这两列波满足相干波的条件;若想求因干涉而静止的点,则要求两相干波传到这一点处相位差为 π 的奇数倍。

解 以 A 点为坐标原点,沿 A、B 两点的连线为正向向右建立 Ox 轴。设由于干涉而静止的 P 点距 A 点为 x。

由于 $\lambda=\frac{u}{\gamma}=\frac{200}{100}=2\text{m}$,$\varphi_{20}-\varphi_{10}=\pi$,于是由 A 与 B 两点相干波源传播到 P 点所引起的两振动的相位差为

$$\Delta\varphi=\varphi_{20}-\varphi_{10}-2\pi\frac{(r_2-r_1)}{\lambda}=\pi-2\pi\frac{8-x-x}{2}$$

由于 P 点静止,应有

$$\Delta\varphi=\pi-\pi(8-2x)=(2k+1)\pi$$

联立上二式,求解得 $x=k+4\text{m}\quad k=0,\pm1,\pm2,\pm3,\pm4$

A、B 之间有的质元振动始终加强,这些点称为波腹,有的质元振动始终减弱,这些点称为波节。A、B 之间两列波的干涉现象称为驻波,关于驻波的有关问题我们将在下节详细讨论。

练习题

1. 在同一介质中,两相干的点波源,频率均为 100Hz,相位差为 π,两者相距 20m,波速为 $10\text{m}\cdot\text{s}^{-1}$。试求:在两波源连线的中垂线上各点振动情况。

2. 已知如例题 6-15。试求:AB 连线间因干涉而振幅变为 2 倍的各点位置。

6.6 驻波

本节我们讨论两列沿相反方向传播的相干波的干涉情况,介绍驻波的产生原因、驻波的表达式,以及驻波的特征。

6.6.1 驻波的产生

我们通过实验来认识驻波这种特殊物理现象。如图 6-18(a)所示,在电动音叉一臂的末端 A 处系一水平细线,细线的另一端跨过滑轮系一砝码,这样能使细线中具有一定的张力,B 处是一支点,细线在 B 处不能振动。当音叉振动时,音叉的振动便沿着细线向右传播,形成入射波。当到达 B 点时,由于 B 点不能振动,此时将形成向左传播的反射波。入射波和反射波的频率、

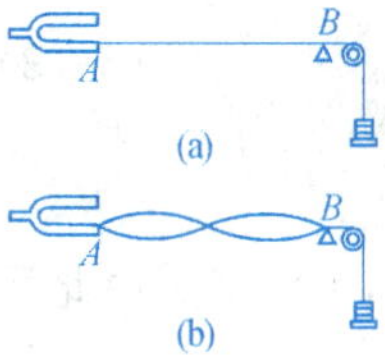

图 6 18 驻波的形成

振幅和振动方向都相同，只是传播方向相反。两列波在水平细线上发生叠加干涉，但我们只能看到细线在分段振动，却看不到波向前传播，而且每段两端处的质元几乎固定不动，而每段中间的质元振幅最大。这种连续介质中各质元原地振动而不向前传播的运动状态称为驻波，介质中始终静止不动的各点称为驻波的波节，介质中振幅始终最大的各点称为驻波的波腹。

驻波是一种特殊的干涉现象。它是由沿相反方向传播的两列等幅相干波叠加而成的。这种特殊的干涉现象在实际生活中经常遇到，例如，海波从悬崖上反射时，入射波与反射波就是这种叠加，乐器中管、弦、膜、板的振动都属于这种相干叠加所形成的振动。

6.6.2 驻波的表达式

设有频率、振幅和振动方向均相同的两列波，均以波速 u 沿 x 轴方向传播，其中一列沿 x 轴正向传播，另一列沿 x 轴负向传播，取两列波的坐标原点为同一点，当$t=0$时两列波的坐标原点处位移最大(即初相位 $\varphi_0=0$)，则可设这两个相干波的表达式分别为

$$y_1=A\cos(\omega t-\frac{2\pi}{\lambda}x)$$

$$y_2=A\cos(\omega t+\frac{2\pi}{\lambda}x)$$

由余弦公式的和角公式可知，两波叠加合成的结果为

$$y=y_1+y_2=2A\cos\frac{2\pi}{\lambda}x\cos\omega t \qquad (6\text{-}27)$$

式(6-27)即为驻波的表达式，此式对驻波做出了精确的描述。它表明，细线上任一给定点 P(其坐标值为 x)，作振幅为 $\left|2A\cos\frac{2\pi}{\lambda}x\right|$、角频率为 ω 的简谐振动。

6.6.3 驻波的特征

因为振幅是正值，所以驻波的振幅为

$$A_{合}=\left|2A\cos\frac{2\pi}{\lambda}x\right| \qquad (6\text{-}28)$$

由此可见，驻波的振幅取决于介质中质元的位置，任一质元都有自己确定的振幅，振幅在空间的分布随坐标 x 做周期性变化($0\leqslant A_{合}\leqslant 2A$)，但不随时间变化。

1. 波腹位置

当$\frac{2\pi}{\lambda}x=k\pi$ 时，$A_{合}=2A$，这些点合振动振幅最大，为波腹。由此可得波腹坐标为

$$x_{腹}=2k\frac{\lambda}{4}\quad k=0,\pm1,\pm2,\cdots \tag{6-29}$$

2. 波节位置

当 $2\pi\frac{x}{\lambda}=(2k+1)\frac{\pi}{2}$ 时，$A_{合}=0$，这些点始终静止不动，为波节。由此可得波节坐标为

$$x_{节}=(2k+1)\frac{\lambda}{4}\quad k=0,\pm1,\pm2,\cdots \tag{6-30}$$

相邻波节或波腹间的距离为

$$\Delta x=x_{k+1}-x_k=\frac{\lambda}{2}$$

即两相邻波节或波腹间的距离均为半个波长($\lambda/2$)。利用这一结论，只要测出相邻节点间的距离，就可以测定此波的波长，这是驻波的主要应用之一。

※6.6.4 半波损失

在前面图6-21所示的驻波实验中，反射点B是固定不动的，在该处形成驻波的一个波节。从振动叠加的角度看，这就意味着反射波与入射波在固定点B处的相位差为 π，也就是说入射波在反射时有 π 的相位跃变。由相位差与波程差的关系($\Delta\varphi=\frac{2\pi}{\lambda}\delta$)可知，相位跃变 π 相当于有半个波长的波程差，故习惯上常将这种入射波在反射时的相位跃变 π 称为半波损失。若反射端是自由的，则没有相位跃变，自由反射端将形成驻波的波腹。

一般来说，入射波在两种不同介质的界面处发生反射时，是否存在半波损失与波的种类、两种介质的性质以及入射角的大小有关。从弹性介质对质元振动的弹性阻力角度出发，我们将弹性介质分为两种，弹性阻力较大的介质称为波密介质；反之，弹性阻力较小的介质称为波疏介质。有关波动表达式和相应的边值关系的理论表明，当波从波疏介质近似垂直入射到波密介质界面反射时，有半波损失；反之，当波从波密介质近似垂直入射到波疏介质界面反射时，无半波损失。对于电磁波来说，上述规律同样适用，只不过定义波密与波疏介质时用介质的折射率 n 的相对大小来划分。

例题6-16 一平面简谐波沿 x 轴正向在某一介质中传播，使其为入射波，其波动表达式为 $y_1=0.2\cos(200\pi t-\pi x)\mathrm{m}$。在波源前方5m处为两种介质的分界面，入射波在分界面上反射后其波动表达式变为 $y_2=0.2\cos(200\pi t+\pi x)\mathrm{m}$，反射波和入射波在介质中干涉，形成驻波。试求：(1)驻波表达式；(2)在波源与分界面之间各个波节和波腹的位置。

解 (1)驻波表达式为

$$y=y_1+y_2=0.2\cos(200\pi t-\pi x)+0.2\cos(200\pi t+\pi x)$$

$$=2\times0.2\cos\left[\frac{(200\pi t-\pi x)+(200\pi t+\pi x)}{2}\right]$$
$$=0.4\cos(200\pi t)\cos(-\pi x)$$
$$=0.4\cos\pi x\cos200\pi t$$

(2)由波节表达式 $\pi x=k\pi$ 有 $x=k\text{m}$ $k=0,1,2,3,4,5$

可得波节点的位置为

$$x=0,1,2,3,4,5$$

由波腹表达式 $\pi x=(2k+1)\pi/2$ 有 $x=\frac{2k+1}{2}\text{m}$ $k=0,1,2,3,4$

可得波腹点的位置为

$$x=\frac{1}{2},\frac{3}{2},\frac{5}{2},\frac{7}{2},\frac{9}{2}$$

练习题

两列波在同一条弦线上传播，自左向右传播的波的表达式为 $y_1=3\cos2\pi t+0.1\pi x)\text{m}$，自右向左传播的波的表达式为 $y_1=3\cos(2\pi t-0.1\pi x)\text{m}$。试求：(1)每个波的频率、波长和波速；(2)波节位置；(3)波腹位置。

※6.7 多普勒效应

波动是振动在空间的传播过程。前面讨论的情况中，观察者和波源相对于介质来说都是静止的，此时观察者接收波的频率就是波源的振动频率。但是，在日常生活和科学观测中经常遇到波源或观察者相对于介质运动的情况，当波源或观察者相对于传播波的介质运动时，所接收到的频率就不再是波源的振动频率了。以在水中传播的水波为例，若波源相对于介质向左运动，如图 6-19 所示(图中黑点表示波源的先后位置，细线表式各时刻的波阵面的形状)，由此图可看出，左侧波长短，右侧波长长，相应的，左侧频率高，右侧频率低。生活中这样的例子很多，如火车汽笛声频率是固定不变的，但当飞奔的火车自远而近地开来时，我们听到汽笛的音调高，当火车由近而远地离去时，则听到汽笛的音调低。这类现象是由奥地利物理学家多普勒(Doppler，1803—1853)于 1842 年首先发现的，所以把这种由于波源或波动接收器相对于介质运动而使接收器所收到的频率不同于波源的振动频率的现象，称为多普勒效应。

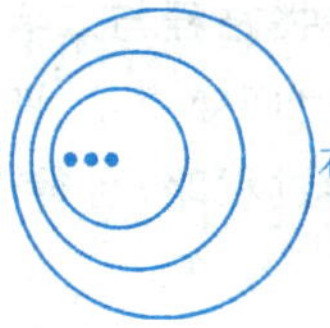

图 6-19 多普勒效应

当波源或观察者沿着它们的连线运动时，我们称之为纵向运动，由纵向运动所引起的多普勒效应叫做纵向多普勒效应。设波源 S 相对于介质的运动速度为 v_S，观察者 R 相对于介质的运动速度为 v_R，波在介质中的传播速度为 u。为了便于表述，我们首先对有关运动速度的正负作如下规定：波源和接受器相互接近时，它们的速度为正(即 $v_S>0$，$v_R>0$)，二者彼此远离时，它们的速度为负(即 $v_S<0$，$v_R<0$)，波速 u 恒取正值。波源的发射频率，即波源

在单位时间内振动的次数,亦即波源在单位时间内所发出的“完整波”的个数,用 γ_S 表示。观察者的接收频率,即就是观察者在单位时间内所接收到的振动次数,亦即接受器在单位时间内所接收到的“完整波”的个数,用 γ_R 表示。下面,我们分几种情况来讨论波源的发射频率和观察者接受到的接受频率之间的关系。

6.7.1 波源相对于介质运动,观察者不动

设波源 S 在 Δt 时间内,共发射出 N 个“完整波”,则波源的发射频率为 $\gamma_S=\dfrac{N}{\Delta t}$;若波源 S 不动,则观察者接收这 N 个“完整波”所需要的时间也为 Δt,若此时波源向观察者以 v_S 的速度运动,则观察者接收这 N 个“完整波”所需要的时间要小于 Δt,或者说,在 Δt 时间内接受者接收到了多于 N 个的“完整波”,所以,接受者的接收频率要比波源的发射频率大,理论推导表明(推导过程略),此时 γ_S 与 γ_R 之间的关系为

$$\gamma_R=\frac{u}{u-v_S}\gamma_S \tag{6-31}$$

由此式可以得出,当火车向我们驶来时 $v_S>0$,有 $\gamma_R>\gamma_S$,即我们听到汽笛声频率高于火车本身发出的频率,因而,我们感觉音调变得尖利起来;而当火车远离我们而去时,$v_S<0$,则有 $\gamma_R<\gamma_S$,即我们听到的汽笛频率低于火车本身发出的频率,因而,我们感觉汽笛声调低。

6.7.2 观察者相对于介质运动,波源不动

假定观察者 R 向着波源 S 运动($v_R>0$),此时振动的传播路程与二者都不动时相比较变小了,因而观察者接收到 N 个“完整波”的时间变小了,即观察着接收到波的频率变大了,即 $\gamma_R>\gamma_S$。由理论推导(推导过程略)可得,此时 γ_S 与 γ_R 之间的关系为

$$\gamma_R=\frac{u+v_R}{u}\gamma_S \tag{6-32}$$

此式对于观察者 R 远离波源 S 而去时同样适用,只是 v_R 应取负值。

式(6-31)和式(6-32)表明,虽然波源运动和观察者运动都将引起频率的变化,但具体缘由却不同,其结果也不同。

6.7.3 波源和接受器同时相对于介质运动

这种情况下,使接收频率变化的因素有两个:由于接收器的运动,接收频率应满足式(6-32),但该式中的发射频率却由于波源运动的影响,要用式

(6-31)中的($\frac{u}{u-v_S}\gamma_S$)来代替(即将波源运动导致接收频率变化的效应用一个发射频率作相应调整的静止波源来代替)。所以有

$$\gamma_R=\frac{u+v_R}{u}\left[\frac{u}{u-v_S}\gamma_S\right]$$

$$\gamma_R=\frac{u+v_R}{u-v_S}\gamma_S \tag{6-33}$$

这一公式是研究纵向多普勒效应所得出的结果。对于机械波来说,横向运动没有多普勒效应。在应用时,还应注意式中有关速度的正负号。

多普勒效应在科学研究、工程技术、交通管理、医疗诊断等方面有着十分广泛的应用。多普勒效应有时也给我们带来不利的影响。如根据观测人造卫星或其他天体发射来的电磁波频率变化,就可以判断出它们的运动情况。地面卫星站常用多普勒效应跟踪人造卫星。雷达向飞机、导弹等运动目标发射已知频率的电磁波并接受收目标反射后的回波,由回波与发射波频率之差,即可确定运动目标接近雷达的速度。医学上的D型(Doppler mode)超声诊断仪,就是利用超声波的多普勒效应来检查人体内脏、血管的运动和血液的流速,流量等情况。如在固体中,大量分子、原子在发出同一频率的光波时,由于所有分子、原子都在做速度不同的热运动,因而光源(分子、原子)的运动产生了多普勒效应,致使观察到的光波频率具有不可忽视的频率变化范围,从而使光的单色性变差,进而影响实验效果。

小　结

本章主要介绍了波动过程的物理本质、平面简谐波的表达式,以及波能量、波的干涉、多普勒效应等问题。

一、波动过程的物理本质

(1)波动过程是相位的传播过程。

(2)波动过程中,介质中各个质元在各自的平衡位置附近作有一定相位联系的集体振动。

(3)波动过程也是能量的传播过程,能量的传播速度也就是波的传播速度。

二、平面简谐波的表达式

1. 平面简谐波表达式的建立

设坐标原点O处质元的简谐振动表达式为$y_0=A\cos(\omega t+\varphi_0)$,则沿$x$轴方向传播简谐波的表达式为

$$y=A\cos(\omega t+\varphi_0\pm\frac{2\pi}{\lambda}x)$$

式中,“−”号代表波沿 x 轴正向传播;“+”号代表波沿 x 轴负向传播。常见的波的表达式形式还有

$$y=A\cos[\omega(t\pm\frac{x}{u})+\varphi_0]$$

2. 波动表达式的物理意义

(1)若令波动表达式中 x 等于某一给定值,则 y 仅为时间 t 的函数。我们得到该处质元简谐振动的振动表达式,可以画出这一点的振动曲线。

(2)若令波动表达式中 t 等于某一给定值,则 y 仅为空间坐标 x 的函数。我们得到该给定时刻的波形表达式,可画出该时刻平面简谐波的波形曲线。

(3)若波动表达式中 x、t 同时变化,则波的表达式给出了介质中任意质元在任意时刻的振动情况。

三、波的能量

(1)平均能量密度 $\overline{w}=\frac{1}{2}\rho A^2\omega^2$

(2)平均能流 $\overline{P}=\overline{w}\Delta Su=\frac{1}{2}\Delta S\rho u\omega^2A^2$

(3)能流密度(波的强度)$I=\frac{\overline{P}}{\Delta S}=\frac{1}{2}\rho u\omega^2A^2$

(4)声强级 $I_L=10\lg\frac{I}{I_0}$

四、波的干涉

(1)相干波的条件

同频率、同振动方向、相位差恒定的两个简谐波。

(2)干涉加强、减弱条件

①干涉加强条件 $\Delta\varphi=\varphi_{20}-\varphi_{10}-\frac{2\pi}{\lambda}(r_2-r_1)=2k\pi(k=0,\pm1,\pm2,\cdots)$

②干涉减弱的条件 $\Delta\varphi=\varphi_{20}-\varphi_{10}-\frac{2\pi}{\lambda}(r_2-r_1)=(2k+1)\pi(k=0,\pm1,\pm2,\cdots)$

③两相干波源为同相位时,波程差反映的干涉加强、减弱条件

$$\delta=\begin{cases}2k\dfrac{\lambda}{2} & \text{加强}\\ (2k+1)\dfrac{\lambda}{2} & \text{减弱}\end{cases}\qquad k=0,\pm1,\pm2,\cdots$$

(3)驻波

①同频率、同振幅、同振动方向,但传播方向相反的两列简谐波干涉形成驻波。

②初相位 $\varphi_0=0$ 两列简谐波形成的驻波表达式 $y=\left|2A\cos\frac{2\pi}{\lambda}x\right|\cos\omega t$

③波腹位置　$x_{腹}=2k\frac{\lambda}{4}$

④波节位置　$x_{节}=(2k+1)\frac{\lambda}{4}$

⑤相邻波节或波腹间的距离　$\Delta x=x_{k+1}-x_k=\frac{\lambda}{2}$

五、多普勒效应

由于波源或波动接收器相对于介质运动，而使接收器所收到的频率不同于波源的振动频率的现象，称为多普勒效应。

机械波纵向多普勒效应的频率公式　$\gamma_R=\frac{u+v_R}{u-v_S}\gamma_S$

阅读材料四：钟摆的发明者——惠更斯

惠更斯(1629—1695)：荷兰物理学家、天文学家、数学家。

主要成就：物理学方面：提出了著名的惠更期原理及光的波动学说。全面细致地解决了完全弹性碰撞问题，并首次提出动量守恒定律。将摆引入时钟，制作了世界上第一个钟摆；天文学方面：改良望远镜，并用自制的望远镜发现了土星光环，解开了天文学界的一个谜团；数学方面，研究包络线、二次曲线、曲线求长法，他是概率论的创始人。一生科学论文与著作 68 种，《全集》有 22 卷。

1629 年 4 月 14 日，惠更斯出生于海牙。他的父亲是一位外交官和诗人，与当时的许多科学界名流交往甚密。惠更斯从小受过良好的教育，而且聪明好学，13 岁时就自制一台车床，表现出很强的动手能力。父亲曾亲热地叫他为"我的阿基米德"。1645 年进入莱顿大学学习法律与数学，两年后转入布雷达学院深造。1655 年获法学博士学位，随即访问巴黎，在那里开始了他的科学生涯。

惠更斯最早开始研究的是数学，在数学上有出众的才华。1651 年，年仅 22 岁的惠更斯发表了平生第一篇科学论文，论述各种曲线所围面积的求值。他对各种平面曲线，如悬链线、曳物线、对数螺线等都进行过研究，还研究了浮体和求各种形状物体的重心等问题。在概率论和微积分方面有所成就，是概率论的创始人，1657 年发表的《论赌博中的计算》，就是一篇关于概率论的科学论文。

对摆的研究是惠更斯所完成的最出色的物理学工作。在对天体运动观测过程中，他深刻体会到了精确计时的重要性，因而便致力于精确计时器的研究。1656 年，他把伽利略发现的单摆振动的等时性用于计时器上，制成了世界上第一架计时摆钟。他制作的这架摆钟由大小、形状不同的一些齿轮组成,利用重锤作单摆的摆锤,由于摆锤可以调节,计时就比较准确。从而解决了多少世纪以来计时的准确性问题,从此人类进入了一个新的计时时代。1658 年出版了《摆钟论》一书,在这本书中惠更斯还给出了关于所谓“离心力”的基本命题:一个作圆周运动的物体具有飞离中心的倾向,它向中心施加的离心力与速度的平方成正比,与运动半径成反比。1673 年,在他发表的《摆式时钟或用于时钟上的摆的运动的几何证明》中提出著名的单摆周期公式,算出了重力加速度为 9.8 米每二次方秒。这一数值与现在我们使用的数值是完全一致的。

1663 年他被聘为英国皇家学会第一个外国会员,1666 年当选为荷兰科学院院士。同年,应法国皇帝路易十四的邀请,到巴黎从事学术活动,被选为刚成立的法国皇家科学院院士。在巴黎工作期间,惠更斯把主要的精力用于于光学的研究。他反对光的粒子说,提出如果光是微粒性的,那么光在交叉时就会因发生碰撞而改变方向,可当时人们并没有发现这现象。惠更斯在 1690 年出版的《光论》一书中正式提出了光的波动说,建立了著名的惠更斯原理,他认为每个发光体的微粒把脉冲传给邻近一种弥漫媒质(“以太”)微粒,每个受激微粒都变成一个球形子波的中心,他认为这样一群微粒虽然本身并不前进,但能同时传播向四面八方行进的脉冲,因而光束彼此交叉而不相互影响。在此原理基础上,他推倒出了光的反射和折射定律,圆满的解释了在光密介质中光速减小的原因。同时,还解释了光进入冰洲石时产生的双折射现象,指出这是由于冰洲石分子微粒为椭圆形所致。惠更斯原理是近代光学的一个重要基本理论。他利用新技术自行磨制的光学和天文学仪器技艺非常高超,他发明的目镜效果良好,被称为惠更斯目镜,至今通用。他还曾和他的哥哥一起设计和磨制出了望远镜的透镜,改良了开普勒的望远镜。这个望远镜的精度是前所未有的,惠更斯用它解开了一个由来已久的天文学之谜:伽利略曾通过望远镜观察土星,发现土星有“耳朵”,而且这个“耳朵”时隐时现,许多科学家对其原因进行分析,都没有找到令人满意的答案,所以称之为“土星怪现象”。惠更斯用自己的望远镜观测,发现土星的“耳朵”其实是土星的旁边有一个薄而平的圆环,圆环的平面倾向地球公转的轨道平面,随着土星和地球绕太阳公转的相对位置不同,我们观测到的圆环图像不同。惠更斯还用他的望远镜发现了土星的卫星——土卫六、猎户座星云、火星极冠等。

1681 年由于健康原因,惠更斯离开法国,返回荷兰。1687 年惠更斯赴英访问,结识了大物理学家牛顿。牛顿很欣赏惠更斯,称他是“德高望重惠更斯”,是“当代最伟大的几何学家”。

惠更斯喜欢音乐和诗歌,举止儒雅,颇具学者风度。但由于他体弱多病,加之一心致力于科学事业,所以终身未娶。1695 年 7 月 8 日,生前誉满欧洲学界的惠更斯在他的出生地海牙逝世,享年 66 岁。

习题 6

A 类题目:

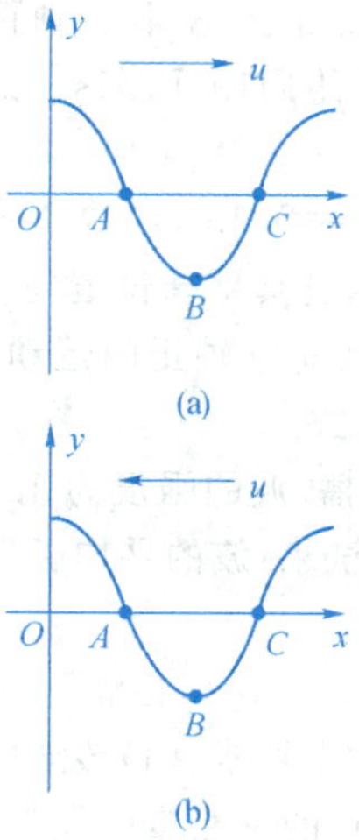

图 6-20 习题 6-3 用图

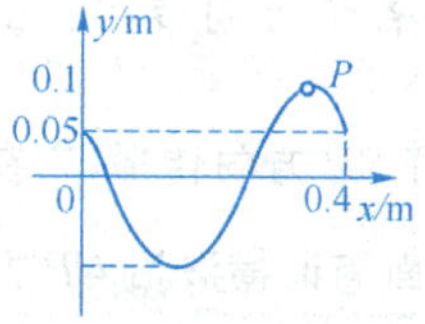

图 6-21 习题 6-4 用图

6-1 已知波源在原点的一列平面简谐波,波动表达式为 $y=0.2\cos(\pi t-\frac{x}{2})$ m。试求:(1)波的振幅、波速、频率、周期和波长;(2)写出传播方向上距离波源为 a 处一点的振动表达式;(3)任一时刻,在波的传播方向上相距为 d 的两点的相位差。

6-2 沿绳子传播的平面简谐横波的波动表达式为 $y=0.5\cos(5\pi t-\frac{\pi x}{2})$ m。试求:(1)绳子上各质元振动时的最大速度和最大加速度;(2)求 $x=0.2$m 处质点在 $t=0.5$s 时的相位与原点处质元在那一时刻的相位相同。

6-3 图 6-20 所示为沿 x 轴传播的平面简谐波在 t 时刻的波形曲线。试求:(1)若波沿 x 轴正向传播,该时刻 O、A、B、C 各点的振动相位是多少;(2)若波沿 x 负向传播,该时刻 O、A、B、C 各点的振动相位是多少。

6-4 一列平面简谐波沿 x 轴正向传播,$t=0$s 时的波形如图 6-21 所示,已知波速为 5m·s^{-1},波长为 2m。试求:(1)波的表达式;(2)P 点的振动表达式;(3)P 点的坐标;(4)P 点回到平衡位置所需要的最短时间。

6-5 一平面简谐波沿 x 轴负向传播,波长 $\lambda=0.5$m,原点处质点的振动频率为 $\gamma=2$Hz,振幅 $A=0.1$m,且在 $t=0$s 时恰好通过平衡位置向 y 轴负向运动。试求:此平面简谐波的波动表达式。

6-6 一列平面简谐波沿 x 轴正向传播,波速为 5m·s^{-1},原点处质元的振动曲线如图 6-22 所示。试求:(1)此波的波动表达式。(2)$x=2$m 处原点振动表达式,并作振动曲线。

6-7 一平面简谐波沿 x 轴正向传播,$t=0$s 和 $t=0.5$s 两时刻的波形曲线如图 6-23 中所示。试根据图中所给出的条件求:(1)此波的波动表达式;(2)图中 P 点的振动表达式。

6-8 如图 6-24 所示,有一平面简谐波在空间传播,已知 P 点的振动表达式为 $y_P=A\cos(\omega t+\varphi_0)$ m。试求:(1)波动表达式;(2)写出距离 P 点为 b 的 Q 点的振动表达式。

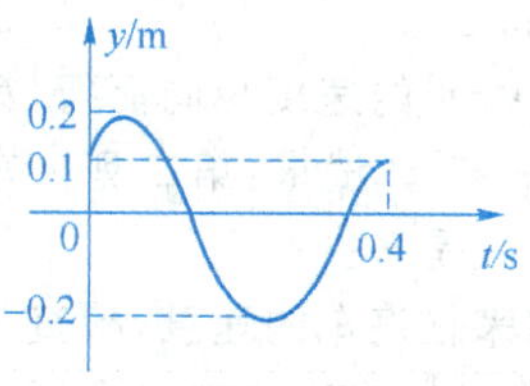

图 6-22 习题 6-6 用图

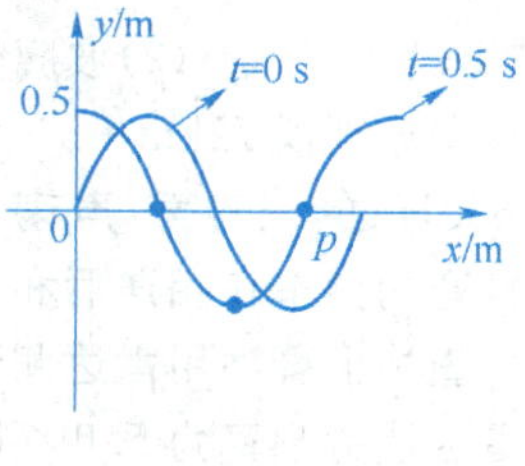

图 6-23 习题 6-7 用图

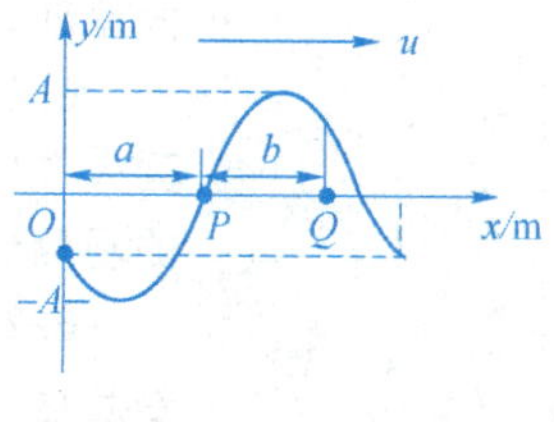

图 6-24 习题 6-8 用图

6-9 一沿 x 轴传播的平面简谐波 $t=0s$ 时刻的波形图如图中(a)所示,

原点处质元的振动曲线如图6-25中(b)所示。试求:此波的波动表达式,并画出 $x=2\text{m}$ 处质元的振动曲线。

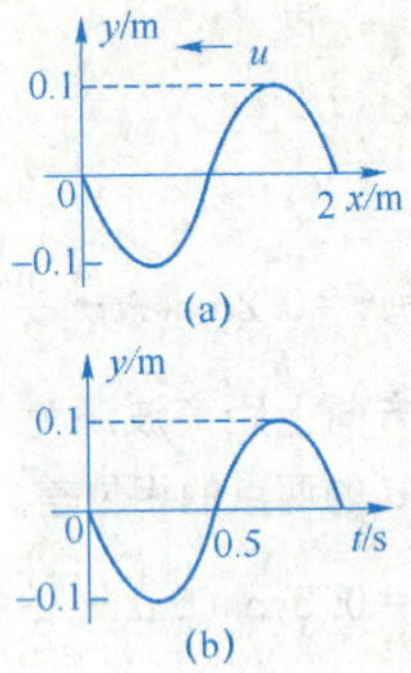

图6-25 习题6-9用图

6-10 一简谐波以 $8\text{m}\cdot\text{s}^{-1}$ 的速度沿 x 轴传播,在 $x=1\text{m}$ 处,质点的位移随时间变化的关系为 $y=0.01\cos(2t-0.1)\text{m}$。试求:此波的波动表达式。

6-11 如图6-26所示,已知 $t=0\text{s}$ 的波形曲线如实线所示,波沿 x 轴正向传播,经过 0.5s 后,波形曲线如图中虚线所示。已知波的周期 $T\geqslant 1\text{s}$。试求:波动表达式,并写出 P 点的振动表达式。

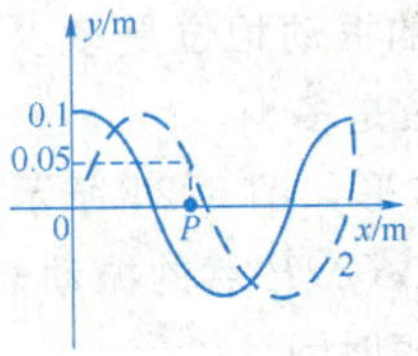

图6-26 习题6-11用图

6-12 一平面简谐波沿 x 轴正方向传播,波的振幅 $A=0.1\text{m}$,波的角频率 $\omega=6\pi\ \text{rad}\cdot\text{s}^{-1}$,当 $t=1\text{s}$ 时,$x=0.1\text{m}$ 处的 a 质点正通过其平衡位置向 y 轴负向运动,而 $x=0.2\text{m}$ 处的 b 质点正通过 $y=5\text{cm}$ 的点向 y 轴正向运动,设该波的波长 $\lambda>0.1\text{m}$。试求:该平面简谐波的波动表达式。

6-13 一平面简谐波,沿直径为 10cm 的圆柱形管传播,波的强度为 $1.6\times10^{-2}\text{J}\cdot\text{m}^{-2}\cdot\text{s}^{-1}$,频率为 200Hz,波速为 $200\text{m}\cdot\text{s}^{-1}$。试求:波的平均能量密度和最大能量密度。

6-14 一列波在弹性介质中传播的速度为 $u=10^3\text{m}\cdot\text{s}^{-1}$,振幅 $A=1\text{mm}$,频率 $\gamma=10^3\text{Hz}$,介质的密度为 $\rho=0.8\times10^3\text{kg}\cdot\text{m}^{-3}$。试求:(1)该波的平均能流密度;(2)1min内垂直通过一面积 $S=4\times10^{-3}\text{m}^2$ 的总能量。

6-15 在地球上测得太阳的平均辐射强度 $\overline{I}=1.4\text{kW}\cdot\text{m}^{-2}$,设太阳到地球的平均距离约为 $1.5\times10^{11}\text{m}$。试求:太阳每秒辐射出的总能量。

6-16 一声波发射的总功率为 $P=10\text{W}$,均匀地向各个方向传播。试求:距离声源多远处,声音的强度级为60dB和10dB?

6-17 如图6-27所示,设 B 点发出的平面简谐横波沿 BP 方向传播,它在 B 点的振动表达式为 $y=0.02\cos(\pi t+\dfrac{\pi}{3})\text{m}$;$C$ 点发出的平面简谐横波沿 CP 方向传播,它在 C 点的振动表达式为 $y=0.02\cos(\pi t+\dfrac{4\pi}{3})\text{m}$,设 $BP=5\text{m}$,$CP=6\text{m}$,波速为 $2\text{m}\cdot\text{s}^{-1}$。试求:(1)两列波传到 P 点时的相位差;(2)P 处合振动的振幅。

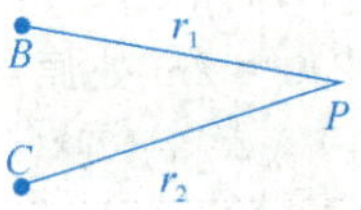

图6-27 习题6-17用图

B类题目:

6-18 一驻波表达式为 $y=0.05\cos10x\cos50t$。试求:(1)形成此驻波的两列波的振幅和波速;(2)相邻两波节间的距离。

6-19 两列波在一根很长的绳子上传播,他们的波动表达式分别为 $y_1=0.01\cos(\pi x-\pi t)\text{m}$,$y_2=0.01\cos(\pi x+\pi t)\text{m}$。(1)试证明绳子将作驻波式振动,并求波节、波腹的位置;(2)波腹处的振幅。

6-20 两列火车分别以 $72\text{km}\cdot\text{h}^{-1}$ 和 $54\text{km}\cdot\text{h}^{-1}$ 的速度相向而行,第一列火车发出一个600Hz的汽笛声,声速为 $340\text{m}\cdot\text{s}^{-1}$。试求:第二列火车上的观测者听见该声音的频率在相遇后和相遇前分别是多少?

6-21 公路检查站上警察用雷达测速仪测量来往汽车的速度,检查其是否超速。所用的雷达波的频率为 $5.0\times10^{10}\text{Hz}$,发出的雷达波被一迎面开来的汽车反射回来,反射波与入射波频率差为 $1.1\times10^4\text{Hz}$。试求:此车是否超过了限定的车速 $100\text{km}\cdot\text{h}^{-1}$?

第三篇　热学

热学是研究物质热现象的性质和变化规律及其应用的一门学科。

宏观物体由大量微观粒子（分子或原子）组成，热运动是指这些微观粒子永不停息的无规则运动。热现象是与分子热运动（或温度）有关的现象。物体的宏观性质（如气体的体积、压强、温度等）是分子无规则热运动的集体表现。

本篇包括两章内容：气体动理论和热力学基础。

气体动理论是从物质的微观结构出发，运用统计方法求出大量气体分子微观量的平均值，建立微观量（如分子速率、质量、能量等）与宏观量（如气体体积、压强、温度等）之间的联系，从而揭示物质宏观量的微观本质。

热力学基础是从能量转化的角度出发，以大量的实验事实为依据，运用归纳和分析方法研究热功转化的关系和条件，从而揭示热现象的宏观规律，并讨论一些具体应用中的相关技术问题。

气体动理论和热力学基础虽然研究的问题不同，运用的研究方法不同，但对于热运动和热现象的研究来说，二者是相辅相成、不可或缺的。

第 7 章　气体动理论

气体动理论也称分子物理学，开始于 19 世纪，20 世纪 20 年代形成完整的理论，期间作出主要贡献的有麦克斯韦、吉布斯、爱因斯坦、玻尔兹曼等人。本章主要介绍热力学系统、平衡态等概念，并从物质的微观结构出发讨论平衡态下理想气体的压强、温度、内能公式，揭示理想气体宏观参量的微观本质，讨论平衡态下理想气体所遵循的几个统计规律。

7.1　热力学系统　平衡态　理想气体状态方程

热力学系统是气体动理论的主要研究对象，理想气体状态方程是研究热力学系统的基本方程。本节我们首先介绍几个与热力学系统相关的基本的概念和物理量，然后重点讨论理想气体状态方程的内容及应用。

7.1.1　热力学系统

力学中，我们经常将所讨论的单个物体或多个物体整体同周围的其他物体隔离开来进行分析、研究，并把这个研究对象称为“系统”。同样，在热学领域，我们把研究对象（由大量分子或原子组成的宏观物体）称为热力学系统（简称系统），系统以外的物体统称为外界（或环境）。例如，研究气缸内气体的体积、温度等变化时，气体是系统，而气缸、活塞等为外界。

一般地，系统与外界之间既有能量交换（如作功、热传递等），又有物质交换（如扩散、泄漏等），根据系统与外界进行能量和物质交换的特点可把系统分为孤立系统、封闭系统和开放系统三类。孤立系统是指与外界既无能量交换，又无物质交换，与外界完全隔绝的系统；封闭系统是指与外界仅有能量交换，而无物质交换的系统；开放系统是指与外界既有能量交换，又有物质交换的系统。

7.1.2　平衡态和状态参量

热力学系统的宏观状态可分为平衡态和非平衡态。一个不受外界条件影响的系统，无论其初始状态如何，经过足够长的时间后，必将达到一个宏观性质不再随时间变化的稳定状态，我们称这样的状态为平衡态。反之，就称为非平衡态。

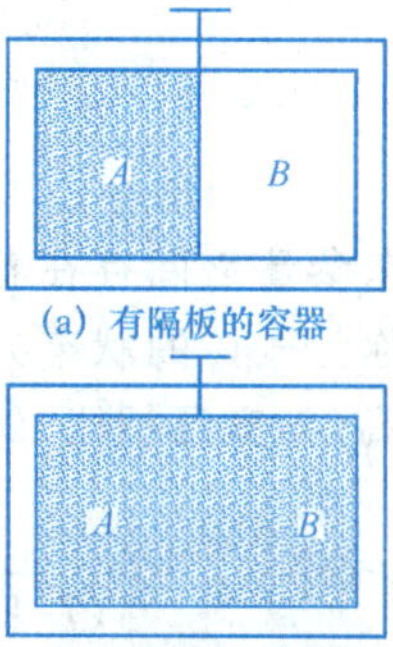

(a) 有隔板的容器

(b) 无隔板的容器

图 7-1 封闭容器

如图 7-1(a)所示，有一个封闭容器，用隔板分成 A、B 两室。初始，A 室充满某种气体，B 室真空。如果把隔板抽走，则 A 室中气体逐渐向 B 室运动，如图 7-1(b)所示。开始时，A、B 两室中气体各处的压强、密度等并不相同，而且随时间不断的变化，这样的状态即为非平衡态。经过一段足够长的时间后，整个容器中气体的压强、密度等必定会达到处处一致，如果再没有外界的影响，则容器中气体将保持此状态不变，这时容器内气体所处的状态即为平衡态。

关于平衡态需要注意以下几点：

(1)平衡态仅指系统的宏观性质不随时间变化，但组成系统的微观粒子无规则热运动并没有停止，因此，热力学中的平衡态是一种热动平衡态，简称热平衡，这种平衡与力学中的平衡是不同的。

(2)平衡态是一种理想状态，是在一定条件下对实际情况的理想抽象。事物是普遍联系的，因而真正的“不受外界影响”的孤立系统在实际中是不存在的。在实际问题中，如果系统所受外界的影响可以忽略，当系统处于相对稳定情况时，我们可近似认为该系统处于平衡态。

(3)平衡态不同于系统受恒定外界影响所达到的定态。例如将一根金属棒的一端放在温度保持恒定的沸水中，另一端放在温度保持恒定的冰水中，经过一段时间，金属棒也能达到宏观性质不变的稳定状态，这种状态称为定态。定态并不是平衡态，因为虽然金属棒的宏观状态稳定，但它一直处在外界影响之下，不断有热量沿金属棒从高温热源端传递到低温热源端。

当系统处在平衡态时，其宏观性质可用一组相互独立的宏观量描述，这一组宏观量称为状态参量。例如，一定质量的化学纯气体处在平衡态时，我们一般选择气体的压强 p、体积 V 和温度 T 这三个物理量作为其状态参量。

压强是指气体作用于容器器壁并指向器壁单位面积上的垂直作用力，是气体分子对器壁碰撞的宏观表现。在国际单位制中，压强的单位是帕斯卡，简称帕(Pa)，它与大气压(atm)和毫米汞高(mmHg)的关系为

$$1\mathrm{atm} = 1.013 \times 10^5\,\mathrm{Pa} = 760\mathrm{mmHg}$$

体积是指气体分子热运动所能到达的空间，通常就是容器的容积。应该注意的是由于气体分子间距较大(相对分子自身尺度而言)，气体体积与气体所有分子自身体积的总和是不同的，后者一般仅占前者的几千分之一。在国际单位制中，体积的单位是立方米(m^3)，它与升(L)的关系为

$$1\mathrm{L} = 10^{-3}\,\mathrm{m}^3$$

温度在概念上比较复杂，宏观上，可简单的认为温度是物体冷热程度的量度，它来源于日常生活中人们对物体的冷热感觉，但从分子运动论的观点看，它与物体内部大量分子热运动的剧烈程度有关(这点在后面将给予介绍)。温度的分度方法称为温标，常用的温标有两种：在国际单位制中，采用热力学温标(也称开尔文温标)，符号是 T，单位是 K；生活中常用摄氏温标，符号是 t，单

位是℃,二者之间的关系为

$$t=T-273.15$$

7.1.3 理想气体状态方程

实验证明,当系统处于平衡态时,描述该状态的各状态参量之间存在着确定的函数关系,我们把反映气体的 p、V、T 关系的式子称为气体的状态方程。一般气体,在压强不太大(与大气压相比)和温度不太高(与室温相比)的条件下,状态参量之间有如下关系

$$pV=\frac{M}{M_{mol}}RT \tag{7-1}$$

式中:M 为气体的质量;M_{mol} 为该气体的摩尔质量(如以克为单位,气体的摩尔质量在数值上等于气体的分子量);R 称为摩尔气体常量,根据标准状态下一摩尔气体的相关状态量,可求出,在国际单位制中

$$R=\frac{1.013\times10^5\,\mathrm{N\cdot m^{-2}}\times22.4\times10^{-3}\,\mathrm{m^3\cdot mol^{-1}}}{273.15\mathrm{K}}=8.31\mathrm{J\cdot mol^{-1}\cdot K^{-1}}$$

当 T 为常量时,式(7-1)变为玻意耳-马略特定律($pV=$常量);P 为常量时,此式变为盖-吕萨克定律($V/T=$常量);当 V 为常量时,此式变为查理定律($p/T=$常量)。实际上,对于不同气体来说,这三条定律的适用范围是不同的,在任何情况下都服从上述三定律的气体是没有的,我们把任何情况下都遵守这三定律的气体称为理想气体。如同力学中我们提出质点的概念一样,理想气体也是一个抽象化的理想模型,实际气体,如氮、氢、氧、氦等,在平常温度下,当压强较低时,可以近似地看做为理想气体。

状态方程是描述系统平衡态特性的基本方程,对于不同的系统,状态方程的形式以及方程中相关的状态参量可能是不同的,公式(7-1)中,M/M_{mol} 表示的是气体的摩尔数,若用 N 表示气体分子总数,N_0 表示每摩尔气体分子数(阿伏伽德罗常数,$N_0=6.022\times10^{23}\,\mathrm{mol^{-1}}$),则气体的摩尔数可表示为 N/N_0。因此,理想气体状态方程也可写成

$$pV=\frac{N}{N_0}RT \tag{7-2}$$

例题 7-1 一柴油机的汽缸容积为 83L。压缩前缸内空气的温度为 37℃,压强为 0.8atm,用活塞压缩后,气体体积变为原来的 1/17(此值称为汽缸的压缩比),压强变为 4.2×10^6 Pa。试求:(1)压缩后气体的温度(假设气体可视为理想气体);(2)如果此时把柴油喷入气缸,将会发生怎样的情况?

解 (1)根据理想气体状态方程,考虑气体摩尔数不变,对于压缩前后两个状态有

$$\frac{p_1V_1}{T_1}=\frac{p_2V_2}{T_2}$$

由已知 $p_1=8.0\times10^4\,\mathrm{Pa}$,$T_1=310\mathrm{K}$,$p_2=4.2\times10^6\,\mathrm{Pa}$,$\frac{V_2}{V_1}=\frac{1}{17}$,所以

$$T_2=\frac{p_2V_2T_1}{p_1V_1}=945.5\text{K}$$

(2)此温度远远超过柴油的燃点，因此若喷入柴油，则柴油将立即燃烧爆炸，形成高压气体，进而推动活塞对外作功。

例题 7-2　一钢瓶内装有质量为 0.10kg 的氧气，压强为 1.6×10^6 Pa，温度为 320K。因为瓶壁漏气，经过一段时间后，瓶内氧气压强降为原来的 5/8，温度为 300K。试求：(1)氧气瓶的容积；(2)漏去了多少氧气？（氧气可视为理想气体）

解　(1)根据理想气体状态方程，对于气体的初始状态，有

$$p_1V_1=\frac{M}{M_{\text{mol}}}RT_1$$

由已知 $p_1=1.6\times10^6$ Pa，$M=0.10$kg，$M_{\text{mol}}=0.032$kg，$T_1=320$K，得氧气瓶的容积

$$V_1=\frac{M}{M_{\text{mol}}p_1}RT_1=\frac{0.10\times8.31\times320}{0.032\times1.6\times10^6}=5.19\times10^{-3}\text{m}^3$$

(2)设漏气后瓶内气体质量为 M_2，由已知 $p_2=\frac{5}{8}p_1$，$T_2=300$K，$V_2=V_1$，有

$$M_2=\frac{M_{\text{mol}}p_2V_2}{RT_2}=\frac{0.032\times\frac{5}{8}\times1.6\times10^6\times5.19\times10^{-3}}{8.31\times300}=6.67\times10^{-2}\text{kg}$$

所以，漏去气体的质量为

$$\Delta M=M-M_2=(0.10-6.67\times10^{-2})=3.33\times10^{-2}\text{kg}$$

在例题 7-1 中，汽缸内气体质量不变，系统为封闭系统，因而可以对系统过程的始末状态列理想气体方程；而在例题 7-2 中，钢瓶内氧气的质量在减少，系统为开放系统，对于开放系统，我们只能对某个状态列理想气体状态方程，而不能对过程的始末列状态方程。

练习题

1. 一密闭容器体积为 831cm³，内装有质量为 0.875g 的某种碳、氧化合物气体，测得气体温度为 320K，压强为 1.0×10^5 Pa。试求这是哪种气体？

2. 一高压钢瓶内装有 30 升压强为 1.0×10^7 Pa 的氧气，每天用去 300 升压强为 1.0×10^5 Pa 的氧气。规定钢瓶内氧气压强不能降到 1.0×10^6 Pa 以下，以免开启阀门时混进空气，试求这瓶氧气使用多少天后需要重新充气？

7.2　理想气体的压强公式

压强是理想气体三个状态参量中的一个，本节我们将根据理想气体微观模型及碰撞相关知识，推倒得出理想气体压强公式，进而根据压强公式揭示气体状态参量——压强的微观本质。

7.2.1 理想气体微观模型

在7.1节中，我们引入了理想气体的模型，从宏观角度介绍了理想气体模型应具备的特点。我们知道，气体由大量微观粒子组成，因此其宏观性质与其微观结构应是相对应的，从气体分子热运动的基本特征出发，我们认为理想气体的微观模型应有以下特点。

(1)与分子间的距离相比较，气体分子本身的大小可以忽略不计，这点保证了气体的气态特征。在标准状态下，气体分子间距平均数量级为 10^{-9} m，而分子自身线度(直径)的数量级为 10^{-10} m，因此分析时，可把气体分子视为质点，它们的运动遵从牛顿运动定律。

(2)除碰撞的瞬间外，分子间的作用力可以忽略不计。分子间距数量级为 10^{-9} m，分子力作用最大距离的数量级为 10^{-9} m，因此除了碰撞瞬间外，分子间作用力可忽略不计。另外，因分子质量小，分子所受重力也小，只有研究分子在重力场中的分布情况时才考虑重力，其他情况下分子重力也可忽略不计。

(3)分子间相互碰撞以及分子与容器壁的碰撞都可视为完全弹性碰撞。这种假设的实质是：碰撞前后分子的动量守恒、动能守恒。这种假设也是合理的，因为若碰撞不是完全弹性的，那么分子的动能将因碰撞而减小，而分子碰撞的频率是每秒几十亿次，这样，经过一段时间，所有分子的动能都将为零，分子运动将完全停止，显然这是与实验事实不符的。

综上所述，理想气体的微观模型是：自由地、无规则地运动着的弹性质点的集合。

提出理想气体微观模型是为了从微观角度寻找宏观状态参量的微观本质。在具体运用时，鉴于分子热运动大量、无规则的特点，我们还需做出统计假设：

(1)若忽略重力影响，气体处于平衡态时，分子将均匀地分布于容器之中，即分子数密度(单位体积内分子数)n 处处相等。

$$n=\Delta N/\Delta V=N/V$$

式中：ΔN 表示体积 ΔV 中的分子个数，N 表示整个体积 V 中的分子总数。

(2)气体性质与方向无关，在平衡态时，气体中向各个方向运动的分子数目都是相等的，分子速度在各个方向分量、各种平均值也都是相等的，即

$$\overline{v_x}=\overline{v_y}=\overline{v_z};\ \overline{v_x^2}=\overline{v_y^2}=\overline{v_z^2};$$

又因 $\overline{v^2}=\overline{v_x^2}+\overline{v_y^2}+\overline{v_z^2}$，所以

$$\overline{v_x^2}=\overline{v_y^2}=\overline{v_z^2}=\frac{1}{3}\overline{v^2} \tag{7-3}$$

7.2.2 理想气体压强公式

压强是描述气体状态的一个重要宏观参量。气体压强来自于大量分子

无规则热运动过程中对器壁的碰撞。每个分子与器壁碰撞时，都会对器壁施加一个冲力，单个分子碰撞产生的冲力有大有小，且不连续，但由于组成气体的分子数量是巨大的，因而器壁受到的作用力宏观上则表现为持续而稳定，这犹如密集的雨点打在雨伞上而使我们感受到一个持续的压力一样。

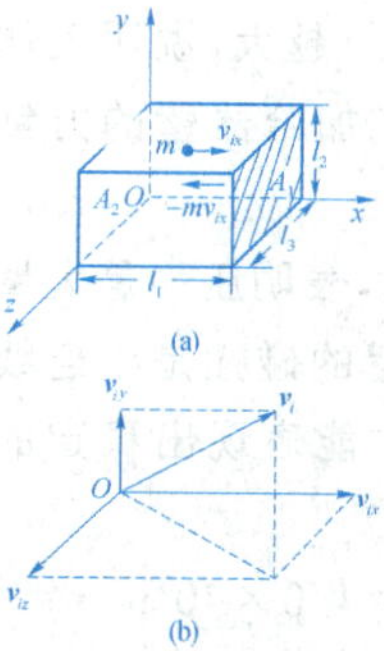

图 7-2　理想气体压强公式推导图

为简便起见，下面我们以密闭于一长方形容器内的理想气体为例，讨论理想气体的压强公式。设长方形容器的边长分别为 l_1、l_2、l_3，其内充满 N 个质量为 m 的同类理想气体分子，如图 7-2(a)所示。平衡态时，器壁上各处压强相同，所以我们任选其中一个面，例如与 x 轴垂直的 A_1 面，计算此面所受压强。

首先，讨论单个气体分子在一次碰撞中对 A_1 面的作用。任选第 i 个分子，设其速度为 $\boldsymbol{v}_i$，在直角坐标系中

$$\boldsymbol{v}_i = v_{ix}\boldsymbol{i} + v_{iy}\boldsymbol{j} + v_{iz}\boldsymbol{k}$$

当第 i 个分子以速度 v_{ix} 与 A_1 面发生碰撞时，由于碰撞是完全弹性的，因此，i 分子将以速度 $-v_{ix}$ 被弹回。根据动量定理，碰撞过程中第 i 个分子在 X 方向受器壁施加的冲量为

$$I_{ix} = (-mv_{ix}) - (mv_{ix}) = -2mv_{ix}$$

则器壁 A_1 面受第 i 个分子施加的冲量为 $2mv_{ix}$。

然后，讨论单位时间内单个分子对 A_1 面的作用。第 i 个分子与 A_1 面发生连续两次碰撞之间的时间间隔等于第 i 个分子在 A_1、A_2 面之间往返一次的运动时间 $\dfrac{2l_1}{v_{ix}}$，因此，单位时间内第 i 个分子施加给 A_1 面的冲量为 $\dfrac{2mv_{ix}}{\dfrac{2l_1}{v_{ix}}} = \dfrac{mv_{ix}^2}{l_1}$，根据冲量的定义，该冲量即为第 i 个分子对 A_1 面的平均冲力，用 $\overline{F}_{ix}$ 表示，则 $\overline{F}_{ix} = \dfrac{mv_{ix}^2}{l_1}$。

最后，讨论容器中所有分子对 A_1 面的作用。A_1 面所受平均力 $\overline{F}$ 的大小应等于所有分子施加给 A_1 面平均冲力的总和，即

$$\overline{F}_x = \sum \overline{F}_{ix} = \sum_{i=1}^{N} \frac{mv_{ix}^2}{l_1} = \frac{m}{l_1}\sum_{i=1}^{N} v_{ix}^2$$

由压强定义，有

$$p = \frac{\overline{F}_x}{l_2 l_3} = \frac{m}{l_1 l_2 l_3}\sum_{i=1}^{N} v_{ix}^2 = \frac{mN}{l_1 l_2 l_3}\left(\frac{\sum_{i=1}^{N} v_{ix}^2}{N}\right) = mn\overline{v_x^2}$$

式中：$n = \dfrac{N}{l_1 l_2 l_3} = \dfrac{N}{V}$，为单位体积内的分子个数，即分子数密度；为 N 个分子沿 x 方向速度分量平方的平均值，根据统计假设式(7-3)，上式可写成

$$p = \frac{1}{3}nm\overline{v^2} \tag{7-4}$$

令 $\bar{\varepsilon}_k = \dfrac{1}{2}m\overline{v^2}$（$\bar{\varepsilon}_k$ 表示气体分子的平动动能的平均值，简称为分子的平均平动动能），则上式也可写成

$$p = \frac{2}{3}n\bar{\varepsilon}_k \tag{7-5}$$

式(7-4)和式(7-5)虽然是以长方形容器内气体为例推导得出的,但可以证明,此结论适用于任意形状容器内的气体情况,此二式都称为理想气体的压强公式。从式中可以看出,理想气体的压强正比于气体分子数密度 n 和平均平动动能 $\bar{\varepsilon}_k$。此现象的微观解释为:n 越大,说明单位体积内分子的数目越大,单位时间内碰撞器壁的分子个数越多,因此 p 越大;$\bar{\varepsilon}_k$ 越大,说明气体分子热运动越剧烈,分子的速率越大,分子与器壁碰撞时施加给器壁的力量越大,因此 p 越大。

压强公式建立了宏观量 p 与微观量 $\overline{v^2}$ 和 $\bar{\varepsilon}_k$ 之间的关系,表明压强是大量微观量的宏观统计结果,是个统计量。由于单个分子对器壁的碰撞是不连续的,碰撞产生的力不稳定,只有大量气体分子的集体行为才能表现出稳定的宏观量,因此,讨论个别或少量分子的压强是无意义的。

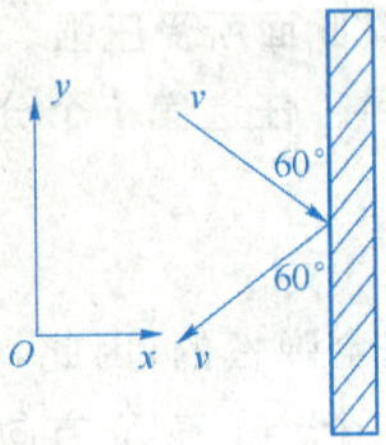

图 7-3 例题 7-3 用图

例题 7-3 如图 7-3 所示,真空中有一束氢分子以 $v=1.0\times10^3\,\text{m}\cdot\text{s}^{-1}$ 的速率射向平板,已知氢分子速度方向与平板成 60°的夹角,每秒内有 1.0×10^{23} 个氢分子射向平板,平板面积为 $2.0\,\text{cm}^2$。假设氢分子与平板发生完全弹性碰撞,试求氢分子束作用于平板的压强(氢分子质量 $m=2.02\times10^{-26}\,\text{kg}$)。

解 根据动量定理,单个氢分子与平板碰撞时受到的冲量为

$$I=-(mv_x)-mv_x=-2mv\sin60°$$

平板受到的冲量为

$$I'=2mv\sin60°$$

根据冲量的定义,单位时间内平板受到的冲力

$$\overline{F}=NI'$$

则根据压强定义,有

$$p=\frac{\overline{F}}{S}=\frac{NI'}{S}=\frac{1.0\times10^{23}\times2\times2.02\times10^{-26}\times1.0\times10^{3}\times\frac{\sqrt{3}}{2}}{2.0\times10^{-4}}$$

$$=1.75\times10^{4}\,\text{Pa}$$

例题 7-4 一容器内贮有温度为 300K、压强为一个大气压的理想气体。试求:(1)该容器内气体的分子数密度;(2)气体分子的平均平动动能。

解 (1)根据理想气体状态方程 $pV=\frac{N}{N_0}RT$,有

$$n=\frac{N}{V}=\frac{pN_0}{RT}=\frac{1.013\times10^5\times6.022\times10^{23}}{8.31\times300}=2.45\times10^{25}\,\text{m}^{-3}$$

(2)根据理想气体压强公式 $p=\frac{2}{3}n\bar{\varepsilon}_k$,有

$$\bar{\varepsilon}_k=\frac{3p}{2n}=\frac{3\times1.013\times10^5}{2\times2.45\times10^{25}}=6.20\times10^{-21}\,\text{J}$$

练习题

1. 一容器容积为 1.54L,内部充满质量为 2g、压强为 $1.013\times10^5\,\text{Pa}$ 的氧

气。试求此氧气分子的平均平动动能。

2. 一容器内贮有一定量的氧气，测得其压强为 1.013×10^5 Pa，温度为 300K，试求：(1)氧气的分子数密度；(2)若容器为边长 0.30m 的立方体，当一个分子下降的高度等于容器边长时，它的重力势能的改变量 $|\Delta\varepsilon_p|$ 与该分子平均平动动能 $\bar{\varepsilon}_k$ 之比。

7.3 理想气体的温度公式

本节我们将由理想气体状态方程及压强公式出发，推导理想气体温度公式，进而揭示气体的另一个宏观状态参量——温度的微观本质。

7.3.1 理想气体温度公式

根据理想气体状态方程 $pV=\frac{N}{N_0}RT$，有

$$p=\frac{N}{V}\frac{R}{N_0}T$$

式中：$\frac{N}{V}=n$，为气体分子数密度；$N_0=6.022\times10^{23}\,\mathrm{mol^{-1}}$，为阿伏伽德罗常数。令 $k=\frac{R}{N_0}=1.38\times10^{-23}\,\mathrm{J\cdot k^{-1}}$，$k$ 为玻尔兹曼常量，则此式可写为

$$p=nkT \tag{7-6}$$

式(7-6)是理想气体状态方程的第三种形式。将式(7-6)与理想气体压强公式 $p=\frac{2}{3}n\bar{\varepsilon}_k$ 相比较，可得

$$\bar{\varepsilon}_k=\frac{3}{2}kT \tag{7-7}$$

式(7-7)称为理想气体温度公式。此式表明：理想气体的宏观状态参量温度仅与气体分子热运动的平均平动动能有关，温度是分子平均平动动能的量度，这即是温度的微观本质。这表明，气体分子热运动程度越剧烈，分子平均平动动能越大，气体的温度也就越高，如果两种气体温度相同，则它们分子的平均平动动能也必然相同。

值得注意的是，分子平均平动动能是大量分子热运动的统计结果，是集体表现，因此，对于单个分子或少量分子，说它们的温度是没有意义的；另外，由温度公式可知，热力学温度零度对应于气体分子平均平动动能的零值，然而，实际上分子的热运动是永不停息的，因此，热力学温度零度是永远也不可能达到的。而且，对于实际气体而言，在温度未达到热力学温度零度以前，已变成液体或固体，公式(7-7)早就不再适用。近代物理实验还表明，即使是在热力学温度零度时，组成固体点阵的粒子也还是保持着某种振动的能量，称为零点能量。

7.3.2 气体分子的方均根速率

根据式(7-7)和气体分子平均平动动能公式 $\bar{\varepsilon}_k=\frac{1}{2}m\overline{v^2}$，可求得气体分子的方均根速率为

$$\sqrt{\overline{v^2}}=\sqrt{\frac{3kT}{m}}=\sqrt{\frac{3RT}{M_{mol}}} \tag{7-8}$$

式中：m 为气体分子的质量；M_{mol} 为气体的摩尔质量。

方均根速率是气体分子速率的一种平均值。根据理想气体温度公式我们知道，在相同的温度下，不同气体的平均平动动能是相等的。但由式(7-8)可以看出，方均根速率不仅与气体的温度有关，而且还与气体的摩尔质量有关，因此，温度相同时，不同的气体分子方均根速率并不相等。在 0℃时，氢的方均根速率为1845m·s^{-1}，氧为 461m·s^{-1}，氮为 493 m·s^{-1}。

例题 7-5 容器内贮有一定量温度为 27℃、压强为 1.38×10^5 Pa 的氧气。试求：(1)氧气的分子数密度；(2)1m^3 内氧分子总的平均平动动能；(3)氧气分子的方均根速率。

解 (1)根据理想气体状态方程的第三种形式 $p=nkT$，有

$$n=\frac{p}{kT}=\frac{1.38\times10^5}{1.38\times10^{-23}\times300}=3.33\times10^{25}\,\text{m}^{-3}$$

(2)根据理想气体温度公式 $\bar{\varepsilon}_k=\frac{3}{2}kT$，可求得 1m^3 内分子总的平均平动动能为

$$\overline{E}_k=n\bar{\varepsilon}_k=\frac{3}{2}nkT=\frac{3\times3.33\times10^{25}\times1.38\times10^{-23}\times300}{2}$$
$$=2.07\times10^5\,\text{J}$$

(3)根据方均根速率 $\sqrt{\overline{v^2}}=\sqrt{\frac{3RT}{M_{mol}}}$，有

$$\sqrt{\overline{v^2}}=\sqrt{\frac{3\times8.31\times300}{32\times10^{-3}}}=4.83\times10^2\,\text{m}\cdot\text{s}^{-1}$$

练习题

1. 容器内贮有温度为 400K、压强为 10 大气压的氮气。试求：(1)气体分子数密度；(2)分子的平均平动动能；(3)氮分子的质量。

2. 容积相同的两个容器中分别装有温度相同的 2mol 氢气和 1mol 氦气。试求两种气体：(1)分子数密度之比；(2)压强之比；(3)分子平均平动动能之比；(4)方均根速率之比。

7.4 能量按自由度均分定理 理想气体内能

本节我们将对理想气体温度公式作进一步的分析和推广，进而得出理想

气体在平衡态下分子能量所遵循的统计规律，并讨论影响理想气体内能的因素，得出能量按自由度均分定理，从而得到理想气体的内能公式。

前面讨论气体分子运动时把分子视为质点，它只有平动问题。实际上，气体分子具有一定的大小和比较复杂的结构，不能在所有的问题中都把它视为质点，比如研究分子能量问题时，分子除平动外，还可能会有整体的转动以及分子内原子的振动，相应地，分子不仅有平动动能，还可能存在转动动能和振动动能。为讨论分子各种运动形式能量的统计规律，先介绍物体自由度的概念。

7.4.1 自由度

确定一个物体的空间位置所需要的独立坐标个数，称为这个物体的自由度，用字母 i 表示。

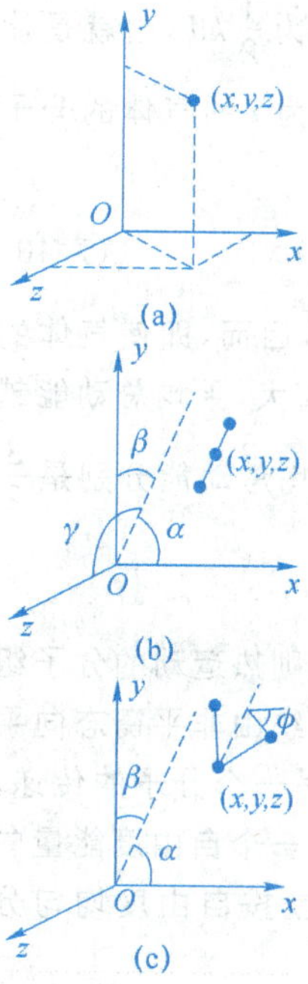

图 7-4 气体分子的自由度

一个质点在空间运动，描述它的位置需要 x、y、z 三个独立坐标，因此它的自由度 $i=3$；若一个质点被限制在一个平面内运动，则描述它的位置需要 x、y 两个独立的坐标，因此它的自由度 $i=2$；若一个质点被限制在一条直线上运动，则它的自由度 $i=1$。可见，自由度是描述物体运动自由程度的物理量。

对于气体分子，单原子分子(如 He、Ne 等)可以看作是一个能够在空间自由运动的质点，因此它的自由度是 3，如图 7-4(a)所示；双原子分子(如 O_2、H_2 等)如果不考虑原子间的振动，可以看作是两个质点组成的哑铃形状的刚性分子，如图 7-4(b)所示，确定它的位置需要五个独立坐标，所以 $i=5$。这五个坐标是这样分配的：先用三个坐标 x、y、z 用来确定其质心 C(或其中一个原子)的位置，由于两个原子的连线还可以在空间转动，所以再用两个独立的方位角量坐标 α、β 来确定两个原子连线的方位，可见 5 个自由度中 3 个是平动自由度，2 个是转动自由度；如果考虑双原子分子原子间的振动，即分子为非刚性的，则还需要一个坐标来确定原子间的距离，即需要再加一个振动自由度，这时分子的自由度是 6；刚性多原子分子(如 CO_2、NO_2 等)除了具有 3 个平动自由度、2 个转动自由度外，还要加一个分子绕轴自转的自由度，即 $i=6$，如图 7-4(c)所示。如果考虑原子间的振动，非刚性的多原子分子的自由度会更复杂一些，在此从略。在本教材中，若无特殊说明，双原子分子、多原子分子都视为刚性的。

常温下，大多数气体分子属于刚性分子。其自由度可计为

$$i=t+r \tag{7-9}$$

式中 t 为平动自由度，r 为转动自由度。

7.4.2 能量按自由度均分定理

根据理想气体温度公式 $\bar{\varepsilon}_k=\frac{3}{2}kT$ 及平均平动动能的定义 $\bar{\varepsilon}_k=\frac{1}{2}m$

$\overline{v^2}$，有

$$\frac{1}{2}m\overline{v^2}=\frac{3}{2}kT$$

又因$\overline{v_x^2}=\overline{v_y^2}=\overline{v_z^2}=\frac{1}{3}\overline{v^2}$，则

$$\frac{1}{2}m\overline{v_x^2}=\frac{1}{2}m\overline{v_y^2}=\frac{1}{2}m\overline{v_z^2}=\frac{1}{2}kT$$

此式表明，分子的平均平动动能$\frac{3}{2}kT$平均地分配给三个平动自由度，每个自由度的能量都是$\frac{1}{2}kT$。

这个结论可以推广到分子转动和振动情况，所针对的研究对象也可以推广到温度为T的平衡状态下的其他物质(包括气体、液体和固体)。即：在平衡态下，分子的每一个自由度都具有相同的平均动能，均为$\frac{1}{2}kT$，这就是能量按自由度均分定理。按照此定理，温度为T时，自由度为i的气体的分子平均总动能为

$$\bar{\varepsilon}_k=\frac{i}{2}kT \tag{7-10}$$

由式(7-10)可知，气体种类不同，分子的自由度不同，因而，即使气体的温度相同，分子的平均总动能也是不同的，分子的自由度越大，平均总动能越大。单原子分子、刚性双原子分子、刚性多原子分子的平均总动能分别是$\frac{3}{2}kT$、$\frac{5}{2}kT$和$\frac{6}{2}kT$。

能量按自由度均分的微观解释为：气体由大量的无规则热运动的分子组成，分子作无规则运动时，彼此之间进行着频繁的碰撞，系统由非平衡态向平衡态的过渡过程中，频繁碰撞实现了能量从一个分子到另一个分子的传递，实现了一种形式的能量向另一种形式能量的转化，实现了一个自由度能量向另一个自由度能量的转移，当系统达到平衡态时，能量就按自由度均匀分配了。

能量按自由度均分定理是对大量分子的统计平均结果，对于单个分子而言，由于它作的是无规则热运动，相应的动能随时间改变，并不一定等于$\frac{i}{2}kT$，而且它的动能也不一定按自由度均分。因而，对单个分子说能量按自由度均分是没有意义的。

7.4.3 理想气体的内能

在热学中，气体的内能是指气体所有分子各种形式的动能(平动动能、转动动能和振动动能)以及分子之间相互作用势能的总和。对于理想气体，分

子间相互作用可以忽略不计，因而不存在分子间相互作用的势能，所以理想气体的内能就是所有分子各种无规则热运动的动能总和。

根据式(7-10)可知，一个自由度为 i 的理想气体分子的平均总动能为 $\frac{i}{2}kT$，1mol 理想气体的分子数为 N_0（阿伏伽得罗常数），则 1mol 理想气体的内能为

$$E_{\text{mol}}=\frac{i}{2}N_0kT=\frac{i}{2}RT$$

质量为 M，摩尔质量为 M_{mol} 的理想气体的内能为

$$E=\frac{M}{M_{\text{mol}}}\frac{i}{2}RT \qquad (7\text{-}11)$$

式(7-11)表明，对于给定的理想气体，其内能只与温度有关，而与气体的体积和压强无关，内能是温度的单值函数。无论气体经过什么样的过程，只要其温度不变，内能就不变。当温度改变 ΔT 时，相应内能改变量为

$$\Delta E=\frac{M}{M_{\text{mol}}}\frac{i}{2}R\Delta T \qquad (7\text{-}12)$$

例题 7-6 一容器内贮有温度为 273K、质量为 16g 的氧气。试求：(1)一个氧气分子的平均平动动能、平均转动动能和平均总动能；(2)容器内氧气的内能。

解 (1)根据分子平均总动能公式 $\frac{i}{2}kT$，且氧气分子的平动自由度 $t=3$，转动自由度 $r=2$，有

分子平均平动动能 $\bar{\varepsilon}_{kt}=\frac{t}{2}kT=\frac{3}{2}\times1.38\times10^{-23}\times273=5.65\times10^{-21}\text{J}$

分子平均转动动能 $\bar{\varepsilon}_{kr}=\frac{r}{2}kT=\frac{2}{2}\times1.38\times10^{-23}\times273=3.77\times10^{-21}\text{J}$

分子平均总动能 $\bar{\varepsilon}_{k}=\frac{i}{2}kT=\frac{5}{2}\times1.38\times10^{-23}\times273=9.42\times10^{-21}\text{J}$

(2)根据理想气体内能公式 $E=\frac{M}{M_{\text{mol}}}\frac{i}{2}RT$，有

$$E=\frac{16\times10^{-3}}{32\times10^{-3}}\times\frac{5}{2}\times8.31\times273=2.84\times10^{3}\text{J}$$

例题 7-7 当温度为 300K 时，试求：(1)1mol 氢气的内能；(2)1mol 氦气的内能；(3)2mol 二氧化碳温度升高 1℃时内能的增量。

解 根据理想气体内能公式 $E=\frac{M}{M_{\text{mol}}}\frac{i}{2}RT$，且氢气的自由度 $i=5$（刚性双原子分子），氦气自由度 $i=3$（单原子分子），有

(1) $E=1\times\frac{5}{2}\times8.31\times300=6.23\times10^{3}\text{J}$

(2) $E=1\times\frac{3}{2}\times8.31\times300=3.74\times10^{3}\text{J}$

(3)根据理想气体内能增量公式 $\Delta E=\frac{M}{M_{mol}}\frac{i}{2}R\Delta T$,且二氧化碳的自由度 $i=6$(刚性多原子分子),有

$$\Delta E=2\times\frac{6}{2}\times 8.31\times 1=49.9\text{J}$$

练习题

1. 容器内贮有 1mol 温度为 400K 的氯气,试求:(1)容器内氯气的内能;(2)温度降低 10℃时气体的内能增量。

2. 当气体温度为 300K 时,试求二氧化碳分子平均平动动能、平均转动动能和平均总动能。

7.5 麦克斯韦速率分布律

前面讨论过程中,我们一直用分子的方均根速率代替分子的速率,实际上,在平衡态下,气体分子以各种速度运动着,由于分子间的相互碰撞,每个分子速度的大小和方向也都在不断地改变着。若在某一特定的时刻去观察某一个特定分子的速度,由于其大小和方向都具有偶然性,所以这种观察是很难做到的,也是没有意义的。然而对于大量分子的总体来说,它们的速度分布却遵从一定的统计规律,这个规律最早是由英国物理学家麦克斯韦从理论上得到证明,称为麦克斯韦速度分布律(此规律现已被实验所证实,在实际中也有广泛的应用),如果不考虑分子的速度方向,则称为麦克斯韦速率分布律。为简便起见,在此我们仅讨论速率分布律。

7.5.1 速率分布和分布函数

研究气体分子速率分布规律需要用统计方法。我们研究的基本思路是:首先,将气体分子速率范围 0～∞分成许多速率间隔 Δv 相等的区间。例如0～100m·s^{-1}为一个区间,100～200m·s^{-1}为下一个区间等等;然后,通过实验或理论推导找出分布在各个速率区间内的分子个数 ΔN,并求出该区间内分子数 ΔN 与气体分子总数 N 的比值;最后,分析、比较各区间内分子数占总分子数的比率情况,以及哪个区间内分子最多,分子数比率最高等,从中寻找分子速率分布的规律。表 7-1 给出了实验测得的氧分子在 0℃时速率的分布情况。

从表 7-1 可以看出,运动速率在 300～400m·s^{-1}的分子占总分子数的比率最高,达 21.4%;速率比这大的或比这小的分子数比率都依次递减;速率在 900m·s^{-1}以上的分子数比率最低,达 0.9%;速率在 100 m·s^{-1}以下的分子数比率次之,达 1.4%。在大量分子的热运动中,像上述这样低速率和高速率的分子数少而中等速率分子数偏多的现象普遍存在,这就是分子速率分布的统计规律。

表 7-1 氧分子 在 0℃ 时速率的分布情况

速率区间 ($m\cdot s^{-1}$)	分子数的百分率 $(\Delta N/N)\%$	速率区间 ($m\cdot s^{-1}$)	分子数的百分率 $(\Delta N/N)\%$
100 以下	1.4	500～600	15.1
100～200	8.1	600～700	9.2
200～300	16.5	700～800	4.8
300～400	21.4	800～900	2.0
400～500	20.6	900 以上	0.9

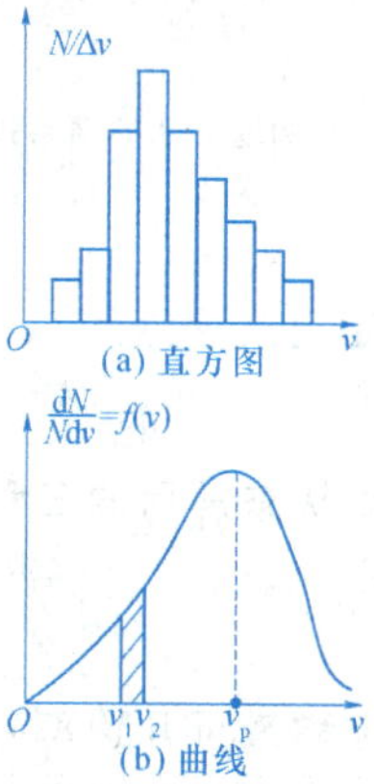

图 7-5 气体分子速率

如果以速率 v 为横坐标，以 $\Delta N/(N\Delta v)$——单位速率区间内的分子数比率为纵坐标，则表 7-1 给出的速率分布情况可表示为图 7-5(a) 所示的直方图。为了把速率分布情况更精确的表示出来，我们可以把速率间隔尽可能的画小，使得 $\Delta v\to 0$，并将速率间隔和间隔内的分子数分别表示为 $\mathrm{d}v$ 和 $\mathrm{d}N$，这时如果再以速率 v 为横坐标，以 $\mathrm{d}N/(N\mathrm{d}v)$ 为纵坐标作图，将得到一条平滑的曲线，称为气体分子速率分布曲线，如图 7-5(b) 所示。

如果将分子速率分布曲线所表达的 $\mathrm{d}N/(N\mathrm{d}v)$ 与 v 之间的关系写出函数形式 $f(v)$，即

$$f(v)=\frac{1}{N}\frac{\mathrm{d}N}{\mathrm{d}v} \tag{7-13}$$

$f(v)$ 称为气体分子的速率分布函数，它表示了在速率 v 附近的单位速率区间内气体分子数占总分子数的比率（百分比），这即是速率分布函数的物理意义。由速率分布函数的意义可知，速率介于 v_1 与 v_2 之间的分子数占总分子数的比率为

$$\int_{v_1}^{v_2} f(v)\mathrm{d}v=\frac{\Delta N}{N} \tag{7-14}$$

此值相当于速率分布曲线下画有斜线的小长方形的面积。速率分布曲线下的总面积则表示了分布在速率 0～∞ 整个速率区间内的分子占总分子数的比率，其值应为百分之百，即等于 1，这是分布曲线的归一化条件，即

$$\int_0^{\infty} f(v)\mathrm{d}v=1 \tag{7-15}$$

归一化条件是所有分布函数应满足的条件。

例题 7-8 试阐明下列各式的含义：(1) $Nf(v)\mathrm{d}v$；(2) $\int_v^{v+\mathrm{d}v} f(v)\mathrm{d}v$。

解 根据速率分布函数 $f(v)$ 的意义，有

(1) $Nf(v)\mathrm{d}v$ 表达了速率 v 附近，速率区间为 $\mathrm{d}v$ 内的分子数目；

(2) $\int_v^{v+\mathrm{d}v} f(v)\mathrm{d}v$ 表达了速率介于 v 与 $v+\mathrm{d}v$ 之间的分子数占总分子数的比率。

7.5.2 麦克斯韦速率分布函数

如果知道 $f(v)$ 的具体形式，我们则可求出例题 7-8 中几个式子的结果，1859 年麦克斯韦从理论上导出 $f(v)$ 的表达式：

$$f(v)=4\pi\left(\frac{m}{2\pi kT}\right)^{\frac{3}{2}}\mathrm{e}^{-\frac{mv^2}{2kT}}v^2 \tag{7-16}$$

式中，m 为一个气体分子的质量，k 为玻尔兹曼常量，T 为热力学温度，此式称为麦克斯韦速率分布函数。根据麦克斯韦速率分布函数作的 $f(v)-v$ 曲线称为麦克斯韦速率分布曲线，该曲线基本上与由实验数据所作曲线图 7-5(b)相吻合。

(注：由于计算难度较大，所以本教材不再根据麦克斯韦速率分布函数对例题 7-8 的结果进行求解)

7.5.3 三种速率

根据麦克斯韦速率分布函数还可求出反映分子热运动状态常用的三种统计速率(推导过程从略)。

1. 最概然速率 v_p

分布函数 $f(v)$ 极大值对应的速率称为最概然速率(也称最可几速率)，其值对应于分布曲线最高点的横坐标值，如图 7-5(b)所示。最概然速率的意义是：平衡态下，速率在 v_p 附近的单位区间内的气体分子数占总分子数的比率最大；用概率表示为，对于所有相同的速率区间而言，某个分子的速率取值落在含有 v_p 的那个速率区间的概率最大。

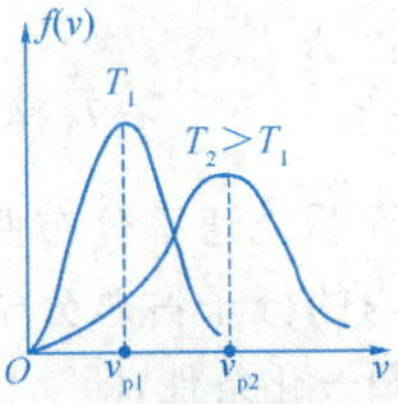

(a) 最概然速率与温度的关系

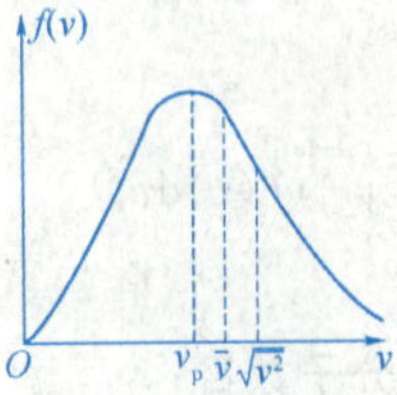

(b) 3种速率的比较

图 7-6 最概然速率及其关系

根据函数极值条件 $\frac{\mathrm{d}f(v)}{\mathrm{d}v}=0$，可求得最概然速率 v_p 为

$$v_p=\sqrt{\frac{2kT}{m}}=\sqrt{\frac{2RT}{M_{\mathrm{mol}}}}\approx 1.41\sqrt{\frac{RT}{M_{\mathrm{mol}}}} \tag{7-17}$$

由式(7-17)可以看出：最概然速率与气体的温度有关，与气体的种类也有关。其他条件相同时，气体温度越高，最概然速率越大，对应分布曲线的最高点向高速区域移动，使得曲线变宽，由于归一化条件的限制，即曲线下面积还应等于 1，此时曲线将变得平坦一些。如图 7-6(a)所示。此现象的微观解释为：气体温度升高，则气体分子热运动变的剧烈，因此分子运动的速率普遍增大，最概然速率也随之增大。

2. 平均速率 $\bar{v}$

大量分子速率的算术平均值称为平均速率。根据平均值的定义 $\bar{v}=\frac{\sum v_i\Delta N_i}{N}$，可求得平均速率 $\bar{v}$ 为

$$\bar{v}=\sqrt{\frac{8kT}{\pi m}}=\sqrt{\frac{8RT}{\pi M_{mol}}}\approx 1.60\sqrt{\frac{RT}{M_{mol}}} \tag{7-18}$$

3. 方均根速率$\sqrt{\overline{v^2}}$

大量分子速率平方平均值的平方根称为方均根速率。根据平均值的定义$\overline{v^2}=\frac{\Sigma v_i^2\Delta N_i}{N}$，可求得方均根速率为

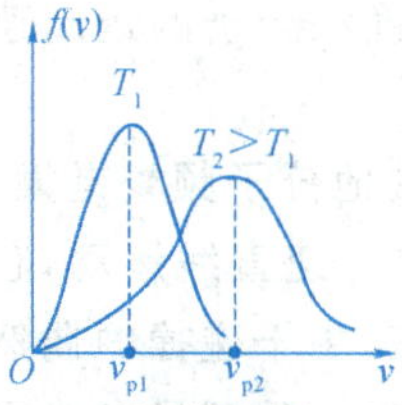

(a) 最概然速率与温度的关系

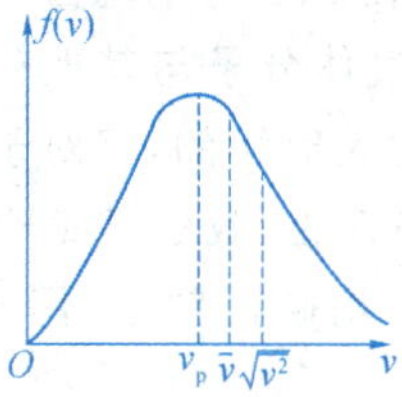

(b) 3种速率的比较

图 7-6 三种速率的比较

$$\sqrt{\overline{v^2}}=\sqrt{\frac{3kT}{m}}=\sqrt{\frac{3RT}{M_{mol}}}\approx 1.73\sqrt{\frac{RT}{M_{mol}}} \tag{7-19}$$

由式(7-18)和式(7-19)可以看出：平均速率和方均根速率也与气体的温度及气体的种类有关，其他条件一定时，平均速率及方均根速率都随气体温度的升高而增大。同样，这些现象仍然是气体分子热运动剧烈程度与温度的关系所致。

以上三种速率各有不同的含义，用处也各有不同，最概然速率常在讨论气体分子速率分布等问题时使用，平均速率常在讨论气体分子碰撞等问题时使用，而方均根速率常在讨论气体分子平均平动动能等问题时使用。在室温下，这三种速率都在每秒数百米左右，数值由小到大分别为v_p、$\bar{v}$、$\sqrt{\overline{v^2}}$，比值为 1.41∶1.60∶1.73，如图 7-6(b)所示。

例题 7-9 试求温度为 300K 时氮气分子的三种统计速率。

解 根据三种速率公式以及氮气的 $M_{mol}=2.8\times10^{-2}$kg，有

$$v_p=\sqrt{\frac{2RT}{M_{mol}}}=\sqrt{\frac{2\times8.31\times300}{2.8\times10^{-2}}}=4.22\times10^2\,\text{m}\cdot\text{s}^{-1}$$

$$\bar{v}=\sqrt{\frac{8RT}{\pi M_{mol}}}=\sqrt{\frac{8\times8.31\times300}{3.14\times2.8\times10^{-2}}}=4.76\times10^2\,\text{m}\cdot\text{s}^{-1}$$

$$\sqrt{\overline{v^2}}=\sqrt{\frac{3RT}{M_{mol}}}=\sqrt{\frac{3\times8.31\times300}{2.8\times10^{-2}}}=5.17\times10^2\,\text{m}\cdot\text{s}^{-1}$$

以上讨论的三种速率都是对大量气体分子进行的统计计算结果，只对大量气体分子有意义，如果对于单个气体分子谈以上三种速率，是没有意义的。

练习题

1. 试阐明下列各式的含义：(1) $f(v)\mathrm{d}v$；(2) $\int_{300}^{500}Nf(v)\mathrm{d}v$。

2. 求温度为 300K 时氧气分子的三种统计速率。

7.6 分子的平均碰撞频率和平均自由程

由 7.5 节的例题 7-9 和练习 7-10 可知，室温下氮气和氧气分子的平均速率都大于 400m·s^{-1}，这比空气中声音的传播速率(340m·s^{-1})大很多，但生活中如果打碎一瓶香水，则是瓶子的破裂声先于香水的气味传到我们耳边，这是为什么呢？这个问题最早是克劳修斯提出并解决的。他认为，常温

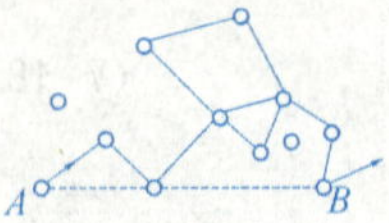

图 7-7　香水分子的运动及香气的传播

常压下气体分子数密度高达 $10^{23}\sim10^{25}$ 数量级，高速运动的香水分子在运动过程中将不断地与其他气体分子进行碰撞，这种频繁碰撞将不断地改变香水气体分子的运动方向，因此实际上，香水分子是在做一种迂回曲折前进的运动，如图 7-7 所示。图中香水分子运动的起点 A 和终点 B 间的位移(图中虚线长)和路程(图中折线长)相差很大，因此香气的传播速度和分子的运动速度也会相差很大。

如前所述，在气体分子运动过程中，每个分子都要与其他分子频繁碰撞，在连续两次碰撞之间，我们可以认为分子遵循惯性规律做匀速直线运动，它所经历的这一段直线路程，称为自由程，对于单个分子而言，由于碰撞的偶然性，其自由程时长时短，但对于大量气体分子而言，分子的自由程则具有确定的统计规律性，我们把分子在连续两次碰撞之间所经过的自由程的平均值称为平均自由程，用 $\bar{\lambda}$ 表示。同时，我们把单位时间内某个气体分子与其他分子的碰撞次数，称为碰撞频率，单个分子的碰撞频率也是时大时小的，但对于大量气体分子而言，分子碰撞频率同样具有确定的统计规律性，我们把每个分子单位时间内与其他分子的碰撞次数的平均值称为平均碰撞频率，用 $\bar{z}$ 表示。

7.6.1　平均碰撞频率

为简单起见，我们假设每个气体分子都是有效直径为 d 的刚性小球，并且假定除了选为研究对象的分子 A，其余分子都静止不动。

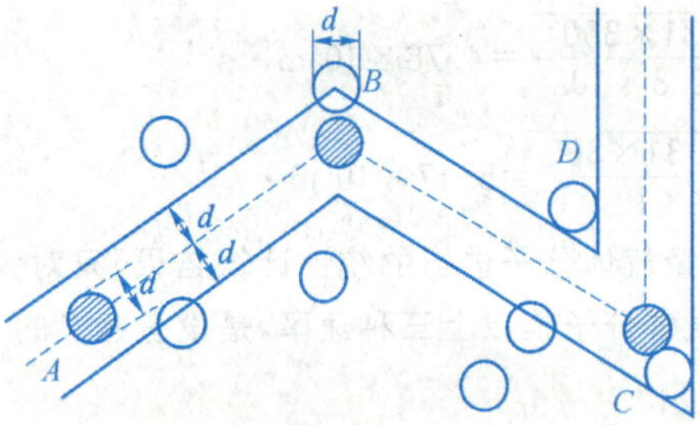

图 7-8　$\bar{z}$ 及 $\bar{\lambda}$ 的计算

分子 A 与其他分子发生弹性碰撞时，两个分子的中心距离等于单个分子的有效直径 d。由于气体分子间的碰撞是频繁的，当分子 A 运动时，其球心轨迹为折线，如果以分子 A 的球心轨迹为轴，以 d 为半径作一曲折形的圆柱空间，则球心位于此空间内的其他分子都将与分子 A 发生碰撞，球心位于此空间之外的其他分子不会与分子 A 发生碰撞，如图 7-8 所示。由前面分析可知，此曲折形圆柱空间的截面积为 πd^2，设气体分子数密度为 n，分子运动平均速率 $\bar{v}$，则单位时间内球心位于此空间内的分子数应是 $\pi d^2\bar{v}n$，这也是单位时间内分子 A 与其他分子的碰撞次数，即平均碰撞频率。考虑到前面我们曾假设除分子 A 外，其余分子都静止不动，而实际上所有的分子都是在永不停息的运动着，所以必须对这个结果加以修正。从理论上可以推导得出分子的平均碰撞频率为(推导过程从略)

$$\bar{z}=\sqrt{2}\pi d^2\bar{v}n \tag{7-20}$$

7.6.2 平均自由程

根据分子平均碰撞频率式(7-20),及单位时间内分子平均走过的路程为$\bar{v}$,可求得分子的平均自由程为

$$\bar{\lambda}=\frac{\bar{v}}{\bar{z}}=\frac{1}{\sqrt{2}\pi d^2 n} \tag{7-21}$$

从式(7-21)可看出,气体分子的平均自由程与气体分子的有效直径的平方及分子数密度成反比。这一现象的微观解释为:分子直径越大,则分子运动时越容易与其他分子发生碰撞,两次碰撞间分子运动的自由距离越短,即分子平均自由程越小;气体分子数密度越大,则单位体积内的分子个数越多,同样分子运动时与其他分子碰撞的机会也越多,因而分子的平均自由程也越小。表 7-2 给出了标准状态下几种气体分子的平均碰撞频率、平均自由程和有效直径值。

表 7-2 标准状态下几种气体的平均自由程

	氢	氧	氮	二氧化碳
$\bar{z}$/Hz	1.48×10^{10}	2.58×10^{10}	7.59×10^{9}	9.13×10^{9}
$\bar{\lambda}$/m	1.13×10^{-7}	0.647×10^{-7}	0.599×10^{-7}	0.397×10^{-7}
d/m	2.72×10^{-10}	3.60×10^{-10}	3.74×10^{-10}	4.59×10^{-10}

根据理想气体状态方程 $p=nkT$,式(7-21)可改写为

$$\bar{\lambda}=\frac{kT}{\sqrt{2}\pi d^2 p} \tag{7-22}$$

式中:k 为玻尔兹曼常量。从式(7-22)可以看出,平均自由程与气体的温度成正比,而与气体的压强成反比。此现象的微观解释为:气体的温度高,分子热运动剧烈,则分子热运动的平均速率大,因而分子在两次碰撞之间运动的距离大,相应的平均自由程也大;气体的压强大,则单位空间内气体分子的个数多,单位时间内分子与其他分子的碰撞机会多,因而两次碰撞之间的时间间隔小,运动的距离短,平均自由程也就小。

例题 7-10 已知空气分子的平均摩尔质量为 $M_{mol}=2.9\times10^{-2}\,\mathrm{kg\cdot mol^{-1}}$,空气分子的有效直径为 $d=3.5\times10^{-10}\,\mathrm{m}$。试求标准情况下空气分子的:(1)平均自由程;(2)平均碰撞频率。

解 (1)根据平均自由程公式 $\bar{\lambda}=\frac{kT}{\sqrt{2}\pi d^2 p}$,有

$$\bar{\lambda}=\frac{1.38\times10^{-23}\times273}{\sqrt{2}\times3.14\times(3.5\times10^{-10})^2\times1.013\times10^5}=6.84\times10^{-8}\,\mathrm{m}$$

(2)根据平均速率公式,有

$$\bar{v}=\sqrt{\frac{8RT}{\pi M_{\text{mol}}}}=\sqrt{\frac{8\times 8.31\times 273}{3.14\times 2.9\times 10^{-2}}}=4.46\times 10^{2}\ \text{m}\cdot\text{s}^{-1}$$

又根据平均碰撞频率与平均自由程关系 $\bar{\lambda}=\frac{\bar{v}}{\bar{z}}$，有分子平均碰撞频率

$$\bar{z}=\frac{\bar{v}}{\bar{\lambda}}=\frac{4.46\times 10^{2}}{6.84\times 10^{-8}}=6.52\times 10^{9}\ \text{Hz}$$

此题还可以有另外一种求解方案：

根据理想气体状态方程 $p=nkT$ 得

$$n=\frac{p}{kT}=\frac{1.013\times 10^{5}}{1.38\times 10^{-23}\times 273}=2.69\times 10^{25}\ \text{m}^{-3}$$

平均速率如上面所求，$\bar{v}=4.46\times 10^{2}\ \text{m}\cdot\text{s}^{-1}$，根据平均碰撞频率公式，有

$$\bar{z}=\sqrt{2}\pi d^{2}\bar{v}n=\sqrt{2}\times 3.14\times(3.5\times 10^{-10})^{2}\times 4.46\times 10^{2}\times 2.69\times 10^{25}$$
$$=6.52\times 10^{9}\ \text{Hz}$$

结果与前一种方法所得结果一致。

练习题

1. 已知氧气分子的有效直径为 3.60×10^{-10} m。试求：标准状态下(1)氧气分子的平均自由程；(2)氧气分子的平均碰撞频率。

2. 标准状况下氢气分子的平均自由程为 1.13×10^{-7} m。试求：(1)氢分子的有效直径；(2)平均碰撞频率。

7.7 玻尔兹曼分布

麦克斯韦速率分布函数是在假设系统不受外力(如重力、电场力)影响的理想条件下求得的，即假设气体分子数密度 $n=\frac{N}{V}$ 处处相等，假设气体分子只有动能而无势能，但实际上，气体系统都是处于外力场中的，因而气体分子速率分布不可避免地要受外场的影响。

7.7.1 玻尔兹曼分布律

玻尔兹曼把麦克斯韦速率分布律推广到系统处于保守力场的情况，他认为，(1)气体分子不仅有动能 ε_k，还有势能 ε_p，即分子的总能量为 $\varepsilon=\varepsilon_k+\varepsilon_p$，从而把麦克斯韦速率分布函数指数项中 $\frac{1}{2}mv^2$ 修改为 $\varepsilon=\varepsilon_k+\varepsilon_p$；(2)粒子由于受外力影响，因此分布不仅与速度区间 $v\sim v+\text{d}v$ 有关，还与空间位置有关，基于以上两点假设，麦克斯韦速率分布函数修改为：

$$\text{d}N'=n_0\left(\frac{m}{2\pi kT}\right)^{\frac{3}{2}}\text{e}^{-\frac{\varepsilon_k+\varepsilon_p}{kT}}\,\text{d}v\text{d}x\text{d}y\text{d}z \tag{7-23}$$

式(7-23)称为玻尔兹曼分布律。式中：n_0 表示 $\varepsilon_p=0$ 处单位体积内具有各种速率值的总分子数。

7.7.2 重力场中微粒按高度分布规律

根据玻尔兹曼分布律及归一化条件 $\int_0^{\infty} f(v)\mathrm{d}v=1$，由式(7-23)可求得分布在空间间隔式 $x \sim x+\mathrm{d}x, y \sim y+\mathrm{d}y, z \sim z+\mathrm{d}z$ 内分子数为：

$$n=n_0 \mathrm{e}^{-\frac{\varepsilon_p}{kT}} \tag{7-24}$$

这是玻尔兹曼分布律的一种常用形式，它表明了分子数按势能分布的规律。

式(7-24)是一个普适规律，它对实物微粒(气体、液体和固体的分子、布朗粒子)在任何保守力场中的运动情形都是成立的。粒子处于重力场中，势能 $\varepsilon_p=mgz$，因而分布在高度为 z 处单位体积内的分子数为

$$n=n_0 \mathrm{e}^{-\frac{mgz}{kT}} \tag{7-25}$$

式中 n_0 为 $\varepsilon_p=0$ 即 $z=0$ 处单位体积内的分子数，此式表明，在重力场中，气体分子数密度 n 随高度增加而按指数规律减小。

7.7.3 气压公式

根据式(7-25)及 $p=nkT$ 可有：

$$p=p_0 \mathrm{e}^{-\frac{mgz}{kT}}=p_0 \mathrm{e}^{-\frac{M_{\mathrm{mol}}gz}{RT}} \tag{7-26}$$

式中：$p_0=n_0kT$，表示在 $z=0$ 处的压强，式(7-26)称为气压公式，它表明在温度均匀的情形下，大气压强随高度按指数规律减小。利用它可以近似地估算出不同高处的大气压强，也可以根据测定的大气压强来估测所处位置的高度，这在爬山和航空中经常用到。

例题 7-11 青藏高原的海拔约为 1 000m，设海平面处大气压强为 $p_0=$ 1atm。试求温度为 0℃时高原上的大气压强。

解 根据气压公式 $p=p_0 \mathrm{e}^{-\frac{M_{\mathrm{mol}}gz}{RT}}$，有

$$p=p_0 \mathrm{e}^{-\frac{M_{\mathrm{mol}}gz}{RT}}=1\times \mathrm{e}^{-\frac{2.9\times 10^{-2}\times 9.8\times 1000}{8.31\times 273}}=0.88\mathrm{atm}$$

练习题

登山运动员在山顶测量大气压强为山底的一半，设温度为 300K。试求：山的高度。

小　结

气体动理论也称分子物理学。本章主要介绍热力学系统、平衡态等概念，并从物质的微观结构出发讨论平衡态下理想气体的压强、温度、内能公式，揭示理想气体宏观参量的微观本质，讨论平衡态下理想气体所遵循的几个统计规律。

一、热力学系统及理想气体状态方程

(1)热力学系统：由大量分子或原子组成的宏观物体称为热力学系统(简称系统)，系统以外的物体统称为外界(或环境)。一个不受外界条件影响的系统，达到一个宏观性质不再随时间变化的稳定状态称为平衡态，反之，就称为非平衡态。

(2)理想气体状态方程：当系统处于平衡态时，描述该状态的各状态参量之间存在着确定的函数关系。

$$pV=\frac{M}{M_{\mathrm{mol}}}RT=\frac{N}{N_0}RT$$

二、理想气体的压强、温度公式及微观本质

1. 理想气体压强公式

$$p=\frac{1}{3}nm\overline{v^2}=\frac{2}{3}n\bar{\varepsilon}_{\mathrm{k}}$$

理想气体的压强是大量气体分子无规则热运动时不断与器壁发生碰撞的结果。理想气体的压强正比于气体分子数密度 n 和平均平动动能 $\bar{\varepsilon}_{\mathrm{k}}$。

2. 理想气体温度公式

$$\bar{\varepsilon}_{\mathrm{k}}=\frac{3}{2}kT$$

温度是分子平均平动动能的量度。

三、几个统计规律

1. 能量按自由度均分定理及内能公式

(1)能量按自由度均分定理：在平衡态下，分子的每一个自由度都具有相同的平均动能，均为$\frac{1}{2}kT$。

(2)温度为 T 时，自由度为 i 的气体的分子平均总动能为$\bar{\varepsilon}_k=\frac{i}{2}kT$。

(3)质量为 M，摩尔质量为 M_{mol} 的理想气体的内能为 $E=\frac{M}{M_{\mathrm{mol}}}\frac{i}{2}RT$。

2. 速率分布律

(1)分子速率分布的统计规律：在大量分子的热运动中，低速率和高速率

的分子数少而中等速率分子数偏多的现象普遍存在。

(2)麦克斯韦速率分布函数及分布曲线：

$$f(v)=4\pi\left(\frac{m}{2\pi kT}\right)^{\frac{3}{2}}\mathrm{e}^{-\frac{mv^2}{2kT}}v^2$$

根据麦克斯韦速率分布函数作的 $f(v)-v$ 曲线称为麦克斯韦速率分布曲线。

(3)三种速率

最概然速率 v_{p}：分布函数 $f(v)$ 极大值，也称最可几速率。

$$v_{\mathrm{p}}=\sqrt{\frac{2kT}{m}}=\sqrt{\frac{2RT}{M_{\mathrm{mol}}}}\approx1.41\sqrt{\frac{RT}{M_{\mathrm{mol}}}}$$

平均速率 $\bar{v}$：大量分子速率的算术平均值。

$$\bar{v}=\sqrt{\frac{8kT}{\pi m}}=\sqrt{\frac{8RT}{\pi M_{\mathrm{mol}}}}\approx1.60\sqrt{\frac{RT}{M_{\mathrm{mol}}}}$$

方均根速率 $\sqrt{\overline{v^2}}$：大量分子速率平方平均值的平方根。

$$\sqrt{\overline{v^2}}=\sqrt{\frac{3kT}{m}}=\sqrt{\frac{3RT}{M_{\mathrm{mol}}}}\approx1.73\sqrt{\frac{RT}{M_{\mathrm{mol}}}}$$

3. 分子的平均碰撞频率和平均自由程

(1)平均碰撞频率：每个分子单位时间内与其他分子的碰撞次数的平均值。

$$\bar{z}=\sqrt{2}\pi d^2\bar{v}n$$

(2)平均自由程：分子在连续两次碰撞之间所经过的自由程的平均值。

$$\bar{\lambda}=\frac{\bar{v}}{\bar{z}}=\frac{1}{\sqrt{2}\pi d^2 n}=\frac{kT}{\sqrt{2}\pi d^2 p}$$

习题 7

A 类题目：

7-1 把一定质量的理想气体进行等温压缩，从而使气体的压强变为原来的 2 倍。试求：单位体积内气体分子个数变为原来的多少倍。

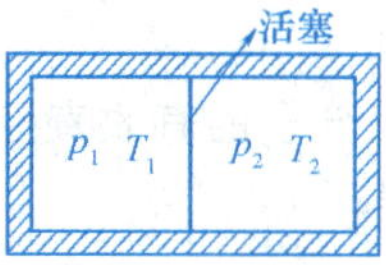

图 7-9 习题 7-2 用图

7-2 有一个封闭的圆桶形容器，中间用一个导热的、不漏气的、可自由移动的金属活塞隔开，活塞把容器分为体积相同的两室，如图 7-9 所示。现在容器的两室分别充入同种气体，已知 $p_1=1\mathrm{atm}$、$T_1=600\mathrm{K}$、$p_2=2\mathrm{atm}$、$T_2=300\mathrm{K}$。试求：活塞稳定后，容器两室的体积比。

7-3 钢瓶内贮有一定质量的用于气焊的氢气，气体体积为 $1\mathrm{m}^3$，压强为 $5\times10^6\mathrm{Pa}$。若气焊时，钢瓶内氢气的温度保持在 300K 不变。试求：当钢瓶气体压强变为 $10\times10^5\mathrm{Pa}$ 时，用去了多少氢气。

7-4 测定气体种类的一种方法为：在容器内密封该气体，然后在保持气体温度不变的情况下，慢慢放掉一部分气体，测量气体的体积、质量及压强的变化,即可根据公式计算该气体的摩尔质量。设某次测量气体体积为 V、质量减少量为 Δm、压强减小量为 Δp。试求:此气体的摩尔质量。

7-5 真空技术在电子管、显像管的制造等方面有着广泛的应用。容器内的空气越稀薄,真空度越高。容器内真空度的高低可以通过测压强来反映。今有一电子管,试验测得它的体积为 10cm^3,温度为 300K,其内气体压强为 $6\times10^{-4}\text{Pa}$。试求:(1)气体的分子数密度;(2)电子管内有多少个气体分子。

7-6 试求标准情况下:(1)气体分子的分子数密度及分子的平均平动动能;(2)分子间平均距离。

7-7 容器内贮有温度为 300K、压强为 $1.013\times10^5\text{Pa}$ 的氧气。试求:(1)氧气分子的质量;(2)氧气分子的方均根速率。

7-8 1mol 的氢气密封在容积为 10L 的容器内,测得气体的压强为 60cmHg。试求:氢气分子的平均平动动能;

7-9 试求标准情况下下列气体的方均根速率:(1)氢气;(2)氧气;(3)氮气。

7-10 试求 1mol 氧气在温度分别为 0℃ 和 1000℃ 时的(1)分子平均平动动能;(2)分子总的平动动能。

7-11 容器内贮有 1mol 的二氧化碳或者氧气。当从外界向容器输入 $2.09\times10^2\text{J}$ 的热量时,测得气体温度升高了 10℃。试求:容器内是哪种气体。

7-12 试说明下列给表达式所包含的物理意义:(1)$\frac{1}{2}kT$;(2)$\frac{3}{2}kT$;(3)$\frac{i}{2}kT$;(4)$\frac{i}{2}RT$;(5)$\frac{M}{M_{\text{mol}}}\frac{i}{2}RT$。

7-13 试求:(1)室温为 300K 时,1mol 氮气的内能;(2)1mol 氢气的温度从 10℃ 升高到 100℃ 时,内能的增量。

7-14 试求:温度为 300K 时氢气的三种统计速率。

7-15 体积为 10L 的容器内贮有压强为 $1.33\times10^5\text{Pa}$ 某种气体。试验测得此气体的最概然速率为 $163\text{m}\cdot\text{s}^{-1}$。试求:此气体的质量。

7-16 空气的摩尔质量为 $M_{\text{mol}}=28.9\times10^{-3}\text{kg}\cdot\text{mol}^{-1}$,空气分子的截面面积为 $s=5\times10^{-19}\text{m}^2$。试求温度为 300K、压强为一大气压时:(1)空气分子的有效直径;(2)分子的平均自由程;(3)平均碰撞频率。

7-17 电子管的真空度为 $1.33\times10^{-3}\text{Pa}$。设管内空气分子的有效直径为 $d=4.0\times10^{-10}\text{m}$。试求:300K 时管内分子的平均自由程。

B 类题目:

7-18 有一水银气压计,当水银柱高 76cm 时,水银柱面距管顶 12cm。现有少量氦气进入管内,使得水银柱高度变为 60cm。此时测得温度为 27℃、管的横截面积为 2cm^2。试求:有多少氦气进入了管内?

7-19 一氦氖气体激光管,工作时温度为 300K,气体压强为 2.4mmHg。已知氦气和氖气的气体分子密度的比例是 7 : 1。试求:氦气和氖气的分子

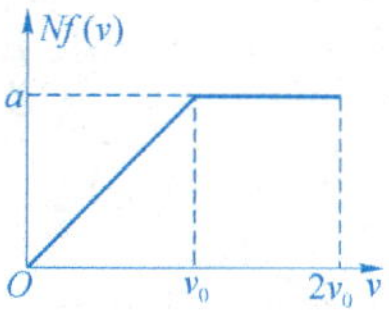

图 7-10 习题 7-20 用图

数密度分别是多大。

7-20 由 N 个粒子组成的系统，粒子速率分布函数曲线如图 7-10 所示。试求：(1)速率分布函数的表达式；(2)粒子的平均速率。

7-21 飞机在地面时机舱内气压为 1 个大气压，温度为 27℃。飞机飞至高空时，机舱内温度仍为 27℃，但气压降低为 0.8 个大气压。试求：此时飞机的高度。

7-22 试求：温度为 0℃时，离地面高 2.3×10^3 m 处的大气压强。

第 8 章　热力学基础

热力学是研究系统状态变化过程中热量和功转换基本规律的科学。对于热力学的研究起始于 19 世纪 40 年代，期间作出主要贡献的有焦耳、卡诺、克劳修斯等人。本章主要介绍反映系统在状态变化过程中热量与功的转换关系和转换条件的基本规律，热力学第一定律是关于转换关系的规律，热力学第二定律是关于转换条件的规律。

8.1　准静态过程　功

准静态过程是一个理想的气体状态变化过程。本节我们首先介绍准静态过程的定义及特点，然后以准静态过程为例，讨论体积发生变化时，气体对外作功的计算公式。

8.1.1　准静态过程

从第 7 章的学习我们知道，当系统达到平衡态时，其状态可用一组状态参量来描述。平衡态除了可以由一组状态参量描述之外，还常用状态图（$p-V$ 图、$p-T$ 图或 $V-T$ 图）中的一个点表示。如图 8-1 所示，系统的某一个平衡态对应于一组状态参量，而一组状态参量对应于图中一点，平衡态与图中的点是一一对应关系。图中 A、B 两点即分别描述了两个不同的平衡态。

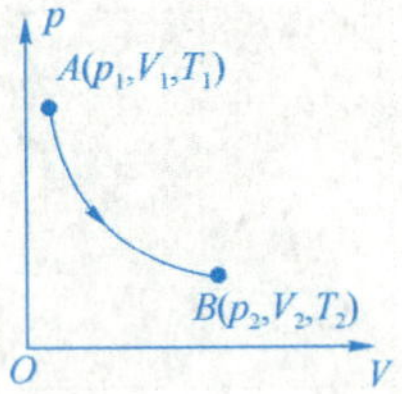

图 8-1　准静态过程

当系统的外界条件发生变化时，气体的状态也会发生变化。气体从一个状态不断地变化到另一个状态，所经历的是一系列状态变化过程。如果此过程进展的速度比较缓慢，或者速度虽然快，但系统所经历的一系列中间状态都可以看成平衡态，这样的变化过程称为平衡过程，也称准静态过程。一个准静态过程对应于状态图中的一段曲线，称为过程曲线，如图 8-1 所示（曲线上箭头表示过程的进行方向）。如果在状态变化过程中，系统所经历的中间状态有非平衡态，则这个过程称为非静态过程，非平衡态不能用状态参量来描述，因而非静态过程不能用 $p-V$ 图中的过程曲线描述。

关于准静态过程的理解需要注意以下几点：

（1）准静态过程是理想过程。

系统从某一平衡态到达另一平衡态，首先应是原来的平衡态被破坏，出现非平衡态，经过一段时间后再到达另一平衡态。因此严格地说，准静态过程在实际中并不存在，准静态过程只是对实际过程的理想化抽象，是一种理想模型。我们通过对这一理想模型的研究得出规律，再进一步探讨实际的非静态过程的规律。

(2)一个过程能否看做是准静态过程，需视具体情况而定。

若系统的外界条件(如压强、体积或温度等)发生一微小变化所经历的时间相对稍长，例如压缩气缸内气体使其状态发生变化，气缸内气体状态由不平衡到平衡所需时间只有 10^{-4} s，相对而言，压缩时间要长的多，气缸内气体有充分的时间达到平衡态，因此，这样的过程可视为准静态过程。在实际问题中，只要过程进行得不是非常快(如爆炸过程)，一般情况下都可以视为准静态过程。本章如无特殊说明，讨论的也都是准静态过程。

(3)准静态过程所遵循的规律。

准静态过程中的每个状态都是平衡态，因而对过程中的每个状态都可以使用理想气体状态方程进行分析。另外，准静态过程对应的过程曲线有其对应的曲线方程，通过这些曲线方程我们还可以讨论过程中系统的热量和功的转化关系。

8.1.2 功

在准静态过程中，系统对外界作功可以进行定量计算。宏观过程的功用 A 表示，微观过程的功用 $\mathrm{d}A$ 表示。为了讨论方便，我们规定系统对外作功时功为正，外界对系统作功时功为负，用 $-A$ 或 $-\mathrm{d}A$ 表示。下面我们以气体体积变化(如体积膨胀)为例，计算由于系统体积变化，系统压力所作的功，我们称此功为体积功。

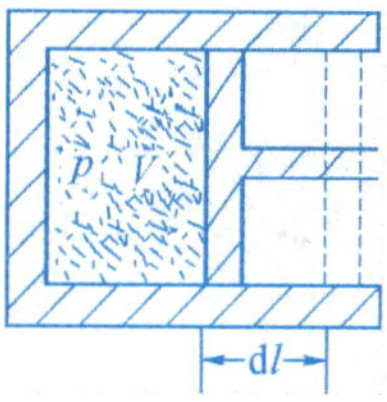

图 8-2 气体作功

如图 8-2 所示，气缸内贮有压强为 p、体积为 V 的某种理想气体，设活塞的面积为 S，且活塞与气缸壁的摩擦不计。若活塞缓慢地移动一微小距离 $\mathrm{d}l$，气体体积则发生一微小变化 $\mathrm{d}V=S\mathrm{d}l$，由于气体体积变化微小，可以认为在这一微小过程中气体压强处处均匀且没有变化，因此根据功的定义，在这一微小过程中，气体压力作功为

$$\mathrm{d}A=F\mathrm{d}l=pS\mathrm{d}l=p\mathrm{d}V$$

若气体体积膨胀，$\mathrm{d}V>0$，则 $\mathrm{d}A>0$，系统对外界作功；若气体体积压缩，$\mathrm{d}V<0$，则 $\mathrm{d}A<0$，外界对系统作功，或者说系统对外界作负功。

系统从状态 $a(p_1、V_1、T_1)$ 经准静态过程变化到状态 $b(p_2、V_2、T_2)$，系统对外界作的总功为

$$A=\int_a^b \mathrm{d}A=\int_{V_1}^{V_2} p\mathrm{d}V \tag{8-1}$$

体积功除了可以用式(8-1)求出之外，还可以从 $p-V$ 图上看出来。$p-$

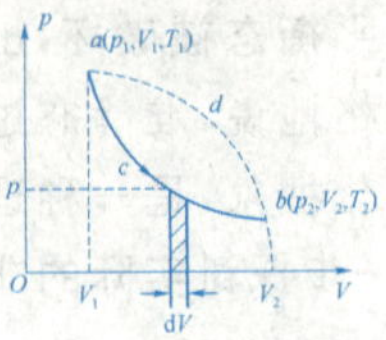

图 8-3 体积功

V 图中的一条过程曲线对应于一个 p 随 V 变化的函数关系，根据函数的意义，气体体积发生微小变化时，所作的功 $dA=pdV$ 的值应等于过程曲线下对应的有阴影的窄条面积，系统从状态 $a(p_1、V_1、T_1)$ 到状态 $b(p_2、V_2、T_2)$ 的整个过程中，对外界作的总功值应为从状态 a 到状态 b 区域曲线下面积，如图 8-3 所示。

从图 8-3 中还可以看出，对于相同的始末状态(如 a、b 状态)，如系统经过不同的过程(如 acb 和 adb 过程)，曲线下的面积是不同的，因而系统对外作功也不同，所以，功是一个过程量，系统由一个状态变化到另一个状态时所作的功不仅与系统的始、末状态有关，还与系统所经历的过程有关。

例题 8-1 气缸内贮有质量为 32g 的氧气，气体经过过程 abc(如图 8-4 所示)从状态 a 变化到状态 c，设 $p_a=3.0\times10^5\,\text{Pa}$，$p_c=1.0\times10^5\,\text{Pa}$，$V_a=1.0\times10^{-2}\,\text{m}^3$，$V_c=3.0\times10^{-2}\,\text{m}^3$。试求：此过程中系统对外界所作的功。

解 此题有两种解法

方法一：

根据式(8-1)，考虑此功应分两段计算，有

$$A=\int_a^c dA=\int_a^b p\,dV+\int_b^c p\,dV=0+p_c(V_c-V_a)=2\times10^3\ \text{J}$$

$A>0$，系统对外作功。

方法二：

根据系统对外作功等于对应过程曲线下面积，则

$$A=p_c(V_c-V_a)=2\times10^3\,\text{J}$$

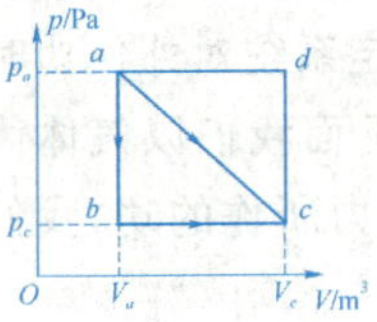

图 8-4 例题 8-1 用图

例题 8-2 在例题 8-1 中，气体经过图中直线对应过程由 a 态到 c 态。试求：此过程中系统对外界所作的功。

解 方法一：

根据图 8-4，可得压强 p 随体积 V 变化的函数关系为

$$p=4\times10^5-1.0\times10^7 V$$

此过程系统作功为

$$A=\int_a^c p\,dV=\int_{1.0\times10^{-2}}^{3.0\times10^{-2}}(4\times10^5-1.0\times10^7V)\,dV$$
$$=4.0\times10^3\,\text{J}$$

方法二：

根据系统对外作功等于对应过程曲线下面积，则有

$$A=\frac{1}{2}(p_a+p_c)(V_c-V_a)=\frac{1}{2}\times10^5\times10^{-2}(3.0+1.0)(3.0-1.0)$$
$$=4.0\times10^3\,\text{J}$$

练习题

1. 例题 8-1 中，若系统从状态 a 经过 adc 到达状态 c，如图 8-4 所示。试用两种方法求此过程中系统对外作的功。

2. 例题 8-1 中,若系统从状态 a 经过 $abcda$ 返回状态 a,如图 8-4 所示。试用两种方法求此过程中系统对外作的功。

8.2 热量 热力学第一定律

通过 8.1 节的学习我们知道,当系统对外作功时,气体体积会发生变化,而由理想气体状态方程可知,系统体积变化会引起温度的变化,又因为理想气体的内能是温度的单值函数,可见,作功是改变系统内能的一种方式。改变系统内能的另一种方式是利用与系统有温度差的外界向系统传递热量。本节首先介绍作功和热量传递在改变系统内能方面的异同,然后主要介绍反映作功、进行热量传递、以及系统内能变化之间关系的规律——热力学第一定律。

8.2.1 热量

将系统通过导热垫放置在火炉上,使系统的温度升高,进而可以改变系统的内能。这种利用温差在系统与外界之间传递能量的方式叫热传导,简称传热(也叫热交换),以传热方式交换的能量称为热量。

在国际单位制中,热量、内能和功的单位都为焦耳(J),历史上热量还有一个单位叫卡(Cal),它与焦耳的关系为

$$1\text{Cal}=4.18\text{J}$$

应该注意,作功与传递热量在对内能的改变上具有等效性,但他们在本质上存在差异。作功是通过宏观的有规则运动(如活塞的机械运动等)来完成的,它是把宏观的有序运动能量转化为微观分子的无序运动能量;而热传递是通过微观的分子无规则运动来完成的,是外界分子无序运动能量与系统内分子无序运动能量之间的转换。例如火炉上的水温度升高是由于火炉中的高温燃料和空气分子通过碰撞将热运动能量传递给导热壁分子,导热壁分子又经过碰撞将能量传递给水分子,使水温升高,从而实现了一种无序能量向另一种无序能量的转换。

那么,系统对外界作功、系统与外界交换热量与系统内能的增量之间存在什么关系呢?热力学第一定律反映了三者之间的转换关系。

8.2.2 热力学第一定律

假如有一热力学系统从状态Ⅰ变化到状态Ⅱ,相应地,它的内能从 E_1 变化到 E_2,实验表明,在此过程中,系统从外界吸收热量 Q、系统内能的增加量 $\Delta E=E_2-E_1$ 和系统对外界作功 A 三者之间的关系为

$$Q=\Delta E+A=(E_2-E_1)+A \tag{8-2}$$

式(8-2)称为热力学第一定律。定律表明:外界向系统传递的热量中的一部分用于系统对外作功,另一部分用于增加系统的内能。显然,热力学第一定律是包括热量在内的能量守恒定律。

式(8-2)中,规定外界向系统传递热量(或系统从外界吸收热量)时,Q 为正,系统向外界放出热量时,Q 为负;系统对外界作功时,A 为正,外界对系统作功时,A 为负。

当系统的状态有微小变化时,热力学第一定律的表达式为

$$dQ = dE + dA \tag{8-3}$$

功是过程量,由热力学第一定律可知,热量也是过程量。

热力学第一定律是一条实验定律。在它建立之前,有人企图设计一种永动机,使系统状态经过变化后,又回到原始状态($\Delta E = E_2 - E_1 = 0$),同时在这一过程中,无需外界供给任何能量($Q=0$),系统却能对外界作功,这类永动机称为第一类永动机,此类的尝试最终都以失败而告终,这也证明了热力学第一定律的正确性。

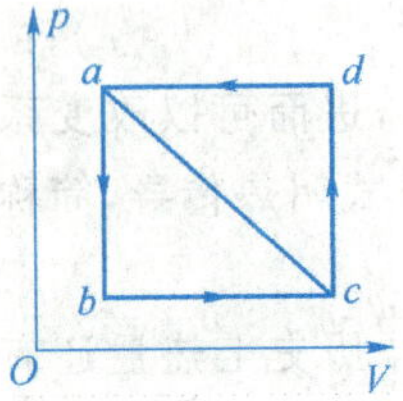

图 8-5 例题 8-3 用图

例题 8-3 如图 8-5 所示,一系统经过程 abc 从 a 态到达 c 态,此过程中系统从外界吸收热量为 300J,同时对外界作功为 100J。试求:(1)此过程中系统内能的增量;(2)若系统从 c 态经 cda 过程返回 a 态,此过程中外界对系统作功为 200J,系统是吸收热量还是放出热量,热量值是多少。

解 (1)根据热力学第一定律 $Q = \Delta E + A$,有

$$\Delta E = Q - A = 300 - 100 = 200\text{J}$$

$\Delta E > 0$,此过程中系统内能增加;

(2)根据热力学第一定律 $Q = \Delta E + A$,及第一问的结果 $\Delta E = E_c - E_a = 200\text{J}$,有

$$Q' = \Delta E' + A' = (E_a - E_c) + A' = -200 - 200 = -400\text{J}$$

$Q' < 0$,此过程中系统向外界放出热量。

练习题

1. 在例题 8-3 中,若系统从 a 态出发经过程 $abcda$ 再回到 a 态,由例题 8-3 结论分析此过程中系统内能的增量、对外作功情况以及系统从外界吸收热量情况。

2. 已知如例题 8-3,若系统从 c 态经过程 ca(图中直线对应过程)到达 a 态。试求此过程中:(1)系统对外界作功;(2)系统内能的增量;(3)系统吸收的热量。

8.3 理想气体的等值过程

热力学第一定律适用于任意始末状态确定的热力学系统(包括气体、液体或固体)所进行的过程,本节我们用热力学第一定律及理想气体状态方程

讨论理想气体的几个等值过程。所谓等值过程，就是指系统状态变化过程中，有一个状态参量保持不变的准静态过程。我们以密闭于气缸内质量为 M 的理想气体为例，讨论等体、等压、等温这三个等值过程中热量、功和内能变化的特点。

8.3.1 等体过程

等体过程的特征是气体的体积保持不变，即 $V=$ 常量，或者 $dV=0$。在 $p-V$ 图中，等体过程对应于一条平行于 Op 轴的线段，称为等体线，如图 8-6 所示。

如果把气缸的活塞固定不动，对气体缓缓加热，则可以实现系统的等体升温过程。根据理想气体状态方程 $pV=\frac{M}{M_{mol}}RT$ 可知，在等体升温过程中，系统会经历一个准静态等体过程使气体压强、温度分别由 p_1、T_1 增大到 p_2、T_2。

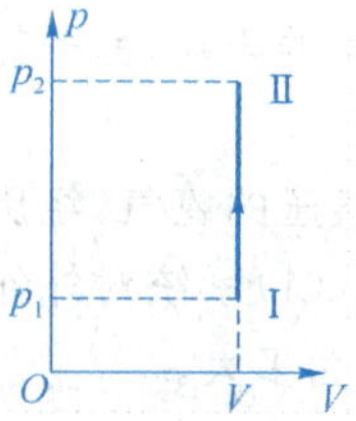

图 8-6 等体过程曲线

根据等体过程特点 $dV=0$，可知此过程中系统作功为

$$A=\int_{\mathrm{I}}^{\mathrm{II}} p\mathrm{d}V=0 \tag{8-4}$$

根据热力学第一定律，$Q=\Delta E+A$，有

$$Q=\Delta E=(E_2-E_1)=\frac{M}{M_{mol}}\frac{i}{2}R(T_2-T_1) \tag{8-5}$$

即在等体过程中，若系统从外界吸收热量，则吸收的热量将全部用来增加系统的内能；若系统向外界放出热量，则其值等于系统内能的减少值。

例题 8-4 一容器内贮有质量为 32g 的氧气，经历等体过程后，气体的温度由 300K 升高到 310K。试求此过程中：(1)系统对外界所作的功；(2)气体内能的增量；(3)系统从外界吸热还是放热，数值为多大。

解 (1)根据 $V=$ 常量，或者 $dV=0$，有

$$A=0$$

(2)根据 $\Delta E=\frac{M}{M_{mol}}\frac{i}{2}R(T_2-T_1)$，并考虑氧气 $i=5$，有

$$\Delta E=\frac{32\times10^{-3}}{32\times10^{-3}}\times\frac{5}{2}\times8.31\times(310-300)=207.75\mathrm{J}$$

(3)根据热力学第一定律 $Q=\Delta E+A$，有

$$Q=\Delta E+A=207.75+0=207.75\mathrm{J}$$

即系统从外界吸收热量，并把热量全部用来增加系统的内能。

8.3.2 等压过程

等压过程的特征是气体的压强保持不变，即 $p=$ 常量，或者 $dP=0$。在 p

$-V$ 图中，等压过程对应于一条平行于 OV 轴的线段，称为等压线，如图 8-7 所示。

如果使气缸的活塞可以自由活动，对气体缓缓加热，同时保证气体对活塞的压强不变，则可以实现等压升温过程。在等压升温过程中，根据理想气体状态方程 $pV=\frac{M}{M_{\text{mol}}}RT$ 可知，系统会经历一个准静态过程使气体体积、温度分别由 V_1、T_1 增大到 V_2、T_2。

根据等压过程特点 $dp=0$，可知此过程中系统作功为

$$A=\int_{\text{I}}^{\text{II}} p\text{d}V=p(V_2-V_1) \tag{8-6}$$

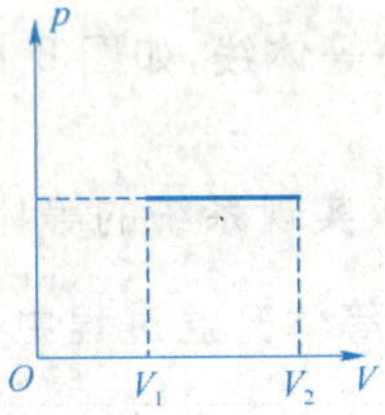

图 8-7　等体过程曲线

根据热力学第一定律，$Q=\Delta E+A$，及理想气体状态方程，有

$$\begin{aligned}Q&=\Delta E+p(V_2-V_1)\\&=\frac{M}{M_{\text{mol}}}\frac{i}{2}R(T_2-T_1)+\frac{M}{M_{\text{mol}}}R(T_2-T_1)\\&=\frac{M}{M_{\text{mol}}}(\frac{i}{2}R+R)(T_2-T_1)\end{aligned} \tag{8-7}$$

即在等压过程中，系统从外界吸收热量，一部分用来增加系统的内能，另一部分用来转化为系统对外界作的功。

例题 8-5　气缸内贮有质量为 28g、温度为 27℃、一大气压的氮气，经历一个等压膨胀过程使体积变为原来的两倍。试求此过程中：(1)系统对外作功；(2)气体内能的增量；(3)系统从外界吸热还是放热，数值为多大。

解　(1)根据理想气体状态方程 $pV=\frac{M}{M_{\text{mol}}}RT$，可得初始气体体积为

$$V_1=\frac{M}{M_{\text{mol}}}\frac{1}{p}RT_1=\frac{28\times10^{-3}\times8.31\times300}{28\times10^{-3}\times1.013\times10^5}=2.46\times10^{-2}\,\text{m}^3$$

根据等压过程系统对外作功 $A=P(V_2-V_1)$，及系统体积变化 $V_2-V_1=V_1$，有

$$A=p(V_2-V_1)=1.013\times10^5\times2.46\times10^{-2}=2.49\times10^3\,\text{J}$$

(2)由理想气体状态方程 $pV=\frac{M}{M_{\text{mol}}}RT$，及 $p=$ 常量，有 $\frac{V_1}{T_1}=\frac{V_2}{T_2}$。根据已知有 $V_2=2V_1$，有

$$T_2=2T_1=600\text{K}$$

根据 $\Delta E=\frac{M}{M_{\text{mol}}}\frac{i}{2}R(T_2-T_1)$，并考虑氧气 $i=5$，有

$$\Delta E=\frac{28\times10^{-3}}{28\times10^{-3}}\times\frac{5}{2}\times8.31\times(600-300)=6.23\times10^3\,\text{J}$$

(3)根据热力学第一定律 $Q=\Delta E+A$，有

$$Q=\Delta E+A=6.23\times10^3+2.49\times10^3=8.72\times10^3\,\text{J}$$

即系统从外界吸收热量，并把一部分用来增加系统的内能，另一部分用来转化为系统对外界作的功。

8.3.3 等温过程

等温过程的特征是气体的温度保持不变，即 $T=$常量，或者 $dT=0$。在 $p-V$ 图中，等温过程对应于一条在第一象限内的等轴双曲线，称为等温线，如图 8-8 所示。

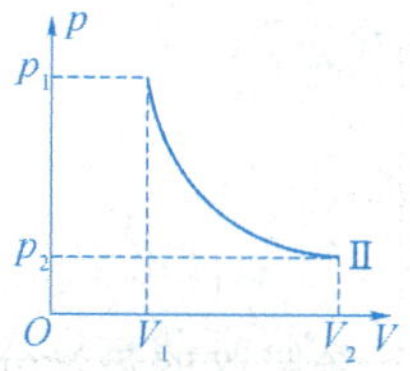

图 8-8 等温过程曲线

如果使气缸内气体与一恒温热源保持良好的接触，则系统温度会保持与热源温度一致，恒定不变，即经历一个等温过程。则根据理想气体状态方程可知，如果使系统压强升高，系统体积膨胀；如果使系统压强降低，系统体积将压缩。

根据理想气体状态方程 $pV=\frac{M}{M_{mol}}RT$，有 $p=\frac{M}{M_{mol}}RT\frac{1}{V}$，因此，等温过程中气体对外作功为

$$A=\int_{\mathrm{I}}^{\mathrm{II}} p\mathrm{d}V=\int_{V_1}^{V_2}\frac{M}{M_{mol}}RT\frac{1}{V}\mathrm{d}V$$

$$=\frac{M}{M_{mol}}RT\ln\frac{V_2}{V_1} \tag{8-8}$$

根据等温过程特征 $T=$常量，或者 $dT=0$，可知等温过程中系统内能的增量为

$$\Delta E=\frac{M}{M_{mol}}\frac{i}{2}R(T_2-T_1)=0 \tag{8-9}$$

根据热力学第一定律，$Q=\Delta E+A$，有

$$Q=\Delta E+A=\frac{M}{M_{mol}}RT\ln\frac{V_2}{V_1} \tag{8-10}$$

即在等温过程中，系统从外界吸收的热量全部用来转换为系统对外界作的功；反之，若外界对系统作功，则系统全部用来转换为向外界放出的热量。

例题 8-6 容器内贮有质量为 44g、温度为 300K 的二氧化碳气体，经历等温压缩过程，使体积变为原来的一半。试求：(1)外界对系统作的功；(2)系统内能的增量；(3)系统吸收的热量。

解 (1)根据等温过程系统对外作功的公式 $A=\frac{M}{M_{mol}}RT\ln\frac{V_2}{V_1}$，有

$$A=1\times 8.31\times 300\times\ln\frac{1}{2}=-1.73\times 10^3\,\mathrm{J}$$

式中的负号表示在此过程中外界对系统作功；

(2)根据等温过程特点 $T=$常量，有

$$\Delta E=\frac{M}{M_{mol}}\frac{i}{2}R(T_2-T_1)=0$$

(3)根据热力学第一定律 $Q=\Delta E+A$，有

$$Q=\Delta E+A=-1.73\times 10^3\,\mathrm{J}$$

即外界对系统作功，系统把这部分功转化为向外界放出的热量。

练习题

1. 一摩尔二氧化碳气体从 300K 温度升高到 350K。试求在下列过程中系统吸收了多少热量？内能增能多少？系统对外作功多少？(1)体积保持不变；(2)压强保持不变。

2. 在温度保持不变的情况下，把 500J 的热量传递给 2mol 的氧气。试求：(1)系统对外作功；(2)系统内能的增量；(3)系统吸收的热量。

8.4 气体的摩尔热容量

从 8.3 节内容可知，在理想气体的等压、等体过程中，系统吸收的热量分别是$Q=\frac{M}{M_{mol}}(\frac{i}{2}R+R)\Delta T$和$Q=\frac{M}{M_{mol}}\frac{i}{2}R\Delta T$，即系统吸收的热量都是与气体的温度变化成正比，而且对于不同的等值过程，这个比例系数不同，这个比例系数反映了系统温度变化为 1K 时，吸热或放热的多少，即反映了系统的容热本领，我们称之为热容量。

8.4.1 热容量 摩尔热容量

1. 热容量

系统在某一微小过程中吸收热量 dQ 与温度变化 dT 的比值称为系统在该过程的热容量，用 C 表示。即

$$C=\frac{dQ}{dT} \tag{8-11}$$

热容量是工程中常用的一个物理量，单位是 $J\cdot K^{-1}$。

2. 比热容

单位质量的物质在某一微小过程中吸收的热量 dQ 与温度变化 dT 的比值称为系统在该过程中的比热容，用 $C_{比}$ 表示，单位为 $J\cdot K^{-1}\cdot kg^{-1}$。由定义可知，热容量与比热容的关系为

$$C=MC_{比} \tag{8-12}$$

3. 摩尔热容量

一摩尔物质在某一过程中吸收的热量 dQ 与温度变化 dT 的比值称为系统在该过程的摩尔热容量，用 C_m 表示，单位为 $J\cdot K^{-1}\cdot mol^{-1}$。由定义可知，摩尔热容量与热容量的关系为

$$C=\frac{M}{M_{mol}}C_m \tag{8-13}$$

式中：M 为物质的质量；M_{mol} 为物质的摩尔质量；比值$\frac{M}{M_{mol}}$为相应的物质的量(摩尔数)。

热量是过程量，因此热容量也是过程量，不同的过程，热容量的值不同，下面我们讨论等体过程和等压过程的摩尔热容量。

8.4.2 理想气体的摩尔热容量

1. 理想气体的定体摩尔热容量

一摩尔气体在等体过程中吸收的热量 $\mathrm{d}Q$ 与温度变化 $\mathrm{d}T$ 的比值，称为定体摩尔热容量，用 C_V 表示。即

$$C_V=\left(\frac{\mathrm{d}Q}{\mathrm{d}T}\right)_V$$

根据等体过程 $\mathrm{d}Q=\mathrm{d}E$，而对于一摩尔理想气体 $\mathrm{d}E=\frac{i}{2}R\mathrm{d}T$，代入上式，得理想气体定体摩尔热容量为

$$C_V=\frac{i}{2}R \tag{8-14}$$

式中：i 为气体分子的自由度；R 为常量。由式(8-14)可知，理想气体定体摩尔热容量仅与分子自由度有关，而与气体的状态无关。对于单原子分子气体，$i=3$，$C_V=\frac{3}{2}R$；对于刚性双原子分子气体，$i=5$，$C_V=\frac{5}{2}R$；对于刚性多原子分子气体，$i=6$，$C_V=3R$。

质量为 M、摩尔质量为 M_{mol} 的理想气体在等体过程中吸收的热量若用定体摩尔热容量表示，则为

$$Q=\frac{M}{M_{\mathrm{mol}}}C_V\Delta T \tag{8-15}$$

用定体摩尔热容量表示的理想气体内能为

$$E=\frac{M}{M_{\mathrm{mol}}}C_V T \tag{8-16}$$

温度变化为 ΔT 时，系统内能的增量为

$$\Delta E=\frac{M}{M_{\mathrm{mol}}}C_V\Delta T \tag{8-17}$$

例题 8-7 在体积不变的情况下，把 500J 的热量传递给 2mol 的氧气。试求：(1)系统对外作功；(2)系统内能的增量；(3)系统的温度增加量。

解 (1)根据等体过程的特点 $\mathrm{d}V=0$，$\mathrm{d}A=0$，有

$$A=\int\mathrm{d}A=0$$

(2)根据热力学第一定律 $Q=\Delta E+A$，有系统内能增加量为

$$\Delta E=Q-A=Q=500\mathrm{J}$$

(3)根据 $\Delta E=\frac{M}{M_{\mathrm{mol}}}C_V\Delta T$，及氧气为双原子分子气体，$C_V=\frac{5}{2}$，可得系统温度增加量为

$$\Delta T=\frac{\Delta E}{\frac{M}{M_{mol}}C_V}=\frac{500}{2\times\frac{5}{2}\times 8.31}=12\text{K}$$

2. 理想气体的定压摩尔热容量

一摩尔气体在等压过程中吸收的热量dQ与温度变化dT的比值，称为定压摩尔热容量，用C_p表示。即

$$C_p=\left(\frac{dQ}{dT}\right)_p \tag{8-18}$$

根据等压过程中系统在一微小过程中吸收的热量$dQ=dE+dA=dE+pdV$，及一摩尔理想气体$dE=\frac{i}{2}RdT$，可得$dQ=\frac{i}{2}RdT+pdV$；又根据理想气体状态方程$pV=\frac{M}{M_{mol}}RT$，可得一摩尔理想气体在等压过程中$pdV=RdT$，代入上式，有$dQ=\frac{i}{2}RdT+RdT=(\frac{i}{2}R+R)dT$，根据摩尔热容量的定义式，可得理想气体定压摩尔热容量为

$$C_p=\frac{i}{2}R+R \tag{8-19}$$

可见，理想气体定压摩尔热容量也仅与分子自由度有关，而与气体的状态无关。对于单原子分子气体，$i=3$，$C_p=\frac{5}{2}R$；对于刚性双原子分子气体，$i=5$，$C_p=\frac{7}{2}R$；对于刚性多原子分子气体，$i=6$，$C_p=\frac{9}{2}R$。

质量为M、摩尔质量为M_{mol}的理想气体在等压过程中吸收热量若用定压摩尔热容量表示，则为

$$Q=\frac{M}{M_{mol}}C_p\Delta T \tag{8-20}$$

比较定体摩尔热容量和定压摩尔热容量，有

$$C_p=C_V+R \tag{8-21}$$

式(8-21)称为迈耶公式，此式表明理想气体的定压摩尔热容量比定体摩尔热容量大一个恒量R，也就是说，一摩尔理想气体，温度升高1K时，在等压过程中吸收的热量要比在等体过程中吸收的热量多8.31J，这部分多出的热量用来转换为气体膨胀时对外作功。

例题8-8 在压强不变的情况下，把500J的热量传递给2mol的氧气。试求：(1)系统温度的增加量；(2)系统内能的增加量；(3)系统对外作的功。

解 (1)根据定压摩尔热容量与等压过程中系统吸收的热量关系$Q=\frac{M}{M_{mol}}C_p\Delta T$，有

$$\Delta T=\frac{Q}{\frac{M}{M_{mol}}C_p}=\frac{500}{2\times(\frac{5}{2}R+R)}=8.60\text{K}$$

(2)根据 $\Delta E=\frac{M}{M_{\mathrm{mol}}}C_V\Delta T$,有

$$\Delta E=\frac{M}{M_{\mathrm{mol}}}C_V\Delta T=2\times\frac{5}{2}\times 8.31\times 8.60=357.3\mathrm{J}$$

(3)根据热力学第一定律 $Q=\Delta E+A$,有

$$A=Q-\Delta E=500-357.3=142.7\mathrm{J}$$

系统吸收的热量一部分用来增加系统的内能,一部分转换为气体膨胀时对外作功。

3. 比热容比

系统的定压摩尔热容量 C_p 与定体摩尔热容量 C_V 的比值,称为系统的比热容比,工程上常称为绝热系数(原因将在下节内容中给予介绍),用 γ 表示,即

$$\gamma=\frac{C_p}{C_V} \tag{8-22}$$

对于理想气体,由于 $C_p=\frac{i}{2}R+R,C_V=\frac{i}{2}R$,所以有

$$\gamma=\frac{\frac{i}{2}R+R}{\frac{i}{2}R}=\frac{i+2}{i} \tag{8-23}$$

此式说明,理想气体的比热容比只与分子的自由度有关,而与气体状态无关,且 $\gamma>1$。对于单原子分子气体,$\gamma=\frac{5}{3}=1.67$;对于刚性双原子分子气体,$\gamma=\frac{7}{5}=1.40$;对于刚性多原子分子气体,$\gamma=\frac{8}{6}=1.33$。

热量是过程量,因此定体摩尔热容量和定压摩尔热容都是过程量,比热容比也是过程量。对于理想气体,最常用的是定体摩尔热容量和定压摩尔热容量,而对于固体,虽然也有这两种热容量,但由于它们体积膨胀系数比气体小得多,所以因膨胀对外作功也可以忽略不计,这两种热容量的实际差值很小,一般不予区别,可以使用其中的任意一个即可。

8.5 绝热过程

8.5.1 绝热过程的特征

绝热过程也是工程上常用的一个准静态过程。在系统不与外界交换热量的条件下所经历的状态变化过程称为绝热过程。绝热过程的特点是 $Q=0$,或 $\mathrm{d}Q=0$。

在实际工作中,如果系统被良好的绝缘材料包围,或过程进行的过快,系

统来不及和外界交换热量,如内燃机中气体的爆炸过程等,都可近似认为是绝热过程。

根据理想气体内能 $E=\frac{M}{M_{mol}}C_VT$ 可知,绝热过程中,系统内能的增加量为

$$\Delta E=\frac{M}{M_{mol}}C_V\Delta T$$

根据热力学第一定律 $Q=\Delta E+A$,及绝热过程特点 $Q=0$ 可知,绝热过程中,系统对外界作功为

$$A=-\Delta E=-\frac{M}{M_{mol}}C_V\Delta T \tag{8-24}$$

8.5.2 绝热过程方程 绝热曲线

由式(8-24)可知,在绝热过程中,若系统对外界作功,系统体积增加,同时,由于系统内能减少,系统的温度会降低,另外,根据理想气体状态方程可知,此时系统的压强也将随之降低。可见,在绝热过程中,系统的三个状态参量压强、体积和温度都是变化的,可以证明(证明过程从略)三者之间的关系为

$$pV^{\gamma}=\text{恒量} \tag{8-25}$$

利用理想气体状态方程消去上式中的 p 或 V 可得

$$V^{\gamma-1}T=\text{恒量} \tag{8-26}$$

$$p^{\gamma-1}T^{-\gamma}=\text{恒量} \tag{8-27}$$

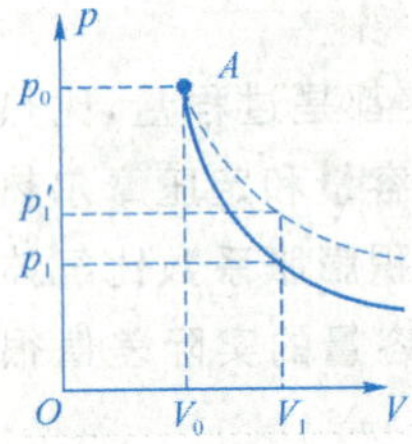

图 8-9 绝热曲线

以上三式均称为理想气体绝热过程方程。式中:γ 称为为理想气体的绝热系数,此系数也就是理想气体的比热容比 $\gamma=\frac{C_p}{C_V}$,比热容比又称为绝热系数正是由于绝热方程的存在;三个方程中的"恒量"各为不同值,在实际应用中,使用哪个方程要视具体情况而定。

在 $p-V$ 图中,绝热过程对应的过程曲线称为绝热线。如图 8-9 所示。图中实线为绝热线,虚线为等温线,从图中可以看出,通过 A 点的绝热线比等温线陡。这点也是容易理解的:在等温过程中,压强的减小仅是体积增大所至;而在绝热过程中,压强的减小,一方面是体积增大所至,另一方面还是温度降低所至,因此体积变化相同时,绝热线对应的压强变化 $\Delta p=p_0-p_1$ 要大于等温线对应的压强变化$\Delta p'=p_0-p'_1$,所以,绝热线比等温线要陡。

例题 8-9 1mol 二氧化碳气体,由状态 a 经历一个绝热过程到达状态 b,已知 $V_a=4\text{L}$,$V_b=0.5\text{L}$,$T_a=500\text{K}$。试求:(1)b 态时系统的温度;(2)系统内能的增量;(3)系统对外作的功。

解 (1)根据绝热过程方程 $V^{\gamma-1}T=$恒量,仅考虑 a、b 两个状态有

$$V_a^{\gamma-1}T_a=V_b^{\gamma-1}T_b$$

由已知 $V_a=4\text{L}$，$V_b=0.5\text{L}$，$T_a=500\text{K}$，二氧化碳为多原子分子气体，自由度 $i=6$，$\gamma=\frac{i+2}{i}=\frac{4}{3}$，代入上式，得

$$T_b=1\ 000\text{K}$$

(2)根据理想气体内能增量公式 $\Delta E=\frac{M}{M_{\text{mol}}}\frac{i}{2}R\Delta T$，得此过程中系统内能增量为

$$\begin{aligned}\Delta E&=\frac{M}{M_{\text{mol}}}\frac{i}{2}R(T_b-T_a)\\&=1\times\frac{6}{2}\times8.31\times(1\ 000-500)\\&=1.25\times10^4\text{J}\end{aligned}$$

(3)根据绝热过程特点，有

$$A=-\Delta E=-1.25\times10^4\text{J}$$

系统内能增加，外界对系统作功。

为了便于比较，帮助记忆，现将理想气体几个准静态过程的相关知识整理如表 8-1 所示。

练习题

2mol 二氧化碳气体，由状态 a 经历一个绝热过程到达状态 b，已知 $V_a=2\text{L}$，$V_b=16\text{L}$，$T_a=300\text{K}$。试求：(1)b 态时系统的温度；(2)系统内能的增量；(3)系统对外作的功。

表 8-1 理想气体几个典型准静态过程

过程名称 / 相关知识	等体过程	等压过程	等温过程	绝热过程
过程特征	$V=$常量 或 $dV=0$	$p=$常量 或 $dp=0$	$T=$常量 或 $dT=0$	$Q=0$ 或 $dQ=0$
过程曲线	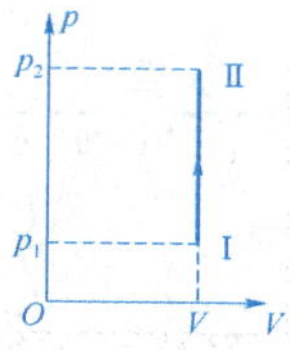	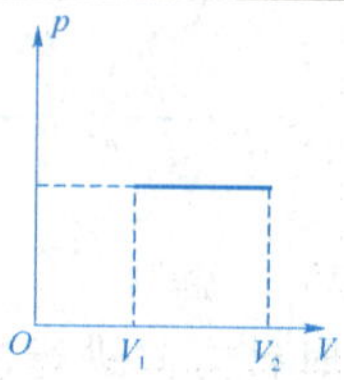	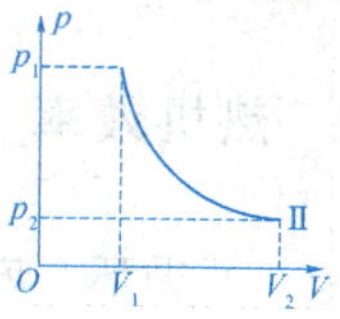	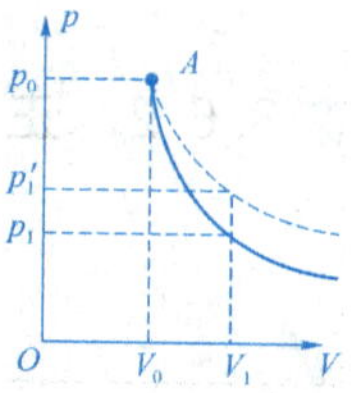
对外作功	0	$p(V_2-V_1)$	$\frac{M}{M_{\text{mol}}}RT\ln\frac{V_2}{V_1}$	$-\frac{M}{M_{\text{mol}}}C_V\Delta T$
内能增量	$\frac{M}{M_{\text{mol}}}\frac{i}{2}R\Delta T$	$\frac{M}{M_{\text{mol}}}\frac{i}{2}R\Delta T$	0	$\frac{M}{M_{\text{mol}}}C_V\Delta T$
吸收热量	$\frac{M}{M_{\text{mol}}}\frac{i}{2}R\Delta T$	$\frac{M}{M_{\text{mol}}}(\frac{i}{2}R+R)\Delta T$	$\frac{M}{M_{\text{mol}}}RT\ln\frac{V_2}{V_1}$	0

8.6 循环过程

由前面的学习我们知道，利用系统的准静态过程可以实现热量和功之间的相互转化，例如利用气体等温膨胀、等压膨胀、绝热膨胀等过程都能实现系统对外作功的目的；再比如利用气体等温压缩、等压压缩等过程可以实现功到热量的转换。但这些功以及热量的获得都是一次性的，而在生产实践上，我们常常需要持续的功或者获得持续的热量，即希望系统对外作一次功或放出一次热量之后，能够回到初始状态，从而实现系统第二次对外作功或放出热量，如此周而复始，使系统源源不断地对外作功或放出热量。如果要实现系统对外的连续作功，或者实现系统连续不断的把功转换为向外放出的热量等目的，则需要利用循环过程。本节首先介绍循环过程的定义及分类，然后重点讨论正循环的特点以及影响热机效率的因素，并介绍几种典型的热机循环，最后介绍逆循环的特点及典型的逆循环。

8.6.1 循环过程

系统从某一状态出发，经过一系列状态变化过程之后，又回到原来出发时的状态，这样的过程叫做循环过程，简称循环。循环工作的物质叫工作物质，简称工质。

由于循环过程的始末状态相同，而内能是状态的单值函数，所以循环过程的重要特征是：系统经过一次循环，其内能保持不变，即 $\Delta E=0$。

如果循环过程经历的每一个状态都是平衡态，则循环过程是个准静态过程，根据前面知识可知，准静态过程在 $p-V$ 图中对应于一条曲线，循环过程中，系统由初始状态出发，最终会返回初始状态，因此在 $p-V$ 图中循环过程对应于一条闭合曲线，根据这条闭合曲线的进行方向，循环过程可分为正循环和逆循环。

8.6.2 正循环 热机效率

1. 正循环 热机效率

对应的过程曲线沿顺时针方向进行的循环过程称为正循环，如图 8-10 所示。

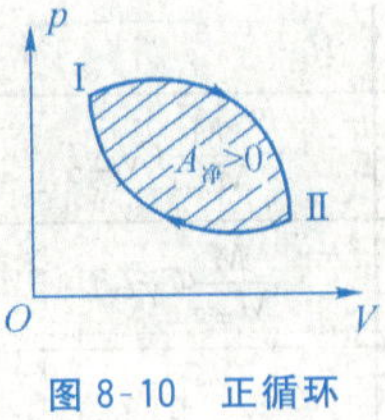

图 8-10 正循环循环曲线

由图可知，在正循环中，系统膨胀过程对外界作的功 A_1，大于压缩过程外界对系统作的功 A_2，即在整个循环过程中，系统对外作净功 $A_{净}=A_1-A_2>0$，在数值上此功等于循环曲线包围的面积。由于循环过程 $\Delta E=0$，根据热力学第一定律可知，系统从外界吸收的热量 Q_1 应大于系统向外界放出的热量 Q_2，二者的差值应等于系统对外界作的净功，即 $Q_1-Q_2=A_{净}$。

可见，在一次完整的正循环中，系统从外界吸收热量，并对外作功，即正循环实现了热到功的转换。通过正循环把热量持续地转化为功的机器，称为热机。蒸汽机、内燃机（包括汽油机、柴油机）、汽轮机、喷气发动机等就是一些实际的热机。从理论上说，要使循环过程所经历的每一个状态都是平衡态，那么需要热源的温度必须随时能够调节，或者需要大量的不同温度的热源，从而使系统温度缓慢变化，这在实际中是无法实现的，实际的热机一般需要两个热源，我们分别称为高温热源和低温热源。热机工作时，工作物质从高温热源吸收热量(Q_1)，使系统内能增加，然后，其中一部分内能在系统对外作功($A_净$)时转化为机械能，另一部分内能转化为向低温热源放出的热量(Q_2)。如图 8-11 所示，热机工作时，能量转化关系为

$$Q_1 = Q_2 + A_净 \tag{8-28}$$

式中 Q_1、Q_2 分别表示系统吸收和放出热量的绝对值。

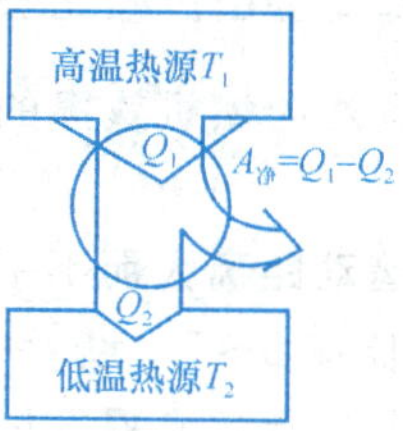

图 8-11 热机的能量转换关系

在实际问题中，我们希望热机能够尽可能多地把从高温热源吸收的热量转化为对外作的功，因此我们定义热机效率为

$$\eta = \frac{A_净}{Q_1} = \frac{Q_1 - Q_2}{Q_1} = 1 - \frac{Q_2}{Q_1} \tag{8-29}$$

式中：Q_1 表示工作物质从高温热源吸收热量总和的绝对值；Q_2 表示工作物质向低温热源放出热量总和的绝对值；$A_净$ 表示系统对外作的净功。热机效率是热机的一个主要性能指标，对于热机，我们希望效率越大越好。

2. 奥托循环

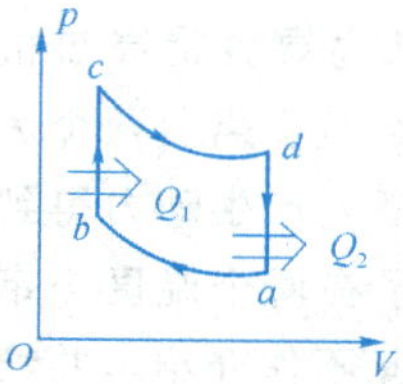

图 8-12 奥托循环

奥托循环是车辆常采用的一种循环，小汽车、摩托车等汽油内燃机一般都采用此循环。奥托循环过程如图 8-12 所示：ab 段表示绝热压缩过程；bc 段表示等体升温过程；cd 段表示绝热膨胀过程；da 段表示等体降温过程。下面我们对各过程分别进行分析，进而讨论此循环的热机效率。

ab 段：系统与外界无热量交换；由于体积压缩，工作物质温度升高，内能增加；外界对系统作功。

bc 段：体积不变，系统对外作功为零；温度升高，工作物质内能增加；系统从外界吸收热量，根据等体过程公式，得系统从高温热源吸收的热量为

$$Q_1 = \frac{M}{M_{mol}} \frac{i}{2} R(T_c - T_b) \tag{8-30}$$

cd 段：系统与外界无热量交换；体积膨胀，系统对外作功；工作物质温度降低，内能减少。

da 段：体积不变，系统对外作功为零；温度降低，工作物质内能减少；系统向外界放出热量，根据等体过程吸热公式，得系统向低温热源放出的热量为

$$Q_2 = \frac{M}{M_{mol}} \frac{i}{2} R(T_d - T_a) \tag{8-31}$$

（注：式中 Q_2 为放出热量的绝对值，由图 8-12 可知 d 点对应的温度 T_d 高于 a 点对应的温度 T_a）

根据热机效率 $\eta=1-\dfrac{Q_2}{Q_1}$,把式(8-30)和式(8-31)代入,可得奥托循环的效率为

$$\eta=1-\frac{Q_2}{Q_1}=1-\frac{T_d-T_a}{T_c-T_b} \tag{8-32}$$

考虑 ab、cd 两段绝热过程,根据过程方程有

$$V_a^{\gamma-1}-T_a=V_b^{\gamma-1}-T_b;V_c^{\gamma-1}-T_c=V_d^{\gamma-1}-T_d$$

由于 $V_a=V_d$、$V_c=V_b$,有 $\dfrac{T_d-T_a}{T_c-T_b}=\left(\dfrac{V_b}{V_a}\right)^{\gamma-1}$,代入式(8-32)有

$$\eta=1-\left(\frac{V_b}{V_a}\right)^{\gamma-1}=1-\frac{1}{\varepsilon^{\gamma-1}} \tag{8-33}$$

式中:$\varepsilon=\dfrac{V_a}{V_b}$,称为内燃机的压缩比。可见,奥托循环的效率完全由压缩比决定,并且随压缩比的增大而增大,因此提高压缩比是提高汽油内燃机效率的重要途径。

但如果压缩比做的过大,内燃机活塞工作时会因活塞运动距离大而不平稳,增大磨损,且产生较大的噪声,所以一般汽油机的压缩比取5～7。设 $\varepsilon=7$,$\gamma=1.4$,可得热机效率为 $\eta\approx55\%$,这是理论值,实际中若考虑磨损等因素,汽油机的效率一般仅为25%左右。

19世纪初,蒸汽机在工业上有了广泛的应用,但当时蒸汽机的效率很低,只有3%～5%左右,因此,许多科学家和工程师都在努力寻找提高热机效率的途径和方法。当时,人们已经认识到要完成循环过程至少需要两个热源。1824年,年仅28岁的法国青年工程师卡诺从水通过落差产生动力得到启发,发表了论文《关于活力动力的见解》,从理论上提出了在两个温度一定的热源之间工作的热机效率所能达到的极限(理论分析在此不作介绍),并给出了一个理想的循环模型:卡诺循环。按卡诺正循环工作的热机叫卡诺热机。

3. 卡诺循环

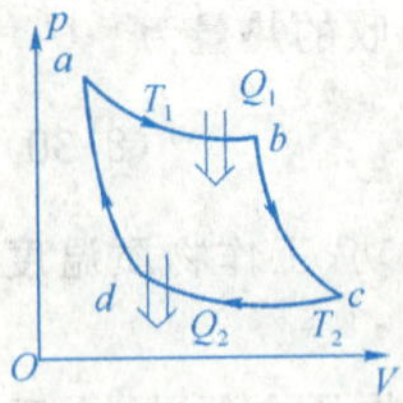

图8-13 卡诺正循环

若工作物质只与温度恒定的两个热源接触,那么,可以推测循环过程在与热源接触时经历的应为等温过程,设高温热源的温度为 T_1、低温热源的温度为 T_2;而循环过程处在在两个热源之间时,即从一个热源变到另一个热源的过程应为绝热过程,此时系统与外界无热量交换。图8-13给出了卡诺正循环的循环曲线。其中 ab 段表示等温膨胀过程;bc 段表示绝热膨胀过程;cd 段表示等温压缩过程;da 表示绝热压缩过程。下面我们对各过程分别进行分析,进而讨论此循环的热机效率。

ab 段:工作物质与高温热源 T_1 接触,经历等温膨胀过程,体积由 V_a 变到 V_b,系统对外作功;温度不变,则系统内能增量为零;根据等温过程特点可知,系统从高温热源吸收的热量为

$$Q_1=\frac{M}{M_{\text{mol}}}RT_1\ln\frac{V_b}{V_a} \tag{8-34}$$

bc 段：工作物质与高温热源分开，系统与外界无热量交换；系统体积膨胀，对外界作功；根据绝热过程特点可知，此过程中工作物质内能减少，温度由高温热源的温度 T_1 降到低温热源的温度 T_2。

cd 段：工作物质与低温热源 T_2 接触，经历等温压缩过程，体积由 V_c 变到 V_d，外界对系统作功；温度不变，系统内能增量为零；根据等温过程特点，系统向低温热源放出的热量为

$$Q_2=\frac{M}{M_{\text{mol}}}RT_2\ln\frac{V_c}{V_d} \tag{8-35}$$

（注：式中 Q_2 为放出热量的绝对值，由图 8-13 可知 c 点对应的体积 V_c 大于 d 点对应的体积 V_d）

da 段：工作物质与低温热源分开，系统与外界无热量交换；经历绝热压缩过程，外界对系统作功；系统内能增加，温度由低温热源的温度 T_2 升高到高温热源的温度 T_1。

把式(8-34)和式(8-35)代入到热机效率公式，得卡诺热机效率为

$$\eta=1-\frac{Q_2}{Q_1}=1-\frac{T_2\ln\dfrac{V_c}{V_d}}{T_1\ln\dfrac{V_b}{V_a}} \tag{8-36}$$

考虑 bc、da 两个绝热过程，有 $V_b^{\gamma-1}T_1=V_c^{\gamma-1}T_2$，$V_d^{\gamma-1}T_2=V_a^{\gamma-1}T_1$，由此二式，可得 $\frac{V_c}{V_d}=\frac{V_b}{V_a}$，把此结果代入式(8-36)得

$$\eta=1-\frac{T_2}{T_1} \tag{8-37}$$

式(8-37)即为卡诺热机效率公式，式中 T_1、T_2 分别表示高温、低温热源的温度。由此式可以看出，卡诺热机的效率仅与两个热源的温度有关，与工作物质的种类、机器的结构无关。高温热源温度越高，低温热源温度越低，热机效率越高，因此提高卡诺热机效率的唯一方法就是增大两个热源的温度差值；另外，由于不能实现 $T_2=0$（此点曾在前面给于说明，如果温度为零，则意味着系统内能为零）或 $T_1=\infty$，所以卡诺热机的效率总是小于 1；同时，由于卡诺热机是工作在两个热源之间的最理想的热机，所以，其他任何工作在两个热源之间的热机的效率都小于 1。

例题 8-10 一个卡诺热机在温度分别为 300K 和 800K 的两个热源之间工作。试求：(1)此热机的效率；(2)若高温热源的温度提高 100K，热机效率的变化；(3)若低温热源的温度降低 100K，热机效率的变化。

解 (1)根据卡诺热机效率 $\eta=1-\frac{T_2}{T_1}$，由已知 $T_1=800\text{K}$、$T_2=300\text{K}$ 有

$$\eta=1-\frac{300}{800}=62.5\%$$

(2)根据卡诺热机效率公式，及 $T_1=800+100=900\text{K}$、$T_2=300\text{K}$ 有

$$\eta=1-\frac{300}{900}=66.7\%$$

$$\Delta\eta=66.7\%-62.5\%=4.2\%$$

(3)根据卡诺热机效率公式,及 $T_1=800\text{K}$、$T_2=300-100=200\text{K}$ 有

$$\eta=1-\frac{200}{800}=75\%$$

$$\Delta\eta=75\%-62.5\%=12.5\%$$

可见,在改变热机效率方面,温度变化量相同的情况下,降低低温热源温度产生的效果更明显,但实际中这种方法是不经济的,因为一般热机都以室外为低温热源,而如果降低此热源的温度,则意味着要增设附属设备。实际中一般都把提高高温热源温度作为提高热机效率的方法,例如内燃机汽油爆炸时的温度高达 1 530℃。

例题 8-11 一卡诺热机,高温热源的温度为 400K,低温热源的温度为 300K。试求:(1)此热机的效率;(2)若此热机循环一次对外作的净功为 $3\times10^3\text{J}$,工作物质需要从高温热源吸收多少热量,向低温热源放出多少热量;(3)若保持低温热源的温度不变,且仍使热机工作在与上面相同的两条绝热线之间,但希望此热机循环一次对外作的净功为 $4\times10^3\text{J}$,那么如何调整高温热源的温度。

解 (1)根据卡诺热机效率 $\eta=1-\dfrac{T_2}{T_1}$,由已知 $T_1=400\text{K}$、$T_2=300\text{K}$ 有

$$\eta=1-\frac{300}{400}=25\%$$

(2)根据热机效率定义式 $\eta=\dfrac{A_{净}}{Q_1}$,由已知 $A_{净}=3\times10^3\text{J}$,得吸收热量为

$$Q_1=\frac{A_{净}}{\eta}=\frac{3\times10^3}{25\%}=1.2\times10^4\text{J}$$

根据热机循环过程能量关系 $Q_1=Q_2+A_{净}$,得向低温热源放出热量为

$$Q_2=Q_1-A_{净}=1.2\times10^4-3\times10^3=9\times10^3\text{J}$$

(3)由已知保持低温热源温度不变,保持两条绝热线不变,可知循环一次热机向低温热源放出的热量应保持不变,即 $Q'_2=Q_2=9\times10^3\text{J}$;根据 $Q_1=Q_2+A_{净}$,得新的热机循环一次从高温热源吸收的热量为

$$Q'_1=Q'_2+A'_{净}=9\times10^3+4\times10^3=1.3\times10^4\text{J}$$

因此新的热机效率为 $\eta'=\dfrac{A'_{净}}{Q'_1}=\dfrac{4\times10^3}{1.3\times10^4}=30.8\%$,根据卡诺热机 $\eta'=1-\dfrac{T_2}{T'_1}$,及已知 $T_2=300\text{K}$,得新的热机高温热源的温度为

$$T'_1=\frac{T_2}{1-\eta'}=434\text{K}$$

*4. 狄塞尔循环

狄塞尔循环也是一种常用的循环,船舶、拖拉机等使用的柴油机基本都

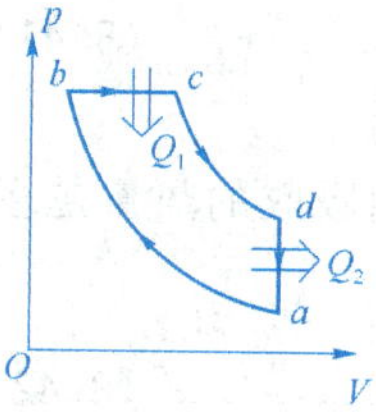

图 8-14 狄塞尔循环

采用这种循环模型。循环的构成如图 8-14 所示。

ab 段为绝热压缩过程。系统与外界无热量交换；外界对系统作功；系统内能增加，温度升高。

bc 段为等压膨胀过程。系统体积增加，系统对外界作功；温度升高，系统内能增加；根据等压过程特点，系统从外界吸收的热量为

$$Q_1=\frac{M}{M_{\text{mol}}}\left(\frac{i}{2}R+R\right)(T_c-T_b) \tag{8-38}$$

cd 段为绝热膨胀过程。系统与外界无热量交换；体积膨胀，系统对外作功；系统内能减少，温度降低。

da 段为等体放热过程。系统对外作功为零；由于压强降低，温度随之降低，系统内能减少；根据等体过程特点，系统向外界放出热量为

$$Q_2=\frac{M}{M_{\text{mol}}}\frac{i}{2}R(T_d-T_a) \tag{8-39}$$

（注：式中 Q_2 为放出热量的绝对值，由图 8-14 可知 d 点对应的温度 T_d 高于 a 点对应的温度 T_a）

根据热机效率 $\eta=1-\frac{Q_2}{Q_1}$，把式(8-38)和式(8-39)代入可得狄塞尔循环的效率为

$$\eta=1-\frac{Q_2}{Q_1}=1-\frac{1}{\gamma}\frac{T_d-T_a}{T_c-T_b} \tag{8-40}$$

由于 $\gamma>1$，比较式(8-40)和式(8-32)可知，一般柴油机的效率要高于汽油机的效率。

8.6.3 逆循环 制冷系数

1. 逆循环 制冷系数

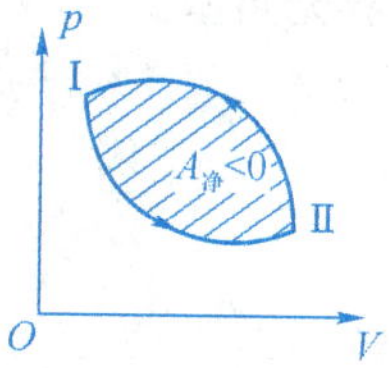

图 8-15 逆循环循环曲线

对应的过程曲线沿逆时针方向进行的循环过程称为逆循环，如图 8-15 所示。

由图可知，在逆循环过程中，系统膨胀时对外界作的功 A_1，小于压缩过程中外界对系统作的功 A_2，经历一次循环过程，系统对外作净功 $A_净=A_1-A_2<0$，即实际上是外界对系统作功，此功在数值上等于循环曲线所包围的面积。由于循环过程 $\Delta E=0$，根据热力学第一定律可知，系统向外界放出的热量 Q_1，应大于系统从外界吸收的热量 Q_2，二者的差值应等于系统对外作净功的绝对值（也用 $A_净$ 表示），即 $Q_1-Q_2=A_净$。

可见，在逆循环中，利用外界对系统作功，工作物质可以从低温热源吸收热量，并把此热量和功一并转化为向高温热源放出的热量，即逆循环实现了功到热的转换。逆循环能够使低温热源的温度更低，所以，依照逆循环工作的设备称为制冷机，冰箱、空调等就是一些实际的制冷机。图 8-16给出了制冷机的能量转换关系。

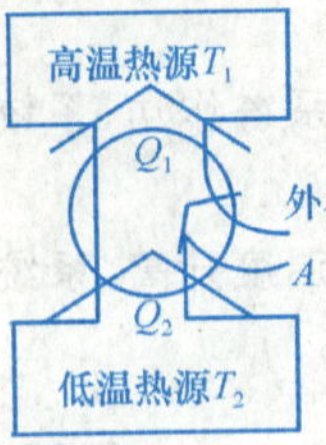

图 8-16　制冷机的能量转换关系

$$Q_1 = Q_2 + A_{净} \tag{8-41}$$

式中 Q_1、Q_2 分别表示系统放出和吸收热量的绝对值。

在实际问题中，我们希望制冷机作功越小、从低温热源吸收的热量越多越好，因此我们定义制冷机的制冷系数为

$$e = \frac{Q_2}{A_{净}} = \frac{Q_2}{Q_1 - Q_2} \tag{8-42}$$

式中：Q_2 表示工作物质从低温热源吸收热量总和的绝对值；Q_1 表示工作物质向高温热源放出热量总和的绝对值；$A_{净}$ 表示外界对系统作的净功的绝对值。制冷系数是制冷机的一个主要性能指标，对于制冷机，我们希望制冷系数越大越好。

2. 卡诺制冷机及其制冷系数

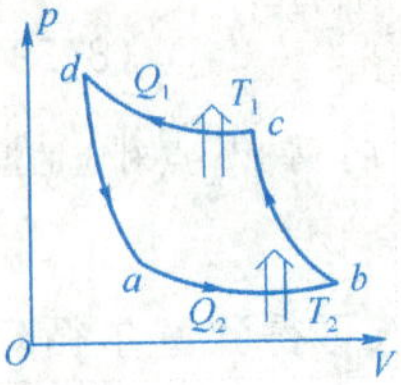

图 8-17　卡诺逆循环

若卡诺循环按逆时针方向进行，则构成卡诺制冷机，其过程曲线如图 8-17所示。由等温膨胀、绝热压缩、等温压缩、绝热膨胀四个过程组成，下面对四个具体过程进行分析，进而求得此制冷机的制冷系数。

ab 段：工作物质与低温热源接触，等温膨胀，系统内能不变，且对外作功，根据热力学第一定律，系统应从低温热源吸收热量

$$Q_2 = \frac{M}{M_{mol}} RT_2 \ln \frac{V_b}{V_a} \tag{8-43}$$

bc 段：工作物质与低温热源脱离，绝热压缩，系统与外界无热量交换，外界对系统作功，系统内能增加，温度升高。

cd 段：工作物质与高温热源接触，等温压缩，系统内能不变，且外界对系统作功，系统向高温热源放出热量

$$Q_1 = \frac{M}{M_{mol}} RT_1 \ln \frac{V_c}{V_d} \tag{8-44}$$

（注：Q_1 为放出热量的绝对值，且由图 8-17 可知 c 态体积 V_c 大于 d 态体积 V_d）

da 段：工作物质与高温热源脱离，绝热膨胀，系统与外界无热量交换，系统对外界作功，系统内能减少，温度降低。

把式(8-43)和式(8-44)代入制冷系数公式，有

$$e = \frac{Q_2}{Q_1 - Q_2} = \frac{\frac{M}{M_{mol}} RT_2 \ln \frac{V_b}{V_a}}{\frac{M}{M_{mol}} RT_1 \ln \frac{V_c}{V_d} - \frac{M}{M_{mol}} RT_2 \ln \frac{V_b}{V_a}}$$

考虑 bc、da 两个绝热过程，且在卡诺循环中 $\frac{V_b}{V_a} = \frac{V_c}{V_d}$，则上式化简为

$$e = \frac{T_2}{T_1 - T_2} \tag{8-45}$$

式(8-45)即为卡诺制冷机的制冷系数公式，由此式可知，制冷系数也仅与高温、低温热源的温度有关。

例题 8-12　一工作在温度分别为 -13℃和 27℃的两个恒温热源之间的卡诺制冷机，功率为 1.0kW。试求：(1)此制冷机的制冷系数；(2)每分钟此制

冷机从冷库中吸收的热量；(3)每分钟向冷库外空气中释放的热量。

解 (1)根据卡诺制冷机制冷系数 $e=\frac{T_2}{T_1-T_2}$，已知 $T_1=300\text{K}$、$T_2=260\text{K}$，有

$$e=\frac{260}{300-260}=6.5$$

(2)根据制冷系数的定义式 $e=\frac{Q_2}{A_{净}}$，由已知功率 $P=1.0\times10^3\text{W}\cdot\text{s}^{-1}$，有

$$Q_2=eA_{净}=ep_t=6.5\times1.0\times10^3\times60=3.9\times10^5\text{J}$$

(3)根据制冷机中能量关系 $Q_1=Q_2+A_{净}$，有

$$Q_1=3.9\times10^5+1.0\times10^3\times60=4.5\times10^5\text{J}$$

根据制冷机的原理制成的供热装置称为热泵，空调机即是一种典型的热泵。在寒冷的冬季，室内温度高，作为系统工作的高温热源，室外温度低，作为系统工作的低温热源。空调机工作时，利用电能作功，工作物质进行逆循环，并且选择室外进行其等温膨胀过程，从室外低温热源吸收热量，然后把吸收的热量及电能作的功一并转换为向室内释放的热量，达到供热取暖的作用。另外，由前面分析可知，热泵供热获得的热量大于消耗的电功，所以采用空调取暖比用电炉子、电暖气等设备要经济一些；在炎热的夏季，室内温度低，作为系统工作的低温热源，室外温度高，作为系统工作的高温热源。空调机工作时，同样利用电能作功，使工作物质进行逆循环，并且选择室内进行其等温膨胀过程，从室内这一高温热源吸收热量，然后把吸收的热量及电能的功一并转换为向室外放出的热量，达到给室内降温的目的。

3. 家用冰箱的循环

家用电冰箱也是常用的一种制冷机，常用的制冷剂(制冷机中的工作物质)有氟利昂、氨等。图 8-18 表示了电冰箱工作循环过程的示意图，图 8-19 表示了冰箱工作循环过程对应的 $p-V$ 图。

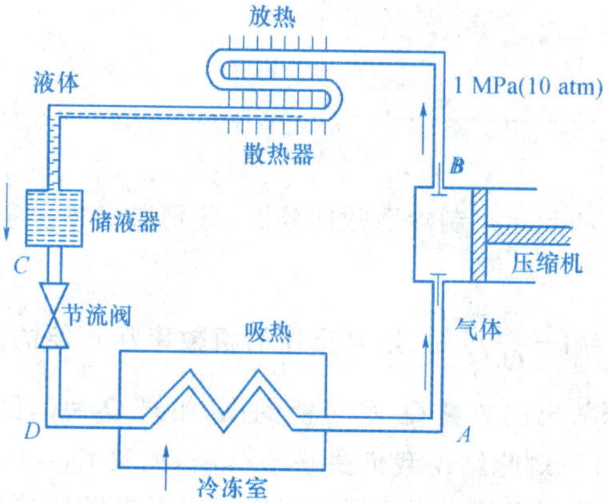

图 8-18 电冰箱的工作示意图

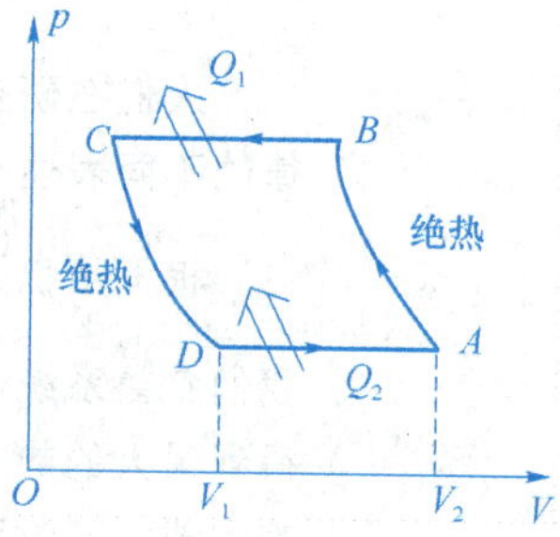

图 8-19 电冰箱的循环过程 $p-V$ 图

压缩机将处于低温低压的气态制冷剂压缩(绝热压缩过程)至 10atm 的

压强,使其温度升高到高于室温;气态制冷剂进入散热器(室内),向高温热源放出热量,温度降低,并逐渐液化(等温压缩过程);液态的制冷剂流入节流阀,并在节流阀处膨胀降温(绝热膨胀过程)之后进入蒸发器(冰箱冷冻室);在蒸发器处液态制冷剂从低温热源吸收热量,制冷剂汽化(等压膨胀过程);之后,气态的制冷剂被吸入压缩机进行下一次的循环。

练习题

1. 一卡诺热机,低温热源的温度为300K,若一次循环热机从高温热源吸收热量为9×10^3J,且对外作功为3×10^3J。试求:(1)一次循环热机向低温热源放出的热量;(2)热机的效率;(3)高温热源的温度应为多少。

2. 一卡诺热机,低温热源的温度为300K,高温热源的温度为500K,若一次循环系统对外作净功为4×10^4J。试求:(1)热机的效率;(2)一次循环热机从高温热源吸收的热量;(3)一次循环热机向低温热源放出的热量。

3. 一功率为2 000W的空调按卡诺逆循环规律工作,设室内温度为27℃,室外温度冬季为-13℃、夏季为37℃。试求:(1)冬季制冷系数;(2)冬季每分钟向室内放出的热量;(3)夏季每分钟从室内吸收的热量。

*8.7 热力学第二定律 熵

热力学第一定律反映了系统状态变化过程中的热量、内能和功之间的转换关系,是包含热量在内的能量守恒定律。然而,人们在深入研究热机工作原理时发现,满足能量守恒定律的热力学过程在实际中并不一定都能实现,这涉及到过程的进行方向问题。热力学第一定律给出了热量、内能和功的转换关系,指出违背热力学第一定律的第一类永动机不可能制成,热力学第二定律则指出了自然过程方向性的规律,它指出了第二类永动机也是不可能制成的。

8.7.1 热力学第二定律

人们在研究热机效率和制冷机制冷系数问题时,分别得出热力学第二定律的不同表述形式。

根据热机效率公式$\eta=1-\dfrac{Q_2}{Q_1}$可知,如果想让热机效率尽可能的大,那么我们希望系统向低温热源放出的热量Q_2尽可能的小,如果$Q_2=0$,则我们能得到最大的热机效率$\eta=1$。对此结论我们进一步分析,如果$Q_2=0$,则意味着完成循环过程不需要向低温热源放出热量,也就意味着不需要低温热源,也就意味着仅有一个高温热源就可以完成循环。如果这样,曾有人进行过估算,假设以海水为高温热源制成热机,那么只要使所有海水的温度降低0.

01K，就能使全世界所有的机器工作1000多年！这一结果是非常令人振奋的！从单一热源吸热并全部变为功的热机通常称为第二类永动机。然而，经过长期的实践，人们意识到这样的热机是无法制成的，在这种认识的基础上，开尔文在1851年，提出了热力学第二定律的表述形式。

1. 热力学第二定律的开尔文表述

不可能制成一种循环动作的热机，它只从一个单一温度的热源吸收热量，并使其全部变为有用功，而不引起其他变化。

对于开尔文的表述，理解时要注意以下几点：

(1)热机是按照"循环动作"工作。理想气体的等温膨胀过程虽然可以使系统吸收的热量全部转化为对外界作的功，但等温膨胀过程不是"循环动作"。

(2)"单一热源"不仅要求热源仅有一个，而且热源内部的温度要处处一致。如果热源内部温度不一致，有温度高、低之分，就相当于有不只一个热源，热源内部也会有放热现象存在，这与只吸热并把热量全部变为功而不放热是矛盾的。

(3)"不引起其他变化"是指系统将热量全部转换为功之后还能回到初始状态，同时外界也恢复到初始的状态，没发生任何变化。

根据热力学第二定律的开尔文表述，可知所有的热机在工作时都会向外界释放热量，我们称为余热，余热即是三大污染之一的热污染。为了尽可能地减少热污染，保护我们赖以生存的环境，我们应尽可能的提高热机的效率，目前热机的效率最高的只能达到50%，与热力学第二定律的极限还有很大的距离，这说明我们还有很大的努力空间，近年来，这一点越来越引起人们的关注，越来越多的工程科技人员开始研究这一问题，已经形成一门独立的学科分支——热力经济学。

根据制冷机制冷系数公式$e=\frac{Q_2}{A_{净}}$可知，如果想让制冷系数尽可能的大，那么在Q_2一定的情况下，我们希望外界对系统作功要尽可能的小，如果$A_{净}=0$，则我们能得到最大的制冷系数$e=\infty$。对此结论我们进一步分析，如果$A_{净}=0$，则意味着完成逆循环过程不需要外界对系统作功，也就意味着在无外界作功的情况下热量可以自动地、源源不断地从低温热源传向高温热源。这点也是与大量的观测和实验结果不符的，因此，1850年德国物理学家克劳修斯在总结前人成果的基础上提出了热力学第二定律的另一种表述形式。

2. 热力学第二定律的克劳修斯表述

热量不可能自动地由低温物体传向高温物体。

对克劳修斯表述的理解注意把握"自动地"的含义，它是指不需要外界作功。克劳修斯表述指出了自然界中热量传递的方向性，热量可以自动地由高温物体传向低温物体，但如果要从低温物体传向高温物体则必须有外界对系统作功。

热力学第二定律的两种表述形式，表面看来是各自独立的，但实质上是一致的,二者具有等价性,从其中任意一种表述可以推得另外一种表述(推理过程从略)。两种表述都告诉了我们自然过程的一种方向性,从热力学第二定律可以看出:自然界中发生的过程,不仅要遵循能量守恒定律,而且要按照一定的方向进行。

8.7.2 可逆过程和不可逆过程

1. 自发过程

自然界中的过程是有其方向性的,例如:热量的自然传递是从高温热源到低温热源,气体体积如不加限制会自动膨胀,水会自然地从高处流向低处……,这些在没有外界作用下能够自动发生的过程称为自发过程。

上面这些自发过程如果要倒过来进行,也可以,但是若想逆向进行,则必须加上外界的影响。例如:如果想让热量从低温热源传递到高温热源,则必须有制冷机的工作,利用电功的作用;如果想让气体体积收缩,则必须外力作功,压缩气体;如果想让水从低处流向高处,则必须使用水泵或其他力量作功……,总之,要使自然过程的逆过程得以实现,就需要消耗外界的能量,则外界必然受到影响。

根据逆过程进行过程中系统是否对外界造成影响,可把自发过程分为可逆过程和不可逆过程。

2. 可逆过程和不可逆过程

在一个过程发生时,系统由初始状态Ⅰ出发,经历一系列的中间状态$Ⅰ_1$、$Ⅰ_2$、…$Ⅰ_n$,最后到达状态Ⅱ。如果存在一个逆过程,使系统由状态Ⅱ出发,经历一系列的中间状态$Ⅰ_n$…$Ⅰ_2$、$Ⅰ_1$,最后返回到状态Ⅰ,并且在逆过程中,原过程对外界造成的影响被一一消除,即无论是系统还是外界都恢复到初始状态Ⅰ,则原过程称为可逆过程。反之,如果系统不能返回到初始状态,或者在返回初始状态过程中原过程对外界的影响不能被一一消除,则原过程称为不可逆过程。

可逆过程和不可逆过程指出了自然界发生过程的方向性,即自然界中有的过程是可逆的,而有的过程有着确切的方向性,是不可逆的。常见的不可逆过程有以下几类:

(1)一切自发过程都是不可逆过程。如水从高处流向低处,墨水滴人清水中会自然散开等过程都是不可逆过程。

(2)一切与热现象有关的宏观过程都是不可逆过程。如气体体积的自然膨胀过程,热量从高温物体自然传递到低温物体等过程都是不可逆过程。

为什么会存在这些不可逆过程呢?深入研究发现,自发过程进行时系统的状态发生了显著的变化,始末状态差异太大,以至于系统无法通过自身的力量回到初始状态。如果要使系统复原,则必须借助外界的作用,而这就必然会对外界造成影响。系统始末状态的差异到底有多大?我们如何来描述这种差异呢？为此我们需要找到一个描述系统状态的函数，通过比较此函数在始末状态的值来衡量系统始末状态的差异有多大，通过分析此函数变化规律来寻找系统过程进行的方向性，这个函数即是熵，此函数是通过卡诺定理找到的。

8.7.3 卡诺定理 克劳修斯不等式

若组成循环的每一个过程都是可逆过程，则称该循环为可逆循环，凡作可逆循环的热机或制冷机分别称为可逆热机和可逆制冷机，否则称为不可逆机。为了提高热机效率，卡诺从理论上进行了研究，提出了卡诺定理（证明从略）。

（1）一切可逆热机的效率仅与高、低温热源的温度有关，而与工作物质的性质无关，在温度相同的两个热源之间工作的一切可逆热机的效率都相同。即

$$\eta_{\text{可逆}}=1-\frac{Q_2}{Q_1}=1-\frac{T_2}{T_1}$$

（1）在温度相同的两个热源之间工作的一切不可逆热机，其效率都不可能大于可逆热机的效率。即

$$\eta_{\text{不可逆}}=1-\frac{Q_2}{Q_1}<1-\frac{T_2}{T_1}$$

克劳修斯把卡诺定理加以推广，得到一个包含可逆热机和不可逆热机效率的不等式，称为克劳修斯不等式，即

$$\eta=1-\frac{Q_2}{Q_1}\leqslant 1-\frac{T_2}{T_1} \tag{8-46}$$

式中等号对应于可逆热机，不等号对应于不可逆热机。

8.7.4 克劳修斯熵

对于式(8-46)，我们仅考虑可逆热机，并对其加以整理，可得

$$\frac{Q_2}{T_2}-\frac{Q_1}{T_1}=0$$

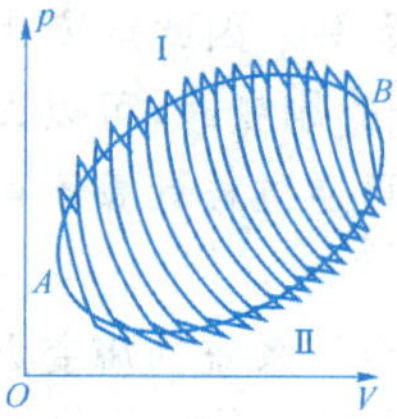

图 8-20 可逆循环的微组成

式中 Q_1、Q_2 分别表示系统放出和吸收热量的绝对值，如果入热力学第一定律中热量的规定，吸收热量为正，放出的热量用负值表示，则此式可改为

$$\frac{Q_2}{T_2}+\frac{Q_1}{T_1}=0 \tag{8-47}$$

式中 Q_1、Q_2 分别表示系统放出和吸收热量的代数值。

如图 8-20 所示，任意一个可逆循环都可以看成由一系列微小的卡诺循环拼成，当这些微小的卡诺循环趋于无限小时，由无数条等温线和绝热线组成的折线就无限地接近于原来的卡诺循环。对于其中的每个微循环根据式(8-47)有

$$\frac{dQ_2}{T_2}+\frac{dQ_1}{T_1}=0$$

因此,对于整个可逆循环有

$$\oint\frac{dQ}{T}=0 \tag{8-48}$$

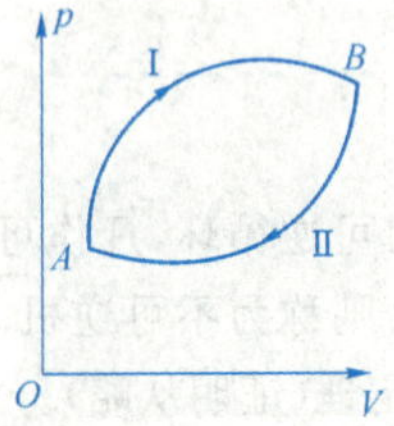

图 8-21 熵

对于任意的可逆循环,如图 8-21 所示,式(8-48)可写为

$$\int_{A\,\mathrm{I}}^{B}\frac{dQ}{T}+\int_{B}^{A\,\mathrm{II}}\frac{dQ}{T}=0$$

由于循环的可逆性,此式可改写为

$$\int_{A\,\mathrm{I}}^{B}\frac{dQ}{T}-\int_{A\,\mathrm{II}}^{B}\frac{dQ}{T}=0$$

即

$$\int_{A\,\mathrm{I}}^{B}\frac{dQ}{T}=\int_{A\,\mathrm{II}}^{B}\frac{dQ}{T} \tag{8-49}$$

式(8-49)表明:$\frac{dQ}{T}$的积分只与系统的始末状态(积分的上限和下限)有关,而所经历的过程(积分路径)无关,这点与力学中保守力作功的特点相类似。在力学中,保守力作功也只与始末状态有关,而与路径无关,为此,在力学中我们引入了势能这个描述状态的函数。与此相比较,$\int\frac{dQ}{T}$也具有同样的特点,这意味着热学中也有这样一个描述状态的函数,克劳修斯定义$\int\frac{dQ}{T}$为描述系统状态的函数,称为克劳修斯熵($\frac{dQ}{T}$为热量和温度之商,“熵”的命名由此而来),用符号 S 表示。当系统从状态 A 变化到状态 B 时,这个态函数从 S_A 变到 S_B,即

$$S_B-S_A=\int_{A}^{B}\frac{dQ}{T} \tag{8-50}$$

关于熵函数,理解时注意以下几点:

(1)熵是描述系统状态的函数。与势能的概念类似,系统某一状态的熵值是一个相对量,与熵的零点选择有关。

(2)熵变只与系统的始末状态有关,而与经历的过程无关。因此熵变也就与过程是否是可逆过程无关,因此计算一个不可逆过程的熵变时,可以设计一个可逆过程把系统的始末状态连接起来,然后利用此可逆过程计算不可逆过程的熵变。

(3)熵值具有可加性。大系统的熵变等于组成它的各个子系统的熵变之和,全过程的熵变等于组成它的各个子过程的熵变之和。

例题 8-13 一摩尔的某种理想气体,从状态 a 经历等温膨胀过程到达状态 b,如图 8-22 所示。试求:(1)此过程中系统的熵变;(2)若系统经历等温压缩过程从状态 a 返回到状态 b,熵变为多少。

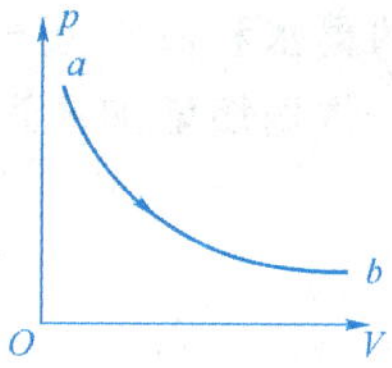

图 8-22 例题 8-13 用图

解 (1)根据熵变的公式 $S_b - S_a = \int_a^b \frac{dQ}{T}$,及等温过程 $dQ = dA = p dV$,有

$$S_b - S_a = \int_a^b \frac{dQ}{T} = \int_{V_a}^{V_b} \frac{p dV}{T}$$

由等温过程 $p = \frac{M}{M_{mol}V} RT_a$,代入上式,得

$$S_b - S_a = \frac{1}{T_a} RT_a \ln \frac{V_b}{V_a} = R \ln \frac{V_b}{V_a}$$

由于 $V_b > V_a$,所以 $S_b > S_a$,可见在等温膨胀过程中,系统的熵值增加。等温膨胀过程是自然界中自发的过程,由此我们可以得出:自发过程是沿着熵增加的方向进行的,此结论虽然是从此例中得出,但可以证明,此结论可以推广到其他任意情况。

(2)根据熵变仅与系统的始末状态有关,而与过程无关,所以

$$S_a - S_b = -(S_b - S_a) = -R \ln \frac{V_b}{V_a}$$

$S_a - S_b < 0$,等温压缩过程熵值减小,因为等温压缩过程不是自然界中自动发生的过程。

8.7.5 熵增加原理

从理论上可以证明(证明过程从略):在绝热系统中发生的不可逆过程,或者孤立系统中发生的自发过程,其熵值总是增加的;或者说,这些过程总是沿着熵增加的方向进行,这就是熵增加原理。

虽然熵增加原理内容中提到是对孤立系统而言的,但实际上这是一个普遍适用的原理,因为任何一个热力学过程,我们如果把过程所涉及的所有物体都看作系统的一部分,那么,这个系统对这个过程而言就是一个孤立系统,熵增加原理对它就是适用的,即在这个孤立系统中过程进行方向是熵增加的方向。关于熵增加原理在理解时有一点需要注意,那就是熵增加是指系统的各组成部分熵变的代数和是增加的,而对于其中具体的某个子系统或子过程,熵值可能是增加的,也可能是减小的。

熵增加原理给出了过程进行的方向,即自然界中自动发生的过程要向熵增加的方向进行。那么这有什么直观的意义呢?熵增加意味着什么呢?

研究表明:熵值高意味着系统状态"混乱",熵值越高,系统越呈现出"无序"状态;熵值低意味着系统状态"整齐",熵值越低,系统越呈现出"有序"状态。

因此,自然界中自动发生的过程向熵增加的方向发展,意味着自然界在从"整齐"向"混乱"发展、在从"有序"向"无序"状态发展。例如把一滴墨水滴入清水中,墨水会与清水混在一起。墨水和清水分开时,它们是整齐的、有序的,而二者混到一起时,则是混乱的,不再有序。依据熵增加原理可知,墨水

和清水混在一起应是一个自发过程;而反过来,混在一起的墨水和清水分开则不是自发过程,因为这个过程不符合熵增加原理。可见,依据熵增加原理分析的过程进行方向与我们的生活经验是相一致的。

小　结

本章主要介绍反映系统在状态变化过程中热量与功的转换关系和转换条件的基本规律,热力学第一定律是关于转换关系的规律,热力学第二定律是关于转换条件的规律。

一、热力学第一定律

(1)系统对外界作功为 $A=\int_a^b \mathrm{d}A=\int_{V_1}^{V_2} p\mathrm{d}V$

(2)系统内能变化为 $\Delta E=\frac{M}{M_{\mathrm{mol}}}\frac{i}{2}R(T_2-T_1)$

(3)热力学第一定律:外界向系统传递的热量中的一部分用于系统对外作功,另一部分用于增加系统的内能,三者之间的关系为

$$Q=\Delta E+A=(E_2-E_1)+A$$

二、理想气体的等值过程

(1)等体过程:气体的体积保持不变。在等体过程中,若系统从外界吸收热量,则吸收的热量将全部用来增加系统的内能;若系统向外界放出热量,则其值等于系统内能的减少值。

(2)等压过程:气体的压强保持不变。等压过程中,系统从外界吸收热量,一部分用来增加系统的内能,另一部分用来转化为系统对外界作的功。

(3)等温过程:气体的温度保持不变。等温过程中,系统从外界吸收的热量全部用来转换为系统对外界作的功;反之,若外界对系统作功,则系统全部用来转换为向外界放出的热量。

(4)绝热过程:气体与外界没有热量交换。

绝热过程方程:$pV^{\gamma}=$恒量;$V^{\gamma-1}T=$恒量;$p^{\gamma-1}T^{-\gamma}=$恒量。

在绝热过程中,若外界对系统作功,则功将全部用来转换为系统的内能,系统的温度将升高;若系统对外作功,则是以减少系统内能为代价的,这时系统的温度将降低。

各过程的知识点汇总,如表 8-2 所示。

表 8-2 理想气体几个典型准静态过程

相关知识 \ 过程名称	等体过程	等压过程	等温过程	绝热过程
过程特征	$V=$常量 或 $dV=0$	$p=$常量 或 $dp=0$	$T=$常量 或 $dT=0$	$Q=0$ 或 $dQ=0$
过程曲线	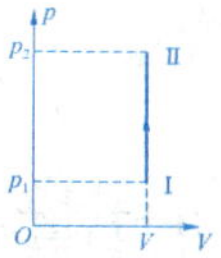	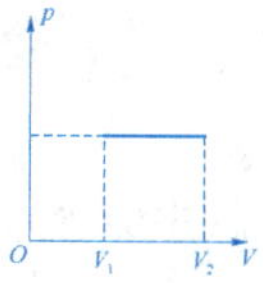	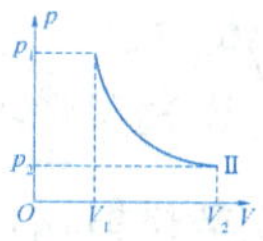	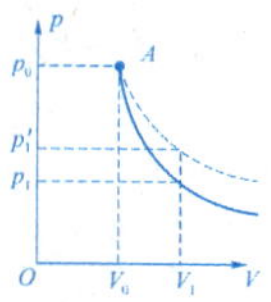
对外作功	0	$p(V_2-V_1)$	$\frac{M}{M_{mol}}RT\ln\frac{V_2}{V_1}$	$-\frac{M}{M_{mol}}C_V\Delta T$
内能增量	$\frac{M}{M_{mol}}\frac{i}{2}R\Delta T$	$\frac{M}{M_{mol}}\frac{i}{2}R\Delta T$	0	$\frac{M}{M_{mol}}C_V\Delta T$
吸收热量	$\frac{M}{M_{mol}}\frac{i}{2}R\Delta T$	$\frac{M}{M_{mol}}(\frac{i}{2}R+R)\Delta T$	$\frac{M}{M_{mol}}RT\ln\frac{V_2}{V_1}$	0

三、循环过程

1. 正循环　热机效率

对应的过程曲线沿顺时针方向进行的循环过程称为正循环。通过正循环把热量持续地转化为功的机器称为热机。热机效率为

$$\eta=\frac{A_{净}}{Q_1}=\frac{Q_1-Q_2}{Q_1}=1-\frac{Q_2}{Q_1}$$

2. 奥托循环的热机效率

$$\eta=1-\left(\frac{V_b}{V_a}\right)^{\gamma-1}=1-\frac{1}{\varepsilon^{\gamma-1}}$$

3. 卡诺热机的效率

$$\eta=1-\frac{T_2}{T_1}$$

4. 逆循环　制冷系数

对应的过程曲线沿逆时针方向进行的循环过程称为逆循环。通过逆循环不断从低温热源吸收热量的设备称为制冷机。制冷系数为

$$e=\frac{Q_2}{A_{净}}=\frac{Q_2}{Q_1-Q_2}$$

5. 卡诺制冷机制冷系数

$$e=\frac{T_2}{T_1-T_2}$$

四、热力学第二定律　熵

(1)热力学第二定律的开尔文表述:不可能制成一种循环动作的热机,它只从一个单一温度的热源吸收热量,并使其全部变为有用功,而不引起其他变化。

(2)热力学第二定律的克劳修斯表述:热量不可能自动地由低温物体传向高温物体。

(3)可逆过程和不可逆过程

(4)克劳修斯熵:当系统从状态 A 变化到状态 B 时,函数 $\int \frac{dQ}{T}$ 从 S_A 变到 S_B,即

$$S_B - S_A = \int_A^B \frac{dQ}{T}$$

(5)熵增加原理:在绝热系统中发生的不可逆过程,或者孤立系统中发生的自发过程,其熵值总是增加的;或者说,这些过程总是沿着熵增加的方向进行。

阅读材料五:热功当量的测量者——焦耳

詹姆斯·普雷斯科特·焦耳(1818—1889):英国物理学家。

主要成就:确立热和机械功之间的当量关系——热功当量,证明热和机械能及电能的转化关系,为能量守恒定律的建立打下坚实的实验基础,是能量守恒定律发现者之一;研究电流热效应,给出焦耳—楞次定律,并否定了“热质说”,指出热本质问题的研究方向;研究空气膨胀和压缩时的温度变化规律,发现焦耳—汤姆生效应,是从分子动力学的立场出发深入研究气体规律的先驱者之一。

1818年12月24日,焦耳出生于英国曼彻斯特。他的父亲是一个酿酒厂主,焦耳自幼跟随父亲参加酿酒劳动,没有受过正规的教育。因而,可以说焦耳是一个自学成才的物理学家。青年时期,在别人的介绍下,焦耳认识了著名的化学家道尔顿,并得到道尔顿热情教导。焦耳从道尔顿那里学习了数学、哲学和化学知识,对化学和物理学产生了浓厚的兴趣,这一时期的学习也为日后焦耳的研究奠定了理论基础。

焦耳最初的研究动力来自于提高他父亲酿酒厂工作效率的想法。他想将父亲的酿酒厂中应用的蒸汽机替换成电磁机。1837年,焦耳终于装成了用锌电池驱动的电磁机,但由于当时锌的价格昂贵,用电磁机虽然提高了工作效率,但经济上还不如用蒸汽机合算。虽然焦耳的初衷没有实现,但他从实验中发现电流可以做功,并激发了进行深入研究的兴趣,转而研究电流的热效应问题。经过多次的试验,1840年焦耳总结出:导体在一定时间内放出的热量与导体的电阻及电流强度的平方之积成正比。1840－1841年,在《论

伏打电流产生的热》和《电的金属导体产生的热和电解时电池组所放出的热》的两篇论文中，他发表了上述结论。四年之后，俄国物理学家楞次通过自己的试验也证明了同一个结论。因此，该定律称为焦耳—楞次定律。

18世纪，人们对热本质的研究走了一条弯路，认为热是一种物质。“热质说”在物理学史上统治了一百多年。虽然曾有一些科学家对这种错误理论产生过怀疑，但找不到证据加以证明。焦耳总结出焦耳—楞次定律以后，进一步设想电池电流产生的热与电磁机的感生电流产生的热在本质上应该是一致的。1843年，焦耳设计了一个新实验，将一个小线圈绕在铁芯上，用电流计测量感生电流，把线圈放在装水的容器中，测量水温以计算热量。这个电路是完全封闭的，没有外界电源供电，水温的升高只是机械能转化为电能、电能又转化为热的结果，整个过程不存在热质的转移。因而，这个实验结果完全否定了热质说，使人们对于热本质的研究走上了一条正确的道路。

上述实验使焦耳想到了另一个问题——机械功与热的联系。因而他又作了大量的实验来探求二者之间的关系，并测出了热功当量。1843年8月21日在英国学术会上，焦耳报告了他的论文《论电磁的热效应和热的机械值》，他在报告中说1千卡的热量相当于460千克米的功。遗憾的是，他的报告没有得到支持和强烈的反响。但焦耳没有因此放弃，而是继续努力，改进实验方案，以提高测量的精确度。1847年，焦耳做了迄今认为是设计思想最巧妙的实验：他在量热器里装了水，中间安上带有叶片的转轴，然后让下降重物带动叶片旋转，由于叶片和水的摩擦，水和量热器都变热了。根据重物下落的高度，可以算出转化的机械功；根据量热器内水的升高的温度，就可以计算水的内能的升高值。把两数进行比较就可以求出热功当量的准确值来。他给出热功当量的平均值为423.9千克米/千卡，此值比现在公认的J值——427千克米/千卡约小仅0.7%！在当时的条件下，能做出这样精确的实验来，足以证明焦耳实验技能的高超。然而，当焦耳在英国科学学会的会议上再次公布自己的研究成果时，还是没有得到支持，很多科学家都怀疑他的结论，认为各种形式的能之间的转化是不可能的。直到1850年，其他一些科学家用不同的方法获得了能量守恒定律和能量转化定律，他们的结论和焦耳相同，这时焦耳的工作才得到承认。这一年，32岁的焦耳成为英国皇家学会会员，两年后他接受了皇家勋章。从1847年至1878年之间的四十年里，焦耳先后用各种方法进行了四百多次的实验，每次试验结果都惊人的想同。一个重要的物理常数的测定，能保持如此长时间不作较大的更正，在物理学史上是极为罕见的事，焦耳坚持不懈的精神也令世人敬佩。

在进行热功当量测量实验的同时，1844年开始，焦耳研究空气在膨胀和压缩过程中温度变化规律，并取得了一些研究成果。计算出了气体分子的热运动速度值，从理论上奠定了波义耳—马略特和盖—吕萨克定律的基础，并解释了气体对器壁压力的实质。1845年，焦耳完成了气体自由膨胀时降温的试验。1852年，焦耳和著名物理学家威廉·汤姆生(后来受封为开尔文勋爵)合作,改进试验。1865 年二人共同发表的论文中提出:当自由扩散气体从高压容器进入低压容器时,大多数气体和空气的温度都要下降。这一现象后来被称为焦耳—汤姆生效应。这一试验结论广泛地应用于低温和气体液化等领域,因而可以说,焦耳是从分子动力学的立场出发进行深入研究的先驱者之一。焦耳和汤姆生的合作时间很长,在焦耳一生发表的 97 篇科学论文中有 20 篇是他们的合作成果。

55 岁时,焦耳的健康状况恶化,研究工作减慢了。60 岁时,焦耳发表了他的最后一篇论文。1889 年 10 月 11 日,71 岁的焦耳在索福特逝世。后人为了纪念焦耳,把功和能的单位定为焦耳。

焦耳是一个谦虚的人。在去世前两年,他对他的弟弟的说:"我一生只做了两三件事,没有什么值得炫耀的。"

习题 8

A 类题目:

8-1 一系统在某个准静态过程中,按照 $p=3V$ 的规律变化,式中各量采用国际单位制。试求:系统体积从 1L 变化到 3L 过程中对外界作的功。

8-2 一热力学系统经历一个准静态过程,体积由 V_1 变为 V_2。状态变化过程中,体积与压强的关系为 $V=a/p$,式中 a 为正的常量。试求:此过程中系统对外界作的功。

8-3 一容器内贮有 1.25kg 的氮气。在保持气体压强为 1atm 的前提下,给气体缓缓加热,使其温度升高 1℃。试求:(1)加热过程中,气体由于体积膨胀而对外界作的功;(2)气体内能的增加量;(3)系统从外界吸收的热量。

8-4 气缸内贮有 10 摩尔的氦气,在压缩过程中,外力作功 200J,气体温度升高 1K。试求:(1)系统内能的增量;(2)系统从外界吸收的热量。

8-5 1mol 单原子分子气体,经下列过程温度由 300K 升高到 350K,试求:在每个过程中气体内能增加量、吸收的热量、对外界作的功。

(1)等体过程;

(2)等压过程。

8-6 容器内贮有 10mol 的氮气,经历等压过程使温度由 300K 升高至 400K。试求:(1)系统的内能增量;(2)系统对外界作的功;(3)系统从外界吸收的热量。

8-7 1mol 压强为 1.013×10^5 Pa、温度为 293K 的氢气,先在体积保持不变的情况下使温度变为 353K,然后再保持温度不变而使体积变为原来的二倍。试求:整个过程中系统(1)内能的增量;(2)对外作的功;(3)从外界吸收的热量。

8-8 1mol 压强为 1.013×10^5 Pa、温度为 293K 的氢气,先在温度保持不变的情况下使体积变为原来的二倍,然后再保持体积不变而使温度变为

353K。试求:整个过程中系统(1)内能的增量;(2)对外作的功;(3)从外界吸收的热量。

8-9 在标准情况下,经历等温过程使 1mol 的氮气体积压缩为原来的一半:试求:(1)系统内能的增量;(2)系统对外作的功;(3)系统从外界吸收的热量。

8-10 在标准情况下,经历等压过程使 1mol 的氮气体积压缩为原来的一半:试求:(1)系统内能的增量;(2)系统对外作的功;(3)系统从外界吸收的热量。

8-11 在标准情况下,经历绝热过程使 1mol 的氮气体积压缩为原来的一半:试求:(1)系统内能的增量;(2)系统对外作的功;(3)系统从外界吸收的热量。

8-12 一热机完成一次循环需从高温热源吸收 1.25×10^4J 的热量,向低温热源放出 1.0×10^4J 的热量。试求:此热机的效率。

8-13 使蒸汽机和内燃机都按照卡诺循环工作。两种热机的冷凝器(低温热源)温度都为 303K,但内燃机柴油爆炸的温度为 1 803K,内燃机锅炉温度为 593K。试求:(1)两种热机的效率;(2)为什么内燃机的效率高。

8-14 一内燃机按照卡诺循环工作,高温热源的温度为 700K,低温热源的温度为 300K。试求:(1)内燃机的效率;(2)如果欲使热机对外输出功率为 5.0×10^6W,则热机每秒需从外界吸收多少热量。

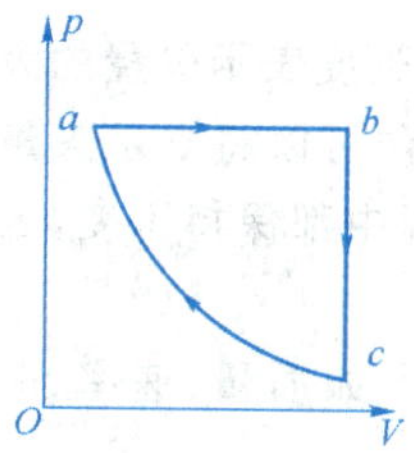

图 8-23 习题 8-15 用图

8-15 有 25mol 的工作物质(设其自由度 $i=3$),按照如图 8-23 所示的循环过程工作,图中 ca 段为等温压缩过程。已知 $V_a=20$L、$p_a=4.15\times10^5$Pa、$V_c=30$L。试求:(1)各过程中系统内能的增量、对外的作功、从外界吸收热量;(2)此循环的热机效率。

8-16 在习题 8-14 中,若过程沿时针方向进行,则为制冷机的循环过程。各量已知如习题 8-14。试求此制冷机的制冷系数。

8-17 一制冷机完成一次循环能够从低温热源吸收 1.0×10^4J 的热量,向高温热源放出 1.25×10^4J 的热量。试求:此制冷机的制冷系数。

8-18 一卡诺制冷机工作在温度分别为 263K、293K 的两个热源之间。试求:(1)此制冷机的制冷系数;(2)若制冷机消耗的电功率是 1kW,设制冷过程没有能量损耗,则每秒制冷机从冷库中吸收多少热量。

B 类题目:

8-19 一密闭于容器内的氧气,压强为 1.0×10^6Pa,体积为 1L。系统经绝热膨胀过程使压强变为 2.0×10^5Pa、体积变为 3.16L。试求此过程中系统对外界作的功。

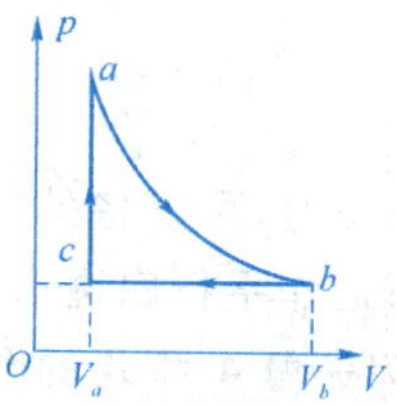

图 8-24 习题 8-20 用图

8-20 一热机按照图 8-24 所示循环过程工作。图中 ab 段表示等温膨胀过程,bc 段表示等压压缩过程,ca 段表示等体升压过程。已知 $V_a=3.0$L、$V_b=6.0$L。试求:此热机的效率。

附录一　矢量及其运算

一、矢量和标量

物理量依据其是否具有方向性而分为两类：矢量、标量。

(1)矢量的定义：既有大小又有方向的量称为矢量。如位移、速度、加速度、力、动量等物理量都是矢量。

(2)矢量的表示：印刷品中矢量常用黑粗体字母(例如 **A**)表示。手书时用带箭头的字母(例如 $\vec{A}$ 或 $\overrightarrow{A}$)表示。矢量的大小称为矢量的模，用|**A**|或 *A* 表示，即|**A**|=*A*。如果把矢量的大小和方向两个特征分别体现出来，矢量可以表示为

$$\boldsymbol{A}=|\boldsymbol{A}|\boldsymbol{A}_0=A\boldsymbol{A}_0$$

式中，$\boldsymbol{A}_0$ 是矢量 **A** 方向的单位矢量，用于表示方向，其大小为 1，即 $|\boldsymbol{A}_0|=1$。

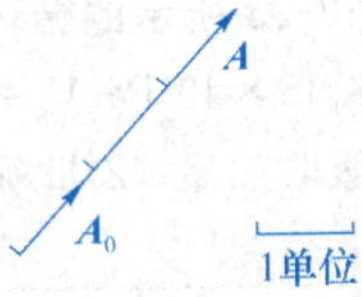

图 1　矢量表示

矢量也可用一条有向线段表示，如图 1 所示。线段的长度表示矢量的大小，线段的箭头方向表示矢量的方向。运算时，为运算方便可以将表示矢量的有向线段平移，由于有向线段的长度和方向在平移过程中都保持不变，因而矢量平移时，矢量不变。

(3)标量的定义：只有大小，没有方向的量称为标量。如质量、速率、路程、温度、功、能量等物理量都是标量。

二、矢量合成

矢量运算不同于标量运算。例如，一个物体受两个力的作用，计算物体所受的合力时，我们不能单纯地把两个分力的大小相加，必须考虑力的方向问题，作平行四边形求合力。运用平行四边形法则计算两个矢量的合成是进行矢量合成的基本方法。

1. 两个矢量合成的平行四连形法则

设有两个矢量 **A** 和 **B**，如图 2(a)所示。求他们的合矢量时，可以将矢量 **A**、**B** 对应的有向线段的起点交于一起，然后以 **A** 和 **B** 为邻边作平行四边形，从两矢量起点出发的平行四边形对角线对应的矢量 **C** 即为矢量 **A** 和 **B** 的合矢量。三者间的关系可以表示为

$$\boldsymbol{C}=\boldsymbol{A}+\boldsymbol{B}$$

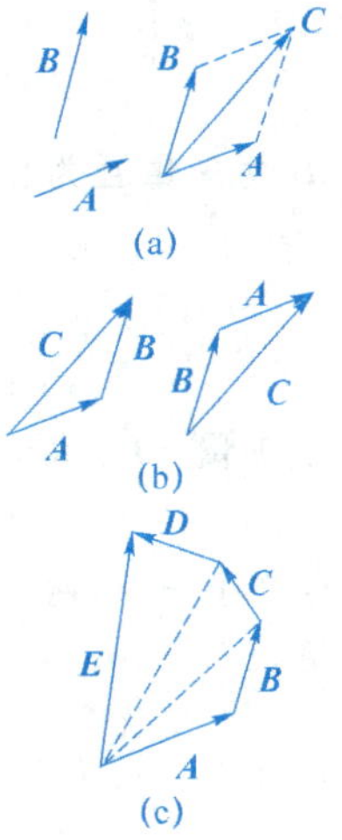

图 2　矢量合成

式中，$\boldsymbol{C}$ 称为矢量 $\boldsymbol{A}$、$\boldsymbol{B}$ 的合矢量，$\boldsymbol{A}$、$\boldsymbol{B}$ 称为矢量 $\boldsymbol{C}$ 的分矢量。

由于平行四边形对边平行且相等，因而矢量合成的平行四边形法则可以简化为矢量合成的三角形法则。如图 2(b)所示，使矢量 $\boldsymbol{A}$ 和 $\boldsymbol{B}$ 的首尾相连（以矢量 $\boldsymbol{A}$ 的末端为起点，作矢量 $\boldsymbol{B}$），则从矢量 $\boldsymbol{A}$ 起点出发至矢量 $\boldsymbol{B}$ 末端的矢量即为合矢量 $\boldsymbol{C}$。作三角形法则时，也可以以矢量 $\boldsymbol{B}$ 的末端为起点作矢量 $\boldsymbol{A}$，则从矢量 $\boldsymbol{B}$ 起点出发至矢量 $\boldsymbol{A}$ 末端的矢量也为合矢量 $\boldsymbol{C}$，可见，矢量加法运算是满足交换律的。

2. 多个矢量合成的多边形法则

多个矢量合成时，可以先用三角形法则求出其中任意两个矢量的合矢量，然后再求这个合矢量与第三个矢量的合成，依此类推，得出多个矢量的合矢量，如图 2(c)所示。从图中可以看出，多个矢量合成时，可以用多边形法则计算：把所有的矢量首尾相连，然后画出由第一个矢量起点至最后一个矢量末端的矢量，即可得到合矢量。

$$\boldsymbol{R}=\boldsymbol{A}+\boldsymbol{B}+\boldsymbol{C}+\boldsymbol{D}$$

由矢量合成的多边形法则可知，矢量加法运算是满足结合律的。

3. 矢量合成的解析法

(1)矢量的坐标表示

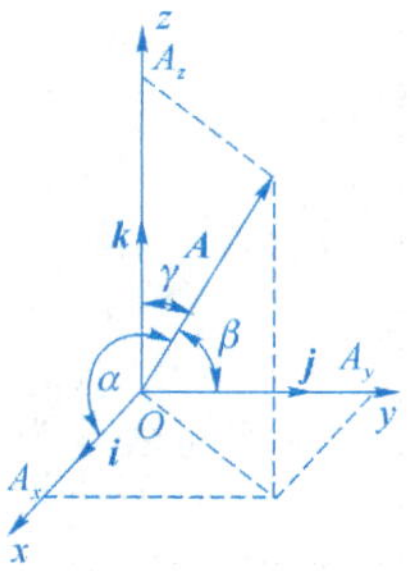

图 3　矢量的坐标表示

多个矢量可以合成为一个矢量，反过来，一个矢量也可以分解为多个矢量。例如，一个矢量 $\boldsymbol{A}$ 即可以分解为直角坐标系 $Oxyz$ 中三个坐标轴上的分矢量表示，如图 3 所示具体方法如下

$$\boldsymbol{A}=A_x\boldsymbol{i}+A_y\boldsymbol{j}+A_z\boldsymbol{k}$$

式中，A_x、A_y、A_z 分别为矢量 $\boldsymbol{A}$ 在三坐标轴上的投影；$\boldsymbol{i}$、$\boldsymbol{j}$、$\boldsymbol{k}$ 分别为 x、y、z 三坐标轴方向的单位矢量。由图可知，矢量 $\boldsymbol{A}$ 的大小为

$$\boldsymbol{A}=|\boldsymbol{A}|=\sqrt{A_x^2+A_y^2+A_z^2}$$

$\boldsymbol{A}$ 的方向可由矢量与坐标轴夹角的余弦(方向余弦)表示

$$\cos\alpha=\frac{A_x}{A}\quad \cos\beta=\frac{A_y}{A}\quad \cos\gamma=\frac{A_z}{A}$$

在实际使用时，我们指明其中的两个即可，因为根据余弦定理，有

$$\sqrt{\cos^2\alpha+\cos^2\beta+\cos^2\gamma}=1$$

把矢量用其在直角坐标系中的分量形式表示后，即可以用解析法计算矢量的加法。

(2)矢量合成的解析法

设有两个矢量

$$\boldsymbol{A}=A_x\boldsymbol{i}+A_y\boldsymbol{j}+A_z\boldsymbol{k}$$

$$\boldsymbol{B}=B_x\boldsymbol{i}+B_y\boldsymbol{j}+B_z\boldsymbol{k}$$

则合矢量 $\boldsymbol{C}=\boldsymbol{A}+\boldsymbol{B}$ 可以通过如下步骤得出：

$$C_x=A_x+B_x, C_y=A_y+B_y, C_z=A_z+B_z$$

$$\boldsymbol{C}=C_x\boldsymbol{i}+C_y\boldsymbol{j}+C_z\boldsymbol{k}$$

4. 矢量减法

(1)负矢量

大小相同,方向相反的两个矢量互称为负矢量。若 **A**、**B** 两矢量互为负矢量,则二者之间的关系可表示为

$$\boldsymbol{A}=-\boldsymbol{B}$$

(2)矢量的减法

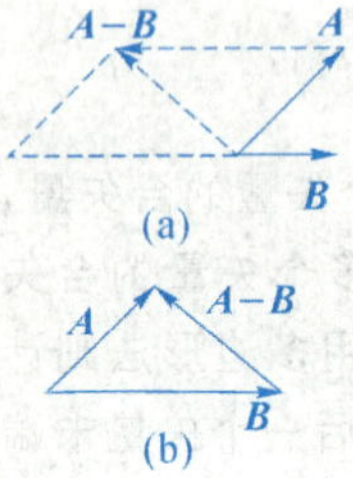

图 4　矢量减法

如图 4 所示,矢量 **A** 减 **B**,可以视为矢量 **A** 加矢量 **B** 的负矢量 −**B**。即

$$\boldsymbol{D}=\boldsymbol{A}-\boldsymbol{B}=\boldsymbol{A}+(-\boldsymbol{B})$$

由图 4 可知,矢量减法的三角形法则为:把两矢量的起点交于一点,两矢量的差则为连接两矢量的末端并指向被减数矢量末端的矢量。

如果写出矢量 **A**、**B** 在直角坐标系中的表示形式

$$\boldsymbol{A}=A_x\boldsymbol{i}+A_y\boldsymbol{j}+A_z\boldsymbol{k}$$

$$\boldsymbol{B}=B_x\boldsymbol{i}+B_y\boldsymbol{j}+B_z\boldsymbol{k}$$

则两矢量的差 **D**=**A**−**B** 可以通过如下步骤得出:

$D_x=A_x-B_x, D_y=A_y-B_y, D_z=A_z-B_z$

$$\boldsymbol{D}=D_x\boldsymbol{i}+D_y\boldsymbol{j}+D_z\boldsymbol{k}$$

这称为矢量减法运算的解析法。

三、矢量乘法

1. 矢量数乘

一个数 m 与矢量 **A** 相乘,则得到另一个矢量 **C**,三者间的关系可表示为

$$\boldsymbol{C}=m\boldsymbol{A}$$

矢量 **C** 的大小为 $C=mA$。若 $m>0$,则矢量 **C** 的方向与矢量 **A** 的方向相同;若 $m<0$,则矢量 **C** 的方向与矢量 **A** 的方向相反。

2. 矢量标积(点乘)

两矢量相乘,结果有两种:结果为标量的称为矢量的标积,也称为矢量的点乘,记为 **A**·**B**;结果为矢量的称为矢量的矢积,也称为矢量的叉乘,记为 **A**×**B**。

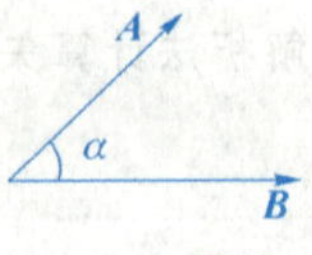

图 5　矢量的点乘

两矢量点乘,结果为标量。大小等于两矢量的大小及两矢量夹角余弦的乘积。如图 5 所示,两矢量 **A** 和 **B** 的点乘可写为

$$\boldsymbol{A}\cdot\boldsymbol{B}=AB\cos\alpha$$

式中,α 为矢量 **A** 和 **B** 正向的夹角。若 $0°\leqslant\alpha<90°$,**A**·**B** 结果为正;若 $\alpha=90°$,**A**·**B** 结果为零;若 $90°<\alpha\leqslant180°$,**A**·**B** 结果为负。

若矢量 **A**、**B** 在直角坐标系中的表示形式

$$\boldsymbol{A}=A_x\boldsymbol{i}+A_y\boldsymbol{j}+A_z\boldsymbol{k}$$

$$\boldsymbol{B}=B_x\boldsymbol{i}+B_y\boldsymbol{j}+B_z\boldsymbol{k}$$

则通过解析法计算矢量点乘为

$$\boldsymbol{A}\cdot\boldsymbol{B}=A_xB_x+A_yB_y+A_zB_z$$

3. 矢量矢积(叉乘)

两矢量叉乘,结果为矢量。大小等于两矢量的大小及两矢量夹角正弦的乘积,即

$$|\boldsymbol{A}\times\boldsymbol{B}|=AB\sin\alpha$$

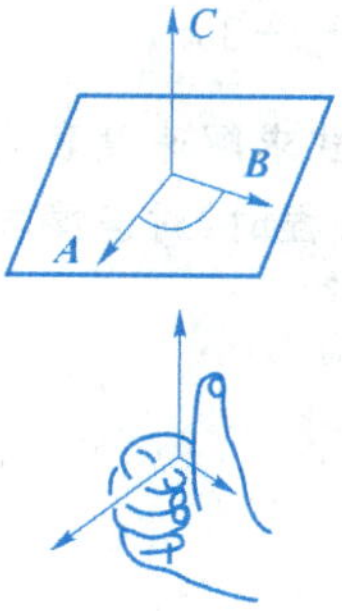

图 6　矢量的叉乘

方向与 $\boldsymbol{A}$、$\boldsymbol{B}$ 成右手螺旋关系,即右手四指从 $\boldsymbol{A}$ 经由小于 π 的角转向 $\boldsymbol{B}$ 时大姆指伸直时所指的方向,如图 6 所示。

若两矢量用直角坐标系中的表示形式,则两矢量的叉乘可利用行列式计算如下:

$$|\boldsymbol{A}\times\boldsymbol{B}|=\begin{vmatrix}\boldsymbol{i} & \boldsymbol{j} & \boldsymbol{k}\\ A_x & A_y & A_z\\ B_x & B_y & B_z\end{vmatrix}$$

四、矢量函数的导数和积分

在物理中经常遇到矢量不是常量,而是随时间变化的物理量,即矢量为以时间 t 为参量的函数,记为 $A(t)$。矢量为随时间变化的函数,则矢量在直角坐标系中各坐标轴上的分量也是随时间变化的函数。在直角坐标系中,矢量函数 $\boldsymbol{A}(t)$ 可表示为

$$\boldsymbol{A}(t)=A_x(t)\boldsymbol{i}+A_y(t)\boldsymbol{j}+A_z(t)\boldsymbol{k}$$

式中,$\boldsymbol{i}$、$\boldsymbol{j}$、$\boldsymbol{k}$ 分别为 x、y、z 三坐标轴方向的单位矢量,是不随时间变化的常矢量;$A_x(t)$、$A_y(t)$、$A_z(t)$ 分别为矢量函数 $\boldsymbol{A}(t)$ 在三坐标轴上的分量,是随时间变化的函数。

1. 矢量函数的导数

若上式中 $A_x(t)$、$A_y(t)$、$A_z(t)$ 都是可导的,则矢量函数 $A(t)$ 的导数可写为

$$\frac{\mathrm{d}A(t)}{\mathrm{d}t}=\frac{\mathrm{d}A_x(t)}{\mathrm{d}t}\boldsymbol{i}+\frac{\mathrm{d}A_y(t)}{\mathrm{d}t}\boldsymbol{j}+\frac{\mathrm{d}A_z(t)}{\mathrm{d}t}\boldsymbol{k}$$

矢量函数的导数仍然是矢量。例如,已知一矢量函数为 $A(t)=t^2\boldsymbol{i}+5t\boldsymbol{j}+3\boldsymbol{k}$,则此矢量函数对时间的一阶导数为

$$\frac{\mathrm{d}A(t)}{\mathrm{d}t}=\frac{\mathrm{d}(t^2)}{\mathrm{d}t}\boldsymbol{i}+\frac{\mathrm{d}(5t)}{\mathrm{d}t}\boldsymbol{j}+\frac{\mathrm{d}(3)}{\mathrm{d}t}\boldsymbol{k}=2t\boldsymbol{i}+5\boldsymbol{j}$$

矢量的导数在物理中有很多的应用,如已知运动方程求解速度表达式时,需要对运动方程求对时间的一阶导数;已知速度表达式求解加速度表达式时,也需要对速度表达式求对时间的一阶导数,即对运动方程求对时间的二阶导数。矢量函数对时间二阶导数可表示为

$$\frac{\mathrm{d}^2A(t)}{\mathrm{d}t}=\frac{\mathrm{d}^2A_x(t)}{\mathrm{d}t}\boldsymbol{i}+\frac{\mathrm{d}^2A_y(t)}{\mathrm{d}t}\boldsymbol{j}+\frac{\mathrm{d}^2A_z(t)}{\mathrm{d}t}\boldsymbol{k}$$

2. 矢量函数的积分

如果已知一个矢量函数对时间的导数,即已知 $\boldsymbol{A}(t)=\frac{\mathrm{d}B(t)}{\mathrm{d}t}$,则矢量 $\boldsymbol{B}$

(t)可以通过对函数$\boldsymbol{A}(t)$积分得到。即

$$\boldsymbol{B}(t)=\int_0^t \boldsymbol{B}(t)\,\mathrm{d}t=\int_0^t A_x(t)\,\mathrm{d}t\boldsymbol{i}+\int_0^t A_y(t)\,\mathrm{d}t\boldsymbol{j}+\int_0^t A_z(t)\,\mathrm{d}t\boldsymbol{k}$$

矢量函数的积分仍然是矢量。例如，已知一矢量函数为$\boldsymbol{A}(t)=t^2\boldsymbol{i}+5t\boldsymbol{j}+3\boldsymbol{k}$，则此矢量函数的积分为

$$\int_0^t \boldsymbol{A}(t)\,\mathrm{d}t=\int_0^t t^2\,\mathrm{d}t\boldsymbol{i}+\int_0^t 5t\,\mathrm{d}t\boldsymbol{j}+\int_0^t 3\,\mathrm{d}t\boldsymbol{k}=\frac{1}{3}t^3\boldsymbol{i}+\frac{5}{2}t^2\boldsymbol{j}+3t\boldsymbol{k}$$

矢量的积分在物理中有很多的应用，如已知加速度表达式求解速度表达式时，需要对加速度表达式积分；已知速度表达式求解运动方程时，对速度表达式求积分即可。

附录二　国际单位制

我国国务院于 1984 年 2 月 27 日颁布了《中华人民共和国法定计量单位》(详见 1984 年 3 月 4 日《人民日报》),我国的法定计量单位是以先进的国际单位制(国际代号为 SI)为基础的,具有结构简单、科学性强、使用方便、易于推广的特点。其中有七个基本单位:米(长度单位)、千克(质量单位)、秒(时间单位)、安培(电流单位)、开尔文(热力学温度单位)、莫尔(物质的量单位)、坎德拉(发光强度单位);两个辅助单位:弧度(平面角单位)、球面度(立体角单位)。其他单位均由这些单位导出,称为导出单位。现将国际单位制的基本单位、辅助单位及在国际单位制中具有专门名称的导出单位列表如下:

表 1　国际单位制(SI)的基本单位

量的名称	单位名称	单位符号		定义
		中文	国际	
长度	米(meter)	米	m	米是光在真空中 1/299792458 秒的时间间隔内所经过的距离
质量	千克(kilogrem)	千克	kg	千克等于国际千克原器的质量
时间	秒(second)	秒	s	秒是艳 133 原子的基态两超精细能级之间跃迁辐射周期的 9192631770 倍的持续
电流	安培(Ampere)	安	A	安培是一恒定电流强度若保持在处于真空中相距 1 米的两无限长而圆截面可忽略的平行直导线内,则此两导线之间每米长度上产生的力等于 2×10 牛顿
热力学温度	开尔文(Kelvin)	开	K	开尔文是水三相点热力学温度的 1/273.16
物质的量	摩尔(mole)	摩	mol	摩尔是一物质体系的物质的量,该物质体系中所包含的基本单元数与 0.012 千克碳一 12 的原子数相等,在使用摩尔时应指明基本单元,它可以是原子分子,离子,电子以及其他粒子,或是这些粒子的特定组合体
发光强度	坎德拉(candle)	坎	cd	坎德拉是发射出 *m* 率为 540 × 10" 赫兹单色辐射的光源在给定方向上的发光强度,而且在此方向上的辐射强度为 1/683 瓦特每球面度

表 2　国际单位制(SI)的辅助单位

量的名称	单位名称	单位符号	定义平面角
平面角	弧度	rad	弧度是一个圆内两条半径之间的平面角,这两条半径在圆周上截取的弧长与半径相等
立体角	球面度	sr	球面度是一立体角,其顶点位于球心,而它在球面上截取的面积等于以球半径为边长的正方形面积

表 3　国际单位制中具有专门名称的导出单位

量的名称	单位名称	单位符号	其他表示式例
频率	赫[兹]	Hz	s^{-1}
力	牛[顿]	N	$kg\cdot m/s^2$
压强	帕[斯卡]	Pa	N/m^2
能量;功;热	焦[耳]	J	$N\cdot m$
功率;辐射通量	瓦[特]	W	J/s
电荷量	库[仑]	C	$A\cdot s$
电位;电压;电动势	伏[特]	V	W/A
电容	法[拉]	F	C/V
电阻	欧[姆]	Ω	V/A
电导	西[门子]	S	A/V
磁通量	韦[伯]	Wb	$V\cdot s$
磁通量密度,磁感应强度	特[斯拉]	T	Wb/m^2
电感	亨[利]	H	w/A
摄氏温度	摄氏度	C	$cd\cdot sr$
光通量	流[明]	lm	lm/m^2
光照度	勒[克斯]	lx	s^{-1}
放射性活度	贝可[勒尔]	Bq	J/kg
吸收剂量	戈[瑞]	Gy	J/kg
剂量当量	希[沃特]	Sv	

几种常用单位的换算转

1 弧度(rad)=57.30°=0.1592 转(rev)

$1^\circ=\frac{\pi}{180}$弧度(rad)

1 转(rev)=2π 弧度(rad)

1 原子质量单位(u)=1.66×10^{-27}千克(kg)

1 大气压(atm)=760 毫米汞高 mmHg=1.013×10^{5} 帕斯卡(Pa)

1 卡(cal)=4.18 焦耳(J)或 1 焦耳(J)=$\frac{1}{4.18}$卡(cal)=0.24 卡(cal)

1 电子伏特(ev) = 1.60×10^{-19} 焦耳(J)

1 特斯拉(T) = 10^{-4} 高斯(G)

表 4　国际单位制词头

倍数	词头名称	词头符号		倍数	词头名称	词头符号	
		中文	国际			中文	国际
10^{18}	艾可萨(exa)	艾	E	10^{-1}	分(deci)	分	d
10^{15}	拍它(peta)	拍	P	10^{-2}	厘(centi)	厘	c
10^{12}	太拉(tera)	太	T	10^{-3}	毫(milli)	毫	m
10^{9}	吉咖(giga)	吉	G	10^{-6}	微(micro)	微	μ
10^{6}	兆(mega)	兆	M	10^{-9}	纳诺(nano)	纳	n
10^{3}	千(kilo)	千	k	10^{-12}	皮可(Pico)	皮	p
10^{2}	百(hecto)	百	h	10^{-15}	非姆托(femto)	非	f
10^{1}	十(deka)	十	da	10^{-18}	阿托(alto)	阿	a

附录三 习题参考答案

习题1

1-1 (1)$\boldsymbol{r}=(3t+5)\boldsymbol{i}+(t^2+3t-4)\boldsymbol{j}$ m;(2)$y=\frac{1}{9}(x^2-x-56)$,抛物线

1-2 (1)$(\frac{x}{3})^2+(\frac{y}{4})^2=1$,椭圆;(2)$\boldsymbol{v}=6\pi\cos 2\pi t\boldsymbol{i}-8\pi\sin 2\pi t\boldsymbol{j}$ $\mathrm{m\cdot s^{-1}}$;

(3)$\boldsymbol{a}=-12\pi^2\sin 2\pi t\boldsymbol{i}-16\pi^2\cos 2\pi t\boldsymbol{j}$ $\mathrm{m\cdot s^{-2}}$

1-3 (1)$\boldsymbol{r}=12\boldsymbol{i}+4\boldsymbol{j}$m;(2)$12\boldsymbol{i}+8\boldsymbol{j}$m,$6\boldsymbol{i}+4\boldsymbol{j}$ $\mathrm{m\cdot s^{-1}}$;(3)$12\boldsymbol{i}+12\boldsymbol{j}$ $\mathrm{m\cdot s^{-1}}$,$6\boldsymbol{i}+12\boldsymbol{j}$ $\mathrm{m\cdot s^{-2}}$

1-4 (1)42.42m,东偏南45°;60m;(2)1.06$\mathrm{m\cdot s^{-1}}$,东偏南45°;1.5$\mathrm{m\cdot s^{-1}}$

1-5 (1)18m;(2)1.875s,28.125m;(3)38.25m

1-6 (1)0.707s;(2)−1.39m

1-7 (1)$\boldsymbol{r}=4t^2\boldsymbol{i}+4t^{-2}\boldsymbol{j}$m;(2)$8\boldsymbol{i}-8\boldsymbol{j}$ $\mathrm{m\cdot s^{-1}}$

1-8 (1)259.7m;(2)6.12s

1-9 9.17m

1-10 (1)不能;(2)12.3m

1-11 (1)$\pi\,\mathrm{rad\cdot s^{-1}}$,0.628$\mathrm{m\cdot s^{-1}}$;(2)0.628$\mathrm{m\cdot s^{-2}}$,7.89$\mathrm{m\cdot s^{-2}}$

1-12 (1)$(v_0-bt)\boldsymbol{e}_t$,$\frac{v_0-bt}{R}$;(2)$\frac{(v_0-bt)^2}{R}\boldsymbol{e}_n-b\boldsymbol{e}_t$,$-\frac{b}{R}$;(3)$\frac{v_0-\sqrt{bR}}{b}$

1-13 (1)0.25$\mathrm{m\cdot s^{-2}}$;(2)$5.0\times10^{-4}\,\mathrm{rad\cdot s^{-2}}$

1-14 略

1-15 (1)1 000$\mathrm{km\cdot h^{-1}}$,北偏西arctg0.75;(2)1 000$\mathrm{km\cdot h^{-1}}$,南偏东arctg0.75

1-16 22.5s

1-17 (1)$-Ae^{-\alpha t}(\alpha\cos\omega t+\omega\sin\omega t)$;(2)$(2k+1)\frac{\pi}{2\omega}$

1-18 $(\frac{1}{12},\frac{1}{24})$

1-19 $v=v_0e^{kt}$

1-20 $\frac{v_0\sqrt{s^2+h^2}}{s}$;$\frac{v_0^2h^2}{s^3}$

1-21 (2)$R\omega(1-\cos\omega t)\boldsymbol{i}+R\omega\sin\omega t\boldsymbol{j}$;(3)$R\omega^2\sin\omega t\boldsymbol{i}+R\omega^2\cos\omega t\boldsymbol{j}$

1-22 $\frac{l}{h}v_0$

习题 2

2-1 (1)$mg\sin\alpha$;(2)$g(\mu_s\cos\alpha-\sin\alpha)$

2-2 (1)$\frac{\mu_s Mg}{\cos\alpha-\mu_s\sin\alpha}$;(2)$\frac{\mu Mg}{\cos\alpha-\mu\sin\alpha}$;(3)$\mathrm{arccot}\mu_s$

2-3 $7.9\times10^3\mathrm{m\cdot s^{-1}}$

2-4 (1)$g(M+\frac{mx}{L})$;(2)$(g+a)(M+\frac{mx}{L})$

2-5 (1) $\sqrt{gR}$;(2) $\sqrt{\mu_s gR}$

2-6 (1)$\frac{2m_1m_2}{m_1+m_2}(g+a_1)$;(2)$\frac{2m_1m_2}{m_1+m_2}(g-a_2)$

2-7 (1)A 沿斜面上滑,B 沿斜面下滑;(2)$2.75\mathrm{m\cdot s^{-2}}$,458.9N

2-8 (1)104.0N,34.7N;(2)$9.8\mathrm{m\cdot s^{-2}}$

2-9 $20.1\mathrm{m\cdot s^{-2}}$,$0.5\mathrm{m\cdot s^{-2}}$

2-10 (1)424.2N·s;(2)212.1N

2-11 (1)-8×10^4N;(2)7.5cm

2-12 0

2-13 (1)$20t(0\sim1\mathrm{s})$,$40-20t(1\sim3\mathrm{s})$,$-80+20t(3\sim5\mathrm{s})$;$120-20t(5\sim6\mathrm{s})$;(2)0;0;(3) 20N·s,$2.5\mathrm{m\cdot s^{-1}}$

2-14 $\frac{mv\cos\alpha}{m+M}$

2-15 $\sqrt{2}v$,与两块对角线方向相反

2-16 0.42m

2-17 $7.85\mathrm{m\cdot s^{-1}}$,西偏北 arctan1.33

2-18 7.91×10^7J

2-19 (1)96.04J;(2)21.04J

2-20 (1)40J,$4\mathrm{m\cdot s^{-1}}$;(2)320J,$12\mathrm{m\cdot s^{-1}}$;(3)0,$12\mathrm{m\cdot s^{-1}}$

2-21 (1)1.764×10^4J;(2)2.124×10^4J,7.08×10^3W

2-22 9.39m

2-23 $E_{kA}:E_{kB}=m_B:m_A$

2-24 $\arccos\left[1-\frac{m^2v_0^2}{2gl(m+M)^2}\right]$

2-25 (1)$5.6\mathrm{m\cdot s^{-1}}$,$-1.4\mathrm{m\cdot s^{-1}}$;(2)7.84J

2-26 $319.2\mathrm{m\cdot s^{-1}}$

2-27 (1)$\frac{k_1k_2}{k_1+k_2}$;(2)k_1+k_2

2-28 $\dfrac{mg\sin2\alpha}{2(m\sin^2\alpha+M)}$

2-29 215.6N

2-30 $-mR\omega i-mR\omega j$

2-31 $\dfrac{M}{M+m}l$;$\dfrac{m}{M+m}l$

2-32 (1)1.96×10^6J;(2)2.45×10^6J

2-33 $(m_A+m_B)g$

习题 3

3-1 略

3-2 463.00m·s^{-1};463.01m·s^{-1}

3-3 (1)-15πrad·s^{-2};(2)125r

3-4 (1)75rad·s^{-1};(2)15rad·s^{-2}

3-5 -9.6×10^{-22}rad·s^{-2}

3-6 $\dfrac{1}{12}ml^2+md^2$

3-7 $\dfrac{1}{2}(m_1R_1^2+m_2R_2^2)$

3-8 104°54′

3-9 (1)-20.9rad·s^{-2};(2)50.16N·m;(3)313.5N;(4)78.375N

3-10 (1)A上滑,B下落;1.11m·s^{-2};(2)11.1rad·s^{-2};(3)1.96m·s^{-2};19.6rad·s^{-2}

3-11 (1)上升 1.51m·s^{-2};(2)顺时针 15.08rad·s^{-2}

3-12 $\dfrac{3g}{4l}$

3-13 6.28×10^3N·m

3-14 1.48×10^6J

3-15 251.2kW

3-16 99.2r·min^{-1}

3-17 1.79m·s^{-1}

3-18 4.17r·s^{-1}

3-19 10rad·s^{-1}

3-20 (1)$\dfrac{M\sqrt{3gl}}{3m}$;(2)$\dfrac{M^2l}{6\mu m^2}$

3-21 3.1min

3-22 $\dfrac{2}{5}MR^2[1-(\dfrac{R'}{R})^5]$

3-23 0.25kg·m^2;0.42kg·m^2

3-24 0.52m·s^{-1}

3-25 (1)$8.89\text{rad}\cdot\text{s}^{-1}$;(2)$94°18'$

3-26 (1)$4\omega_0$;(2)$\frac{3}{2}mR^2\omega_0^2$

习题 4

4-1 $3.0\times10^6\text{m}$,0.01s

4-2 略

4-3 c,$-c$

4-4 (1)$-0.38c$;(2)$0.38c$

4-5 (1)$-1.5\times10^8\text{m}\cdot\text{s}^{-1}$;(2)$5.2\times10^4\text{m}$

4-6 $2.188\times10^{-6}\text{s}$

4-7 能到达

4-8 (1)$2.448\times10^8\text{m}\cdot\text{s}^{-1}$;(2)$0.707\text{m}$

4-9 1.70m;0.37m

4-10 8.84m

4-11 $L_0^3\sqrt{1-\frac{v^2}{c^2}}$;$\frac{m_0}{L_0^3(1-\frac{v^2}{c^2})}$

4-12 (1)$4.539\times10^{-12}\text{J}$;(2)$2.733\times10^{12}\text{J}$

4-13 (1)$4.12\times10^{-16}\text{J}$;(2)$2.21\times10^{-14}\text{J}$;(3)$3.93\times10^{-13}\text{J}$

4-14 (1)$9\times10^{16}\text{J}$;(2)1.96×10^9 分之一

4-15 $3.35\times10^{14}\text{J}$

4-16 (1)$1.56\rho_0$;$1.25\rho_0$

4-17 (1)$0.946c$;(2)11.84s

4-18 2.5 昼夜

4-19 (1)$1.92\times10^{15}\text{m}$;(2)0.20 年;(3)4.55 年

4-20 (1)$5.02\text{m}\cdot\text{s}^{-1}$;(2)$1.49\times10^{-18}\text{kg}\cdot\text{m}\cdot\text{s}^{-1}$;(3)$1.9\times10^{-12}\text{N}$;(4)0.04T

习题 5

5-1 $T=2\pi\sqrt{\frac{k_1+k_2}{m}}$;$T=2\pi\sqrt{\frac{k_1k_2}{(k_1+k_2)m}}$

5-2 8kg

5-3 (1)0.5s;0.1m;$\frac{\pi}{3}$;$0.4\pi\text{m}\cdot\text{s}^{-1}$;$1.6\pi^2\text{m}\cdot\text{s}^{-1}$;(2)0.16N;(3)$8\pi$

5-4 (1)8.48cm;$2.12\times10^{-3}\text{N}$;$-x$ 方向;(2)2s

5-5 $-\frac{\pi}{2}$;$\sqrt{10}\times10^{-3}\text{m}$

5-6　(1)0.06m;2Hz;4πrad·s^{-1};0.5s;$\frac{\pi}{3}$;(2)0.03m;$-0.12\sqrt{3}\pi$m·s^{-1};$-0.48\pi^2$m·s^{-2};(3)0.03

5-7　(1)0.2N;$-x$方向;(2)0.4N;-0.2m

5-8　(1)9.75N;(2)0.785m;(3)79.6Hz

5-9　$x=0.1\cos(\pi t-\frac{\pi}{3})$;$x=0.1\cos(\frac{2}{3}\pi t-\frac{\pi}{3})$

5-10　$x=0.02\cos(\pi t+\frac{\pi}{3})$,图略

5-11　(1)3π;(2)1.33×10^{-2}m·s^{-2};(3)$x=3\times10^{-2}\cos(\frac{2}{3}t+\frac{\pi}{2})$

5-12　(1)$y=0.08\cos(2t+\pi)$;(2)$y=0.3\cos(2t+\frac{\pi}{2})$

5-13　1s

5-14　$\frac{2}{3}\pi$

5-15　(1)0.035m;-0.0628m·s^{-1};-0.3464m·s^{-2};(2)1s

5-16　b球

5-17　1.25m

5-18　(1)$2\pi\times10^3$m·s^{-1};(2)3.36×10^{-20}J

5-19　(1)$2\sqrt{2}\times10^{-1}$m;(2)±0.2m;(3)0.565m·s^{-1}

5-20　(1)±0.1m;(2)$\frac{\pi}{6}$s

5-21　0.1m;$\frac{\pi}{2}$

5-22　0.05m;0

5-23　(1)$\frac{\pi}{6}$;(2)$-\frac{\pi}{3}$

5-24　证明略;$2\pi\sqrt{\frac{M+2m}{2k}}$

5-25　$T=2\pi\sqrt{\frac{k_1+k_2}{m}}$;$T=2\pi\sqrt{\frac{k_1k_2}{(k_1+k_2)m}}$

5-26　(1)$\frac{2}{5}\pi$;$x=\sqrt{2}\times10^{-2}\cos(5t+\frac{\pi}{4})$;(2)$\sqrt{2}$cm;$5\sqrt{2}$cm·$s^{-1}$

5-27　(1)$\sqrt{\frac{k}{2m}}$;(2)$\frac{mg}{k}\sqrt{1+\frac{2kh}{2mg}}$

5-28　(1)$x=0.12\cos(\pi t+\frac{\pi}{2})$m;(2)1.25s

习题 6

6-1　(1)0.2m;2πm·s^{-1};0.5Hz;4πm;(2)$y=0.2\cos(\pi t-\frac{a}{2})$m;(3)$\frac{d}{2}$

6-2 (1)$2.5\pi\text{m}\cdot\text{s}^{-1}$;$12.5\text{m}\cdot\text{s}^{-2}$;(2)0.48s

6-3 (1)0、$-\frac{\pi}{2}$、$-\pi$、$-\frac{3}{2}\pi$;(2)-2π、$-\frac{3}{2}\pi$、$-\pi$、$-\frac{\pi}{2}$

6-4 (1)$y=0.1\cos[5\pi(t-\frac{x}{5})-\frac{\pi}{3}]$;(2)$y=0.1\cos(5\pi t-2\pi)$;(3)$(\frac{5}{3}m,0)$;(4)0.1$s$

6-5 $y=0.1\cos[4\pi(t+x)+\frac{\pi}{2}]$

6-6 $y=0.2\cos[5\pi(t-\frac{x}{5})-\frac{\pi}{3}]\text{m}$

6-7 (1)$y=0.5\cos[2.5\pi(t-\frac{x}{2.5})+\frac{\pi}{2}]\text{m}$;(2)$y=0.5\cos(2.5\pi t-\pi)\text{m}$

6-8 (1)$y=A\cos[\omega(t-\frac{x}{u})+\varphi_0+2\pi\frac{a}{\lambda}]\text{m}$;(2)$y=A\cos[\omega t+\varphi_0-2\pi\frac{b}{\lambda}]\text{m}$

6-9 $y=0.1\cos[2\pi(t+\frac{x}{2})+\frac{\pi}{2}]\text{m}$;图略

6-10 $y=0.01\cos[2(t-\frac{x}{8})+0.15]\text{m}$

6-11 $y=0.1\cos\pi(t-x)\text{m}$;$y=0.1\cos(\pi t-\frac{\pi}{3})\text{m}$

6-12 $y=0.1\cos[6\pi(t-\frac{x}{0.72})+\frac{4}{3}\pi]$

6-13 $8\times10^{-5}\text{J}\cdot\text{m}^{-3}$;$1.6\times10^{-4}\text{J}\cdot\text{m}^{-3}$

6-14 (1)$1.58\times10^{5}\text{w}\cdot\text{m}^{-2}$;(2)$3.79\times10^{3}\text{J}$

6-15 $4.4\times10^{26}\text{J}$

6-16 892m;$2.82\times10^{5}\text{m}$

6-17 (1)$\frac{\pi}{2}$;(2)$0.02\sqrt{2}\text{m}$

6-18 (1)0.025m;$5\text{m}\cdot\text{s}^{-1}$;(2)0.314m

6-19 (1)$y=0.02\cos\pi x\cos\pi t$;$x=(2k+1)\frac{1}{2}$;(2)$x=2k+1$;0.02m

6-20 665Hz;541Hz

6-21 超过

习题 7

7-1 2

7-2 $V_1:V_2=1:4$

7-3 3.2kg

7-4 $\frac{RT\Delta m}{(V\Delta p)}$

7-5 (1)$1.45\times10^{17}\text{m}^{-3}$;(2)$1.45\times10^{12}$

7-6 (1)$2.69\times10^{25}\,m^{-3}$;(2)$5.65\times10^{-21}\,J$;(3)$10^{-9}\,m$

7-7 (1)$5.32\times10^{-26}\,kg$;(2)$482.87\,m\cdot s^{-1}$

7-8 $2.0\times10^{-21}\,J$

7-9 (1)$1845\,m\cdot s^{-1}$;(2)$461\,m\cdot s^{-1}$;(3)$493\,m\cdot s^{-1}$。

7-10 (1)$5.65\times10^{-21}\,J$,$2.63\times10^{-20}\,J$;(2)$3.40\times10^{3}\,J$,$1.58\times10^{4}\,J$

7-11 氧气

7-12 略

7-13 (1)$6.23\times10^{3}\,J$;(2)$4.16\times10^{2}\,J$

7-14 $1\,579\,m\cdot s^{-1}$;$1786\,m\cdot s^{-1}$;$1934\,m\cdot s^{-1}$

7-15 0.1kg

7-16 (1)$4.0\times10^{-10}\,m$;(2)$5.78\times10^{-8}\,m$;(3)$8.16\times10^{9}\,s^{-1}$

7-17 4.38m(此结果无意义,因它远大于电子管的尺度)

7-18 $1.91\times10^{-6}\,kg$

7-19 $6.76\times10^{22}\,m^{-3}$;$9.66\times10^{21}\,m^{-3}$

7-20 (1)$f(v)=\begin{cases}av/Nv_0\,(0\leqslant v<v_0)\\ a/N\,(v_0\leqslant v\leqslant 2v_0)\\ 0\,(v>2v_0)\end{cases}$;(2)$\dfrac{11}{9}v_0$

7-21 $1.96\times10^{3}\,m$

7-22 $7.6\times10^{4}\,Pa$

习题 8

8-1 $1.2\times10^{-5}\,J$

8-2 $a(\ln V_2-\ln V_1)$

8-3 (1)371J;(2)927J;(3)$1.3\times10^{3}\,J$

8-4 (1)125J;(2)−75J

8-5 (1)623J,623J,0;(2)623J,1039J,416J

8-6 (1)$2.08\times10^{4}\,J$;(2)$8.31\times10^{3}\,J$;(3)$2.91\times10^{4}\,J$

8-7 (1)$1.25\times10^{3}\,J$;(2)$2.03\times10^{3}\,J$;(3)$3.28\times10^{3}\,J$

8-8 (1)$1.25\times10^{3}\,J$;(2)$1.69\times10^{3}\,J$;(3)$2.94\times10^{3}\,J$

8-9 (1)0;(2)$-1.57\times10^{3}\,J$;(3)$-1.57\times10^{3}\,J$

8-10 (1)$-2.84\times10^{3}\,J$;(2)$-1.13\times10^{3}\,J$;(3)$-3.97\times10^{3}\,J$

8-11 (1)$1.81\times10^{3}\,J$;(2)$-1.81\times10^{3}\,J$;(3)0

8-12 20%

8-13 (1)83.2%,48.9%;(2)内燃机高,因热源温差大。

8-14 (1)ab 段:$6.23\times10^{3}\,J$,$4.15\times10^{3}\,J$,$10.38\times10^{3}\,J$;bc 段:$-6.23\times10^{3}\,J$,0,$-6.23\times10^{3}\,J$;ca 段:0,$-3.37\times10^{3}\,J$,$-3.37\times10^{3}\,J$;(2)7.5%

8-15 (1)57.1%;(2)$8.76\times10^{6}\,J$

8-16 2.31

8-17 4

8-18 (1)8.77;(2)8.77×10^{3} J

8-19 9.32×10^{2} J

8-20 13.4%